"十四五"时期国家重点出版物出版专项规划项目

密码理论与技术丛书

# 区块链密码学基础

伍前红　朱　焱　秦　波　张宗洋　编著

密码科学技术全国重点实验室资助

科学出版社

北　京

## 内 容 简 介

本书内容包括 6 章. 第 1 章为密码学与区块链概述, 第 2 章为区块链技术原理, 第 3 章为哈希函数及其在区块链中的应用, 第 4 章为数字签名及其在区块链中的应用, 第 5 章为区块链中的基本密码协议, 第 6 章为区块链中的高级密码协议.

本书内容丰富, 语言精练, 概念清晰, 在区块链相关基础知识和技术阐述上, 力求深入浅出, 通俗易懂. 在区块链相关密码技术的讲解上, 力求展示区块链与密码技术的相互影响和相互促进.

本书可以作为计算科学、网络空间安全、软件工程、信息安全、区块链工程等专业相关课程的配套教材, 还可以作为区块链工程师、IT 从业人员的参考书和培训教材.

**图书在版编目（CIP）数据**

区块链密码学基础 / 伍前红等编著. —北京：科学出版社，2024.6
（密码理论与技术丛书）
国家出版基金项目 “十四五”时期国家重点出版物出版专项规划项目
ISBN 978-7-03-078615-9

Ⅰ. ①区… Ⅱ. ①伍… Ⅲ. ①区块链技术–密码学 Ⅳ. ①TP311.135.9

中国国家版本馆 CIP 数据核字（2024）第 109217 号

责任编辑：李静科 范培培 / 责任校对：杨聪敏
责任印制：张 伟 / 封面设计：无极书装

科学出版社 出版
北京东黄城根北街 16 号
邮政编码：100717
http://www.sciencep.com
北京建宏印刷有限公司印刷
科学出版社发行 各地新华书店经销
*
2024 年 6 月第 一 版 开本：720×1000 1/16
2024 年11月第二次印刷 印张：22 1/4
字数：429 000

**定价：138.00 元**

（如有印装质量问题，我社负责调换）

# “密码理论与技术丛书” 编委会

（以姓氏笔画为序）

# “密码理论与技术丛书”序

随着全球进入信息化时代，信息技术飞速发展并获得广泛应用，物理世界和信息世界越来越紧密地交织在一起，不断引发新的网络与信息安全问题，这些安全问题直接关乎国家安全、经济发展、社会稳定和个人隐私. 密码技术寻找到了前所未有的用武之地，成为解决网络与信息安全问题最成熟、最可靠、最有效的核心技术手段，可提供机密性、完整性、不可否认性、可用性和可控性等一系列重要安全服务，实现数据加密、身份鉴别、访问控制、授权管理和责任认定等一系列重要安全机制.

与此同时，随着数字经济、信息化的深入推进，网络空间对抗日趋激烈，新兴信息技术的快速发展和应用也促进了密码技术的不断创新. 一方面，量子计算等新型计算技术的快速发展给传统密码技术带来了严重的安全挑战，促进了抗量子密码技术等前沿密码技术的创新发展. 另一方面，大数据、云计算、移动通信、区块链、物联网、人工智能等新应用层出不穷、方兴未艾，提出了更多更新的密码应用需求，催生了大量的新型密码技术.

为了进一步推动我国密码理论与技术创新发展和进步，促进密码理论与技术高水平创新人才培养，展现密码理论与技术最新创新研究成果，科学出版社推出了“密码理论与技术丛书”，该丛书覆盖密码学科基础、密码理论、密码技术和密码应用等四个层面的内容.

“密码理论与技术丛书”坚持“成熟一本，出版一本”的基本原则，希望每一本都能成为经典范本. 近五年拟出版的内容既包括同态密码、属性密码、格密码、区块链密码、可搜索密码等前沿密码技术，也包括密钥管理、安全认证、侧信道攻击与防御等实用密码技术，同时还包括安全多方计算、密码函数、非线性序列等经典密码理论. 该丛书既注重密码基础理论研究，又强调密码前沿技术应用；既对已有密码理论与技术进行系统论述，又紧密跟踪世界前沿密码理论与技术，并科学设想未来发展前景.

“密码理论与技术丛书”以学术著作为主，具有体系完备、论证科学、特色鲜明、学术价值高等特点，可作为从事网络空间安全、信息安全、密码学、计算机、通信以及数学等专业的科技人员、博士研究生和硕士研究生的参考书，也可供高等院校相关专业的师生参考.

冯登国

2022 年 11 月 8 日于北京

# 前　言

随着区块链技术的不断发展和应用日益广泛, 区块链技术在国内外高校和研究机构中受重视程度越来越高. 国内数十所高校开设了区块链理论课程和区块链实验课程. 现有区块链方面的图书大多偏重原理和应用介绍, 缺少系统深入的理论讲解, 尤其缺少关于区块链中密码技术介绍的图书, 难以帮助学习区块链课程的学生、区块链从业者等读者深入理解区块链.

习近平总书记 2019 年 10 月在中央政治局第十八次集体学习时强调 “要把区块链作为核心技术自主创新的重要突破口, 明确主攻方向, 加大投入力度, 着力攻克一批关键核心技术, 加快推动区块链技术和产业创新发展”. 本书致力于区块链相关的密码学关键核心技术, 并介绍密码学在区块链中的应用情况.

教育部公布的《普通高等学校本科专业目录》中, 2020 年新增了 “区块链工程” 专业(专业代码: 080917T), 2021 年新增了 “密码科学与技术” 专业(专业代码: 080918TK). 本书可为上述专业的教师与学生提供参考.

参加本书编写的人员有伍前红、朱焱、秦波、张宗洋等, 伍前红规划设计了全书实验并进行了统一校验和审查. 参与第 1 章编写的有伍前红、秦波等, 参与第 2 章编写的有伍前红、朱焱等, 参与第 3 章编写的有朱焱、秦波等, 参与第 4 章编写的有伍前红、朱焱等, 参与第 5 章编写的有伍前红、朱焱等, 参与第 6 章编写的有伍前红、张宗洋等.

北京航空航天大学的王玉珏、李冰雨、郑海彬老师, 郭振纬博士后, 丁振洋、张天逸、冯仲达、杨洋、韩天煦、冯翰文、韩尚滨、王明明、刘孟江、翟明哲、范家良、代小鹏、张涛、邓甫洋、王堃、高启元、耿一夫、李威翰、李明航、谢思芃、魏博航等博士研究生, 王志鹏、谢平、辜智强、张品戈、金子一、程浩添、李博涵、张宇鹏、阮航、薛佳琳、熊式鸿、李天歌等硕士研究生, 以及中国人民大学的杨子涵、胡晟、丁雨航、张奕然、蒋尔雅等硕士研究生, 为本书的资料采集、图片整理、算法校对做了大量工作. 作者在此向他们表示真诚的感谢.

在本书编写过程中, 我们特别得到了北京航空航天大学刘建伟教授和中国人民大学石文昌教授的关心、鼓励与大力支持, 以及中山大学张方国教授、西安电子科技大学陈晓峰教授、北京理工大学祝烈煌教授、暨南大学翁健教授和吴永东教授、上海交通大学谷大武教授和郁昱教授、武汉大学何德彪教授、中国科学院信息工程研究所邓燚研究员等的指导与宝贵建议. 特别感谢香港科技大学(广州)

黄欣沂教授、南京航空航天大学刘哲教授、桂林电子科技大学丁勇教授, 他们在本书的写作过程中给予了大量的帮助和支持. 作者在此向他们一并表示衷心的感谢.

李静科编辑作为本书的责任编辑, 认真审阅本书的每个细节并提出了很多宝贵的意见和建议, 作者在此向她表示特别感谢.

本书得到了科技部重点研发计划项目 “支持异构多链互通的新型跨链体系研究” (项目编号: 2020YFB1005600)、国家自然科学基金区域创新发展联合基金项目 “面向多链融合的区块链跨链互操作与可扩展关键技术研究” (基金编号: U21A20467)、国家自然科学基金重点项目 “基于区块链的物联网安全技术研究” (基金编号: 61932011)、国家自然科学基金面上项目 “分布式虚拟私有存储安全模型与关键密码学方法研究” (基金编号: 61972019)、北京市自然科学基金 “区块链新型共识与安全模型研究” (基金编号: M21031)的支持. 本书的出版还得到了国家出版基金、密码科学技术全国重点实验室学术专著出版基金的资助, 特此感谢!

本书旨在为读者提供区块链的常用密码算法和密码协议, 但由于涉及的区块链系统与密码学算法及协议较多、知识面广, 加之时间紧张、水平有限, 书中难免存在不足之处, 恳请广大读者批评指正.

作　者

2023 年 12 月

# 目　　录

# 第 1 章　密码学与区块链概述

区块链是将数据区块以顺序相连的方式组合成的链式数据结构，并通过共识机制在不同节点之间达成一致的分布式账本. 区块链中大量使用到密码学技术，尤其是公钥密码技术. 密码学是保障区块链安全的关键技术，为区块链提供防篡改、可溯源、可验证和隐私保护等能力，从而为区块链提供了在开放环境下建立信任的基础保障.

本章将概述公钥密码学和区块链技术. 首先介绍公钥密码学的基本概念，然后介绍公钥密码学常用的计算复杂性假设，接下来介绍分布式系统基本概念，最后介绍区块链的工作机制和技术特点.

## 1.1　公钥密码学基本概念

密码学(cryptography)是研究保密和认证的一门科学. 早期的密码学设计往往依赖密码学家的直觉和经验，缺少严格的理论论证. 1949 年, C. E. Shannon[36]发表的论文《保密系统的通信理论》(“Communication Theory of Secrecy Systems”)，为密码学的发展奠定了理论基础，使密码学从艺术变成了科学.

传统密码体制要求通信双方共享一个密钥[29]，因此传统密码体制也称为对称密码体制或单钥密码体制. 对称密码体制在应用中面临两个问题. 第一个问题是密钥分配问题，即如何让一方将密钥安全地分发给另一方，尤其是当有多方之间需要保密通信时，任意两方之间都需要一个共享密钥[28]，在进入网络时代之后，这个问题更加突出[18]. 第二个问题是认证问题，由于双方共享同一密钥，当接收方收到来自发送方的消息后，并不能向第三方证明消息来自发送方[9].

公钥密码学为上述问题提供了优美的解决方案. 1976 年, W. Diffie 和 M. E. Hellman 在他们开创性的论文《密码学新方向》(“New Directions in Cryptography”)[12]中提出了公钥密码体制. 在公钥密码体制中，密钥分为公开密钥和私密密钥. 公开密钥简称公钥，是可以公开获取的，用于加密消息或验证消息；私密密钥简称私钥，由持有者秘密保存，用于解密消息或签署消息. 因此，公钥密码体制也被称为非对称密码体制或双钥密码体制[30]. 利用公钥密码体制，很容易实现对称密码体制的密钥分配. 发送方只需用接收方的公钥加密将用到的共享密钥即可，仅有接收方能够解密密文. 利用公钥密码体制也可以实现认证功能. 发送方用自己的私钥签署消息, 接收方用发送方的公钥验证发送方签署的消息即可[31]. 由于签署消息需要私钥而该私钥仅为发送方持有, 因此发送方不能否认签署了该消息. 公钥密码体制的提出为密码学的发展开辟了新方向[14].

区块链是密码学的应用, 同时推动着密码学的发展. 一方面, 在区块链系统中获得提议发起权、发起提议、对提议进行背书等基础功能都离不开公钥密码学; 另一方面, 区块链去中心化、节点高度动态等特性, 给密码学的安全性和功能提出了新的要求, 促进了密码学的发展.

### 1.1.1　公钥密码体制的工作原理

在对称密码体制中, 通信双方使用相同的密钥(key)加密消息和解密消息. 发送方加密的待发送的消息称为明文(plaintext), 接收方收到的来自发送方经过加密变换处理的消息称为密文(ciphertext).

在公钥密码体制中, 通信双方分别采用不同的密钥加密消息和解密消息[13]. 发送方用接收方公开的密钥加密待发送的消息, 其中用于消息加密的公开密钥, 称为公钥(public key); 接收方用秘密保存的密钥解密来自发送方的密文, 其中用于接收方恢复出明文的私有密钥, 称为私钥(private key). 将对称密码体制中需要共享的密钥通过公钥密码体制加密, 可以高效地解决对称密码体制中的密钥分配问题. 公钥加密系统的主要步骤如图 1.1 所示.

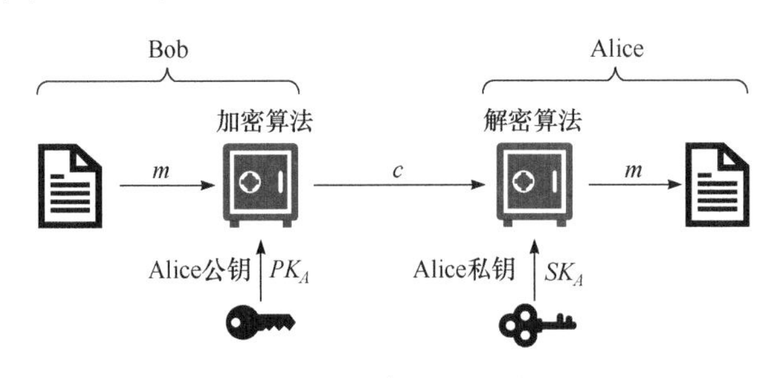


图 1.1　公钥加密系统

公钥加密系统包括以下几个步骤, 如图 1.1 所示.

(1) 消息接收方 Alice 生成一个公私钥对($PK_A$, $SK_A$).

(2) Alice 公开公钥 $PK_A$, 秘密保存私钥 $SK_A$.

(3) 消息发送方 Bob 想要发送明文消息 $m$ 给 Alice, 在加密算法中输入 Alice 的公钥 $PK_A$ 和明文消息 $m$, 加密算法输出密文 $c$.

(4) 当 Alice 收到密文 $c$ 后, 在解密算法中输入密文 $c$ 和私钥 $SK_A$, 解密算法输出明文消息 $m$.

对于一个安全的公钥加密系统[11], 如果没有 Alice 的私钥 $SK_A$, 窃听者即使知道公钥 $PK_A$、加密算法、解密算法和密文消息 $c$, 也无法恢复出明文消息 $m$.

公钥密码体制还可以用于数字签名(digital signature). 当公钥密码体制用于数字签名时, 签名者输入待签署的消息和自己的私钥, 输出一个签名; 验证者输入收到的消息、签名和签名者的公钥, 输出一个比特表示签名是否有效. 公钥签名系统可以实现对消息的认证.

公钥密码体制可以被用作建立一个单向认证系统, 主要步骤如图 1.2 所示. 消息发送方将自己的私钥和消息输入签名算法, 输出对消息的签名. 消息接收方收到签名消息后将签名消息和消息发送方的公钥输入签名验证算法, 输出消息进行签名认证.

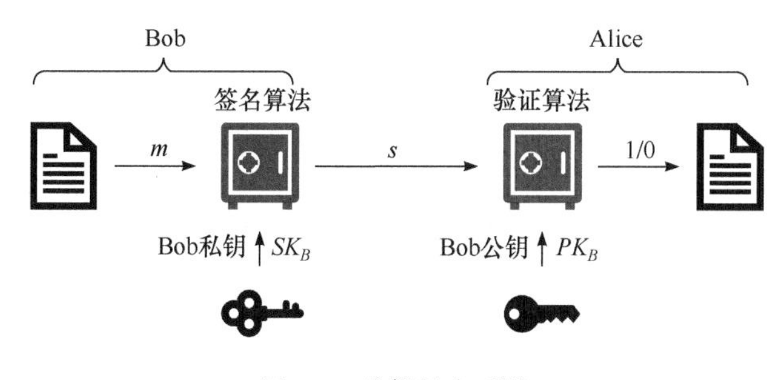


图 1.2 公钥签名系统

(1) 签名者 Bob 生成一个公私钥对($PK_B, SK_B$), $SK_B$ 用于生成签名, $PK_B$ 用于验证签名.

(2) Bob 公开 $PK_B$, 秘密保存 $SK_B$.

(3) 对待签署的消息 $m$, Bob 在签名算法中输入私钥 $SK_B$ 和消息 $m$, 输出签名 $s$.

(4) Alice 收到消息签名对$(m, s)$, 在签名验证算法中输入 $m$, $s$ 和 Bob 的公钥 $PK_B$, 输出一个比特 1 或 0, 分别表示签名验证通过或失败.

对于一个安全的公钥签名系统, 如果不知道 Bob 的私钥 $SK_B$, 攻击者即使知道公钥 $PK_B$, 也无法假冒 Bob 进行签名, 无法篡改 Bob 签署的消息或签名而不被发现, 因此有效的消息签名对只能来自 Bob, 这意味着 Bob 也不能否认签署了消息 $m$, 从而实现消息来源认证和消息完整性认证.

在公钥加密体制中, 私钥和对应的公钥都由消息接收者拥有; 在公钥签名体制中, 私钥和对应的公钥都由消息签署者拥有. 由于公钥密码体制的密码算法和公钥是公开的, 因此一个安全的公钥密码体制要求根据公开的密码算法和公钥确定解密或签名用的私钥在计算上是不可行的.

### 1.1.2 公钥密码体制存在的条件

公钥密码体制同样遵循 Kerckhoffs 准则的要求, 即密码算法本身不必保密, 唯一需要保密的是私钥, 即公钥密码算法的安全性仅依赖密钥的安全性.

W. Diffie 和 M. E. Hellman 在他们的开创性论文中假定这一密码体制的存在, 没有给出存在性证明, 但他们给出了公钥密码体制需要满足的条件.

(1) 对于消息接收方 Alice, 产生一对密钥 $(PK_A, SK_A)$ 在计算上是容易的.

(2) 对于消息发送方 Bob, 用消息接收方 Alice 的公钥 $PK_A$ 加密消息 $m$, 生成密文

$$c = E(PK_A, m)$$

在计算上是容易的, 其中 $E(\cdot)$ 为加密算法.

(3) 对于消息接收方 Alice, 用自己的私钥 $SK_A$ 解密收到的密文 $c$, 恢复出明文

$$m = D(SK_A, c) = D(SK_A, E(PK_A, m))$$

在计算上是容易的, 其中 $D(\cdot)$ 为解密算法.

(4) 对于攻击者, 已知公钥 $PK_A$, 求解对应的私钥 $SK_A$ 在计算上是不可行的.

(5) 对于攻击者, 已知密文 $c$ 和 Alice 的公钥 $PK_A$, 恢复 $c$ 对应的明文消息 $m$ 在计算上是不可行的.

(6) 特别地, 如果加密算法 $E(\cdot)$ 和解密算法 $D(\cdot)$ 的顺序是可以交换的, 即

$$m = D(SK_A, E(PK_A, m)) = E(PK_A, D(SK_A, m))$$

则该公钥加密体制同时可以用作公钥签名体制. 感兴趣的读者可以尝试将满足条件(6)的公钥加密方案修改为一个公钥签名方案.

公钥密码体制的核心是要求某种函数在一个方向的映射是容易计算的且其逆是困难的, 但在有条件的情况下, 该函数的求逆也是容易的. 这类函数称为陷门单向函数. 公钥密码体制需要存在陷门单向函数, 即在不知道陷门的情况下求逆是困难的函数, 但得知陷门信息后求该函数的逆是容易的.

### 1.1.3 公钥密码体制的计算复杂性假设

W. Diffie 和 M. E. Hellman 的《密码学新方向》论文指出, 陷门单向函数可用于设计公钥密码系统, 但未给出陷门单向函数的具体构造. 在此之后, 研究者提出了基于不同计算复杂性假设的陷门单向函数及由此得到的公钥密码体制[32], 其中最著名的包括基于大整数分解困难性的 RSA 假设、基于离散对数困难性[35]的 CDH 假设以及它们的各种变体.

### 1.1.4 RSA 假设

(1) **费马小定理** (Fermat little theorem) 若 $p$ 是素数, $a$ 是正整数, 且 $p$ 和 $a$ 的最大公因子 $\gcd(p,a)=1$, 则

$$a^{p-1} \equiv 1 \bmod p \tag{1-1}$$

(2) **欧拉函数** (Euler's totient function) $n$ 是一个正整数, 小于 $n$ 且与 $n$ 互素的正整数个数称为 $n$ 的欧拉函数, 记作 $\varphi(n)$.

若 $n$ 是素数, 则 $\varphi(n)=n-1$.

若 $n$ 是不同素数 $p$ 和 $q$ 的乘积, 则 $\varphi(n)=\varphi(p)\times\varphi(q)=(p-1)\times(q-1)$. 令 $\gcd(p-1,q-1)=d$, 对于所有满足 $\gcd(a,n)=1$ 的整数 $a$, 有

$$a^{(p-1)(q-1)/d} \equiv 1 \bmod n \tag{1-2}$$

(3) **欧拉定理** (Euler theorem) 若 $a$ 和 $n$ 互素, 则以下等式成立

$$a^{\varphi(n)} \equiv 1 \bmod n \tag{1-3}$$

已知 $p$ 和 $q$ 是不同素数, $n=pq$, 正整数 $a$, $e$ 分别满足 $\gcd(a,n)=1$, $\gcd(e,\varphi(n))=1$, 根据著名的快速模幂算法, 很容易计算

$$a^{e} \equiv c \bmod n \tag{1-4}$$

若知道关于 $n$ 的分解 $n=p\times q$, 已知 $c$ 求解 $a$ 是容易的. 由于 $\gcd(e,\varphi(n))=1$, 则存在 $d$ 满足式(1-5)

$$de \equiv 1 \bmod \varphi(n) \tag{1-5}$$

那么存在整数 $k$ 使得

$$de \equiv 1+k\varphi(n) \tag{1-6}$$

根据欧拉定理, 有式(1-7)成立

$$c^{d} \equiv (a^{e})^{d} \equiv a^{de} \equiv a^{1+k\varphi(n)} \equiv a^{1}\cdot(a^{\varphi(n)})^{k} \equiv a\cdot 1^{k} \equiv a \bmod n \tag{1-7}$$

因此, 已知 $x^{e} \equiv c \bmod n$, 根据式(1-7), 很容易求解出 $x$

$$c^{d} \equiv x \bmod n \tag{1-8}$$

在 $n$ 的分解已知的情况下, 给定 $x^{e} \equiv c \bmod n$, 求解 $x$ 是容易的. 如果 $n$ 的分解未知, 给定 $x^{e} \equiv c \bmod n$, 求解 $x$ 就是著名的 RSA 问题.

(4) **RSA 假设** (RSA assumption) 已知 $n$ 是两个不同素数的乘积但其分解未知, 给定正整数 $1 \leqslant e,c < n$, 满足 $\gcd(e,\varphi(n))=1, \gcd(c,n)=1$, 求解 $1<x<n$ 满足 $x^{e} \equiv c \bmod n$ 在计算上是不可行的.

由 RSA 假设易得陷门单向函数 $y = x^e \bmod n$, 其中陷门 $d$ 满足 $de \equiv 1 \bmod \varphi(n)$. 进一步可以得到 RSA 密码体制.

(5) **RSA 密码体制** (RSA cryptosystem)　RSA 密码体制[34]的主要算法如下.

① **密钥建立**: 选取大素数 $p$ 和 $q$, 计算 $n = pq$, 欧拉函数 $\varphi(n) = (p-1)(q-1)$. 选取整数 $1 < e < \varphi(n)$, 且 $\gcd(\varphi(n), e) = 1$. 计算 $d$ 满足 $de \equiv 1 \bmod \varphi(n)$. 设置 $(e, n)$ 为公钥, 秘密保存 $d$ 为私钥.

② **加密算法**: 对消息 $m$, 计算

$$c \equiv m^e \bmod n \tag{1-9}$$

③ **解密算法**: 对密文 $c$, 计算

$$m \equiv c^d \bmod n \tag{1-10}$$

### 1.1.5　离散对数相关假设

如果有限域中某个元素的幂可以生成该有限域的所有非零元素, 则称该非零元素为本原根. 一个有限域可以有多个本原根, 它们都可以生成有限域的非零元素.

(1) **本原根定理** (primitive root theorem)　对于一个素数 $p$, 在有限域 $\mathbb{F}_p$ 中存在一个元素 $g$, $\mathbb{F}_p$ 的所有非零元素由 $g$ 的幂生成, 即 $\mathbb{F}_p^* = \{g, g^2, g^3, \cdots, g^{p-2}, g^{p-1}\}$, 元素 $g$ 称为 $\mathbb{F}_p$ 的本原根或 $\mathbb{F}_p^*$ 的生成元, $g$ 的阶为 $p-1$.

根据本原根定理, 若 $g$ 为模素数 $p$ 的有限域 $\mathbb{Z}_p$ 的本原根, $h$ 是 $\mathbb{Z}_p$ 中的非零元素, 则存在正整数 $0 < x \leqslant p-1$, 使得 $h$ 可以表示为模 $p$ 下 $g$ 的 $x$ 次幂.

(2) **模 $p$ 下的离散对数问题** (discrete logarithm problem, DLP)　给定素数 $p$, $\mathbb{Z}_p^*$ 的生成元 $g$, $1 \leqslant h \leqslant p-1$, 求解幂指数 $0 < x \leqslant p-1$, 使下式成立

$$g^x \equiv h \bmod p \tag{1-11}$$

模 $p$ 下的离散对数困难性假设断言求解上述幂指数 $x$ 在计算上是困难的. 注意模 $p$ 下的离散对数问题并非总是困难的, 例如当 $p$ 太小或者 $p-1$ 没有大的素因子时, 模 $p$ 下的离散对数问题是容易求解的.

更一般地, 离散对数问题和离散对数困难性假设可以推广到任意有限循环群 $\mathbb{G}$ 中. 在《密码学新方向》论文中, W. Diffie 和 M. E. Hellman 在离散对数困难性假设下提出了一种密钥交换方案[12], 允许协议双方在公开的信道上协商出一个共享的密钥, 以便在后续的通信中使用(过程见 5.1 节).

T. ElGamal 在离散对数困难性假设下提出了 ElGamal 公钥密码体制[16,17].

ElGamal 签名体制的修正形式成为数字签名标准(digital signature standard, DSS).

(3) **ElGamal 公钥密码体制** ElGamal 公钥密码体制的主要算法如下.

① **密钥建立**: 选择大素数 $p$, 使得有限域 $\mathbb{Z}_p^*$ 上离散对数困难性假设成立. 令 $g$ 是 $\mathbb{Z}_p^*$ 的生成元, 随机选择 $1 \leqslant x \leqslant p-1$. 设置系统参数为 $(g,p)$, 私钥为 $x$, 公钥为 $y$, 其中

$$y \equiv g^x \bmod p \tag{1-12}$$

② **加密算法**: 对于消息 $1 \leqslant m \leqslant p-1$, 发送方随机选取 $1 \leqslant r \leqslant p-1$, 并计算

$$C_1 \equiv g^r \bmod p \tag{1-13}$$

$$C_2 \equiv my^r \bmod p \tag{1-14}$$

发送密文 $(C_1, C_2)$ 给接收方.

③ **解密算法**: 收到 $(C_1, C_2)$, 如式(1-15)计算并恢复出明文消息 $m$.

$$m \equiv C_1^{-x} C_2 \bmod p \tag{1-15}$$

很容易验证 $C_1^{-x} C_2 \equiv g^{-xr} my^r \equiv g^{-xr} mg^{xr} \equiv m \bmod p$, 因此解密算法将恢复出发送方发送的明文消息 $m$.

在离散对数困难性假设基础上, 还有许多相关的计算复杂性假设[5], 其中最著名的是计算性 Diffie-Hellman(computational Diffie-Hellman, CDH)假设和判定性 Diffie-Hellman(decisional Diffie-Hellman, DDH)假设[6].

(4) **CDH 假设** 令 $q$ 为素数, 有限循环群 $\mathbb{G}$ 的阶为 $q$, 生成元为 $g$, 对于 $\alpha$, $\beta \in \mathbb{Z}_q$, 给定 $u = g^\alpha$ 和 $v = g^\beta$, 求解 $w = g^{\alpha\beta}$ 在计算上是困难的.

(5) **DDH 假设** 令 $q$ 为素数, 有限循环群 $\mathbb{G}$ 的阶为 $q$, 生成元为 $g$, 对于 $\alpha$, $\beta, \gamma \in \mathbb{Z}_q$, 给定 $u = g^\alpha$, $v = g^\beta$, $w_0 = g^{\alpha\beta}$, $w_1 = g^\gamma$, 区分两个三元组 $(u, v, w_0)$ 和 $(u, v, w_1)$ 在计算上是困难的.

上述 DLP、CDH 和 DDH 假设可以推广至椭圆曲线(elliptic curve, EC)的有限循环群上[4]. 一些学者进一步将上述假设推广到支持双线性对映射(bilinear pairing maps)的椭圆曲线上[3], 包括双线性 Diffie-Hellman(bilinear Diffie-Hellman, BDH)假设和判定性双线性 Diffe-Hellma(decisional bilinear Diffie-Hellman, DBDH)假设.

(6) **BDH 假设** 令 $q$ 为素数, 有限循环群 $\mathbb{G}, \mathbb{G}_1$ 的阶为 $q$, $\mathbb{G}$ 的生成元为 $g$. 双线性映射 $e: \mathbb{G} \times \mathbb{G} \to \mathbb{G}_1$, 对任意 $\alpha, \beta \in \mathbb{Z}_q$, $e(g^\alpha, g^\beta) = e(g,g)^{\alpha\beta}$ 成立. BDH 假设断言, 对于 $\alpha, \beta, \gamma \in \mathbb{Z}_q$, 给定 $u = g^\alpha$, $v = g^\beta$ 和 $w = g^\gamma$, 求解 $e(g,g)^{\alpha\beta\gamma}$ 在计算上是困

难的.

(7) **DBDH 假设**　令 $q$ 为素数, 有限循环群 $\mathbb{G}, \mathbb{G}_1$ 的阶为 $q$, $\mathbb{G}$ 的生成元为 $g$, $e: \mathbb{G} \times \mathbb{G} \to \mathbb{G}_1$ 为双线性映射, 对于 $\alpha, \beta, \gamma, \delta \in \mathbb{Z}_q$, 给定 $u = g^{\alpha}$, $v = g^{\beta}$, $w = g^{\gamma}$, $r_0 = e(g,g)^{\alpha\beta\gamma}$ 和 $r_1 = e(g,g)^{\delta}$, 区分两个四元组 $(u,v,w,r_0)$ 和$(u,v,w,r_1)$ 在计算上是困难的.

在一些密码学设计中, 还会用到其他离散对数相关的假设, 例如 Diffie-Hellman 逆(Diffie-Hellman inversion, DHI)假设, 即在如上的类似参数设置下, 给定 $t$ 为正整数, $(g, g^{\alpha}, \cdots, g^{\alpha^t}) \in \mathbb{G}^{t+1}$, 求解 $g^{1/\alpha}$ 在计算上是困难的. 更多的非标准计算复杂性假设, 将在对应的密码学方案中给出, 在此不再一一赘述.

### 1.1.6　公钥密码技术在区块链中的应用

公钥密码技术在区块链系统中有着广泛的应用, 主要包括为区块链系统提供消息源认证、消息完整性、消息保密性、行为不可否认性、行为诚实性和隐私保护等功能. 同时, 区块链特殊的运行环境也为一些公钥密码学原语、算法和协议提出了新的功能、性能和安全性要求. 因此, 一方面密码技术是区块链系统安全的保障, 另一方面区块链也促进了密码技术的发展.

## 1.2　区块链基本概念

区块链是将数据区块以顺序相连的方式组合成的链式数据结构. 它是由不同节点共同生成并达成一致的数据, 其中的节点可能属于不同组织或个人, 这些节点可能是易出错的、互不信任的, 甚至可能受攻击者控制. 因此, 区块链也是一种分布式计算系统, 区块链的设计与运行需要符合分布式系统的基本原理.

### 1.2.1　分布式系统

分布式系统是指网络相连的计算组件集合通过传递消息的方式进行通信和动作协调的整体系统[10]. 分布式系统具有两个显著的特点. 第一个特点是独立运行的计算组件集合, 组件之间执行并发程序是十分常见的行为, 并发程序的安全执行会大幅提升系统的处理能力, 但并发程序安全执行的基础是系统数据保持一致.

分布式系统中包含多种多样的计算组件, 这些计算组件通常拥有独立的时间概念, 也就是说系统缺乏全局时钟. 组件间的协作能力取决于对程序发生时间的共识, 因为缺少通用的时间参考工具, 所以会影响系统内的同步和协调. 针对这一问题, L. Lamport[24]在 1978 年提出了基于单调增长软件计数器的系统逻辑时钟概念, 称为 Lamport 时间戳.

**定义 1-1** (Lamport 时间戳) 对于两个不同的事件 $A$ 和 $B$, $C(x)$ 是事件 $x$ 的时间戳, 如果事件 $A$ 在事件 $B$ 之前发生, 则有

$$C(A) < C(B)$$

Lamport 时间戳数字化地获取进程的发生顺序, 是一种简单的逻辑时钟算法, 为向量时钟、矩阵时钟等分布式逻辑时钟研究提供基础[26].

分布式系统的第二个特点是系统应表现为一个整体系统. 用户在使用系统资源时, 不需要注意这些资源是分散的; 但是, 系统中组件存在单点故障的风险, 即分布式系统中任何一部分组件在任何时间都有可能失效. 因此, 使分布式系统表现为一个整体是极具挑战的工作.

分布式系统需要在部分组件故障的情况下仍然保障整体系统的可用性. 原子广播和共识协议是设计故障容错的分布式系统的两个重要范式. 原子广播允许节点可靠地传递消息, 以便它们就所传递的消息集和消息传递的顺序达成一致. 原子广播中的原子性表现在它可以保障事务要么最终在所有参与者处正确完成, 要么在所有参与者处都没有副作用地中止.

在实际环境中, 特别是在区块链运行的开放网络环境中, 组件间的原子广播很难实现[33]. 系统内组件间消息传输的时间假设是影响系统整体性的一个重要因素. 按照通信时间假设不同, 分布式系统通信模型通常可以分为同步网络模型、异步网络模型、半同步网络模型.

**定义 1-2** (同步网络模型, synchronous network model) 系统中组件间消息传递时间存在已知固定的上限 $\Delta$, 则称系统为同步网络模型.

**定义 1-3** (异步网络模型, asynchronous network model) 系统中组件间消息传递时间不存在已知固定的上限 $\Delta$, 但消息会最终送达, 则称系统为异步网络模型.

**定义 1-4** (半同步网络模型, partially synchronous network model) 系统中组件间消息传递时间存在固定的上限 $\Delta$, 但 $\Delta$ 事先未知, 则称系统为半同步网络模型.

共识协议是设计故障容错的分布式系统的另一个重要范式. 共识协议允许节点集合达成一个共同的决策或状态, 该决策或状态仅取决于过程中的初始值, 与节点故障情况无关. 分布式系统的节点间通常需要通过共识协议来达成一致. 节点间一致性和共识在概念上存在细微的差别. 一致性是指分布式系统中的多个节点在给定一系列的操作或状态更新之后, 在约定协议的保障下, 它们最终达到稳定的状态, 对外界呈现的总体状态是一致的. 也就是说, 一致性要求节点集合中的数据完全相同并且能够对某个新的提案达成一致. 共识是指分布式系统中的多个节点之间, 彼此对某个新的状态事务达成一致结果的过程及过程中使用的算法.

分布式系统理论经过长期的发展, 在共识协议相关研究中形成了著名的 FLP 不可能定理和 CAP 定理, 这些理论同样指导着区块链共识协议的设计.

### 1. FLP 不可能定理

1985 年, M. J. Fischer, N. A. Lynch 和 M. S. Paterson 提出了著名的 FLP 不可能定理[20]并因此获得了 Dijkstra 奖. FLP 不可能定理指出, 在异步分布式网络模型中, 即使只有一个进程发生故障, 也不存在任何确定性协议能保证系统达成共识.

在 FLP 不可能定理中没有考虑拜占庭故障节点(即在网络中发送错误信息的节点), 而且假设系统中消息传播系统是可靠的, 即系统中所有消息都可以被正确地传播. 然而, 即使在这些假设下, 异步分布式系统中单个进程在任意时间故障也会导致系统不能达成共识. 因此, 如果没有关于系统环境的进一步假设或对故障容错种类的更大限制, 那么分布式共识这一重要问题就没有可行的解决方案.

### 2. CAP 定理

2000 年, E. A. Brewer 提出了著名的 CAP 猜想[19]. 如图 1.3 所示, CAP 猜想认为, 网络服务中不能同时保证一致性(consistency)、可用性(availability)和分区容错(partition tolerance). 两年之后, S. Gilbert 和 N. A. Lynch [21]按照网络模型的不同进行了分类讨论. 对存在网络分区的网络, 在异步网络假设下无法提供一致性的数据; 在半同步网络下一致性和可用性可能出现折中方案, 但无法实现全部要求, 最终完成 CAP 猜想的证明, CAP 猜想称为 CAP 定理.

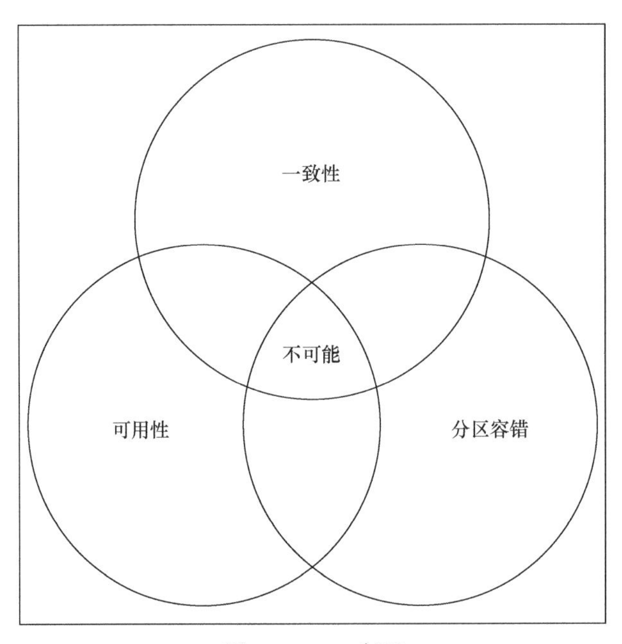


图 1.3　CAP 定理

一致性是指所有组件在同一时间具有相同的数据[27]. 在分布式系统中, 数据保存在多个副本节点中. 一致性是指对数据操作之后, 保存在各副本中的该数据始终保持一致. 也就是说, 在分布式系统中对数据进行操作时, 对所有数据副本全部操作成功才算操作成功, 否则操作失败. 如果数据操作失败, 则退回到数据操作前的状态. 这里的一致性是指强一致性(strict consistency), 在一些文献中进一步区分为线性一致性(linearizable consistency)和顺序一致性(sequential consistency), 前者也称为原子一致性(atomic consistency). 顺序一致性的概念由 L. Lamport 提出[25], 目的是寻找没有强一致性那么苛刻但实践可用的一致性模型. 在顺序一致性模型下, 所有操作按某种顺序原子执行, 各个节点看到的任务执行顺序都为该种顺序, 但不需要和全局时钟下的顺序一致, 所有执行的结果都与所有处理器的操作按某种顺序执行一样, 并且每个单独的处理器的操作按其程序指定的顺序出现, 错则一起错, 对则一起对. 对应的弱一致性概念[1]包括因果一致性(causal consistency)和最终一致性(eventual consistency). 在因果一致性模型中, 如果两个事件有因果关系, 则要求这两个事件的先后顺序满足因果序, 并且所有进程看到的这两个事件的顺序都满足这个因果序. 最终一致性不能保证任何一次数据操作后各副本数据始终保持一致, 但保证最终可以达成一致, 也就是说在没有新的更新操作情况下, 最终所有的请求都会返回最后更新的副本数据. 最终一致性模型结果很弱, 并且需要解决冲突的机制.

分布式系统的可用性是指系统中非故障组件收到的每个请求最终都必须产生响应, 从而保证分布式系统持续可用[15]. 当系统部分节点出现故障的时候, 用户发出数据操作请求可以得到响应, 系统可用并不代表系统的所有组件提供的数据一致.

分区容错性是指系统中信息的丢失或失败不会影响系统的运行[8]. 除非整个系统的全部组件都出现故障, 否则所有子集合组件的故障都不能导致整个系统的错误响应. 分区容错性保证系统在由于网络、节点失败引发消息丢失时可以正常工作.

CAP 定理指出, 分布式系统最多只能同时满足上述三个特性中的两个[37]. 如果系统能够同时满足强一致性和可用性, 则不能出现网络分区, 如单点数据库; 如果系统能够同时满足强一致性和分区容错性, 则系统不一定可用, 如分布式锁、分布式数据库; 如果系统同时满足可用性和分区容错性, 则不能出现强一致性, 如域名系统(domain name system, DNS)、Web 缓存. CAP 定理给出了分布式系统设计时所需做出的权衡, 设计与实现时往往需要牺牲某部分性质以满足实际使用的需要. CAP 定理同样指导着区块链系统的设计与实现, 许多区块链系统中保证的是最终一致性, 通过牺牲强一致性以同时满足弱一致性、可用性和分区容错性, 如比特币区块链网络各节点的最新数据可能不一致, 但是经过一段时间后节点的历史数据将保持一致.

### 1.2.2　拜占庭将军问题

鲁棒的分布式系统必须拥有容忍故障组件的能力，这些故障组件不仅可能宕机，甚至可能发送相互矛盾的信息给系统中的不同组件，从而影响系统达成共识. 在这种情况下，能够保证非故障组件达成一致的共识成为分布式系统在开放环境下安全运行的关键.

1982 年，L. Lamport 等[23]将此抽象问题形象地描述为拜占庭军队攻打敌城的场景，并称之为拜占庭将军问题. 如图 1.4 所示，数支拜占庭军队在敌城外扎营，每支军队的将军将决定对敌城是进攻还是撤退.

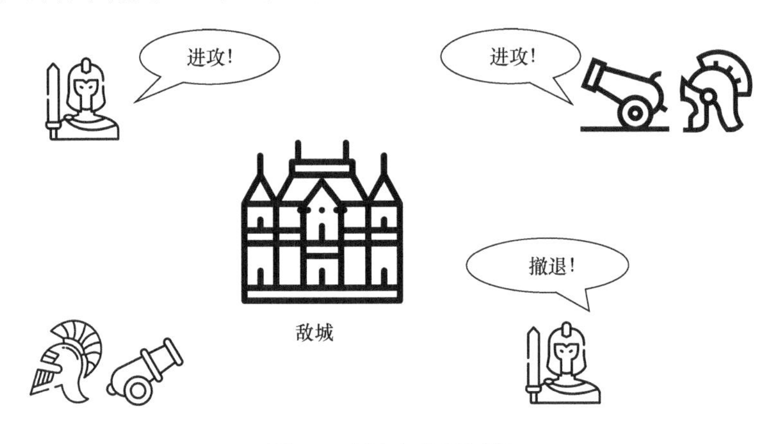


图 1.4　拜占庭将军问题

由于一部分军队进攻，同时一部分军队撤离，可能会造成灾难性后果，因此各位将军必须通过投票来达成一致，即所有军队一起进攻或所有军队一起撤离. 在投票过程中，将军之间通过信使都将自己的投票信息分别告知其他将军. 根据自己的投票和所有其他将军送来的信息，每位将军可以知道共同的投票结果而决定行动策略. 但是，将军中可能有叛徒，他们试图通过选择性发送消息、伪造信件、截杀信使等手段阻止诚实的将军们达成一致. 在这种情况下，如果诚实的将军们仍然能够达成一致的进攻或撤退的决定，则称对应的解决方案是拜占庭容错(Byzantine fault tolerance)的.

将拜占庭将军问题映射到分布式计算系统中，拜占庭将军对应着分布式系统中的计算节点，叛变的将军称作拜占庭节点，信使就是节点间的通信系统. 拜占庭将军问题形象地描述了分布式系统中的共识难题，是分布式系统中的基础性科学问题. 1999 年，M. Castro 和 B. Liskov 提出了实用拜占庭容错(practical Byzantine fault tolerance, PBFT)协议[7]，表明在半同步网络中，拜占庭节点数不超过总的节点数的 1/3 的情况下，诚实节点之间可以有效地达成共识.

### 1.2.3 区块链工作机制

区块链系统与传统分布式系统相比有一些微妙的区别. 在传统的分布式系统里, 参与共识的节点和节点数是事先确定的, 节点规模通常不大; 然而在区块链中参与共识的节点和节点数量通常是不确定的. 另外, 在传统的分布式系统里, 其节点往往属于同一主体, 通常在一种相对可信的环境下运行; 与此相对的区块链系统里, 其节点通常属于不同的利益主体, 节点之间可能互不信任. 不同于传统中心化信息系统由单一主体控制的分布式节点, 区块链需要在无中心的对等节点之间建立信任, 因此区块链也被称为信任的引擎.

区块链独特的价值在于它在开放网络环境下为属于不同利益主体的计算节点提供了一种建立信任的机制. 在区块链系统中, 一个节点并不需要信任其他节点, 而是验证其他节点产生的数据符合预定义的规则. 为此, 区块链中的节点被设定为对等的, 每个节点保存着系统内所有经过验证且达成一致的交互信息, 丢弃不能通过验证或未达成一致的数据. 通过节点数据的公开验证、不可篡改且有序的安全特性, 区块链提供了一种在无须信任假设的节点之间进行可验证的任务协作的机制.

区块链节点保存的数据采用了一种链式结构. 如图 1.5 所示, 区块链中采用的数据结构来源于链式时间戳验证日志(linked timestamping verifiable logs), 它由 S. Haber 和 W. S. Stornetta 在 1990 年至 1997 年间发表的一系列论文中提出. 他们当时的工作是为了提出一种提供文件时间戳的"数字公证"服务, 支持包括专利、商业合同等多种文件类型, 同时也提到了这项技术在金融交易中存在潜在应用的可能[22]. 链式时间戳验证日志是一种简洁高效的数据结构, 使用哈希函数来链接两个文件, 这些链接指针被称为哈希指针. 可以将同时产生的文件组合成一个块, 使它们拥有相同的时间戳, 单个块内文件以 Merkle 树的方式组合. J. Benaloh 和 M. de Mare[2] 也在同一时间段提出了这一构想. 这里提到的哈希函数和 Merkle 树技术将在第 3 章详细介绍.

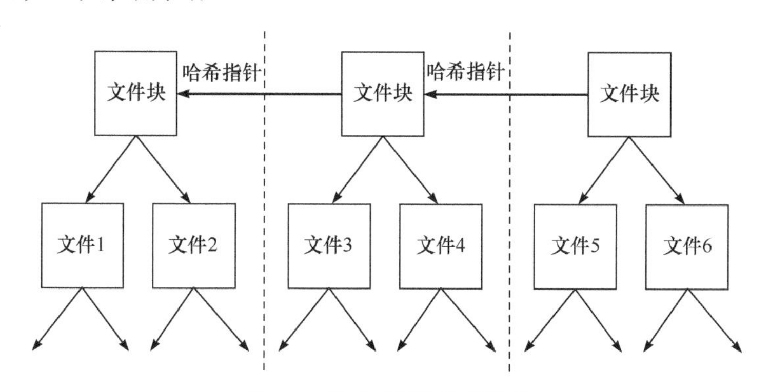


图 1.5 链式时间戳数据结构

在区块链中, 只有与自己本地保存的数据不冲突的数据才会被节点视为有效的. 验证新收到的数据后, 节点将新的数据链接到系统达成一致的既有数据之后. 每个诚实的节点都会做类似的工作, 因此诚实的节点将维护相同的数据副本. 这意味着区块链必须满足活性(liveness)和一致性(consistency)两个安全特性. 粗略地说, 活性是指正确的请求最终会得到处理. 一致性是指如果一个诚实的节点接受(或者拒绝)一个请求, 那么所有其他诚实的节点都会做出同样的决定.

许多区块链通过选举、出块、验证和上链四个步骤提供系统所需要的活性和一致性. 选举步骤从系统所有的节点中选择唯一的"出块者"负责产生新的区块. 选出出块节点是区块链工作机制的核心步骤, 需要充分考虑到女巫攻击(sybil attack), 防止恶意节点通过伪装成多个节点以获得更多成为"出块者"的机会. 为此, 一般需要完成一定挑战的任务或者出示符合某种条件的证据的节点才有机会出块. 出块是"出块者"需要完成的步骤, 按照预设的格式要求将这段时间内新的合法请求打包成一个区块, 并将这个区块广播至全网节点[38].

全网节点收到区块后会验证新区块的有效性并将有效的新区块上链. 由于节点会各自验证区块内包含的请求的正确性, 包含了不正确的或冲突的请求的区块将被视为无效, 因此诚实的"出块者"在出块阶段将验证请求的正确性. 全网节点会将验证有效的新区块上链, 即在本地将验证正确的区块添加到上一个区块的后面. 由于网络时延等原因, 不同的节点执行上链操作的时间可能有先后. 经过一段时间后, 诚实的节点都会将有效的新区块上链, 因此它们会保存共同的区块链. 区块链的共识机制和工作流程的安全特性均离不开密码学的支持, 其中使用的密码技术在后续章节中介绍.

### 1.2.4　区块链技术特点

区块链最重要的价值之一在于通过算法建立对等节点间的信任. 为此, 区块链使用了特殊的数据结构和工作机制, 使得区块链作为整体产生的数据具有难篡改、可追溯、可验证等诸多优秀技术特点.

1. 难篡改

区块链所有节点参与维护数据, 保存经过共识的相同数据副本. 区块链内使用了防篡改的哈希函数、数字签名等密码技术. 每个诚实的节点收到区块后都会对区块的正确性进行验证, 包括对打包进入区块中的数据的验证. 因此, 攻击者试图伪造链上不存在的数据或篡改链上已有的数据而被其他节点接受是困难的, 除非攻击者能够控制整个系统的大多数节点. 当一个区块链系统中的节点足够多时, 攻击者试图成功篡改系统中的数据的成本是极其高昂的, 这在实践中是不可行的.

2. 可追溯

区块链中的每个区块打包的是经过签名的请求或执行请求所产生的数据. 区块之间通过哈希指针链接, 每个区块都有出块者信息和时间戳, 不仅能够表达链上数据间的顺序关系, 也能在一定程度上表达链上数据与现实世界之间的时间关系. 每次区块的更新记录按顺序保存在区块链上, 最终形成从创世区块到当前区块的所有数据的完整过程. 区块链的上述数据结构和数据产生与存储机制使得其上的数据具有极强的可追溯性.

3. 可验证

区块链上数据的可验证性是区块链在互不信任的节点之间建立信任的关键. 在区块链中, 数据包括用户的请求、出块节点执行请求产生的数据、节点对出块达成共识的证据信息, 这些数据都可以被诚实节点验证. 因此, 只需成为一个节点即可验证区块链上数据的有效性, 包括验证这些数据在节点之间达成了一致. 一些区块链甚至不需要验证者成为一个节点, 只需获得创世区块到当前区块的数据, 即可验证所有数据的有效性或者只对自己感兴趣的部分进行验证. 这种可验证性使得区块链成为一种可信的数据服务平台. 结合零知识证明等密码学技术, 区块链还可以在保证可验证性的同时保护用户隐私, 有着广泛的潜在应用.

## 参 考 文 献

[1] Adve S V, Hill M D. Weak ordering: A new definition. ACM SIGARCH Computer Architecture News, 1990, 18(2SI): 2-14.
[2] Benaloh J, de Mare M. One-way accumulators: A decentralized alternative to digital signatures. Advances in Cryptology-EUROCRYPT' 93. Berlin, Heidelberg: Springer, 1993: 274-285.
[3] Boneh D, Boyen X. Efficient selective-ID secure identity-based encryption without random oracles. International Conference on the Theory and Applications of Cryptographic Techniques. Berlin, Heidelberg: Springer, 2004: 223-238.
[4] Boneh D, Franklin M. Identity-based encryption from the Weil pairing. Annual International Cryptology Conference. Berlin, Heidelberg: Springer, 2001: 213-229.
[5] Boneh D, Shoup V. A graduate course in applied cryptography. Draft 0.6, 2023. https://crypto.stanford.edu/~dabo/cryptobook/BonehShoup_0_6.pdf.
[6] Boneh D. The decision Diffie-Hellman problem. International Symposium on Algorithmic Number Theory. Berlin, Heidelberg: Springer, 1998: 48-63.
[7] Castro M, Liskov B. Practical Byzantine fault tolerance. The Third Symposium on Operating Systems Design and Implementation. New Orleans: USENIX Association, 1999: 173-186.
[8] Chandra T D, Toueg S. Unreliable failure detectors for reliable distributed systems. Journal of the ACM, 1996, 43(2): 225-267.

[9] Cocks C C. A note on “non-secret encryption”. CESG Memo, 1973.
[10] Coulouris G, Dollimore J, Kindberg T. Distributed Systems: Concepts and Design. 4th ed. Harlow: Addison Wesley, 2005.
[11] Cramer R, Shoup V. A practical public key cryptosystem provably secure against adaptive chosen ciphertext attack. Annual International Cryptology Conference. Berlin, Heidelberg: Springer, 1998: 13-25.
[12] Diffie W, Hellman M E. New directions in cryptography. IEEE Transactions on Information Theory, 1976, 22: 644-654.
[13] Diffie W, Hellman M E. Multiuser cryptographic techniques. National Computer Conference and Exposition. New York: ACM Press, 1976: 109-112.
[14] Diffie W. The first ten years of public-key cryptography. Proceedings of the IEEE, 1988: 560-577.
[15] Dwork C, Lynch N A, Stockmeyer L. Consensus in the presence of partial synchrony. Journal of the ACM, 1988, 35(2): 288-323.
[16] ElGamal T. A public key cryptosystem and a signature scheme based on discrete logarithms. Workshop on the Theory and Application of Cryptographic Techniques. Berlin, Heidelberg: Springer, 1984: 10-18.
[17] ElGamal T. A subexponential-time algorithm for computing discrete logarithms over GF($p^2$). IEEE Transactions on Information Theory, 1985, 31(4): 473-481.
[18] Ellis J H. The possibility of secure non-secret digital encryption. UK Communications Electronics Security Group Report, 1970.
[19] Brewer E A. Towards robust distributed systems. The 19th ACM Symposium on Principles of Distributed Computing. New York: ACM Press, 2000.
[20] Fischer M J, Lynch N A, Paterson M S. Impossibility of distributed consensus with one faulty process. Journal of the ACM, 1985, 32(2): 374-382.
[21] Gilbert S, Lynch N A. Brewer’s conjecture and the feasibility of consistent, available, partition-tolerant web services. ACM SIGACT News, 2002, 33(2): 51-59.
[22] Haber S, Stornetta W S. How to time-stamp a digital document. Conference on the Theory and Application of Cryptography. Berlin, Heidelberg: Springer, 1990: 437-455.
[23] Lamport L, Shostak R, Pease M. The Byzantine generals problem. ACM Transactions on Programming Languages and Systems, 1982, 4(3): 382-401.
[24] Lamport L. Time, clocks, and the ordering of events in a distributed system. Communications of the ACM, 1978: 21(7): 558-565.
[25] Lamport L. How to make a correct multiprocess program execute correctly on a multiprocessor. IEEE Transactions on Computers, 1997, 46(7): 779-782.
[26] Lamport L. The part-time parliament. ACM Transactions on Computer Systems, 1998, 16(2): 133-169.
[27] Lynch N A. Distributed Algorithms. San Francisco: Morgan Kaufmann, 1996.
[28] Williamson M J. Non-secret encryption using a finite field. CESG Report, January, 1974.
[29] Williamson M J. Thoughts on cheaper non-secret encryption. CiteSeer, 1976.

[30] Rabin M O. Digitalized signatures and public-key functions as intractable as factorization. Cambridge: Massachusetts Inst of Tech Cambridge Lab for Computer Science, 1979.
[31] Merkle R C. Secure communications over insecure channels. Communications of the ACM, 1978, 21(4): 294-299.
[32] Merkle R C, Hellman M E. Hiding information and signatures in trapdoor knapsacks. IEEE Transactions on Information Theory, 1978, 24(5): 525-530.
[33] Miller A, Xia Y, Croman K, et al. The honey badger of BFT protocols. ACM SIGSAC Conference on Computer and Communications Security. New York: ACM Press, 2016, 31-42.
[34] Rivest R L, Shamir A, Adleman L. A method for obtaining digital signatures and public-key cryptosystems. Communications of the ACM, 1978, 21(2): 120-126.
[35] Sadeghi A R, Steiner M. Assumptions related to discrete logarithms: Why subtleties make a real difference. International Conference on the Theory and Applications of Cryptographic Techniques. Berlin, Heidelberg: Springer, 2001, 244-261.
[36] Shannon C E. Communication theory of secrecy systems. The Bell System Technical Journal, 1949, 28(4): 656-715.
[37] van Steen M, Tanenbaum A S. Distributed Systems. 3rd ed. Leiden, The Netherlands: Maarten Van Steen, 2017.
[38] Yaga D, Mell P, Roby N, et al. Blockchain technology overview. NISTIR 8202, 2018.

# 习　题

## 一、填空题

1. 在公钥密码体制中，发送方用于消息加密的密钥称为__________；接收方恢复出明文的密钥称为__________.

2. 在公钥密码体制认证系统中，发送方将__________和__________输入签名算法，输出签名. 接收方收到签名后，将__________和__________输入签名验证算法，进行签名认证.

3. 费马小定理中，若 $p$ 是素数，$a$ 是正整数，且 $p$ 和 $a$ 互素，则满足__________.

4. 在异步网络模型中，系统中组件间消息传递__________，但__________. 半同步网络模型中，系统中组件间消息传递__________，但__________.

5. 在 CAP 定理中，网络服务中不能同时保证__________、__________和__________.

## 二、简答题

1. 简述 Kerckhoffs 准则.

2. 简述 RSA 假设和 RSA 密码体制过程.

3. 简述 ElGamal 密码体制.
4. 简述 FLP 不可能定理.
5. 查询文献, 简述实用拜占庭容错(PBFT)协议及其相关研究进展.

# 第 2 章　区块链技术原理

自 2008 年比特币问世以来，出现了许多优秀的区块链系统，总体呈现出多样化发展、多元化应用的态势. 本章首先梳理区块链发展中出现的不同体系架构，总结其中通用参考架构，接着依据区块链参考架构框架重点介绍比特币、以太坊、超级账本三种具有代表性的区块链系统，最后展望区块链技术的发展趋势.

## 2.1　区块链技术

### 2.1.1　区块链的定义

区块链在国内外的研究仍处在早期阶段，业界尚未形成统一的区块链的定义，不同的组织和机构根据自己的理解给出了不同的定义. 下面整理了代表性机构对区块链的定义，它们从不同的角度给出区块链的内涵和外延.

**中国电子工业标准化技术协会**在《区块链 参考架构》(2017 年 5 月 16 日实施)团体标准中，首次将区块链定义为一种在对等网络环境下，通过透明和可信规则，构建不可伪造、不可篡改和可追溯的块链式数据结构，实现和管理事务处理的模式. 需注意的是，在本定义中事务处理包括但不限于可信数据产生、存取和使用.

**全国信息安全标准化技术委员会**(SAC/TC 260)主持编写的《信息安全技术 区块链技术安全框架》中也给出了区块链的定义[41]，区块链是一种"将区块顺序相连，并通过共识协议、数字签名、杂凑函数等密码学方式保证的抗篡改和不可伪造的分布式账本".

**国际标准化组织**(International Organization for Standardization, ISO)在《区块链和分布式记账技术——术语》[24]标准中，将区块链定义为已确认的区块使用密码学方法链接在一个仅追加顺序链的分布式账本.

**美国国家标准与技术研究院**(National Institute of Standards and Technology, NIST)在《区块链技术概述》报告[31] 中将区块链定义为带有数字签名的交易分布式数字账本，其中账本以区块的形式组成. 在通过验证与共识决策之后，每个合法的区块都以密码学方式链接到前块(使区块防篡改). 随着新区块的添加，旧区块将变得难以修改(使区块链具有抗篡改性). 新的区块复制到全网的账本中，并使用预设的规则自动解决可能的区块冲突问题.

**电气与电子工程师学会**(Institute of Electrical and Electronics Engineers, IEEE)在《区块链系统的数据格式标准》[23] 中更强调区块链的功能特征, 基于一组用于交易应用的点对点分布式账本, 区块链可以维护一个持续增长的密码学保障安全的数据记录列表, 以防止篡改和修改.

**国际电信联盟**(International Telecommunications Union, ITU)在《分布式账本技术术语和定义》[25] 中将区块链定义为一种分布式账本, 由数字记录的数据组成, 这些数据记录为区块的连续增长链, 每个块都通过密码方式链接并经过加固, 以防篡改.

### 2.1.2　区块链参考架构

区块链是一个新型的信息系统, 目前尚未形成一个如同计算机网络中开放系统互连参考模型(ISO/OSI[①]体系架构)一样的公认参考模型. 本节根据区块链各关键模块的功能划分, 介绍一种简单的分层区块链参考架构. 如图 2.1 所示, 区块链系统从下向上可划分为数据存储层、网络通信层、共识激励层、交易执行层和应用服务层五个功能层次.

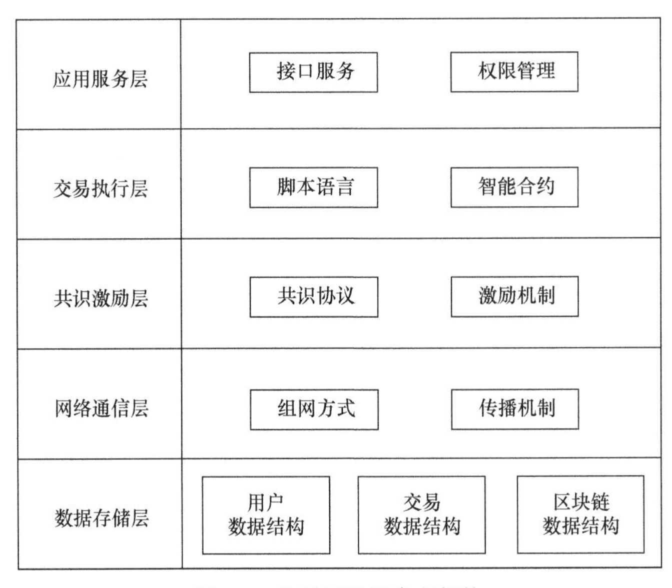


图 2.1　分层区块链参考架构

区块链中数据存储层包括用户数据结构、交易数据结构、区块链数据结构等. 网络通信层包括不同节点之间的组网方式、传播机制等. 共识激励层接收网

① 开放系统互连(open system interconnection, OSI).

络通信层的数据信息，在激励机制的作用下不同节点运行共识协议以达成全网一致意见，很多区块链系统的共识协议和激励机制相互耦合，因此归为同一分层．交易执行层根据预设的规则和应用层的请求执行交易，不同区块链采用不同脚本合约类型，目前包括脚本语言和智能合约两大类型，脚本语言依靠堆栈(stack)技术运行，智能合约通过虚拟机(VM)运行．应用服务层对外开放应用程序接口(application program interface, API)，有准入控制区块链应用层通常建立权限管理机制，只有获得授权的用户才能访问、操作相应的资源．

### 1. 数据存储层

数据存储层使用密码学技术保证区块、账本、状态、日志等数据的正确性、一致性、完整性和可用性等要求，以及敏感数据的隐私保护和保密性等要求．存储层的数据包括用户数据、交易数据、区块数据、区块链数据等．数据存储层通过特定的数据结构和密码技术保证链上数据难篡改、难伪造、可溯源、可验证等安全特性，是区块链系统构建“信任载体”的基础．

### 2. 网络通信层

区块链网络通信层功能主要包括 IP 地址获取、连接建立、“心跳”检测、交易广播、区块同步等．在消息传输方面，比特币采用泛洪机制，以太坊中使用 RLPx 通信协议，Fabric 中采用 Gossip 传播协议．

### 3. 共识激励层

区块链共识激励层的核心功能是奖励理性的节点对收到的交易请求及执行结果达成全网一致．比特币采用基于工作量证明的共识机制，以太坊 1.0 版本使用基于工作量证明的共识机制，以太坊 2.0 版本使用基于权益证明的共识机制，联盟链 Fabric 使用基于 Kafka 共识完成交易排序．

### 4. 交易执行层

交易执行层处理用户提交的交易．比特币交易使用操作码脚本语言并用先进后出的堆栈技术完成脚本的执行．以太坊使用图灵完备的智能合约语言 Solidity，交易被编译成字节码指令后在以太坊虚拟机(Ethereum virtual machine, EVM)中运行．Fabric 使用容器作为智能合约(链码)的执行环境．

### 5. 应用服务层

应用服务层对外提供应用编程接口和权限管理等功能．比特币中应用服务主要面向数字货币业务，如数字货币钱包、闪电网络、微支付通道等．以太坊底层拥有更加强大功能的智能合约，可以支持复杂的分布式应用. 联盟链 Fabric 主要面向传统商业应用场景，其应用层支持身份管理服务和链下开发链上部署的智能合约.

### 2.1.3 区块链系统的分类

区块链技术的兴起源于比特币、以太坊等在数字货币领域的成功应用. 在这些应用中，区块链展现了在无权威机构背书的开放网络下的节点之间建立信任的强大能力. 同时以比特币、以太坊为代表的区块链系统也存在性能低下，与传统社会组织体系和各国现行法律法规存在冲突造成的监管困难等问题. 因此，在以比特币、以太坊为代表的数字货币之后，出现了一批面向传统商业应用的可监管区块链系统. 本节对区块链进行分类梳理，分析每种类型区块链系统的特点.

区块链系统通常按照准入机制或部署方式两种分类标准进行分类. 第一种分类标准主要是依据成为区块链共识节点是否存在准入机制，将区块链系统分为无许可区块链(permissionless blockchain)和有许可区块链(permissioned blockchain)两类. 无许可区块链允许节点任意地加入和退出系统，自由地参与数据产生、数据转发、数据验证等环节. 由于无许可区块链不存在准入机制，系统节点地位平等，不预设任何可信节点，其设计需要充分考虑恶意节点攻击，因此通常要求发现新区块时付出一定“代价”，以降低恶意节点攻击的预期收益，从而降低恶意节点攻击的可能性. 为了容忍一定数量的攻击节点，无许可区块链不仅需要满足激励相容，而且需要充分的数据冗余和足够的群体验证等特性. 因此，无许可区块链通常抗攻击能力强，同时系统性能较低、扩展性差，适合自治的开放网络应用场景. 比特币和以太坊是无许可区块链的典型应用.

有许可区块链仅允许符合访问控制策略的授权节点参与系统共识或获取系统服务. 有许可区块链配置了访问控制策略，包括身份识别和权限管理. 访问控制服务提供者通常被认为是可信的，节点经过身份识别通常被假定在一定程度上是可以信任的，不可信节点或攻击节点可以由访问控制机制识别并逐出系统，因此有许可区块链通常采用性能高、成本低的共识策略. 有许可区块链系统通常用于传统信息处理业务，提供有可溯源、防篡改、可验证和强监管的应用场景，超级账本是有许可区块链的典型实例.

区块链按照部署方式可以分为公有链(public blockchain)、私有链(private blockchain)和联盟链(consortium blockchain). 公有链是指公众可以自由参与和使用的区块链系统，系统部署中面向开放环境，采用无许可链的方式，在彼此不信任节点间通过算法设计建立信任. 比特币、以太坊等数字货币是典型的公有链系统. 私有链是指单一组织或个体部署且仅有得到其许可的用户才能参与使用的区块链系统，通常面向企业、团体、行业内部，依据其现有运转方式，职能部门(或个人)在区块链系统中负责数据产生、转发、验证、排序等不同关键功能. 私有链在不改变机构或组织现有运行机制的基础上, 提供一种新的信息交互平台.

联盟链是指经特定机构授权认证的用户可以参与或使用的区块链系统, 通常面向不同企业、团体、行业间构成的联盟. 组成联盟的实体内部通常被假定是互相信任的, 互不信任的联盟实体通过联盟链建立信任. 例如, 在供应链金融场景下, 联盟链可以增强供应链商业信用, 通过核心企业为上下游配套中小企业提供信用担保, 解决供应链下游的中小企业融资难的问题, 促进中小企业与核心企业建立长期合作关系, 提升供应链上下游企业的竞争能力.

## 2.2 比特币简介

本节简述比特币系统, 首先介绍比特币问世之前数字货币系统的研究工作, 然后按照区块链参考架构分层介绍比特币的工作方式和使用的密码学技术.

### 2.2.1 比特币的创立

数字货币是模拟实物货币在数字计算机系统尤其是通过互联网进行管理、存储和流动的货币或类似货币的数字资产. 数字货币的类型主要包括电子现金、虚拟货币和中央银行数字货币等. 密码学家 D. L. Chaum 首先开始了数字货币相关的研究, 于 1979 年发表题为《在相互怀疑的团体间建立、维护和管理计算机系统》的专著[12], 并在 1982 年以此课题完成他在加利福尼亚大学伯克利分校的博士学位论文, 其尝试使用密码学工具在相互怀疑的团体间建立安全可信的金库系统(vault system)被业界认为是最早开始数字货币研究的[13].

D. L. Chaum 长期致力于安全数字货币系统的研究和商业化应用工作[15]. 1983 年, 他首次提出并使用盲签名密码学原语[14](详细介绍见 4.8 节), 构建支持用户从银行获取数字货币, 并以银行或任何机构无法追踪的方式使用它的协议. 1988 年, 他拓展了这一想法[11], 提出了支持离线交易和双重花费检测的不可追踪数字货币. 这些协议中, 数字货币的合法性依赖于中央银行的背书, 但是由此生成的数字货币是不可追踪的, 这导致没有银行愿意实际部署这些协议. 1990 年, D. L. Chaum 创立 DigiCash 数字货币公司, 寻求他在数字货币领域研究成果的商业化应用. 遗憾的是, 最终这些研究成果均未能取得大规模商业应用的成功.

在此之后, 许多学者致力于数字货币的研究工作, 新的技术和应用推动着数字货币的发展. 1996 年, 密码学家 R. L. Rivest 和 A. Shamir 提出了难伪造、易验真伪的数字货币方案 MicroMint[34], 该方案中间人(Broker)利用哈希函数代替数字签名对数字货币授权, 哈希函数原像的揭示代表数字货币所属权的变更, 这导致

MicroMint 在双重花费检测中存在很多弊端.

在 DigiCash 和 MicroMint 中对数字货币的信任源于权威机构的认证. 1992 年, C. Dwork 和 M. Naor 提出一种工作量证明(proof of work, PoW)机制[20]用于阻止垃圾电子邮件; 1997 年, A. Back 受此启发设计了 Hashcash 工作量证明系统[4]. Hashcash 在通信双方建立信任[5], 即接收方可以信任发送方不是垃圾数据制造者或实施拒绝服务攻击的傀儡.

Hashcash 进一步启发了不依赖可信第三方的数字货币设计. 1998 年, 计算机科学家 D. Wei 提出了分布式匿名数字货币 B-money 设想. 受 Hashcash 启发, B-money 参与方通过广播某个求解困难但验证容易的问题的一个解从而完成铸币. 交易过程中, 发送方和接收方都没有真实姓名, 采用公钥作为地址广播交易, 每个网络节点都会维护一个包含所有人的正确交易记录. 2005 年, 计算机科学家 N. Szabo 提出 Bitgold 的设想[37], 用户使用计算能力求解密码难题, 将问题的解添加到分布式拜占庭容错的公共记录列表中, 依次获得新的 Bitgold 代币, 并且所有已解决的难题都将成为下一个难题的一部分, 从而形成越来越多的新链.

D. Wei 和 N. Szabo 的工作中都采用了工作量证明机制, 用户通过消耗计算资源来获得新的数字货币, 从而极大地启发了比特币的产生. 实际上, B-money 和 Bitgold 的思想已经非常接近最终的比特币的技术原理.

2008 年 10 月, 化名为"中本聪"(Satoshi Nakamoto)的作者在匿名密码学邮件组列表①公开了题为《比特币: 一种点对点的电子现金系统》的文章[30]. 文章提出了一种不依赖于可信第三方的点对点电子现金系统, 概念化地提出了区块链技术. 由于 N. Szabo 对 Bitgold 的研究, 尽管他一再否认, 人们一直怀疑他就是中本聪本人. 2009 年 1 月, 比特币正式上线并持续工作至今, 目前仍是最活跃的数字货币项目之一.

尽管 DigiCash、Hashcash、B-money 和 Bitgold 等未能成功应用, 但是它们关于数字货币的探索在思想上启发了比特币的设计, 在技术上支撑了比特币的实现. 比特币的成功既有其作者对前人技术的融合创新, 也有其对数字货币与信任的本质的深刻思考.

### 2.2.2 比特币数据存储层

比特币首次提出了区块链的概念, 是区块链的第一个杀手级应用[3]. 比特币数据存储层的数据主要包含用户数据、交易数据、区块数据. 用户数据指用来确定比特币所有权的数据, 主要包括用于接收转账的钱包地址和用于对发起转账签名所需的私钥, 前者通常是私钥对应的公钥或公钥的哈希值, 后者用于确定对钱

① https://www.metzdowd.com/mailman/listinfo/cryptography, 访问时间 2022 年 9 月 20 日.

包地址中比特币的所有权或所有权的转移, 可以通过私钥生成密码学签名并用公开钱包地址对应的公钥得到验证. 交易数据指用户间完成数字货币所有权转移发送的交易信息, 包括交易输入、交易输出和交易单、对交易的签名以及未花费交易输出(unspend transaction output, UTXO). 区块数据包括区块头、区块体和区块之间的链式结构信息[39].

1. 用户数据

在公开的网络环境中没有可信的第三方, 用户的身份确认是一个很困难的问题. 在互联网刚兴起的早期阶段, 电子邮件是网络用户间交互的最频繁场景. 1981年, D. L. Chaum 结合公钥密码体制提出了一种不可追踪的匿名邮件通信协议, 使用公钥作为用户的数字“假名”, 用于验证匿名者的公钥对应私钥所做的签名. 这项研究开启了“公钥即身份”(public keys as identities)的研究, 在 B-money 和 Bitgold 中均采用了这一方式. 比特币也同样采用了这一方式, 比特币交易双方通过公钥生成的地址和签名信息来确定对方的身份.

如图 2.2 所示, 比特币地址由用户的公钥经过 SHA256(详细见第 3 章)和 RIPEMD160 两次哈希运算(或称为 HASH160)后增加版本号生成新的字段, 再将新字段经过两次 SHA256 生成该字段的校验和(checksum), 添加在字段的末端生成地址字段, 地址字段再由 Base58 编码后生成用户比特币地址, 本节使用的哈希算法将在第 3 章中介绍.

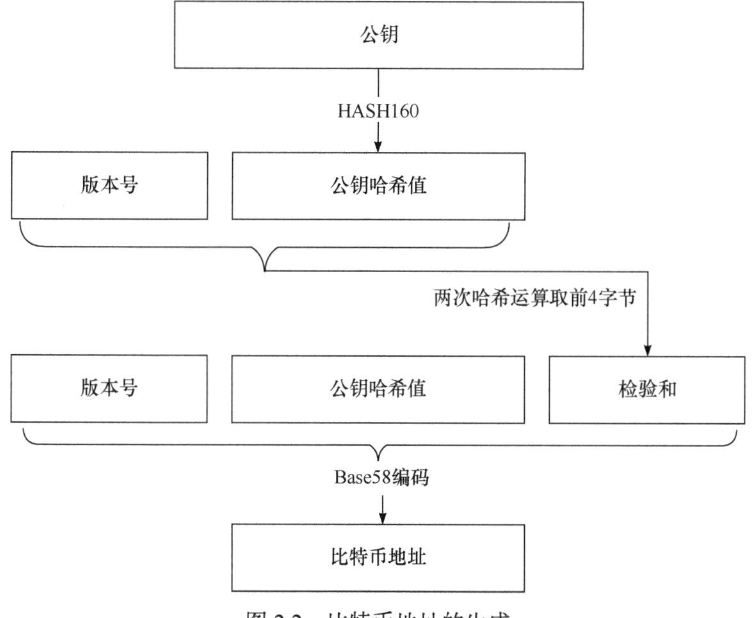


图 2.2 比特币地址的生成

此处使用的 Base58 编码区别于哈希算法，是一种二进制转可视字符串的算法. 比特币地址作为交易中的唯一身份标识，中本聪在选取 Base58 编码作为最终编码算法时也是经过考究的[①]. 中本聪在比特币代码注释中解释了使用 Base58 而不使用 Base64 的原因，包括不用看起来相似的字母、不允许创建看似相近的账号、有标点符号不像账号、使用标点符号会导致邮件中换行和仅有字母数字的字符串可以直接双击选择.

2. 交易数据

区块链中数据交互依靠交易单的广播，比特币通过交易单的广播、验证、上链完成所属权的转移. 如图 2.3 所示，假设 Alice 向 Bob 转让 1 BTC (Bitcoin)，那么 Alice 需要向区块链网络签署并广播一个 Alice 向 Bob 转让 1 BTC 的交易单. 交易单主要包括交易输入和交易输出，交易输入是指 Alice 已经拥有 1 BTC 的"证据"，交易输入通过交易单中增加 Alice 曾收到不低于 1 BTC 的转账且该转账交易未花费的交易索引来提供证明.

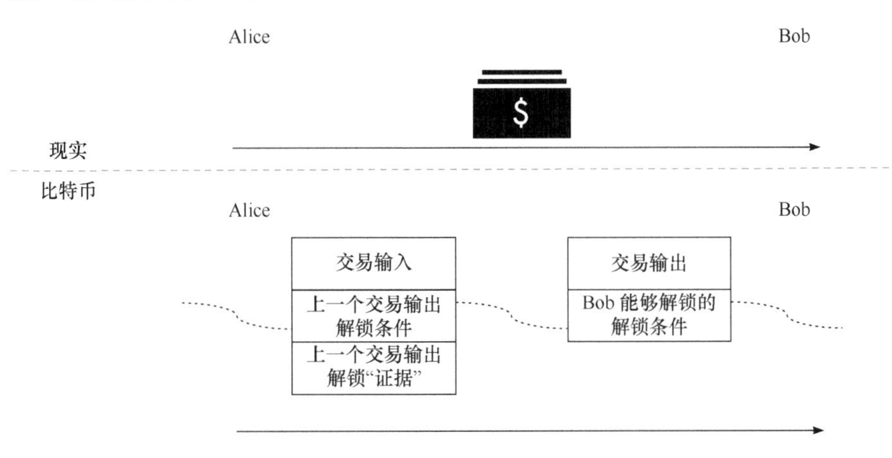


图 2.3　比特币与现实交易对比

交易输出是指交易的解锁条件. 比特币网络的交易输出脚本包含付款至公钥哈希值(pay to public key Hash, P2PKH)和付款至脚本哈希值(pay to script Hash, P2SH) 等 9 种. 输出脚本用于证明交易发起者在新的交易中有使用交易输出的资格，输出脚本的实现将在 2.2.5 节详细讨论.

比特币的交易单结构如表 2.1 所示，包含交易单版本号、交易输入数量、交易的所有输入列表、交易输出数量、交易的所有输出列表、交易锁定时间和可选

① Base58 编码去除了 Base64 中大写字母 O、I，数字 0，小写字母 l(对应大写字母 L)和标点符号，包括(123456 789ABCDEFGHJKLMNPQRSTUVWXYZabcdefghijkmnopqrstuvwxyz).

的见证标记和见证列表. 交易锁定时间是指交易可以被打包进入区块的时间, 如果锁定时间值小于 500000000, 则指区块链在达到指定高度后该交易才可以被打包进入新的区块; 如果锁定时间大于等于 500000000, 则指在该 UNIX 时间戳后交易才可以被打包进入新的区块.

**表 2.1 比特币的交易单结构**

<table>
<tr><th>数据域</th><th>大小</th><th colspan="2">描述</th></tr>
<tr><td>版本号<br>(Version)</td><td>4 字节</td><td colspan="2">交易版本号</td></tr>
<tr><td>输入计数<br>(Input Counter)</td><td>1—9 字节</td><td colspan="2">交易输入数量</td></tr>
<tr><td>交易输入列表<br>(List of Input)</td><td>不定</td><td colspan="2">交易的所有输入列表</td></tr>
<tr><td>输出计数<br>(Output Counter)</td><td>1—9 字节</td><td colspan="2">交易输出数量</td></tr>
<tr><td>交易输出列表<br>(List of Output)</td><td>不定</td><td colspan="2">交易的所有输出列表</td></tr>
<tr><td rowspan="5">锁定时间<br>(Lock_time)</td><td rowspan="5">4 字节</td><td colspan="2">交易解锁的区块序号或者时间戳</td></tr>
<tr><td>锁定时间值</td><td>描述</td></tr>
<tr><td>0</td><td>未锁定</td></tr>
<tr><td>< 500000000</td><td>解锁该交易时区块高度</td></tr>
<tr><td>⩾ 500000000</td><td>解锁该交易时 UNIX 时间</td></tr>
<tr><td>见证标记(可选)(Flag)</td><td>0 或 2 字节</td><td colspan="2">如果存在,<br>则始终为 0001 指示存在见证数据</td></tr>
<tr><td>见证列表(可选)<br>(Witnesses)</td><td>不定</td><td colspan="2">对应每一个输入的见证列表,<br>若见证标记省略则见证列表省略</td></tr>
</table>

比特币交易输入数据结构如表 2.2 所示. 交易单中包含交易的所有交易输入, 交易输入需要指向之前交易的输出, 交易输入的数据结构由之前交易输出、脚本长度、签名脚本和交易序号组成. 之前交易输出包括指向之前交易输出的哈希值和交易输出索引, 同一个交易中可能包含很多交易输出, 因此需要交易输出索引在之前交易输出列表中索引具体的输出. 交易发起方需要证明可以花费交易输入中的比特币, 因此需要附加脚本长度和签名脚本来证明拥有花费的资格.

**表 2.2　比特币交易输入数据结构**

<table>
<tr><th colspan="2">数据域</th><th>大小</th><th>描述</th></tr>
<tr><td rowspan="2">之前交易输出(Previous_Output)</td><td>交易输出哈希值<br>(Hash)</td><td>32 字节</td><td>之前交易的哈希值</td></tr>
<tr><td>交易输出索引<br>(Index)</td><td>4 字节</td><td>之前交易中输出序号<br>(第一个输出为 0, 向后排序)</td></tr>
<tr><td colspan="2">脚本长度(Script Length)</td><td>1—9 字节</td><td>解锁输出签名脚本长度</td></tr>
<tr><td colspan="2">签名脚本(Signature Script)</td><td>不定</td><td>解锁交易的可计算脚本</td></tr>
<tr><td colspan="2">交易序号(Sequence)</td><td>4</td><td>交易替换功能, 暂未使用</td></tr>
</table>

在设计之初, 交易序号是中本聪为了实现交易发出之后至确认之前的可变. 这种可变化性可以达到追溯错误交易和提高交易费以快速确认交易的效果. 由于通过更新交易序号的方法生成交易的机制没有设置修改条件和矿工激励, 最终该机制被暂停使用. 比特币改进提案 (bitcoin improvement proposals, BIP) BIP125 讨论增加交易费来重新使用该功能①.

比特币交易输出数据结构如表 2.3 所示. 交易单中包含所有交易输出, 交易输出包含交易值、锁定脚本长度、使用此输出的条件脚本. 使用此输出的条件脚本给出的是能够使用此交易输出所需要的条件, 通常是接收方的钱包地址. 由于比特币中没有账户余额的概念, 交易发起方需要发送“找零”的比特币到自己的地址, 以供下次使用.

**表 2.3　比特币交易输出数据结构**

| 数据域 | 大小 | 描述 |
| --- | --- | --- |
| 交易值(Value) | 8 字节 | 输出中的比特币数量, 单位: 聪② |
| 锁定脚本长度<br>(PK_Script Length) | 1—9 字节 | 交易输出脚本的长度 |
| 使用此输出的条件脚本<br>(PK_Script) | 不定 | 能够使用此输出所需要的条件脚本 |

含找零和交易费的交易如图 2.4 所示. 如果 Alice 想向 Bob 转让 1 BTC, 但 Alice 之前没有恰好收到是 1 BTC 的交易输出, 此时 Alice 需要将之前收到的交易输出(如 2 BTC)进行拆分, 1 BTC 发送至 Bob 提供的地址, 1 BTC 发送至自己的新地址, 为下次使用. 为了激励矿工能够尽快将交易打包至区块中, Alice 仅发送 0.9 BTC 至自己的新地址, 那么矿工会在交易单中自行添加发送 0.1 BTC 到矿工地址的新交易中, 这 0.1 BTC 通常被称作交易费(transaction fee).

---

① 中本聪在比特币 0.3.12 版本中删除此功能, 比特币改进提案是社区建议和讨论比特币改进方案的标准文档.

② 比特币最小数字货币单位为聪(Satoshi), 1 比特币=100000000 聪.

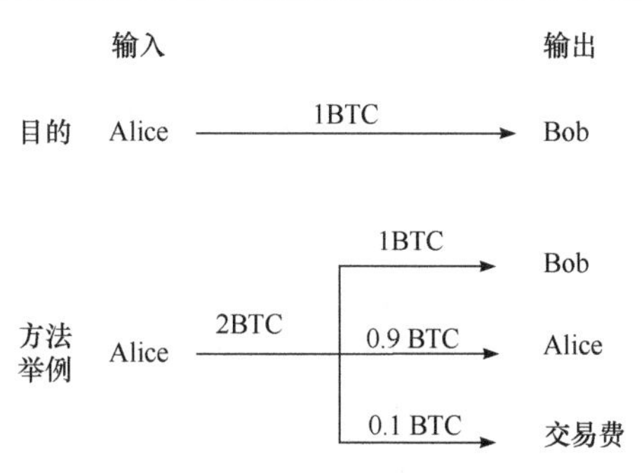


图 2.4 含找零和交易费的交易

从比特币交易单和其输入/输出数据结构可以看出，比特币交易系统中所有交易彼此相连，该交易的输入指针指向前一个交易的输出，从而形成一个交易链条，每一笔交易都能追溯到最开始发行比特币的交易，这样可以验证交易的正确性. 这种方法每次交易需要遍历该交易对应的交易链条，为了提升验证交易效率，每个用户会维护一个未花费交易输出(UTXO)的集合. 如果一个交易输出没有一个交易输入与之对应，那么这个交易输出会保存在 UTXO 中. 当收到新的交易时，用户可以快速验证这个交易的输入是否在 UTXO 中，从而快速完成交易的验证.

3. 区块数据

比特币的区块数据结构如图 2.5 所示. 比特币采用了链式数据结构，每个数据区块包含区块头(block header)和区块体(block body). 区块头中保存前一个区块的哈希值，逻辑上形成链式数据结构，从而保障链上数据的不可篡改特性.

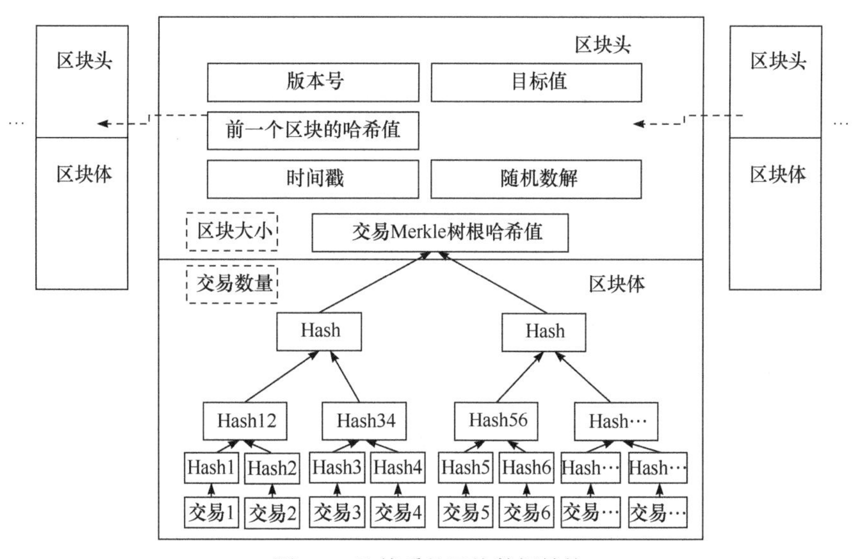


图 2.5 比特币的区块数据结构

表 2.4 给出比特币区块数据结构的数据域及其大小与含义. 比特币区块体包含被矿工打包的所有交易数据列表和交易数量, 区块头包含区块的元数据, 并标明此区块的大小. 目前, 比特币的区块大小限制为 1 兆字节, 由于比特币系统的交易处理能力较低[①], 有提案希望通过提高比特币的区块大小限制, 从而提高比特币的交易吞吐率, 解决比特币扩展性问题. 提高比特币的区块大小限制会导致提高节点参与处理交易的门槛并加大新区块的传播延迟等问题, 因此比特币社区对提高比特币区块大小限制也有不同意见, 这一直是讨论的热点问题之一.

**表 2.4　比特币区块数据结构**

| 数据域 | 大小 | 描述 |
|---|---|---|
| 区块大小(Blocksize) | 4 字节 | 区块整体占用字节数 |
| 区块头(Blockheader) | 80 字节 | 区块元数据, 具体结构见表 2.5 |
| 交易数量(Transaction Counter) | 1—9 字节 | 区块中包含的交易数量 |
| 交易列表(Transactions) | 不定 | 非空交易列表 |

比特币区块头的数据结构如表 2.5 所示. 区块头包含版本号、前一个区块的哈希值、区块中交易的 Merkle 树根哈希值、时间戳、目标值和随机数解等数据域. 每一个区块的头部都包含指向前一个区块的哈希值, 区块的前一个区块被称作此区块的父区块, 逻辑上组织区块前后相连, 形成链式结构. 区块哈希值(BlockHash)也称为区块的标识符, 通过计算两次区块头元数据的 SHA256 哈希算法得到. 由于区块的哈希值很容易计算, 因此并未在区块头中存储. 由于哈希函数的抗碰撞性, 即使元素值相同, 区块数据域组合顺序不同, 计算所得的区块哈希值也不同, 因此计算区块哈希值时需要严格按照区块数据域元素的组合顺序.

**表 2.5　比特币区块头数据结构**

| 数据域 | 大小 | 描述 |
|---|---|---|
| 版本号(Version) | 4 字节 | 区块中版本号 |
| 前一个区块的哈希值(HashPrevBlock) | 32 字节 | 前一个区块的哈希值 |
| 交易 Merkle 树根哈希值(HashMerkleRoot) | 32 字节 | 区块链中所有交易组成的 Merkle 树根哈希值 |

① 比特币区块链交易处理能力介于 3.3 笔/秒和 7 笔/秒之间.

续表

| 数据域 | 大小 | 描述 |
|---|---|---|
| 时间戳(Timestamp) | 4 字节 | 产生该区块链的 UNIX 时间 |
| 目标值(Bits) | 4 字节 | (压缩格式的)工作量证明需要满足的目标哈希值 |
| 随机数解(Nonce) | 4 字节 | 满足目标哈希值的随机数解 |

**定义 2-1** (区块哈希值/区块标识符) 区块哈希值 BlockHash 由区块中版本号、前一个区块的哈希值、交易 Merkle 树根哈希值、时间戳、目标值、随机数解依次并列组合成的一条数值经过两次 SHA256 哈希算法计算得到.

$$\begin{aligned}\text{BlockHash} = \text{SHA256}(\text{SHA256}(&\text{Version}\|\text{HashPrevBlock}\|\\ &\text{HashMerkleRoot}\|\text{Timestamp}\|\text{Bits}\|\text{Nonce}))\end{aligned}$$

如表 2.6 所示, 区块体由区块中包含的交易数量和打包进区块中的已验证的交易组成. 区块体中包含的交易不是从上一个区块产生后的所有已验证的新增交易, 每个区块中包含的交易和交易的数量由打包区块的节点自主选择, 因此用户需要提供一定交易费用以激励矿工打包这笔交易, 达到让交易被快速确认的目的.

**表 2.6 比特币区块体数据结构**

| 数据域 | 大小 | 描述 |
|---|---|---|
| 交易数量<br>(Transaction Counter) | 1—9 字节 | 区块中包含的交易数量 |
| 交易列表<br>(Transactions) | 不定 | 非空交易列表每个交易数据结构如表 2.1 所示,<br>交易逻辑上以 Merkle 树的形式组合 |

2009 年 1 月 4 日, 比特币完成第一个区块的出块. 第一个区块被称为创世区块(genesis block), 高度标记为 0, 创世区块之后的区块高度标记依次增加. 在比特币区块高度为 170 的区块中发生了第一笔账户间转账的交易, 区块具体信息以此区块举例说明.

如表 2.7 所示①, 区块头中包含了此区块的元数据信息, 本区块使用比特币版本号为 0x1, 区块在 2009 年 1 月 12 日 11:30 (UNIX 时间②)创建, 工作量证明

① https://www.blockchain.com/btc/block/170, 访问时间 2022 年 9 月 20 日.

② UNIX 时间, 从协调世界时(coordinated universal time, UTC)1970 年 1 月 1 日 0 时 0 分 0 秒开始计算至现在的总秒数.

难度为 486604799, 完成工作量证明使用的随机数解为 1889418792, 前一个区块链(父区块, 高度为 169)的哈希值为 000000002a22cfee1f2c846adbd12b3e183d4f97683f85dad08a79780a84bd55, 交易列表组合的 Merkle 树根为 7dac2c5666815c17a3b36427de37bb9d2e2c5ccec3f8633eb91a4205cb4c10ff, 此处的哈希值为十六进制编码, 上述 6 项数据为真实比特币区块链网络中区块头包含的信息.

**表 2.7　比特币区块高度为 170 的区块头数据**

| | | |
|---|---|---|
| 区块头元数据 | 版本号(Version) | 0x1 |
| | 时间戳(Timestamp) | 2009-01-12 11:30 |
| | 目标值(Bits) | 486604799 |
| | 前一个区块哈希值 (HashPrevBlock) | 000000002a22cfee1f2c846adbd12b3e183d4f97683 f85dad08a79780a84bd55 |
| | 随机数解(Nonce) | 1889418792 |
| | 交易 Merkle 树根哈希值 (HashMerkleRoot) | 7dac2c5666815c17a3b36427de37bb9d2e2c5ccec3f 8633eb91a4205cb4c10ff |
| | 区块大小(Size) | 490 字节 |
| 辅助信息 (不保存在区块中) | 区块哈希值(BlockHash) | 00000000d1145790a8694403d4063f323d499e655c 83426834d4ce2f8dd4a2ee |
| | 区块高度(Height) | 170 |
| | 区块奖励(Block Reward) | 50.00000000 BTC |
| | 交易费奖励(Fee Reward) | 0.00000000 BTC |
| | 难度值(Difficulty) | 1.00 |

比特币浏览器网站还提供了此区块哈希值、哈希高度、区块大小等辅助信息, 此区块哈希值为 00000000d1145790a8694403d4063f323d499e655c83426834d4ce2f8dd4a2ee. 显然, 此区块和父区块的哈希值的十六进制编码前 8 比特均为 0, 正是比特币工作量证明对应的困难问题实例所要求.

如表 2.8 所示, 比特币区块高度为 170 的区块中包含两笔交易. 一笔交易为 Coinbase 交易, 这笔交易的数量没有输入只有输出, 用于奖励成功创建新区块的共识节点, 是比特币中唯一的发行机制. 任何一笔普通交易的交易输入都和上一笔交易的交易输出彼此相连, 最终追溯到没有输入的 Coinbase 交易, 形成完整的交易链.

**表 2.8 比特币区块高度为 170 的区块体数据**

| | | | | |
|---|---|---|---|---|
| 交易数量 | 交易数量(Transaction Counter) | | | 2 |
| 交易列表 | Coinbase 交易<br>交易哈希值:<br>b1fea52486ce0c62bb442b530a3f0132b826c74e473d1f2c220bfa78111c5082 | 输入(Input) | 索引(Index) | 0 |
| | | | 交易值(Value) | |
| | | | 地址(Address) | |
| | | | 使用此输出的条件脚本(PK_Script) | N/A |
| | | | 签名脚本(Signature Script) | ffff001dOP_2 |
| | | | 见证(Witness) | |
| | | 输出(Output) | 索引(Index) | 0 |
| | | | 交易值(Value) | 50.00000000 BTC |
| | | | 地址(Address) | 1PSSGeFHDnKNxiEyFrD1wcEaHr9hrQDDWc |
| | | | 使用此输出的条件脚本(PK_Script) | |
| | 交易 1<br>交易哈希值:<br>f4184fc596403b9d638783cf57adfe4c75c605f6356fbc91338530e9831e9e16 | 输入(Input) | 索引(Index) | 0 |
| | | | 交易值(Value) | 50.00000000 BTC |
| | | | 地址(Address) | 12cbQLTFMXRnSzktFkuoG3eHoMeFtpTu3S |
| | | | 使用此输出的条件脚本(PK_Script) | 0411db93e1dcdb8a016b49840f8c53bc1eb68a382e97b1482ecad7b148a6909a5cb2e0eaddfb84ccf9744464f82e160bfa9b8b64f9d4c03f999b8643f656b412a3OP_CHECKSIG |
| | | | 签名脚本(Signature Script) | 304402204e45e16932b8af514961a1d3a1a25fdf3f4f7732e9d624c6c61548ab5fb8cd410220181522ec8eca07de4860a4acdd12909d831cc56cbbac4622082221a8768d1d0901 |
| | | | 见证(Witness) | |
| | | 输出(Output) | 索引(Index) | 0 |
| | | | 交易值(Value) | 10.00000000 BTC |
| | | | 地址(Address) | 1Q2TWHE3GMdB6BZKafqwxXtWA WgFt5Jvm3 |
| | | | 使用此输出的条件脚本(PK_Script) | 04ae1a62fe09c5f51b13905f07f06b99a2f7159b2225f374cd378d71302fa28414e7aab37397f554a7df5f142c21c1b7303b8a0626f1baded5c72a704f7e6cd84cOP_CHECKSIG |
| | | | 索引(Index) | 1 |
| | | | 交易值(Value) | 40.00000000 BTC |
| | | | 地址(Address) | 12cbQLTFMXRnSzktFkuoG3eHoMeFt pTu3S |
| | | | 使用此输出的条件脚本(PK_Script) | 0411db93e1dcdb8a016b49840f8c53bc1eb68a382e97b1482ecad7b148a6909a5cb2e0eaddfb84ccf9744464f82e160bfa9b8b64f9d4c03f999b8643f656b412a3OP_CHECKSIG |

比特币区块高度为 170 的区块中还包含第一笔普通账户间交易. 这笔交易是由中本聪给比特币系统的早期贡献者 H. Finney① 的一笔 10 BTC 转账, 交易输入为地址 12cbQLTFMXRnSzktFkuoG3eHoMeFtpTu3S, 可以简单查询该地址在区块高度为 9 的 Coinbase 交易获得了 50 BTC. 这一笔普通账户间交易的输出包括两个地址, 其中 1Q2TWHE3GMdB6BZKafqwxXtWAWgFt5Jvm3 为 H. Finney 的比特币地址, 另一个输出地址与输入地址相同, 起到了交易找零的作用.

比特币区块链中每个区块大小的上限为 1 兆字节, 大约平均每 10 分钟会产生一个新的区块. 交易验证需要查询与交易输入相关的直至 Coinbase 交易的所有交易信息, 以形成完整的交易正确性证据链. 截至 2022 年 9 月, 比特币完整区块的总数据量大小已经超过 430 吉字节②. 对于手机、平板电脑等便携设备, 存在存储空间、带宽大小和计算能力的限制, 已难以作为全节点完全保存所有区块的信息. 为了解决这一问题, 比特币设计之初即允许将区块链节点区分为全节点和轻量级节点, 轻量级节点也被业界简称为轻节点. 全节点保存区块所有数据信息和完整的 UTXO 池, 可以独立验证交易的正确性. 轻节点不保存完整区块数据, 仅保存区块头和特定交易涉及的交易所在 Merkle 树的路径信息, 支持对特定交易进行正确性验证, 即“简化支付验证”(simplified payment verification, SPV).

图 2.6 展示轻节点如何验证区块中存在交易 4. 轻节点已存储历史区块头信息, 向全节点请求交易 4 已上链的证据, 全节点收到请求后向轻节点发送交易 4 所在区块的区块头, 以及区块体中 Merkle 树路径上的 Hash3、Hash12 和 Hash5678. 轻节点根据这些信息即可验证交易 4 已上链. 此处交易的存在性由 Merkle 树的数据完整性保证, 将在 3.5 节介绍.

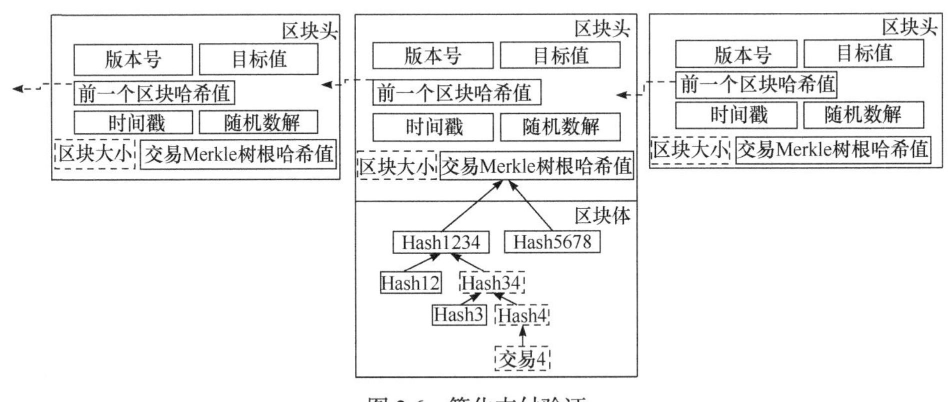


图 2.6　简化支付验证

---

① H. Finney 提出第一个可重复使用的工作量证明(reusable proof of work)系统. 业界曾怀疑他是中本聪本人, 最终被他否认.

② www.ycharts.com/indicators/bitcoin_blockchain_size, 访问时间 2022 年 9 月 14 日.

使用“简化支付验证”机制时，轻节点验证交易需要向全节点询问交易相关的数据. 由于轻节点通常仅会验证与自己相关的交易，因此全节点可以关联轻节点与交易地址，存在一定隐私泄露风险. 为了解决这一问题，比特币社区讨论使用布隆过滤器(Bloom filters)实现轻节点所需数据的前置判断①，即全节点将所有交易数据发送给轻节点，但只有满足预设规则的交易数据才可以通过布隆过滤器被轻节点接收.

1970 年, B. H. Bloom 提出布隆过滤器，它是一种基于概率的数据结构，用于判断某个元素是否在约定集合内. 布隆过滤器具有运行速度快和占用内存少的优点，满足区块链验证时效性要求，尤其适合资源受限的轻节点.

布隆过滤器存在错误识别的可能，被称作假阳性匹配(false positive matches)，即可以确定某个元素“一定不在集合内”或“可能在集合内”.

使用布隆过滤器可以有效过滤大量无关数据的下载，同时保障轻节点的隐私. 如图 2.7 所示，布隆过滤器的状态寄存器为 $m$ 比特数组，每一位都初始化为 0. 对于数据集合 $A=\{a_1,a_2,\cdots,a_n\}$，使用 $k$ 个独立的哈希函数分别将 $A$ 中的每个元素映射到 $\{1,\cdots,m\}$ 数组中. 如果数组中元素被映射到则置为 1，即计算得到 $h_i(a_j)=\ell$ $(1\leqslant i\leqslant k, 1\leqslant j\leqslant n)$，则将数组的第 $\ell$ 位置为 1，多次映射仍置为 1. 判断某个元素 $y$ 是否在集合 $A$ 时，使用 $k$ 个哈希函数 $h_i$ 分别对 $y$ 进行 $k$ 次哈希函数计算并映射到数组中，若 $h_i(y)$ 的映射位置均为 $1(1\leqslant i\leqslant k)$，则认为 $y$ 可能是集合中的元素，否则不是.

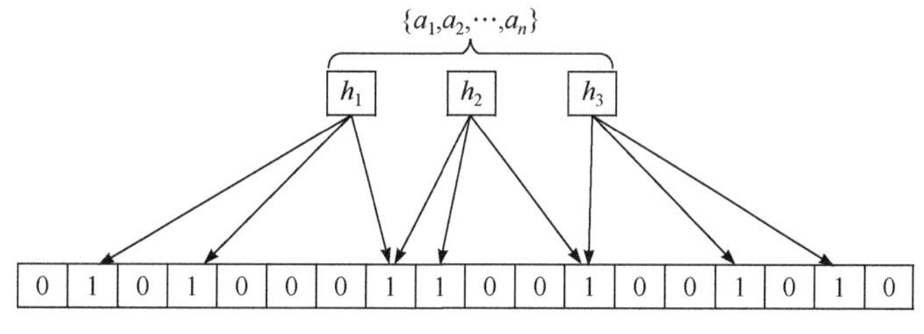


图 2.7 布隆过滤器

### 2.2.3 比特币网络通信层

比特币中不存在可信第三方，各节点的地位对等，采用 P2P(peer-to-peer)网络组网传输消息. P2P 网络又被称作“点对点网络”或“对等网络”，是一种依靠对等节点交换信息的无中心互联网体系，节点既是客户端又是服务端，拥有同等权利，同时任务或工作负载也由节点分摊. P2P 网络拓扑结构如图 2.8 所示，网络中的节点可以将其部分资源(如处理能力、磁盘存储或网络带宽)直接提供给网络中的其他对等节点，无需服务器或稳定主机的集中协调，与传统的客户端-

① https://github.com/bitcoin/bips/blob/master/bip-0037.mediawiki，访问时间 2022 年 9 月 14 日.

服务器模型(client/server model)不同, 网络节点既是资源的提供者又是资源的使用者. 在区块链应用之前, P2P 网络已在文件共享、流媒体直播等领域得到广泛应用.

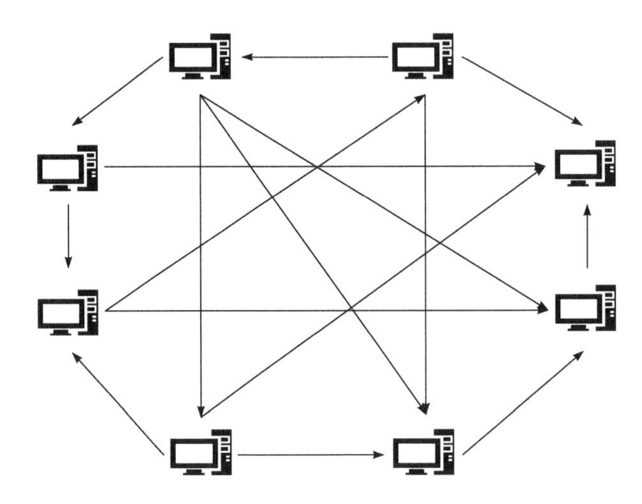

图 2.8　P2P 网络拓扑结构

中本聪关于比特币网络中交易的生命周期的描述包括以下几个步骤.

(1) 所有新的交易都会被广播到所有网络节点.

(2) 每个节点收集新的交易保存至区块中.

(3) 每个节点都在为其打包的区块求解困难的工作量证明.

(4) 节点找到工作量证明后, 将区块广播到所有节点.

(5) 只有区块中所有交易有效且尚未花费时, 节点接收该区块.

(6) 节点将接收的区块的哈希值用作前一个哈希值, 通过创建区块链的下一个区块来表示接受上一个区块.

比特币的所有通信都采用 TCP 网络协议, 使用 8333 端口(该端口是比特币通常使用的, 也可以采用 port 命令使用其他端口)与已知的其他节点建立连接[18]. 比特币的网络传播机制主要包括建立连接和 IP 地址获取、交易广播机制和区块同步机制, 同时还包括面向轻节点的 SPV 区块同步机制和节点在线的“心跳”检测机制.

### 1. 建立连接和 IP 地址获取

如图 2.9 所示, 在建立初始连接时, 节点 A 向节点 B 发送包含程序信息和块数量的“Version”消息①, 节点 B 收到消息后检查是否与自己兼容, 兼容则确定连接

① https://developer.bitcoin.org/reference/p2p_networking.html#, 访问时间 2022 年 9 月 20 日.

并返回“Verack”消息表明愿意连接, 并发送自己的“Version”消息给节点 A, 如果节点 A 的版本兼容, 则返回“Verack”消息给节点 B 表明愿意连接. 此时节点 A 和节点 B 成功建立连接. 比特币网络节点默认最多允许被 117 个节点连接入站, 最多向 8 个节点建立出站连接.

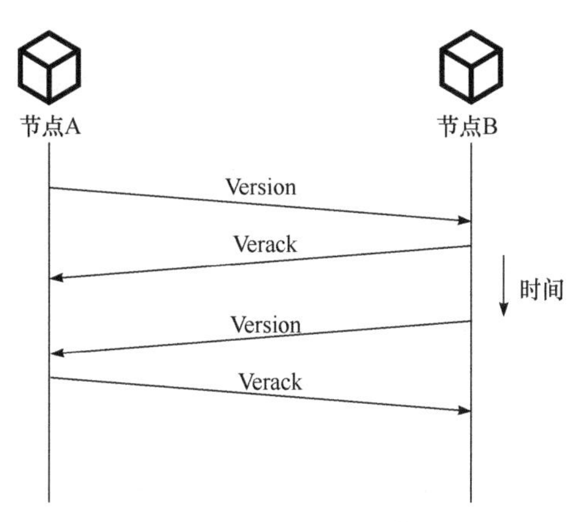


图 2.9 节点间初始连接协议

当建立一个或多个连接后, 新节点将包含自身 IP 地址的“addr”消息发送给其相邻节点. 相邻节点将此“addr”消息依次转发给各自的相邻节点, 从而让新节点信息被多个节点所接收, 保证连接更加稳定. 如图 2.10 所示, 节点 A 向已连接节点 B 发送“addr”消息, 节点 B 获得一系列比特币区块链节点的 IP 地址, 包括节点 A 的 IP 地址等. 节点 A 向节点 B 发送“getaddr”消息, 请求节点 B 发送其已知的一系列活跃节点的 IP 地址, 节点 B 返回 IP 地址列表. 通过这种方式, 节点可以找到需要连接到的节点.

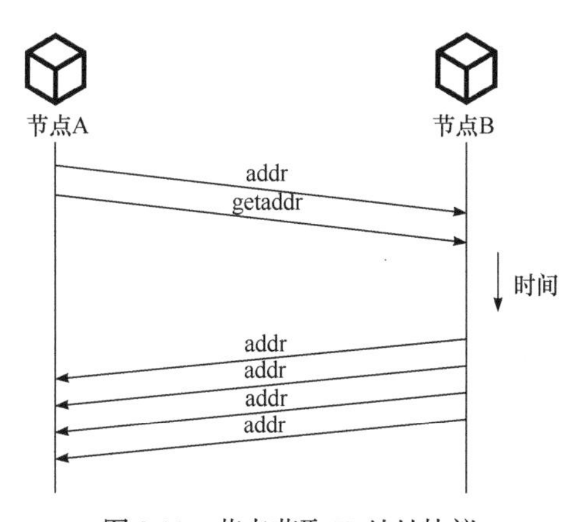


图 2.10 节点获取 IP 地址协议

比特币网络为开放网络, 任意节点可以随意加入或退出网络. 由于没有中心化服务器, 新加入节点如何发现网络中的其他节点是区块链网络传播机制中的一个重要问题.

比特币网络的节点发现机制主要包括获得本地客户端外部地址(local client's external address)、连接回复地址(connect callback address)、互联网中继聊天地址(internet relay chat address, IRC address)、域名解析地址(DNS address)、硬编码种子地址(hard coded seed address)和不断对外广播"addr"消息(ongoing "addr" advertisement)六种方式.

比特币客户端首先需要知道自己的公网 IP 地址信息. 客户端曾经采用 ThreadGetMyExternalIP 进程借助公共网络服务, 通过这个服务返回信息以确定其自身的公网 IP 地址. 具体地说, 通过访问可以获得自身 IP 地址的服务器(如 checkip.dyndns.org 服务器、www.showmyip.com 服务器), 节点获得自己的 IP 地址, 然后将自己的 IP 地址公布给所有连接的节点. 然而, 由于提供的这些服务来源于第三方, 在隐私和可靠性方面存在安全隐患, 该进程已被删除①. 现在常使用通用即插即用(universal plug and play, UPnP)网络协议进行网络地址转换(network address translation, NAT)穿透, 获取本机公网地址.

连接回复地址是指当节点初始收到连接请求"version"消息并启动了连接时, 就会向远程公布自己的地址, 这样它就可以在想要的时候连接回本地节点. 在发送自己的地址后, 如果远程节点的版本是最新的, 或者本地节点还没有 1000 个地址, 它就向远程节点发送一个"getaddr"请求消息, 以了解更多的地址.

互联网中继聊天地址是指在知道自己的地址后, 节点将自己的地址编码成一个字符串, 作为昵称使用. 然后随机加入一个名为 #bitcoin 00 和 #bitcoin 99 之间的互联中继聊天(IRC)频道②, 然后它发出一个 WHO 命令, 查看当前登录主机的用户终端信息. 该线程读取频道中出现的行, 并解码频道中其他节点的 IP 地址. 它在一个循环中做这个动作直到节点被关闭. 从比特币 0.6.x 版本开始, 比特币客户端不再默认使用 IRC 引导; 从 0.8.2 版本开始, 对 IRC 引导的支持已经被完全删除. 目前, IRC 中比特币相关频道已经用于比特币相关事务提案的开放讨论.

域名解析地址是指使用 DNS 解析一系列服务器主机列表, 以获知其他对等节点的地址. 域名解析地址启动时, 客户端就会发出 DNS 请求, 以便了解其他对等节点的地址. 社区成员共同维护客户端中种子 DNS 主机名称列表③.

---

① https://github.com/bitcoin/pull/5161, 访问时间 2022 年 9 月 20 日.

② https://en.bitcoinwiki.org/wiki/IRC_channels, 访问时间 2022 年 9 月 20 日.

③ https://github.com/bitcoin/bitcoin/blob/master/src/chainparams.cpp#L121, 种子 DNS 主机名称列表, 访问时间 2022 年 9 月 20 日.

(1) seed.bitcoin.sipa.be;

(2) dnsseed.bluematt.me;

(3) dnsseed.bitcoin.dashjr.org;

(4) seed.bitcoinstats.com;

(5) seed.bitcoin.jonasschnelli.ch;

(6) seed.btc.petertodd.org;

(7) seed.bitcoin.sprovoost.nl;

(8) dnsseed.emzy.de;

(9) seed.bitcoin.wiz.biz.

硬编码种子地址是指在比特币客户端中硬编码的IP地址. 这些地址以列表形式硬编码在比特币代码中①, 当上述方法没用时将尝试连接硬编码的 IP 地址来获取其他节点地址信息.

不断对外广播"addr"消息是指节点可能在发送"getaddr"请求后在"addr"消息中收到的地址信息, 也有可能"addr"消息未经请求就到达. 这种情况是因为节点在中继转发地址时、在定期公布自己的地址时、与其他节点建立连接时, 会任意地使用"addr"消息公布自己的地址信息.

2. 交易广播机制

比特币交易广播机制主要是指节点产生新的交易并向全网节点广播的方式. 为了尽可能保证广播到全网节点, 当节点收到一笔新广播的交易后, 将会对交易的正确性进行独立验证, 验证通过后立即转发给连接的节点, 并且交易发起者会收到一条标识交易成功的返回消息, 值得注意的是, 此时交易并未完全确认. 如果交易无效, 则丢弃交易并返回表示交易被拒绝的信息. 为了避免拒绝服务(denial of service, DOS)和垃圾消息滥发等攻击行为, 每个节点收到一笔交易时均会对交易正确性进行独立验证.

比特币采用 P2P 网络组网方式, 收到交易验证后立即转发, 一笔有效交易会以指数级增长的方式在网络中扩散. 根据比特币研究网站信息②, 从交易第一次广播开始, 全网 50% 的节点会在 8 秒内收到该笔交易, 90% 的节点会在 20 秒内收到这笔交易.

比特币还使用了一种内存池交易同步方式(Mempool③). 内存池交易同步方式是指接收节点请求验证为有效但尚未出现在区块中的交易 ID (TXID). 当新节点

① 硬编码 IP 地址列表 https://github.com/bitcoin/bitcoin/blob/master/src/chainparamsseeds.h#L9, 访问时间 2022 年 9 月 20 日.

② https://dsn.kastel.kit.edu/bitcoin/index.html, 访问时间 2022 年 9 月 20 日.

③ https://mempool.space/zh/, 访问时间 2022 年 9 月 20 日.

第一次接入比特币网络时，内存池交易同步方式十分有效，新节点可以快速聚集所有或者大部分网络中还未确认的交易.

3. 区块同步机制

当新加入比特币网络时，节点不拥有任何区块信息，与其他节点建立连接后需要从创世区块开始下载所有区块信息. 当节点打包完成新的区块后，节点需要将区块发送给全网节点验证.

如图 2.11 所示，比特币网络同步过程中，节点之间会请求“getblock”消息，消息中包含节点在本地保存的最新区块的哈希值. 如果一个节点识别出接收的“getblock”消息哈希值并不是最新区块(存在新的区块)的，它就可以推断出本地保存的区块链比其他节点的区块链更长. 节点 B 向节点 A 发送“inv”消息，“inv”消息中包含节点 B 拥有的区块的哈希值(最多 500 个区块). 节点 A 收到“inv”消息后向节点 B 回复“getdata”消息，“getdata”消息中包含节点 A 从“inv”消息筛选出未拥有的区块哈希值. 节点 B 收到“getdata”消息后会根据本地区块链数据情况回复节点 A，若节点 B 未拥有“getdata”消息中的区块哈希值，则回复“notfound”消息. 若节点 B 拥有“getdata”消息中区块哈希值的区块，则向节点 A 发送对应的区块(“block”消息)完整数据. 目前，比特币网络中“getdata”消息支持具体交易信息(“Tx”消息)、区块信息(“Block”消息)、Merkle 树信息(“Merkleblock”消息)的同步，节点间可以使用上述流程完成指定交易信息、完整区块信息和 Merkle 树信息的同步.

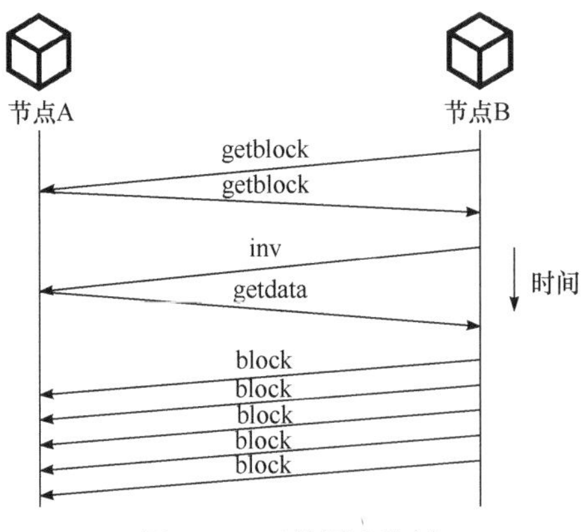


图 2.11　区块同步协议

为了减少新区块同步时的带宽占用，比特币支持紧凑区块(compact blocks)同步方式[①]. 紧凑区块同步方式主要针对新区块产生后，节点可能在交易传播节点

① https://github.com/bitcoin/bips/blob/master/bip-0152.mediawiki，访问时间 2022 年 9 月 20 日.

已经收到新区块链中的部分交易，不再重复发送区块链中的所有交易. 紧凑区块中主要包括完整的区块头、所有交易的短 ID 值(使用 SipHash 并丢弃 2 字节形成 6 字节哈希值，主要用于防止 DOS 攻击)、部分完整的交易(区块发送方认为接收方暂未拥有的交易). 如果存在完整交易但接收方还未收到，可以使用上述紧凑区块同步方式补全缺失的交易.

4. SPV 区块同步机制

2.2.2 节中已经介绍比特币节点可分为全节点和轻节点两种，轻节点仅保存区块头数据，因此需要针对轻节点的区块头同步机制. 如图 2.12 所示，轻节点 A 向全节点 B 发送"getheaders"消息，节点 B 发送包含最多 2000 个区块头信息的"headers"消息给节点 A.

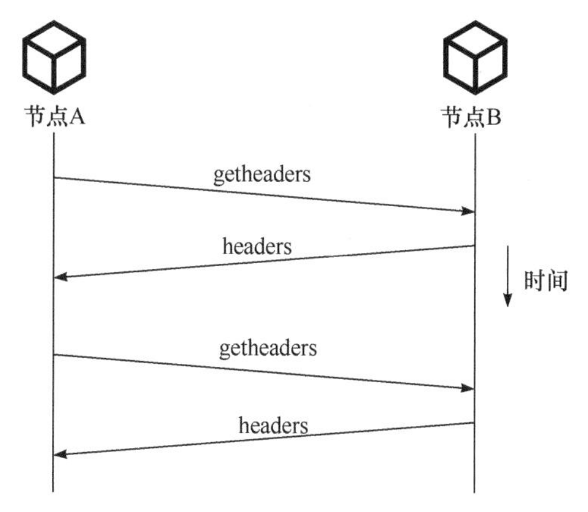


图 2.12 轻节点(SPV)同步协议

当希望验证某交易的正确性时，节点 A 向节点 B 发送"getblock"消息，节点 B 回复包含待验证交易哈希值的"inv"消息. 节点 A 收到"inv"消息后回复包含 MSG_MERKLEBLOCK 索引的"getdata"消息，向节点 B 请求包含此笔交易的 Merkle 树证据信息. 节点 B 收到"getdata"消息后向节点 A 发送包含区块头数据、交易数量、交易哈希值等信息的"MerkleBlock"消息.

5. "心跳"检测机制

比特币节点拥有 8 个出站连接. "心跳"检测机制用于检测出站连接节点是否还在线. 发送方向接收方发送"Ping"消息，接收方收到消息后回复"Pong"消息，告诉发送方仍然在线并且连接未出错. 如果发送方发出"Ping"消息后 20 分钟还未收到出站连接节点回复的"Pong"消息，则认为出站连接节点已经从网络中断开连接.

### 2.2.4 比特币共识激励层

比特币中对等网络节点在网络中收到新的交易后，通过脚本栈验证交易的正确性，按照区块的标准格式进行打包通过验证的交易，尝试完成出块需要的工作量证明，获得出块资格并给自己发放出块的奖励比特币[21].

比特币采用的工作量证明共识机制源自垃圾电子邮件防范技术. 电子邮件是互联网兴起时最广泛的应用服务之一，人们可以通过电子邮件快速便捷地远程通信. 发送电子邮件的便利性和低成本，特别是可以简单地向多人发送同一信息，导致垃圾电子邮件极易泛滥. 1992 年，为了阻止垃圾邮件的滥用，计算机科学家 C. Dwork 和 M. Naor 提出，用户发送邮件之前须先完成一个难以求解但易于验证的问题，从而防止用户滥用网络资源. 通过这一机制，正常用户可以很快计算完成问题求解并发送邮件，不会有特别的困难，而恶意用户在同等硬件条件下，发送数百万封电子邮件则需要数周的时间.

上述想法被进一步发展，用于防范更一般的资源滥用. 1997 年，密码学家 A. Back 在密码朋克社区提出类似想法以制约网络资源滥用，2002 年发表网络文章提出 Hashcash 工作量证明系统用于对抗拒绝服务攻击. Hashcash 使用基于哈希函数的工作量证明(proof of work, PoW)机制，将哈希函数视作随机函数并要求哈希函数在特定范围输出，对设计良好的哈希函数完成此任务的唯一方法是尝试各种输入，直至哈希函数计算产生符合要求的输出结果. 由于调整哈希函数的输出范围可以控制需要尝试哈希计算的平均次数，输出范围越小则尝试的哈希函数计算次数越多，因此这一方法被称为工作量证明.

2004 年，计算机科学家 H. Finney 改进了 Hashcash 算法，提出可复用工作量证明(reusable proof of work, RPoW)机制. RPoW 使用工作量证明产生数字代币，数字代币可以在各节点之间随意转移，代币的价值由“铸造”数字代币使用的现实资源的价值来保证. 可复用工作量证明中的数字代币防伪性由远程认证服务器保障. 直至 2009 年，H. Finney 的系统是唯一使用可复用工作量证明的系统，并未有过经济上的广泛应用.

比特币的共识机制通常也称作中本聪共识(Nakamoto consensus, NC). 中本聪共识的核心包括工作量证明机制和最长链规则. 最长链规则是指，一个诚实的节点总是在其所知的最长工作量证明链基础上尝试完成新的工作量证明，据此挖掘一个新的区块，扩展所知的最长链；最终，当一个区块之后附加了足够多的新区块时，那么这个区块就被确认. 根据比特币区块头的数据结构(2.2.2 节)，区块哈希值由软件版本号、前一个区块的哈希值、交易 Merkle 树根哈希值、时间戳、目标值、随机数解依次级联组合成的一条数值，再经过两次 SHA256 哈希算法计算得到. 受到 Hashcash 算法和可复用工作量证明机制启发，中本聪将工作量证明机制应用于比特币的区块链共识过程中. 工作量证明时的困难问题为计算得出的区块哈希值不大于前 $n$ 位为 0 (十六进制的形式表示)的目标值, 具体定义如下.

**定义 2-2** (中本聪共识工作量证明困难问题)　区块头哈希值小于目标值.

$$\text{BlockHash} = \text{SHA256}(\text{SHA256}(\text{BlockHeader})) \leqslant \text{target}$$

一般来说, 区块头中版本号、前一个区块的哈希值、目标值是相对固定的参数, 用户通过改变随机数解、交易 Merkle 树根哈希值、时间戳来寻找工作量证明困难问题的解, 具体步骤如下.

**步骤一**: 收集网络中验证为正确的未确认交易(2.2.5 节交易的有效性验证规则), 添加包括所有交易的交易费和 Coinbase 交易, 形成区块的交易集合. Coinbase 交易的输入为空, 输出为求解工作量证明困难问题的用户, 是对找到困难问题的解的用户的奖励, 奖励的金额平均每 4 年减半, 首次奖励为 50 个比特币.

**步骤二**: 组装交易集合形成交易 Merkle 树, 将 Merkle 树根写入区块头, 填写区块其他元数据, 包括运行比特币客户端软件的版本号、前一个区块的哈希值、目标值和时间戳, 将随机数解初次置为 0, 计算区块头的哈希值.

**步骤三**: 比较区块头哈希值和目标值大小, 如果不大于目标值, 则成功完成工作量证明并向全网广播区块; 否则, 随机数解每次增加 1, 重新计算区块头的哈希值并与目标值比较.

**步骤四**: 重复执行步骤三, 直至找到工作量证明困难问题的解(随机数解长为 4 字节, 共 $2^{32} = 4294967296$ 种可能).

**步骤五**: 如果经过一段时间的穷举所有可能的随机数解后仍未找到工作量证明机制的解, 则更新时间戳和更新交易集合形成新的 Merkle 树根, 再次穷举随机数解, 重复步骤三, 直至找到工作量证明困难问题的解.

2021 年, 比特币支持在 Coinbase 交易脚本中存储 2 字节至 100 字节的随机数据, 可以用作额外的随机值来源. Coinbase 交易作为区块 Merkle 树的一部分, 它的改变会导致 Merkle 树根哈希值的改变, 有效地增加了区块哈希值输入猜测的取值范围.

工作量证明给出了一种在超大规模群体中进行事务决策的精巧方案. 如果事务由"一个 IP 地址一票"决定, 即每一个 IP 地址都可以投出一票, 那么一个恶意节点可以模拟多个节点并投票, 容易遭受所谓的女巫攻击. 工作量证明中用户必须消耗计算资源, 攻击者当然可以将计算资源分成多份参与工作量证明, 但这样并不增加其成功的机会, 反而增加了资源管理的开销, 因此工作量证明具有抗女巫攻击的性质.

比特币工作量证明的目标值(见 2.2.2 节)是压缩格式的工作量证明需要满足的目标值, 目标值存储格式为指数/系数(Exponent/Coefficient)的形式, 前两位(十六进制)为指数, 目标值的计算公式如下.

$$\text{Target} = \text{Coefficient} \times 256^{\text{Exponent}-3}$$

**定义 2-3** (工作量证明难度计算方法)　工作量证明难度等于目标难度除以当前目标值.

$$\text{difficulty} = \text{difficulty}_{1_{\text{target}}} / \text{current}_{\text{target}}$$

其中初始难度的目标值 ($\text{difficulty}_{1_{\text{target}}}$) 可以是任意值, 比特币设置创世区块难度的目标值为 0x1b00ffff, 当前目标值 ($\text{current}_{\text{target}}$) 通过上述公式计算.

目标值的大小直接决定了工作量证明难度. 工作量证明难度是动态调整的, 旨在保证产生区块的时间大致稳定在 10 分钟. 工作量证明难度每 2016 个区块调整一次, 即约 2 周调整一次, 根据上一轮产生 2016 个区块的平均时间动态调整难度大小. 如果产生区块平均时间小于 10 分钟, 则增加工作量证明难度; 如果产生区块链平均时间大于 10 分钟, 则降低工作量证明难度. 工作量证明目标调整机制写在比特币代码中①, 新目标值计算方法如下.

$$\text{新目标值} = \text{旧目标值} \times \frac{\text{过去各区块产生时间(分钟)}}{2016\text{块} \times 10\text{分钟} / \text{块}}$$

在工作量证明机制中, 用户完成工作量证明并向全网广播区块. 区块链底层通常采用对等网络组网方式, 新区块到达不同的节点的时间有可能不同, 在此期间尚未收到新区块的节点可能找到了上一个困难问题实例的不同解, 导致可能有多个新区块在网络中传播. 由网络延迟等原因造成不同节点之间不能总是保持一致, 各节点可能拥有少部分不同的新区块链, 这种现象称为自然分叉.

中本聪共识中的最长链原则是有效解决上述问题的一种方式. 如图 2.13 所示, 最长链原则要求节点始终将最长的区块链视为正确的链, 并持续以此为基础验证新的交易和附加新的区块. 如果有两个节点同时广播不同的新区块, 那么其他节点在接收到该区块的时间上将存在先后差异, 它们将在先收到的区块链基础上进行工作, 但会保留另外一个链条, 以防后者变成长的链条. 该僵局会被后续持续不断的工作量证明打破, 其中的一条链被证实为较长的一条, 另一条分支链上的区块被称为“孤块”, 原来在此分支链上工作的节点将转移到较长的链条上工作. 比特币区块链中区块后附加了六个区块(1 小时)才认为完全确认.

① https://github.com/bitcoin/bitcoin/blob/master/src/rpc/blockchain.cpp#L110, 访问时间 2022 年 9 月 22 日.

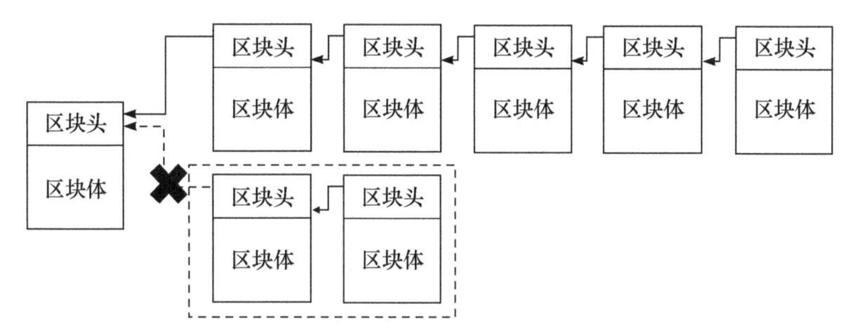


图 2.13 比特币区块链自然分叉

比特币区块链的自然分叉印证了分布式系统(1.2.1 节)中 FLP 不可能定理和 CAP 定理. 在保障可用性和分区容错的同时, 比特币可能出现短暂的不一致, 但通过最长链原则实现分布式系统的最终一致性.

在收到新的区块后, 比特币节点执行以下规则, 验证区块信息的正确性①.

1) 拒绝区块数据结构不正确的交易.

2) 拒绝在主链中、分叉中和孤块集合中有重复的区块.

3) 检查交易列表必须非空.

4) 检查区块链哈希值必须满足声称的工作量证明要求.

5) 检查区块时间戳不能超过未来两小时.

6) 检查区块中第一个交易必须是 Coinbase 交易且只有一个.

7) 检查区块中的所有交易有 2 次至 4 次.

8) 区块中 Coinbase 交易, 解锁脚本长度必须在 2 字节至 200 字节之间.

9) 拒绝区块中签名数量大于规定最多数量(MAX_BLOCK_SIGOPS).

10) 检查区块中 Merkle 树哈希值计算及构造是否正确.

11) 检查前一个区块哈希值是否在区块链主链或者分叉上. 若不是, 则认为区块是孤块, 然后询问获得此孤块的节点, 以寻找链上最先缺失的区块.

12) 检查区块哈希值是否满足工作量证明的难度要求.

13) 拒绝时间戳在当前区块最近 11 个区块的时间中位数之前的区块.

14) 检查已下载区块的哈希值和已知区块的哈希值是否相等.

15) 将区块添加至区块链中, 若区块保存在现有主链上, 执行以下检查.

(1) 对于 Coinbase 交易以外的交易, 执行以下检查.

① 对于每一个输入, 查找主链上相关输出交易, 任何交易输入缺少相关输出, 则拒绝区块.

② 对于每一个输入, 如果使用之前交易的第 $n$ 个输出, 但之前交易小于 $n+1$ 个输出, 则拒绝区块.

---

① https://en.bitcoinwiki.org/wiki/Protocol_rules, 访问时间 2022 年 9 月 14 日.

③ 对于每一个输入, 如果相关输出交易是 Coinbase 交易, 那 Coinbase 交易至少包含 COINBASE_MATURITY(100)个确认, 否则拒绝区块.

④ 存在任何一个错误的数字签名, 则拒绝区块.

⑤ 对于每一个输入, 如果相关输出交易已经被主链中其他交易使用, 则拒绝区块.

⑥ 检查所有输入交易值和交易值总和是否在合法金额范围内.

⑦ 如果交易输入总和小于输出总和, 则拒绝区块.

(2) 拒绝 Coinbase 交易金额大于创造区块奖励和交易费总和的区块.

(3) 如果未拒绝区块, 执行以下操作.

① 将每一笔与用户相关的交易添加到用户钱包.

② 从本地保存的交易池中删除区块中包含的交易.

③ 向对等节点转发该区块.

(4) 如果已拒绝区块, 那么将不被计算为主链中的区块.

16) 将区块添加至区块链中, 若区块保存在现有分叉上, 不执行任何操作.

17) 将区块添加至区块链中, 若区块保存在现有分叉上, 最终此分叉变成了区块链的主链, 执行以下检查.

(1) 在主分支上找到该侧分叉的分叉块.

(2) 重新定义主链, 使此分叉在主链上.

(3) 检查从分叉块区块到叶子区块, 执行以下操作.

① 对于上述所有区块执行规则 3) —11) 的检查操作.

② 对于上述所有区块中所有交易执行规则 15) 所有操作.

在开放环境下自组织系统的运行离不开对参与者的激励驱动. 如何激励参与者是博弈论(game theory)和机制设计(mechanism design)的研究课题. 诺贝尔经济学奖获得者 L. Hurwicz 开创性地提出了激励相容(incentive compatibility)的概念. 在一个系统里, 如果任何参与者根据自己的真实偏好行事就可以为自己实现最好的结果, 则称这个系统是激励相容的. 在开放环境里假定每个节点都是理性经济人, 每个理性经济人都是自利的, 都会以对自己最有利的行为行事.

比特币设计了激励机制以鼓励各方参与, 不仅保证系统的运行, 而且鼓励更多参与方不断加入. 比特币的发行机制和交易费机制驱动着系统的自洽运行. 通过在新区块中加入包含交易费的 Coinbase 交易, 成功出块的节点获得共识激励规则允许的奖励. 中本聪在比特币系统中设置发行比特币的总数约为 2100 万个, 全部由 Coinbase 交易产生, 作为对消耗资源成功出块的工作量证明完成者的奖励. 类似摩尔定律[①], 设计的奖励机制为每 21 万个区块(约 4 年时

① 摩尔定律由 Gordon Moore 提出, 具体指集成电路上可以容纳的晶体管数目在大约每经过 1.5 年便会增加一倍, 即处理器的性能大约每隔 2 年翻一倍.

间)后激励减半. 初始共识激励为 50 个比特币, 依次减半为 25 个比特币、12.5 个比特币、6.25 个比特币等, 以此类推. 由于工作量证明难度与出块奖励的关系和传统采矿业中挖矿难度与回报的关系类似, 因此通常将比特币的出块或完成其工作量证明的过程称为挖矿(mine), 将竞争出块的节点称为矿工(miner).

矿工消耗需要"真金白银"的算力才能获得比特币奖励, 因此为避免自己出的块被后续的出块者拒绝, 矿工必须验证前序区块的正确性并正确地构造新区块. 矿工必须验证收到的新区块的正确性, 并在此基础上挖矿. 若前序区块为错误区块, 矿工在此基础上的挖矿算力消耗则变成了无用功. 矿工需要按照共识规则构造新的正确区块, 如果区块存在错误, 不满足共识规则, 最终都会被认为是错误区块, 被区块链网络丢弃, 矿工的算力消耗也会变成无用功.

矿工发现新的区块后可以有两种不同的策略. 诚实的矿工会尽快向网络广播, 期望快速获得其他节点的确认以更高的机会成为最长链的区块, 从而获得挖矿奖励. 不诚实的矿工可能选择私藏新区块, 打包好新的区块后, 在新区块的基础上挖后续的区块, 构建不为其他节点所知的"私链"; 当网络中其他节点挖到并公开新区块时, 不诚实的节点可以选择性地释放自己私链中的区块, 如果此时不诚实节点"私链"的长度大于主链的长度, 那"私链"将被网络中大部分节点认可, 从而成为全网共识的主链. 这种私藏新区块的行为称作自私挖矿.

自私挖矿在 2012 年比特币论坛(Bitcoin Talk)中提出. 如图 2.14 所示, 自私的矿工根据最长链原则确定合适的时机公开私藏的新区块以提高自身的收益. 已有研究表明, 自私挖矿前提是必要的算力占比, 如果自私挖矿攻击者拥有全网三分之一的算力, 就可以保证获得超过三分之一比例的收益. 自私挖矿并没有违背使用工作量证明的区块链的出块规则, 由于比特币的全网算力已经是一个天文数字, 要获得具有稳定更高收益的自私挖矿并非易事, 但对于一些全网算力不多的区块链系统, 自私挖矿会潜在降低系统的安全性.

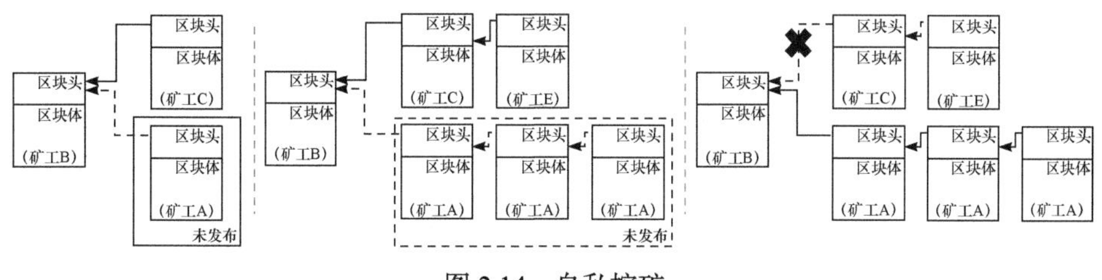


图 2.14 自私挖矿

比特币的挖矿活动经历了一个从独立分散到联合集中的过程. 在比特币出现之初, 鲜有人知道并意识到这是一个颠覆性创新的系统, 矿工数量少, 挖矿难度小, 全网算力不高, 大部分矿工为单个节点独自挖矿. 随着比特币的影响不断增加, 吸引了越来越多的节点加入, 更多的算力投入挖矿中. 在单节点的挖矿设备方面, 矿工计算哈希值的处理器从早先的中央处理器(central processing unit, CPU)变成具有强大并行能力的图形处理器(graphics processing unit, GPU), 再到研发并使用面向特定哈希函数计算的专用集成电路(application specific integrated circuit, ASIC), 研发专用挖矿设备的军备竞赛愈演愈烈. 在多节点合作层面, 单一个体矿工的算力有限, 获得某次挖矿奖励的机会与矿工算力在全网算力中的占比相关, 独自分散的个体矿工很可能在获得巨额挖矿奖励之前就已经破产. 因此部分矿工开始合作挖矿, 通过集合各自算力提高单次挖矿的成功概率, 从而提高抗风险能力, 由此产生了矿池. 典型的矿池协议实行一种类似"按劳分配"的合作挖矿机制, 加入矿池的每个矿工会分配到适当任务量的挖矿任务, 矿池收集矿工完成的最接近目标值的随机数解, 统计出每个矿工的实际工作量, 按各个矿工完成的工作量进行奖励分配. 常见的分配机制包括按比例分配机制、合格份额分配(pay per share, PPS)机制、过去的 $N$ 个工作量分配(pay per last $N$ share, PPLNS)机制、积分制分配机制(如 Slush 矿池)分配机制等.

矿池的出现对比特币的影响是两方面的. 一方面, 矿池的出现为算力较小的矿工参与挖矿提供了渠道, 使得矿工们能够从矿池中获得稳定收益, 有效避免因算力占比过小造成挖矿获奖周期过长的风险. 另一方面, 矿池的出现导致了算力的相对集中, 集中的算力可能导致矿池审查交易内容等恶意行为, 当算力超过 50% 时甚至可以对出块进行任意操纵, 降低比特币的安全性. 一个名为 Ghash 的矿池其算力曾出现过超过全网 51% 的情况, 随即矿池宣布降低算力. 这里存在更复杂的博弈, 若 Ghash 通过超过 51% 算力控制比特币区块链, 大众则认为比特币不再安全, 那么比特币价值会骤降甚至归零, 此时 Ghash 矿池对比特币的控制变得毫无价值.

区块链运行不仅需要对交易达成共识, 还需对系统升级等治理提议达成共识. 不同于传统系统中通过中心化运维节点可以快速完成系统升级, 区块链的各节点地位平等, 新规则的出现到实施需要经过较长的阶段.

如图 2.15 所示, 比特币系统的协议升级通常包括比特币改进提案(BIP)公开、社区反馈、协议实现、网络激活和服务应用五个阶段. 社区成员首先提出协议改进提案, 按照标准格式提交至社区中详细讨论[①]. 讨论通过后, 进入协议实现阶段, 完成功能测试后将此功能添加至比特币客户端(比特币核心). 用户可以通过是否运行新客户端表示支持或者反对. 最终协议在比特币网络中逐步激活并在具体服务中应用.

---

① https://github.com/bitcoin/bips/blob/master/README.mediawiki, 比特币改进方案提交方法, 访问时间 2022 年 9 月 1 日.

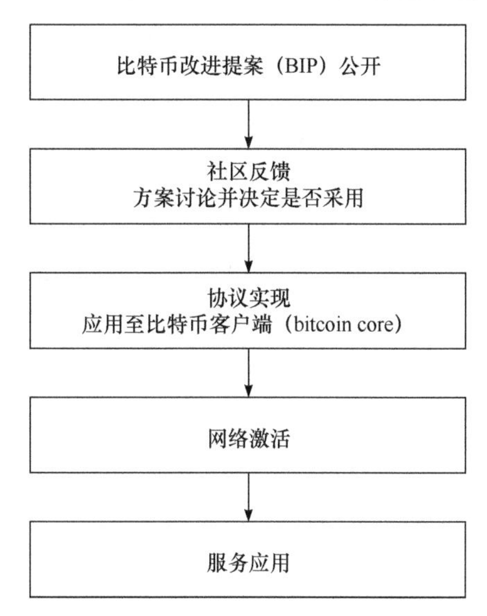


图 2.15　比特币区块链协议升级阶段

比特币协议升级的五个阶段总体上是一个线性过程. 在实践中, 社区反馈和协议实现之间可能经历反复循环, 改进方案采用率并不高, 升级过程通常需要历经较长的时间.

协议升级还可能带来比特币区块链的分叉. 运行比特币客户端的不同节点可能拥有不同的理念, 对新规则存在不同的意见. 在激活协议升级的阶段, 部分节点可能选择升级客户端表示同意新的规则, 其他节点可能选择不升级客户端表示拒绝新的规则. 如果新规则不能达成全网共识, 运行新客户端的节点和运行旧客户端的节点后续维护的区块链可能不同, 从而导致链分叉.

由于升级, 未达成共识造成的区块链分叉有软分叉(soft fork)和硬分叉(hard fork)两种形式. 如果新规则使得以前有效的交易或区块变得无效, 则这种规则变化会产生软分叉. 如图 2.16 所示, 软分叉是向前兼容的协议升级方式, 旧版本兼容新版本, 未升级节点能够接受协议升级后节点产生的交易或区块, 只是无法识别、解析新规则; 在升级过渡阶段, 允许升级后的节点将新区块添加到旧版区块后面, 直到观察到绝大多数区块都是新版区块, 表明绝大多数节点已经升级, 因此可以不再接受旧区块作为前序区块, 从而完成平滑升级.

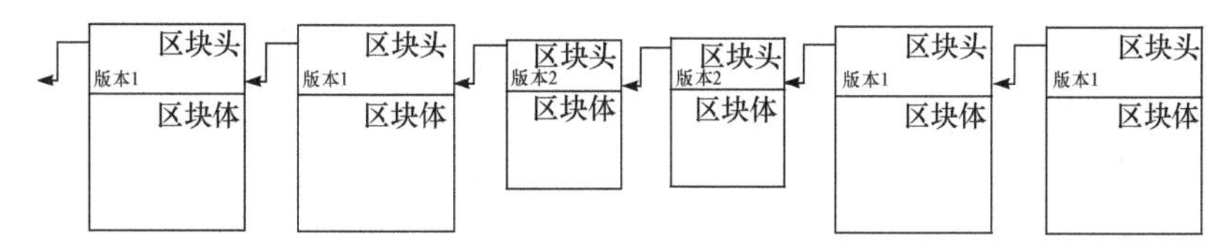


图 2.16　软分叉过程

比特币区块链在发展过程中多次发生软分叉. 引入 P2SH 和 P2WSH 等新标准交易模型就曾发生软分叉. 下面以在 Coinbase 交易脚本中存储 2 字节至 100 字节随机数据 BIP34 升级为例说明软分叉的过程对区块链升级的实际影响.

(1) 版本号为 1 的交易被视作非法交易(升级后节点不会验证或转发版本号为 1 的交易).

(2) 区块 Coinbase 交易脚本签名部分增加区块高度, 并将区块版本号变为 2.

(3) 75% 规则: 如果后续 1000 个区块中有超过 750 个区块是版本号为 2 或更高版本, 则拒绝版本号为 2 的无效区块.

(4) 95% 规则("不回退分界点"): 如果后续 1000 个区块中有超过 950 个是版本号为 2 或更高版本, 则拒绝所有版本号为 1 的区块.

经过长时间的网络激活反馈, 最终 BIP34 升级正式生效, 高度为 227835 的区块是最后一个版本号为 1 的区块.

如果新规则使得过去无效的交易或区块变得有效, 那么这种规则变化会产生硬分叉. 如图 2.17 所示, 硬分叉是不向前兼容的分叉, 旧版本节点不会接受新版本节点创建的合法区块, 于是新旧版本开始在不同的区块链上运行. 任何改变区块结构、难度规则或增加有效交易集的比特币协议改动都会产生硬分叉, 硬分叉有可能长期存在.

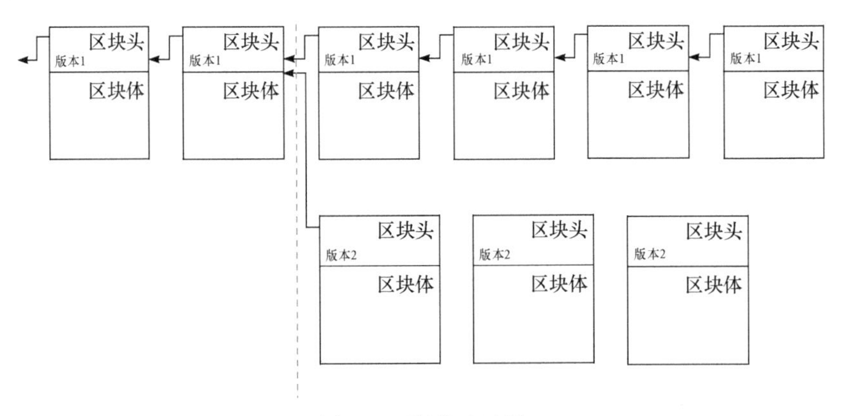


图 2.17　硬分叉过程

比特币在发展过程中曾出现过几次硬分叉. 由于对区块大小限制的分歧, 比特币现金(bitcoin cash, BCH)从比特币区块高度 478558 硬分叉诞生. 因所持发展理念不同, 一个团队声称要遵循中本聪最初在其比特币白皮书中所设定愿景, 比特币 SV(bitcoin Satoshi vision, BSV)又从高度为 556767 的比特币现金区块硬分叉诞生.

### 2.2.5 比特币交易执行层

比特币节点在网络服务中收到交易信息后, 将对交易进行验证, 主要包括交易数据的有效性验证和交易脚本的合法性验证两个方面. 交易数据格式要求见 2.2.2 节, 交易的有效性验证主要包括以下规则①.

(1) 拒绝数据格式不正确的交易.

(2) 拒绝输入或输出列表为空的交易.

(3) 拒绝尺寸超过块大小限制的交易.

(4) 拒绝交易中输出金额或总金额不在给定范围(如金额为负)的交易.

(5) 拒绝输入哈希值即先前输出哈希值(previous output Hash)等于 0 或输入索引即先前输出索引(previous output index)为 −1 的交易. 输入哈希值等于 0 且输入索引为 −1 的交易为 Coinbase 交易, 只在区块中出现, 不会在网络中单独出现.

(6) 拒绝锁定时间(Lock_time)大于 31 字节, 或消息小于 100 字节, 或交易签名验证操作大于 2 次的交易.

(7) 拒绝交易脚本操作不合规的交易.

(8) 拒绝已保存在本地交易池和已保存在链上的交易信息.

(9) 拒绝任何交易中的输入与已在交易池中的其他交易输入相同(双重花费).

(10) 在区块链上和交易池中寻找每个交易输入对应的交易输出, 如果没有则保存在孤立交易池中(UTXO 模型).

(11) 拒绝少于 100 个确认的 Coinbase 交易为输入的交易.

(12) 拒绝交易输入不存在的交易.

(13) 拒绝交易输入值小于输出值的交易.

(14) 拒绝交易费过低的交易.

对交易的数据有效性验证后, 节点还需对交易脚本进行合法性验证. 交易脚本合法性验证主要是验证交易发起方是否拥有使用交易输入的权利, 在比特币中采用脚本(script)的方式②.

比特币脚本定义了下一次使用该交易的方式, 用于验证交易发起者是否拥有使用未花费的交易(UTXO)的权利. 比特币脚本是一个基于堆栈的交易验证系统, 其脚本语言不支持循环语句, 只能实现简单的算术计算、逻辑运算、密码学计算和堆栈操作等功能, 因此比特币脚本是非图灵完备的. 这种设计牺牲了一部分复杂功能, 但是减少了由脚本程序漏洞引起的安全风险. 非图灵完备的脚本程序设

---

① https://en.bitcoinwiki.org/wiki/Protocol_rules, 访问时间 2022 年 9 月 21 日.

② https://developer.bitcoin.org/reference/transactions.html, 访问时间 2022 年 9 月 21 日.

计的目的是确保网络节点始终处于确定性状态，循环语句可能导致系统执行脚本程序的节点陷入无限循环，导致资源枯竭和系统崩溃. 比特币脚本语言由许多操作码(Opcode)组成[①]，如附表 A 所示.

比特币操作码主要包括压入值、控制、栈操作、逻辑运算、数值运算、密码学操作和相关扩展操作. 比特币早期版本由于一些脚本代码设置出现了一系列错误，中本聪在之后版本中将部分操作码禁用.

比特币依赖锁定脚本和解锁脚本验证交易的正确性. 锁定脚本是上一笔交易发起者设置的使用这笔交易的"障碍"，解锁脚本是希望使用这笔交易的人证明知道克服"障碍"的方法，以此表明自己拥有上一笔交易输出的使用权. 如图 2.18 所示，在比特币交易脚本验证过程中，首先将解锁脚本压入栈，再将锁定脚本依次压入栈并执行，获得输出结果确定交易正确性.

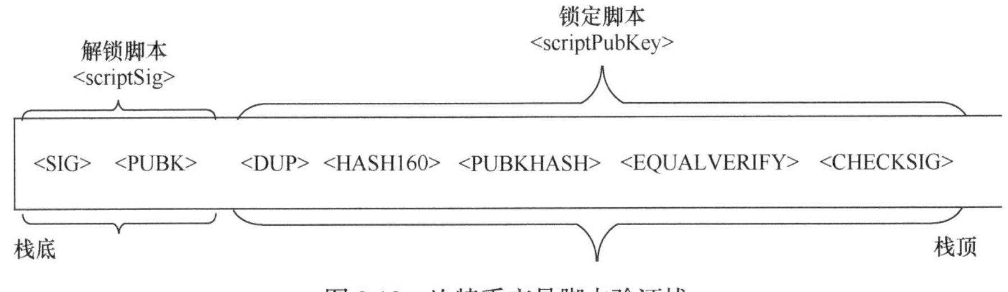


图 2.18　比特币交易脚本验证栈

用户可以根据上述操作码功能实现自己想要完成的脚本操作. 比特币的交易类型可以分为标准交易类型(standard transaction types)和非标准交易类型(nonstandard transaction types). 标准交易类型由中本聪和比特币核心开发人员根据常用交易行为，封装操作码组合方式，构造标准交易操作函数，用户可直接调用函数.

标准交易类型主要包括[②]{PUBKEY, PUBKEYHASH, SCRIPTHASH, MULTISIG, NULL_DATA, WITNESS_V0_SCRIPTHASH, WITNESS_V0_KEY HASH, WITNESS_V1_TAPROOT, WITNESS_UNKNOWN} 9 种. 比特币早期版本仅支持前五种标准交易类型，标准交易的种类会随着比特币的发展发生变化.

1. 付款至公钥(pay to pubkey, P2PK)

付款至公钥的交易是最简单的交易. P2PK 模型由中本聪创建，将接收方的公钥直接置于交易锁定脚本，简单调用 OP_CHECKSIG 操作码来检查签名正确性，

① https://github.com/bitcoin/bitcoin/blob/master/src/script/script.h #L67，访问时间 2022 年 9 月 21 日.

② https://github.com/bitcoin/bitcoin/blob/master/src/script/standard.h，访问时间 2022 年 9 月 21 日.

常用于 Coinbase 交易. P2PK 标准交易模型如下.

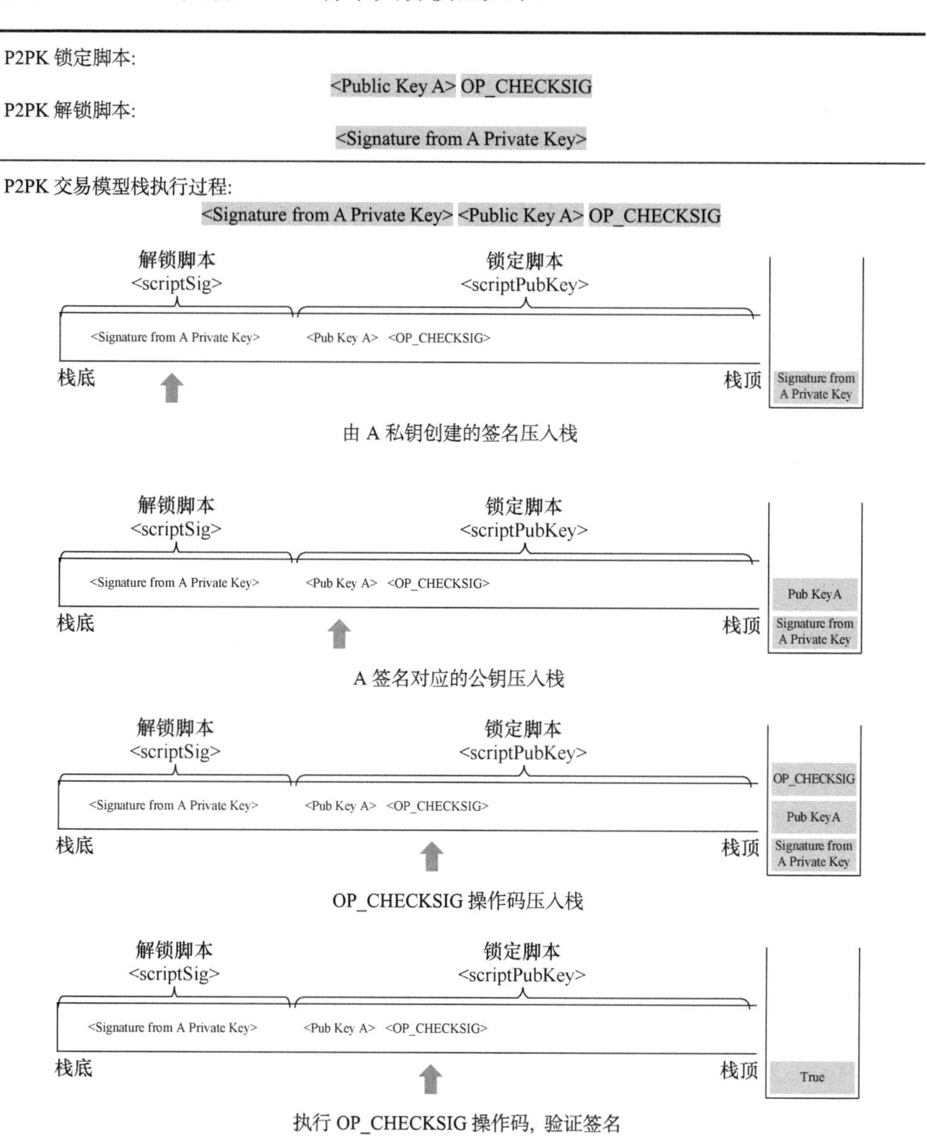


2. 付款至公钥哈希(pay to pubkey Hash, P2PKH)

付款至公钥哈希的交易是比特币中最常见的交易. 公钥的哈希值为比特币收款地址(2.2.2 节), 用户花费时需要提供公钥的哈希值和用公钥对应私钥创建的数字签名以验证交易正确性.

P2PKH 锁定脚本:

OP_DUP OP_HASH160 <Public Key Hash A> OP_EQUAL OP_CHECKSIG

P2PKH 解锁脚本:

<Signature from A Private key> <Public Key A>

P2PKH 交易模型栈执行过程:

<Signature from A Private Key> <Public Key A> OP_DUP OP_HASH160
<Public Key Hash A> OP_EQUAL OP_CHECKSIG

解锁脚本 <scriptSig>　锁定脚本 <scriptPubKey>

<Signature from A Private Key><Pub Key A> <OP_DUP><OP_HASH160><Public Key Hash A><OP_EQUAL><OP_CHECKSIG>

栈底　栈顶

Pub Key A
Signature from A Private Key

由 A 私钥创建的签名和 A 的公钥压入栈

解锁脚本 <scriptSig>　锁定脚本 <scriptPubKey>

<Signature from A Private Key><Pub Key A> <OP_DUP><OP_HASH160><Public Key Hash A><OP_EQUAL><OP_CHECKSIG>

栈底　栈顶

OP_DUP
Pub Key A
Signature from A Private Key

OP_DUP 操作码压入栈，复制栈顶数据

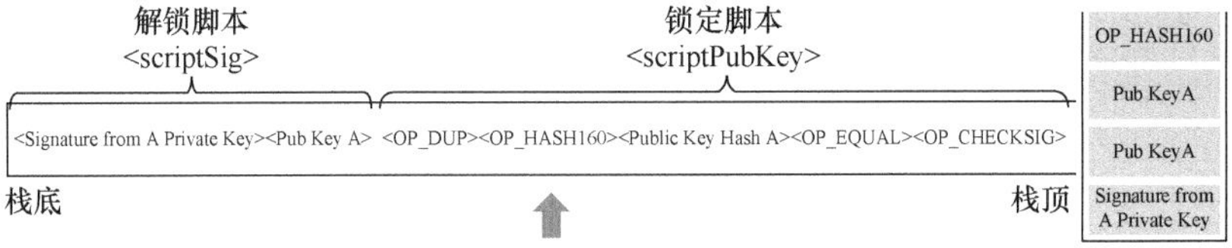

解锁脚本 <scriptSig>　锁定脚本 <scriptPubKey>

<Signature from A Private Key><Pub Key A> <OP_DUP><OP_HASH160><Public Key Hash A><OP_EQUAL><OP_CHECKSIG>

栈底　栈顶

OP_HASH160
Pub Key A
Pub Key A
Signature from A Private Key

OP_HASH160 操作码压入栈，计算栈顶 HASH160 值

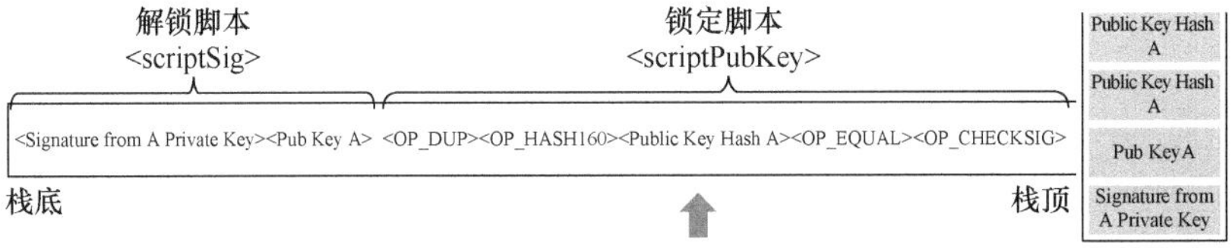

解锁脚本 <scriptSig>　锁定脚本 <scriptPubKey>

<Signature from A Private Key><Pub Key A> <OP_DUP><OP_HASH160><Public Key Hash A><OP_EQUAL><OP_CHECKSIG>

栈底　栈顶

Public Key Hash A
Public Key Hash A
Pub Key A
Signature from A Private Key

A 的公钥 HASH160 值压入栈

解锁脚本 <scriptSig>　锁定脚本 <scriptPubKey>

<Signature from A Private Key><Pub Key A> <OP_DUP><OP_HASH160><Public Key Hash A><OP_EQUAL><OP_CHECKSIG>

栈底　栈顶

OP_EQUAL
Public Key Hash A
Public Key Hash A
Pub Key A
Signature from A Private Key

OP_EQUAL 操作码压入栈，验证栈顶数据是否相等

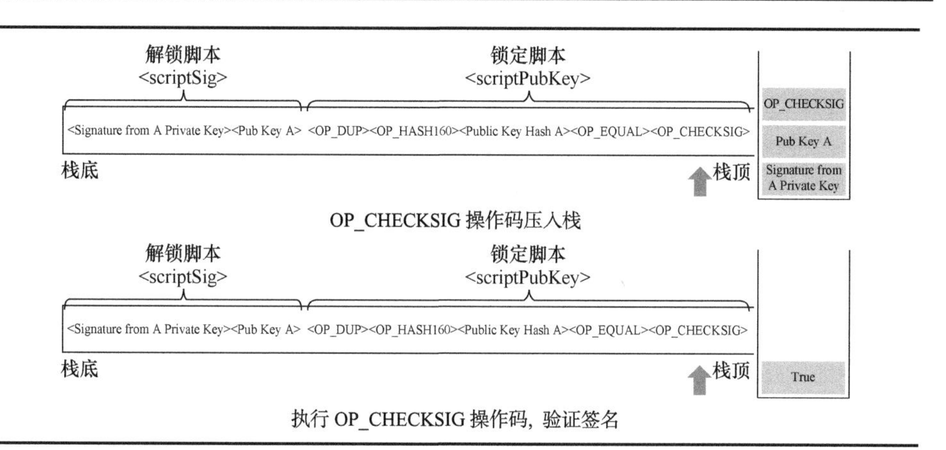


OP_CHECKSIG 操作码压入栈



执行 OP_CHECKSIG 操作码, 验证签名

3. 付款至脚本哈希值(pay to script Hash, P2SH)

付款至脚本哈希值交易模型由比特币 16 号改进方案(BIP16[①])正式提出. 第一次付款至脚本哈希值的交易出现在高度为 170052 的区块. 花费这笔比特币的用户必须提供一个匹配预设脚本哈希值的脚本并使脚本计算结果为真. P2SH 交易锁定脚本和解锁脚本内容可以根据比特币脚本操作码设计, 实现复杂的应用功能. 以 BIP16 中提出付款至脚本哈希值示例.

P2SH 锁定脚本:

OP_HASH160 <20-byte-Hash-value> OP_EQUAL

P2SH 解锁脚本:

<Signature from A Private Key> <Signature from B Private Key> <Redeem Script>

P2SH 赎回脚本:

2 <Public Key A> <Public Key B> <Public Key C> 3 OP_CHECKSIG

P2SH 交易模型栈执行过程包括以下两个步骤:

步骤一, 验证赎回脚本与锁定脚本哈希值是否匹配:

{2 <Public Key A> <Public Key B> <Public Key C> 3 OP_CHECKSIG}OP_HASH160 <20-byte-Hash-value>OP_EQUAL



赎回脚本{2 <Public Key A> <Public Key B> <Public Key C> 3 OP_CHECKSIG}压入栈



OP_HASH160 操作码压入栈, 并计算赎回脚本的 HASH160 哈希值

① https://github.com/bitcoin/bips/blob/master/bip-0016.mediawiki, 访问时间 2022 年 9 月 21 日.

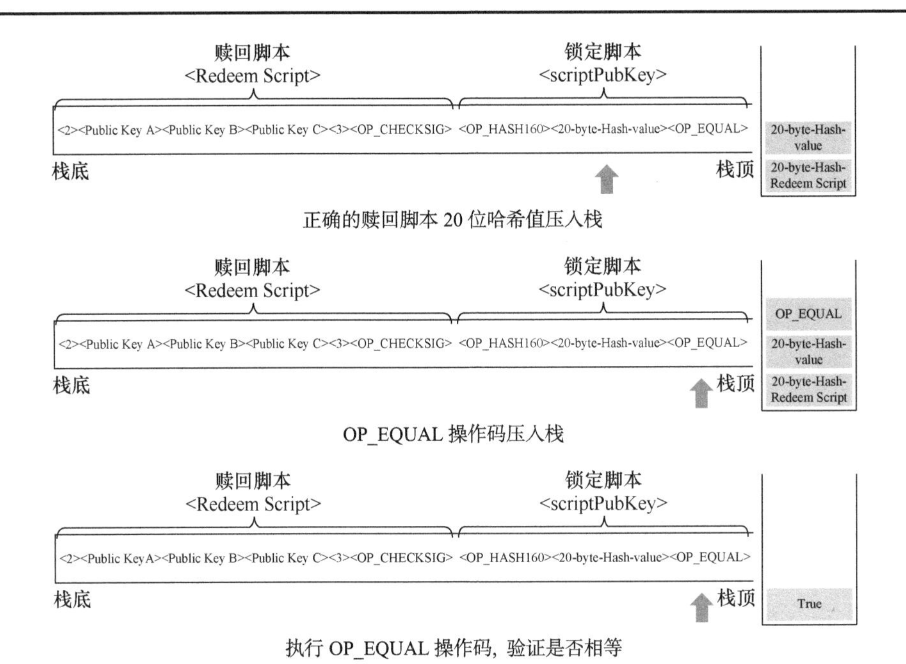


正确的赎回脚本 20 位哈希值压入栈

OP_EQUAL 操作码压入栈

执行 OP_EQUAL 操作码，验证是否相等

步骤二，执行解锁脚本释放赎回脚本验证是否正确:

<Signature from A Private Key> <Signature from B Private Key> 2 <Public Key A> <Public Key B> <Public Key C> 3 OP_CHECKSIG

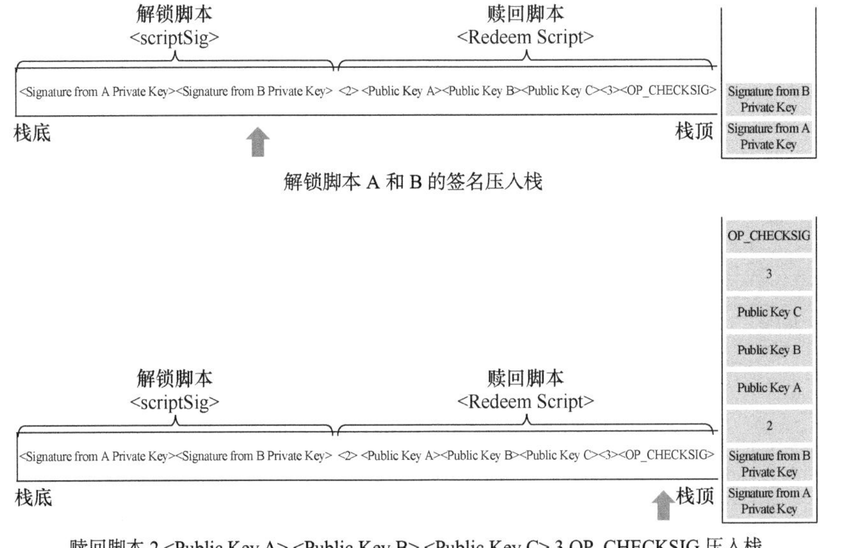


解锁脚本 A 和 B 的签名压入栈

赎回脚本 2 <Public Key A> <Public Key B> <Public Key C> 3 OP_CHECKSIG 压入栈

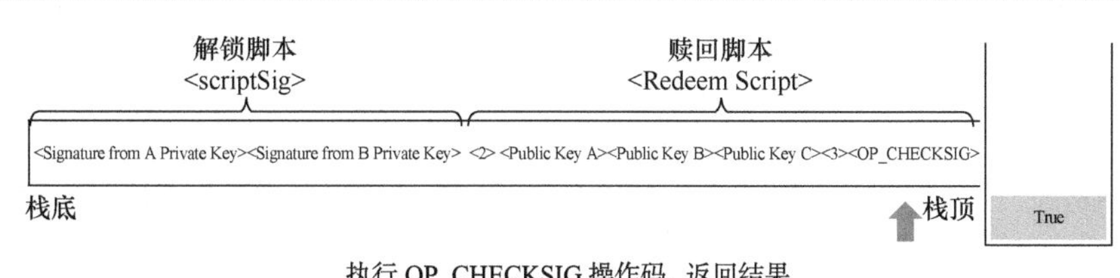


执行 OP_CHECKSIG 操作码, 返回结果

利用 P2SH 交易模型可将提供解锁交易脚本的责任从交易发起者转移到交易接收者. 由 P2PK 和 P2PKH 交易模型可知, 解锁脚本由交易发起者提供, 而由上例可知, 交易发起者仅知道解锁脚本的前 20 字节哈希值, 无法知道解锁脚本及脚本规定的内容.

4. 付款至多签(pay to multisig, MS)

付款至多签的交易要求收款方提供有效的多重签名才能解锁交易. 在付款至多签的交易模型中, 锁定脚本包含一个由 $N$ 个公钥组成的公钥集合, 解锁这笔交易或花费该笔收款需要提供集合中 $M$ 个公钥对应的签名(其中 $N>M$ ), 被称为 $M/N$ 多重签名. 付款至多签的交易方式可以将一笔比特币的使用权交由多人决定, 通过设置阈值 $M$ 和公钥集合 $N$ 之间的关系实现, 如共享钱包(shared wallet)、闪电网络(lightning network)等应用. 例如, 假设 A, B, C 共享一笔未花费的交易输出, 约定只要三个人中的两个人同意使用这笔交易, 则可以花费这笔比特币, 这种情况下可以使用付款至 2/3 多重签名的交易方式①.

MS 锁定脚本:

2 <Public Key A> <Public Key B> <Public Key C> 3 OP_CHECKMULTISIG

MS 解锁脚本:

OP_0 < Signature from A Private Key > < Signature from C Private Key >

MS 交易模型栈执行过程:

OP_0 < Signature from A Private Key > < Signature from C Private Key > 2 <Public Key A> <Public Key B><Public Key C> 3 OP_CHECKMULTISIG

解锁脚本{OP_0 < Signature from A Private Key > < Signature from C Private Key >}压入栈

① https://www.blockchain.com/btc/tx/552026dade1c9385e4693a4e82f07080d8d1950fc822346f95a0dc1e0a833465, 访问时间 2022 年 9 月 21 日.

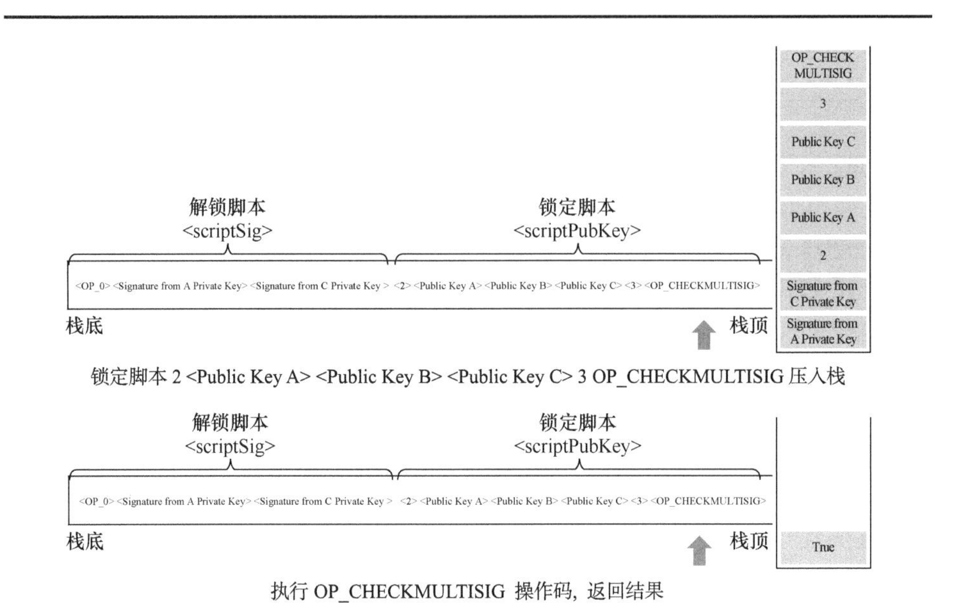


5. 付款至空数据(pay to null data, OP_RETURN)

在比特币的设计之初, 为充分发挥区块链的安全特性, 去除资产交易属性, 付款至空数据的交易类型被精心设计为一种数据存证方法[6]. 付款至空数据交易通过 OP_RETURN 操作码将交易标记为无效, 由于 OP_RETURN 标记的交易均不可花费, 因此这笔交易将永远保存在比特币的区块链上①. 付款至空数据的交易方式可以支持电子公证、资产存证等领域的潜在应用.

使用比特币的区块链存储与比特币交易无关的数据一直是社区比较有争议的话题. 部分支持的社区成员认为这是区块链拥有强大功能的证明, 必须大力支持此类交易; 部分反对的社区成员认为这是滥用比特币区块链的行为, 由于 OP_RETURN 标记的交易均不可花费, 该笔交易将永远保存在全节点各自维护的 UTXO 中, 导致 UTXO 占用的内存空间不断扩大. 最终 OP_RETURN 操作码做出了修改②, 允许交易发起者在交易输出中增加 40 字节的非交易数据信息, 并且此类交易不保存在 UTXO 中.

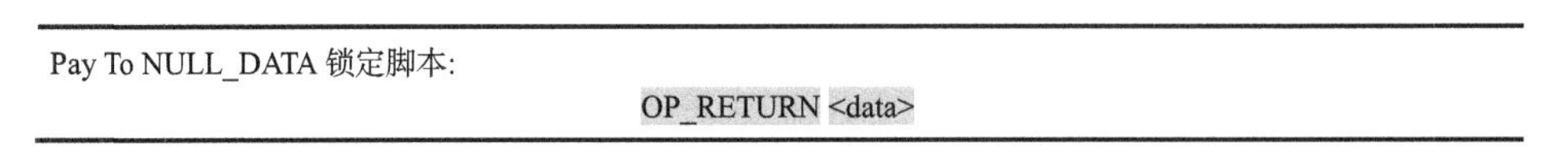

Pay To NULL_DATA 锁定脚本:
OP_RETURN <data>


① https://www.blockchain.com/btc/tx/d29c9c0e8e4d2a9790922af73f0b8d51f0bd4bb19940d9cf910ead8fbe85bc9b, 访问时间 2022 年 9 月 21 日.

② https://bitcoin.org/en/release/v0.9.0#how-to-upgrade, OP_RETURN 操作码的改变说明, 访问时间 2022 年 9 月 21 日.

Pay To NULL_DATA 解锁脚本:

(空)

Pay To NULL_DATA 交易模型栈执行过程:

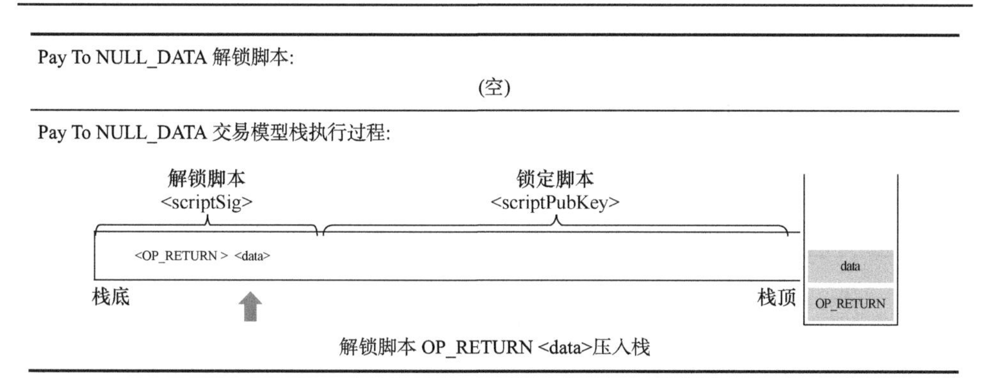


解锁脚本 OP_RETURN <data>压入栈

比特币社区主要贡献者 P. Wuille 在 141 号改进方案[①]中提出了一种新的交易验证模型. 此交易验证只包含验证交易正确性的元素(脚本、签名), 不需要确定交易的结果. 在此模型下, 一方面将签名或脚本信息从交易信息中移出, 增加了每个区块中可以包含交易的数量, 达到区块扩容的效果; 另一方面有效解决了比特币中针对交易哈希值的交易延展性攻击(transaction malleability attack)问题. 在交易延展性攻击中, 攻击者利用椭圆曲线数字签名算法(elliptic curve digital signature algorithm, ECDSA)签名的特征, 对一个交易的签名稍作修改得到该交易另一个有效签名, 从而可以为交易生成不同的哈希值, 被比特币的节点误认为是不同的交易, 达到多重花费或重复取款的目的. 新型交易验证模型中, 签名、脚本等数据不再是计算交易哈希的一部分, 仅包含时间、输入和输出等固定数据, 因此不能通过修改交易的签名达到改变交易哈希值的目的. 该交易验证模型将验证交易正确性的见证信息与交易信息分离, 因此称为隔离见证(segregated witness, SegWit). 隔离见证在 2017 年 8 月正式上线, 比特币脚本支持面向隔离见证的标准交易.

6. 付款至见证脚本哈希值(pay to witness script Hash, P2WSH)

付款至见证脚本哈希值交易模型在 P2SH 基础上增加了隔离见证. P2WSH 锁定脚本包含隔离见证版本号(0)和 32 字节脚本见证的 SHA256 哈希值, 解锁脚本的数据保存至脚本见证中, 极大减少了交易空间占用.

P2WSH 锁定脚本:

0 <32-byte-Hash-value>

P2WSH 解锁脚本:

(空)

Witness 见证:

<Signature from A Private Key> 1 <Public Key A> <Public Key B> 2 OP_CHECKMULTISIG

P2WSH 交易模型栈执行过程包括以下两个步骤:

① https://github.com/bitcoin/bips/blob/master/bip-0141.mediawiki, 访问时间 2022 年 9 月 21 日.

步骤一，验证见证信息与锁定脚本哈希值是否匹配:

{ <Signature from A Private Key> 1 <Public Key A> <Public Key B> 2 OP_CHECKMULTISIG }　OP_SHA256 <32-byte-Hash-value> OP_EQUAL

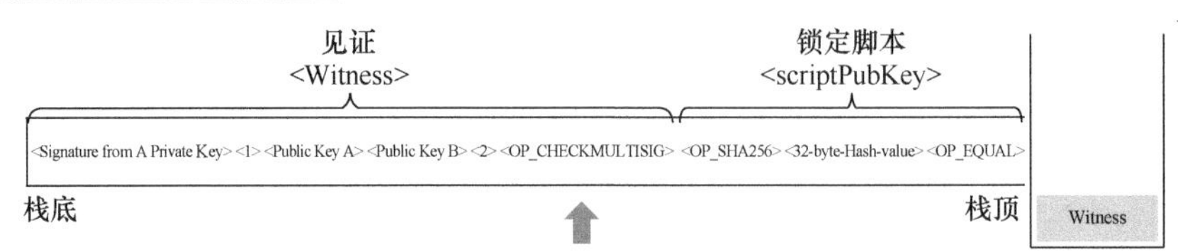


见证<Signature from A Private Key> 1 <Public Key A> <Public Key B> 2 OP_CHECKMULTISIG 压入栈

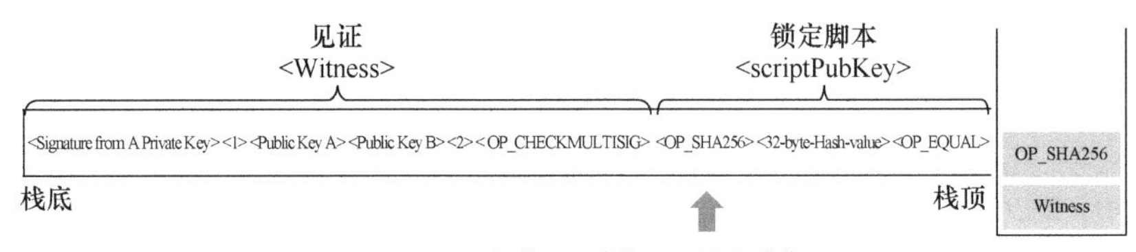


OP_SHA256 操作码，计算见证的哈希值

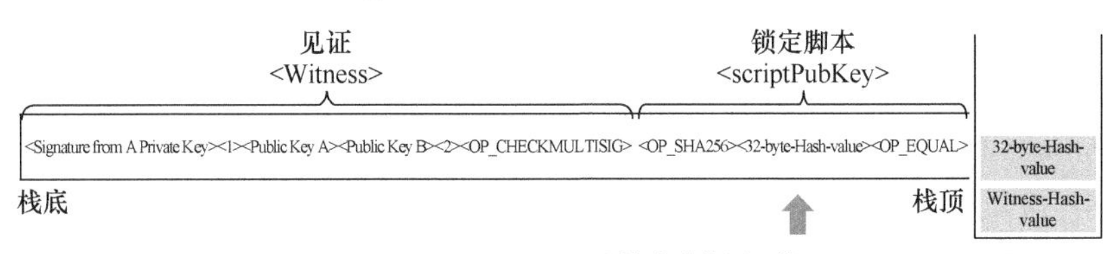


<32-byte-Hash-value> 32 比特哈希值压入栈

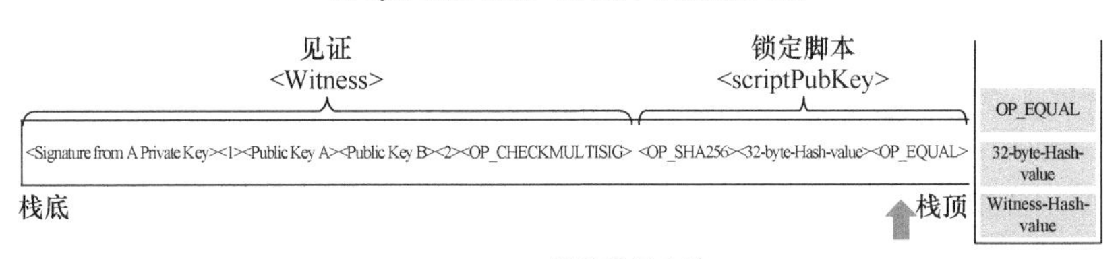


OP_EQUAL 操作码压入栈

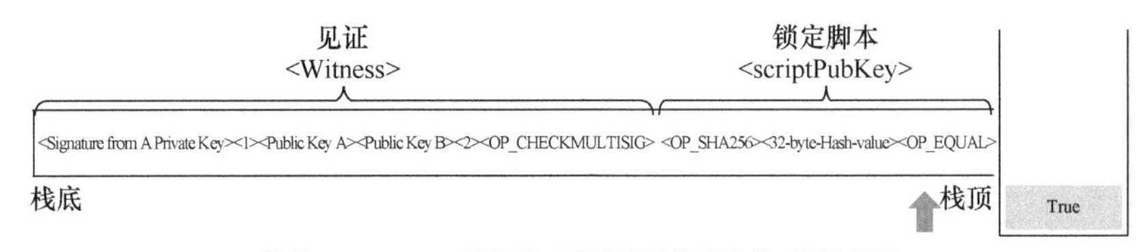


执行 OP_EQUAL 操作码，验证数据是否相等，返回结果

步骤二，验证见证信息是否正确:

0 <Signature from A Private Key> 1 <Public Key A> <Public Key B> 2 OP_CHECKMULTISIG

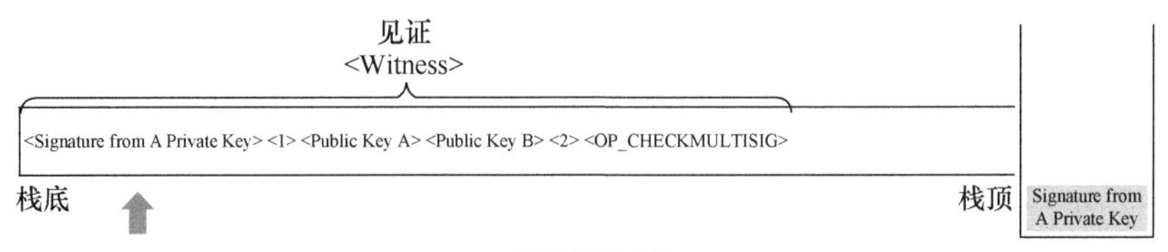


A 的签名压入栈

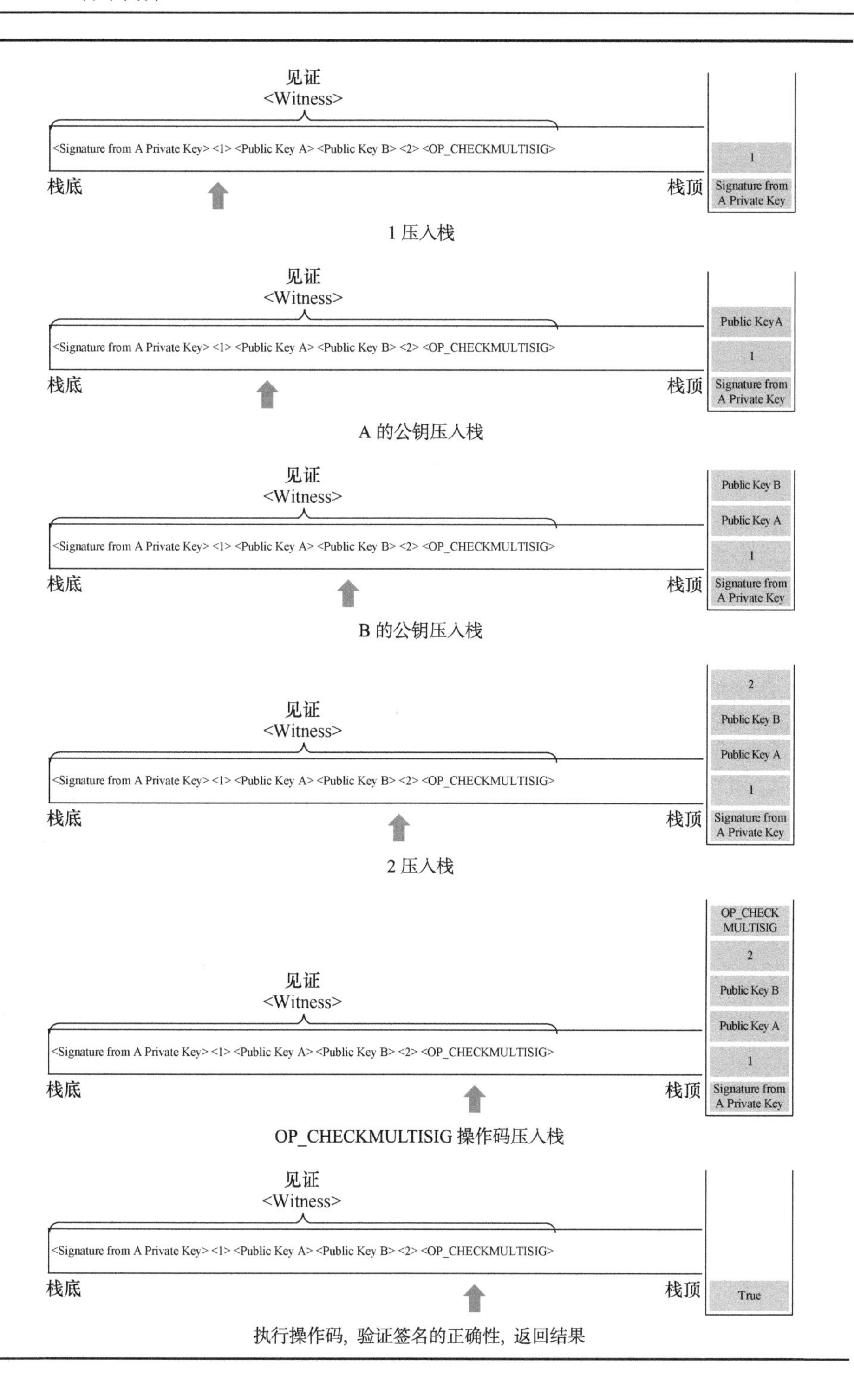
见证
<Witness>
<Signature from A Private Key> <1> <Public Key A> <Public Key B> <2> <OP_CHECKMULTISIG>
栈底
栈顶
1
Signature from A Private Key
1 压入栈
见证
<Witness>
<Signature from A Private Key> <1> <Public Key A> <Public Key B> <2> <OP_CHECKMULTISIG>
栈底
栈顶
Public Key A
1
Signature from A Private Key
A 的公钥压入栈
见证
<Witness>
<Signature from A Private Key> <1> <Public Key A> <Public Key B> <2> <OP_CHECKMULTISIG>
栈底
栈顶
Public Key B
Public Key A
1
Signature from A Private Key
B 的公钥压入栈
见证
<Witness>
<Signature from A Private Key> <1> <Public Key A> <Public Key B> <2> <OP_CHECKMULTISIG>
栈底
栈顶
2
Public Key B
Public Key A
1
Signature from A Private Key
2 压入栈
见证
<Witness>
<Signature from A Private Key> <1> <Public Key A> <Public Key B> <2> <OP_CHECKMULTISIG>
栈底
栈顶
OP_CHECK MULTISIG
2
Public Key B
Public Key A
1
Signature from A Private Key
OP_CHECKMULTISIG 操作码压入栈
见证
<Witness>
<Signature from A Private Key> <1> <Public Key A> <Public Key B> <2> <OP_CHECKMULTISIG>
栈底
栈顶
True
执行操作码，验证签名的正确性，返回结果

### 7. 付款至见证公钥哈希值(pay to witness key Hash, P2WPKH)

付款至见证公钥哈希值交易模型在 P2PKH 基础上增加了隔离见证. P2WPKH 锁定脚本包含隔离见证版本号(0)和 20 字节公钥见证的 HASH160 哈希值, 解锁脚本的数据保存至公钥见证中, 减少了交易空间占用.

20 字节的哈希值代表 P2WPKH 标准交易和 32 字节的哈希值代表 P2WPKH 标准交易, 通过观察哈希值的长度可以确定具体是哪种交易模式.

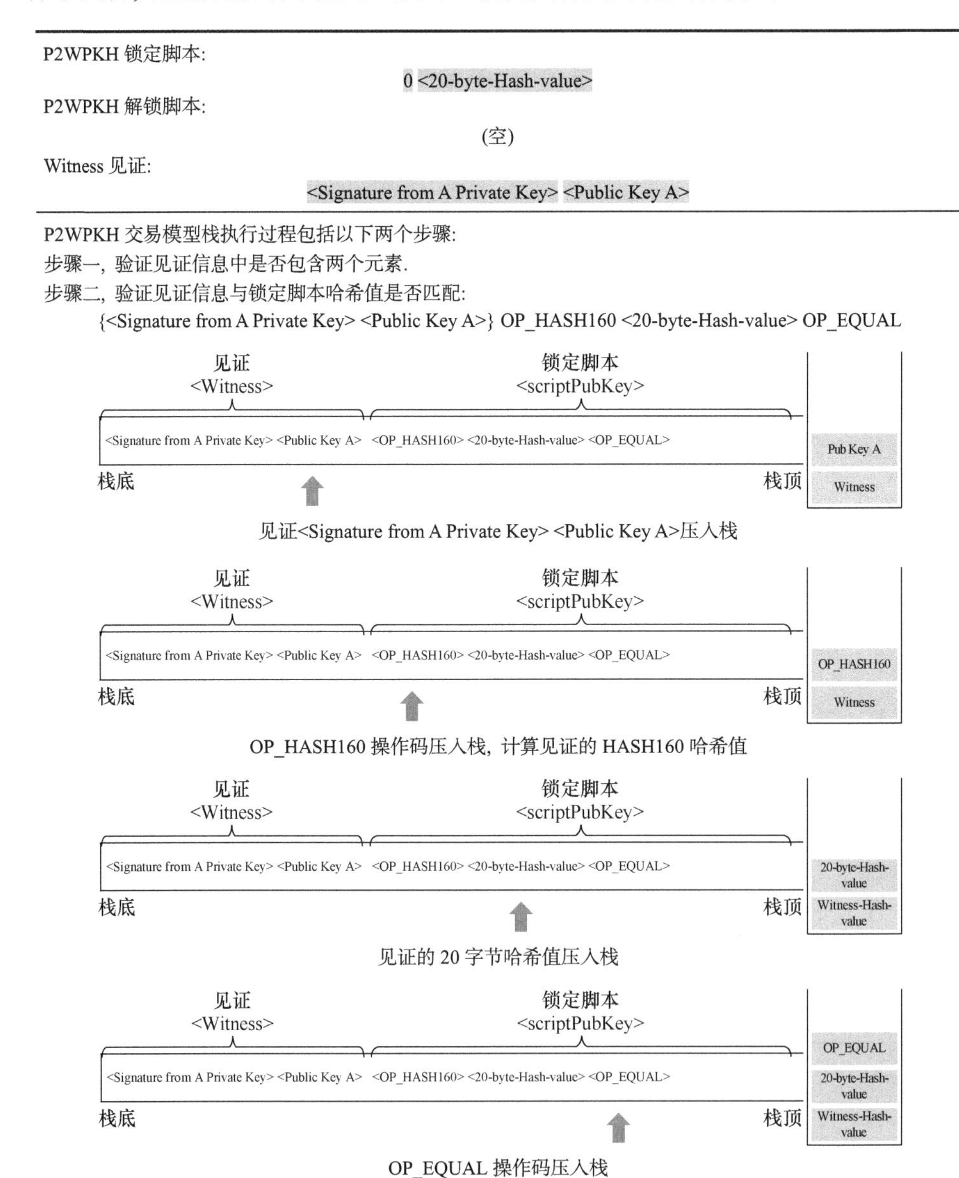

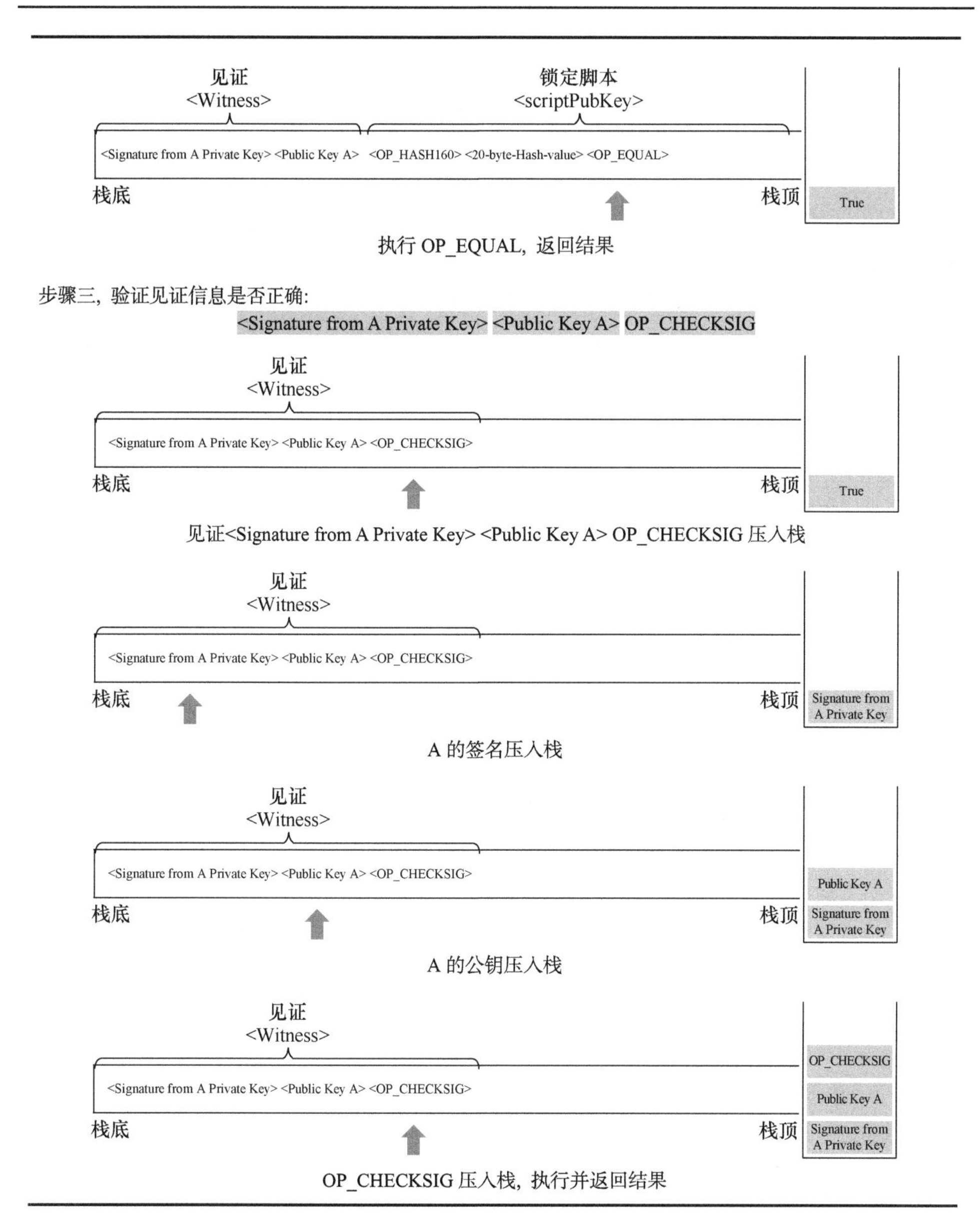


8. 付款至 1 版见证主根(pay to witness v1 TapRoot)

2021 年 3 月，主根(TapRoot)操作在比特币社区完成协议升级，主要基于由比特币社区主要贡献者 G. Maxwell、P. Wuille 等提出的比特币 340 号、341 号和 342 号改进方案(BIP340、BIP341、BIP342). BIP340 提出从安全性和效率等方面考虑(在 4.2 节中详细讨论)，使用 secp256 曲线上 Schnorr 签名代替 ECDSA 签名. BIP341 提出基于 Schnorr 签名、MAST(Merkelized abstract syntax tree, MAST)和 TapRoot

的密钥聚合交易验证方式，支持门限签名，支持批量验证，可以更有效地同时验证多个签名.

BIP342 提出在比特币中使用 Schnorr 签名、批量验证和 TapRoot 的改进方案. 目前比特币脚本支持版本号为 1 的隔离见证和操作码 OP_CHECKSIGADD 批量验证多重签名策略. TapRoot 在隔离见证机制上提高了脚本功能的隐私性、运行效率和灵活性.

TapRoot 中包含 MAST 数据结构的设计目的是让比特币交易拥有更加灵活的脚本选择. P2SH、MS 和 P2PK 等标准交易模型定义了确定性的解锁策略，在 MAST 模型下，用户可以根据不同需求使用 MAST 数据结构添加不同的标准交易脚本策略. MAST 数据结构如图 2.19 所示，MAST 根为使用这笔交易的见证信息，叶子节点 $A, B, C, D, E$ 为五个不同的花费交易策略. 若用户想使用 $D$ 花费交易策略，则需要 $D$ 脚本内容和 Hash$(A, B)$, Hash$(C)$, Hash$(E)$ 以还原见证哈希值 Hash$(A,B,C,D,E)$. 基于 MAST 数据结构，花费同一笔交易可以使用不同策略$(A,B,C,D,E)$，使用其中一个脚本策略时，只需提供其他脚本策略的哈希值.

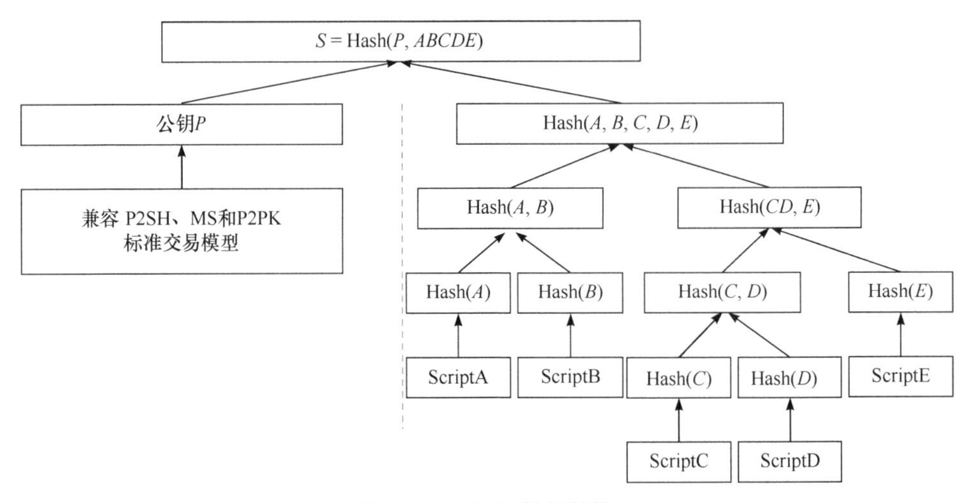


图 2.19　MAST 数据结构

TapRoot 在 MAST 之上增加计算 $s = \text{Hash}(P, ABCDE)$，其中 $P$ 为代表公钥(与 P2SH、MS 和 P2PK 类似)，这样 TapRoot 既可以同时支持 P2SH、MS 和 P2PK，又可以支持实现 MAST 灵活选择解锁脚本.

9. 付款至未知见证(pay to witness unknown, P2WUK)

隔离见证在 2017 年 8 月正式上线，比特币脚本支持面向隔离见证的交易模型. 隔离见证还提供了交易付款至未知见证版本的交易类型.

### 2.2.6 比特币应用服务层

中本聪提出比特币的论文标题为《比特币：一种点对点的电子现金系统》. 正如题目所表述, 比特币是模拟现实社会生活中现金的一种数字货币系统. 出于安全性考虑, 中本聪使用非图灵完备的脚本语言, 舍弃支持复杂应用的操作码, 使比特币的应用集中在数字货币与支付领域.

闪电网络是比特币的一种功能扩展和应用. 2015 年, J. Poon 和 T. Dryja 提出闪电网络, 在频繁小额转账的交易双方之间建立微支付通道网络(network of micropayment channels), 链下多次交易实现即时小额转账, 链上极少次交易实现最终结算. 利用微支付通道, 闪电网络可以提高比特币交易吞吐率并降低交易延迟.

闪电网络在比特币区块链上得到广泛应用. 第三方资料显示①, 截至 2022 年 10 月 1 日, 比特币区块链上已建立超过 80000 个闪电网络通道. 闪电网络在交易双方之间建立双向支付通道(bidirectional payment channels). 闪电网络的链下程序包括通道建立、链下支付和通道关闭三个重要步骤, 同时支持对交易过程中违规行为的惩罚和多通道间节点的交易中继.

1. 通道建立

闪电网络每个双向支付通道包含两个参与方. 通道建立过程主要包括创建未签名的基金交易(unsigned funding transaction)、创建初始承诺交易(initial commitment transaction)和基金交易上链三个重要步骤.

**步骤一: 创建未签名的基金交易**

假定 Alice 和 Bob 为双向支付通道的两个参与方. Alice 和 Bob 共同创建未签名的基金交易, 基金交易的输出为 2-2 多重签名脚本, 使用这笔交易需要提供双方的签名. Alice 和 Bob 交换基金交易的输入地址和对应公钥, 前者用于双方确认交易通道中的基金值总和, 后者用于之后验证签名.

**步骤二: 创建初始承诺交易**

创建完成未签名的基金交易后, Alice 和 Bob 分别创建初始承诺交易. 承诺交易的交易输入为 2-2 多重签名脚本的基金交易, 输出表示现有基金交易分配比例. 初始承诺交易(C1a 和 C1b)中, 每个承诺交易包括两个交易输出, 其中一个输出为普通支付交易(D1a 和 D1b), 另一个输出为使用序列到期可撤销合约(revocable sequence maturity contract, RSMC)的可撤销支付交易(RD1a 和 RD1b).

图 2.20 展示闪电网络通道建立过程. 以 Alice 和 Bob 分别提交 1 BTC 创建基金交易为例, Alice 创建初始承诺交易(C1b), 初始承诺交易输入为基金交易, 交易输出包括普通支付交易(D1b)和可撤销支付交易(RD1b). 普通支付交易输出为

① https://bitcoinvisuals.com/ln-channels, 闪电网络状况, 访问时间 2022 年 10 月 10 日.

Alice: 1 BTC, 承诺交易广播经网络确认后, Alice 可以立即使用 1 BTC 的未花费交易. 可撤销支付交易输出为 Bob: 1 BTC, 但可撤销支付交易借助交易单中交易锁定时间(Lock_time)参数设置, 实现承诺交易广播经网络确认后, 需要经过一段时间(如经过 1000 个区块确认), Bob 才可以使用这笔交易. 需要特别注意的是, 可撤销支付交易中交易输出为 Alice 和 Bob 的 2-2 多重签名, 可撤销支付交易创建者使用不同的输出签名作为交易多重签名输出. Alice 对 C1b 签名后发送至 Bob, 之后 C1b 只能由 Bob 广播至区块链网络中.

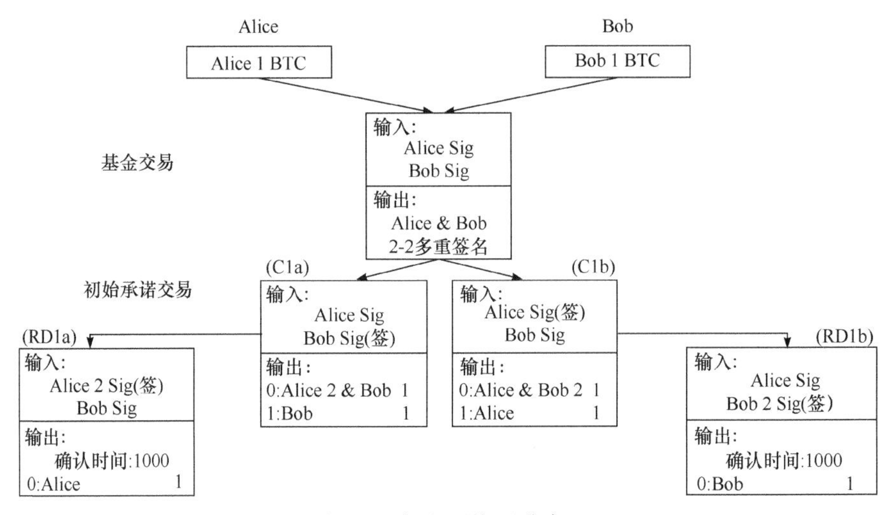


图 2.20　闪电网络通道建立
图中 Sig 表示签名

Bob 以同样方式创建输出对称的 C1a. C1a 中包括普通支付交易(D1a)和可撤销支付交易(RD1a), 普通支付交易输出为 Bob: 1 BTC, 可撤销支付交易输出为 Alice: 1 BTC, Bob 对 C1a 签名后发送至 Alice.

**步骤三: 基金交易上链**

Alice 和 Bob 完成初始承诺交易创建后, 各自对未签名的基金交易签名, 并在比特币区块链系统中广播, 等待网络确认. 初始交易被比特币区块链网络确认后, 基金交易保存至 UTXO 中, Alice 和 Bob 基金交易暂时"锁定"在比特币区块链上.

2. 链下支付

闪电网络支付通道建立后, Alice 和 Bob 通过创建新的承诺交易, 并将旧的承诺交易作废, 改变基金交易分配情况, 完成链下支付.

如图 2.21 所示, 以 Alice 向 Bob 转账 0.1 BTC 为例. Alice 创建一笔新的承诺交易 C2b, 交易输出为 Alice: 0.9 BTC, Bob: 1.1 BTC, 其中 Alice: 0.9 BTC 为普通交易(D2b), Bob: 1.1 BTC 为可撤销支付交易(RD2b). Alice 对新的承诺交易 C2b 签名后将

该笔交易发送给 Bob. Bob 以同样方式创建一笔新的承诺交易 C2a, 交易输出为 Alice: 0.9 BTC, Bob: 1.1 BTC, 其中 Alice: 0.9 BTC 为可撤销支付交易(RD2a), Bob: 1.1 BTC 为普通支付交易(D2a), Bob 对新的承诺交易 C2a 签名后将该笔交易发送给 Alice.

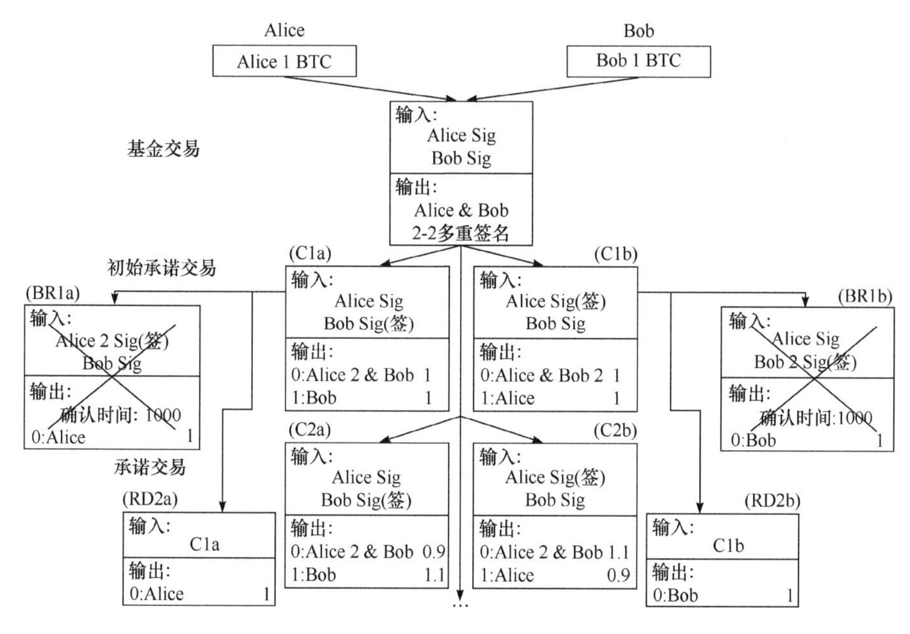


图 2.21 闪电网络链下支付

图中 Sig 表示签名

如何将旧的承诺交易(C1a 和 C1b)作废呢? 闪电网络提供两种方法. 第一种方法是提供 C1a 和 C1b 中的签名私钥, 在 C1a 的第一个输出中, 采用了 Alice 2 和 Bob 的多重签名, Alice 将 Alice 2 的私钥交给 Bob, 即表示 Alice 放弃旧的承诺交易 C1a, 承认新的承诺交易 C2a.

将旧承诺交易作废的第二种方法是创建并且交换违约补偿交易(breach remedy transaction) BR1a 和 BR1b 来替换可撤销支付交易 RD1a 和 RD1b. 其中 BR1a 的输入为之前承诺交易(C1a), 输出为 Bob: 1 BTC. Alice 对 BR1a 签名后发送至 Bob. 如果 Alice 在后续交易中向网络广播已作废承诺交易 C1a, 此时 C1a 的输出包括普通交易(D1a) Bob: 1 BTC 和违约补偿交易(BR1a) Bob: 1 BTC. 那么 Bob 可以立即广播输入为 C1a 的违约补偿交易 BR1a, 最终 Bob 将可以使用基金交易中的所有交易输出, Alice 无法使用任何交易输出.

3. 通道关闭

闪电网络支付通道的任何一个参与方可通过广播承诺交易关闭支付通道. 交易双方对最终基金交易分配比例达成一致后, 任意一方可构造最终的承诺交易,输入为基金交易，输出为最终分配情况，如输出 1 为 Alice: 0.1 BTC，输出 2 为 Bob: 1.9 BTC. 最终的承诺交易可不再设置多重签名和锁定交易时间等条件.

交易双方确认基金交易分配情况后，分别提供基金交易中 2-2 多重签名作为最终承诺交易的输入，并向比特币网络广播最终的承诺交易，承诺交易上链即关闭支付通道.

4. 违规惩罚

闪电网络中设置了违规惩罚机制，任何一方广播已作废承诺交易会受到惩罚. 在承诺交易构建时，交易双方借助比特币区块链中时间锁(timelocks)功能，设置交易输出的锁定时间，违规一方将在锁定时间之后才可以使用这笔交易. 交易验证时，可以使用新增的操作码“OP_CHECKSEQUENCEVERIFY”和“OP_CHECKLOCKTIMEVERIFY”验证交易是否满足锁定时间. 在交易更新阶段，任何一方广播已作废承诺交易，另一方可广播针对已作废承诺交易的违约补偿交易，即可使用基金交易中的所有交易.

5. 交易中继

双向支付通道可以实现交易两方之间的链下支付，结合哈希时间锁合约(Hashed timelock contract)，还可以实现支付通道间的交易中继，完成跨通道的链下转账. 哈希时间锁合约允许多节点间实现全局状态，通过关于时间承诺(披露承诺知识)和基于时间哈希锁定(披露哈希值的原像)在节点之间建立信任.

闪电网络交易中继过程如图 2.22 所示. Alice 想给 Dave 发送 0.50 BTC，但 Alice 和 Dave 之间并没有支付通道. 结合哈希时间锁合约技术，Alice 找到一条经过 Bob、Carol 到达 Dave 的支付路径，该路径由 Alice 和 Bob、Bob 和 Carol、Carol 和 Dave 三个支付通道串接而成.

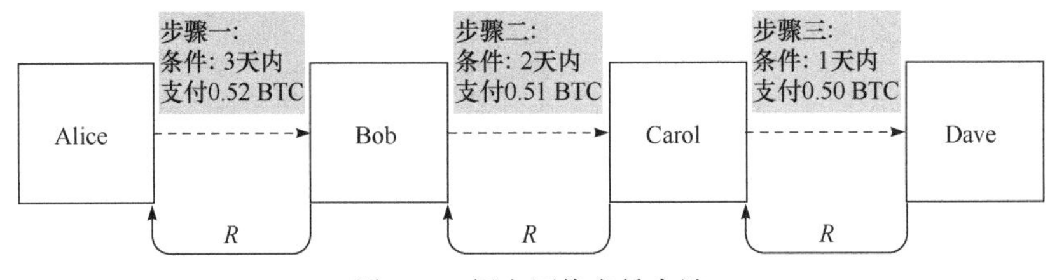


图 2.22　闪电网络交易中继

Dave 生成一个秘密 $R$ 并将 Hash($R$)发送给 Alice, Alice 不需要知道秘密 $R$. 然后 Alice 和 Bob、Bob 和 Carol、Carol 和 Dave 之间根据 Hash($R$)商量不同的哈希时间锁合约，实现交易中继.

首先, Alice 和 Bob 之间商定哈希时间锁合约. 例如，只要 Bob 在 3 天内向

Alice 出示 Hash($R$)的哈希值原像 $R$, 那么 Alice 就通过支付通道向 Bob 支付 0.52 BTC, 至此 Alice 向中继网络发送 0.52 BTC, 其中 0.02 BTC 作为中继节点 Bob 和 Carol 的中继费用, 如果不能出示则不支付.

同样地, Bob 和 Carol 之间商定哈希时间锁合约. 例如, 只要 Carol 在 2 天内向 Bob 出示 Hash($R$)的哈希值原像 $R$, 那么 Bob 就通过支付通道向 Carol 支付 0.51 BTC, 至此 Bob 获得 0.01 BTC 中继费, 如果不能出示则不支付.

最后, Carol 和 Dave 之间商定哈希时间锁合约. 例如, 只要 Dave 在一天内向 Carol 出示 Hash($R$)的哈希值原像 $R$, 那么 Carol 就通过支付通道向 Dave 支付 0.50 BTC, 至此 Carol 获得 0.01 BTC 中继费, Dave 收到 0.50 BTC, 如果不能出示则不支付.

引入哈希时间锁合约后, 链下支付通道可实现多通道间转账, 形成比特币的链下支付网络.

## 2.3 以太坊简介

以太坊被称为“世界计算机”, 是一个具有确定性但实际却没有边际的状态机[2], 它具有全球可访问的单体状态和一个可改变状态的虚拟机. 以太坊将区块链技术从比特币的数字货币领域推广到更加广泛的应用领域, 同时以太坊目前也是仅次于比特币的全球第二大数字货币平台.

本节主要介绍以太坊区块链系统, 包括以太坊问世之前的早期工作、以太坊的工作方式及其中使用的密码学技术.

### 2.3.1 以太坊的创立

比特币的出现启发了人们关于信任本质的再思考, 让人们意识到在陌生的对等节点间建立信任的可能. 同时, 人们开始不满足比特币受限制的能力, 尝试在数字货币基础上赋予区块链更强大的能力, 以便支持更广泛更复杂的应用.

2012 年末, 比特币爱好者 V. Buterin 和几位比特币社区成员共同创办了比特币杂志 (*Bitcoin Magazine*), 用来发布比特币和数字货币的相关新闻. 2013 年, V. Buterin 开始思考如何扩展比特币, 同年 10 月, 在比特币协议基础上, V. Buterin 设计了提供初步智能合约的万事达币(Mastercoin). 研发团队提出了一种更加通用并支持更多类型应用的合约机制, 其合约机制是非图灵完备的且无须添加通用庞大和复杂的功能集来实现. 但是该团队认为这个方案过于激进, 他们只关注于两方交易保证金交易系统, 这使得 V. Buterin 相信支持更多应用是正确的方向.

V. Buterin 继续致力于更强大的智能合约[9]. 2013 年 11 月, V. Buterin 意识到智能合约很有可能被完全推广. 不同于脚本语言仅能表达两者之间的关系, 智能合约本身可以成为一个账户, 它有能力持有、发送和接收资产, 甚至合约可以维持一个永久内存空间代替栈执行复杂的合约. V. Buterin 同时思考了设置一种内置收费机制(built-in fee mechanism), 发行的数字货币充当合约运行的“能量”. 在每一个计算步骤之后, 交易调用的合约余额都会下降一点, 如果合约用完所有余额, 合约就会停止执行.

2013 年 12 月, V. Buterin 分享了一份勾勒以太坊背后思想的白皮书, 构想一种图灵完备的通用目的的区块链. 受其白皮书启发, 一些志同道合者开始协助 V. Buterin 完成以太坊的设计工作.

以太坊设计团队重新定义和思考协议设计细节, 认为以太坊区块链不应该针对某个特殊目的, 提出了面向通用目的的以太坊协议①. G. Wood 设计了合约间调用方法, 并完成了合约调用从“合约支付”方式到“发送方支付”的转变. 与此同时, G. Wood 发表了以太坊“黄皮书”[40], 形式化描述了以太坊的具体设计②. A. Miller 将以太坊合约执行环境从寄存器执行架构转回了栈执行架构. C. Hoskinson 采用 SHA3 哈希算法代替了比特币中使用的 SHA256 哈希算法. GO 客户端首席开发人员 J. Wilcke 开始接触以太坊团队并一同开始编程实现. 2015 年初, J. Steiner 等开始了软件代码编写和学术审计工作.

2015 年 3 月, 以太坊在测试网络中发布并测试. 开发团队将以太坊启动过程划分为 Frontier、Homestead、Metropolis 和 Serenity 四个阶段③, 软件实现中修复了大量错误. 最终, 同年 7 月 30 日, 以太坊创始团队挖出了第一个以太坊区块, “世界计算机”开始为全世界提供服务.

### 2.3.2　以太坊数据存储层

以太坊区块链的数据存储层主要包含账户数据、交易数据、区块数据. 在比特币的 UTXO 模型中, 用户只保持未花费交易输出信息, 没有余额的概念. 与比特币不同, 为支持通用目的的应用, 以太坊中定义了账户(accounts)的概念, 账户中始终保存着该账户的余额信息. 比特币 UTXO 模型只表示该用户拥有使用未花费交易输出的权利, 以太坊的账户模型与现实生活中的账户概念类似, 可以表示该用户拥有的以太币(ether)的数量.

以太坊包含两种类型的交易: 一种是用户间的普通转账交易, 与比特币的转账交易类似; 另一种是账户间的合约调用交易, 实现以太坊的智能合约部署和调用, 用于支持上层多种应用.

---

① https://vitalik.ca/general/2017/09/14/prehistory.html, 以太坊前传, 访问时间 2022 年 9 月 30 日.

② https://ethereum.github.io/yellowpaper/paper.pdf, ETHEREUM: A Secure Decentralized Generalised Transaction Leger, 以太坊黄皮书, 访问时间 2022 年 9 月 30 日.

③ https://blog.ethereum.org/2015/03/03/ethereum-launch-process/, 以太坊启动阶段, 访问时间 2022 年 9 月 30 日.

以太坊区块在比特币区块的区块头和区块体基础上增加了新的模块. 为支持账户模型实现和合约执行, 以太坊区块链的区块体中增加了交易树、状态树和收据树等数据结构, 区块头中增加了交易树根、状态树根和收据树根等元数据. 考虑到比特币自然分叉造成的资源浪费, 以太坊区块链中增加了叔区块(ommers block)设计, 用以保存共识过程中自然分叉产生的正确区块.

1. 账户数据

如图 2.23 所示, 以太坊账户地址由用户公钥首先经过 Keccak256 (详细见第 3 章)哈希函数计算得到 20 字节输出, 然后在其高位比特前面添加表示版本号的 0x 得到. 回顾一下, 比特币地址在生成过程中内置了校验和用于防止可能的错误地址输入, 与比特币不同, 以太坊的账户地址是原生的十六进制数据. 以太坊账户地址通常在如域名服务等高层的应用中使用, 如果嵌入了校验和, 那么上层应用中需要设计对应的校验功能. 这部分工作开发进展十分缓慢, 导致地址校验功能未能在以太坊中应用. 校验功能的缺失导致一些以太币被转入错误的地址, 直接造成了以太币丢失.

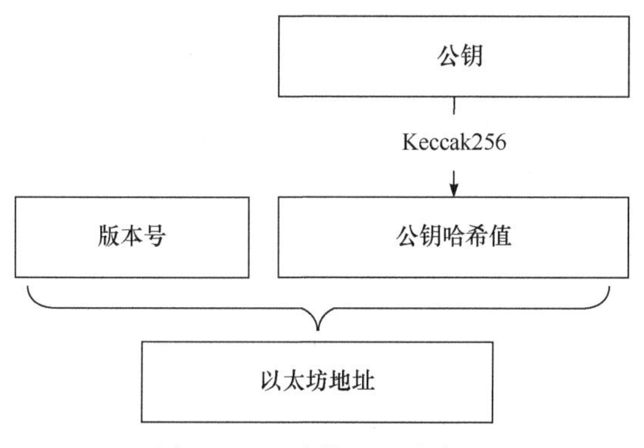


图 2.23 以太坊地址的产生

为了解决上述问题, 部分以太坊钱包使用 ICAP[①](internet content adaptation protocol)编码形式. ICAP 是一种与国际银行账号(IBAN)部分兼容的以太坊地址编码形式, 为以太坊地址提供通用、经校验且互操作的编码方式. ICAP 既可以用于编码以太坊地址, 也可以用于编码注册在以太坊域名注册服务下的通用名称. ICAP 使用了与 IBAN 相同的结构, 以“HE”开头代表以太坊的非标准国家代码, 后接两位具体地址信息校验和, 地址信息编码方式主要包括直接式、基础式和非直接式三种.

现阶段只有少量的钱包支持 ICAP 地址编码格式, 未被核心开发人员认可.

① https://eth.wiki/en/ideas/inter-exchange-client-address-protocol-icap, 以太坊 ICAP, 访问时间 2022 年 9 月 30 日.

在以太坊改进提案①中, V. Buterin 和社区人员提出支持大小写校验的以太坊地址编码方案, 在十六进制基础上再次进行 Keccak256 哈希函数运算得到地址摘要作为校验和. 地址的任何微小变化都会与哈希摘要不匹配, 以此作为校验方式. 此提案目前仍处于讨论阶段, 由于以太坊地址校验和开发进度缓慢, ICAP 支持钱包范围较少, 目前以太坊地址纠错主要通过以太坊浏览器查询地址信息②或借助以太坊系统来实现.

以太坊包含两种账户类型, 分别是与比特币用户类似的外部账户(externally owned accounts, EOA)和支持合约代码的合约账户(contract accounts). 创建外部账户无需任何费用, 由用户的公私钥对控制, 可以发起常规的转账交易. 合约账户由以太坊用户共同保存, 创建合约账户需要花费一定费用. 通过发起对合约账户的转账, 外部账户可以触发合约账户中代码, 从而让以太坊系统运行上层应用程序.

以太坊账户中包含随机数计数器、账户余额、代码哈希值和存储哈希值四个字段. 对于外部账户, 随机数计数器用于计算该账户发出交易的数量, 账户余额表示目前该账户拥有的以太币的数量, 代码哈希值和存储哈希值通常为空. 对于合约账户, 随机数计数器表示该账户创建的合约数量, 账户余额表示目前该账户拥有的以太币的数量, 代码哈希值表示合约账户中代码的哈希值, 存储哈希值表示合约账户中存储数据的哈希值. 以太坊账户数据结构如表 2.9 所示.

**表 2.9 以太坊账户数据结构**

| 序号 | 字段名称 | 描述 |
| --- | --- | --- |
| 1 | 随机数计数器 (nonce) | 一个随机数计数器, 在外部账户中表示从账户发出的交易数量, 确保事务只处理一次;<br>在合约账户中表示该账户创建的合约的数量 |
| 2 | 账户余额 (balance) | 账户拥有的以太币余额(单位: Wei*) |
| 3 | 代码哈希值 (codeHash) | 外部账户该字段为空, 合约账户中表示账户中代码的哈希值;<br>合约账户有代码片段, 可以执行不同的操作;<br>如果账户收到消息调用, 则会执行此代码, 与其他账户字段不同, 它无法更改;<br>所有这些代码片段都包含在状态数据库中;<br>它们对应的哈希值供以后检索 |
| 4 | 存储哈希值 (storageHash) | 默认为空, 账户存储内容的哈希值;<br>使用 Merkle Patricia 树对账户存储内容进行编码的根哈希 |

* Wei 是以太币最小数字货币单位, 以太坊中使用 Wei、Szabo、Finney 作为计量单位, 以纪念 D. Wei、N. Szabo、H. Finney 在数字货币领域的研究工作(2.2.1 节); 使用 Babbage、Lovelace、Shannon 作为计量单位以纪念 C. Babbage、A. Lovelace、C. E. Shannon 在信息科学领域的贡献. 1 Ether = $10^{18}$ Wei, 1 Ether = $10^{15}$ Babbage, 1 Ether = $10^{12}$ Lovelace, 1 Ether = $10^{9}$ Shannon, 1 Ether = $10^{6}$ Szabo, 1 Ether = $10^{3}$ Finney.

① https://github.com/ethereum/EIPs/blob/master/EIPS/eip-55.md, 以太坊地址大小写校验, 访问时间 2022 年 10 月 2 日.

② https://etherscan.io/, 以太坊浏览器, 访问时间 2022 年 10 月 2 日.

2. 交易数据

以太坊区块链中包含外部账户和合约账户, 账户间交易主要包括普通转账交易和合约代码调用交易两种. 以太坊交易的数据结构如表 2.10 所示, 包括随机数计数器、gas 汇率、gas 最大数量、目的地址、交易金额、输入数据、初始化标识和交易签名八个部分.

**表 2.10 以太坊交易数据结构**

| 序号 | 数据域 | 描述 |
|---|---|---|
| 1 | 随机数计数器(nonce) | 与外部账户关联时表示账户发出的交易数量;<br>与合约账户关联时表示账户创建的合约数量 |
| 2 | gas 汇率(gasPrice) | 交易发起方愿意支付的每一份 gas 的价格 |
| 3 | gas 最大数量(gasLimt) | 交易发起方愿意为交易支付的 gas 的最大数量 |
| 4 | 目的地址(to) | 交易发送的目的以太坊地址(20 字节) |
| 5 | 交易金额(value) | (选填)发送方给接收方的以太币的数量(单位: Wei) |
| 6 | 输入数据(data) | (选填)合约调用中的输入数据 |
| 7 | 初始化标识(init) | 用于标识合约代码初始化的可变长度 |
| 8 | 交易签名(v, r, s) | 构建交易的外部账户的签名信息 |

如图 2.24 所示, 以太坊使用账户模型, 每个账户中保存着该账户的余额信息[16]. 以太坊普通转账交易没有使用比特币的“交易输入-交易输出”模型, 因此通过验证账户余额是否多于转出金额和交易签名验证即可完成普通转账交易的正确性验证.

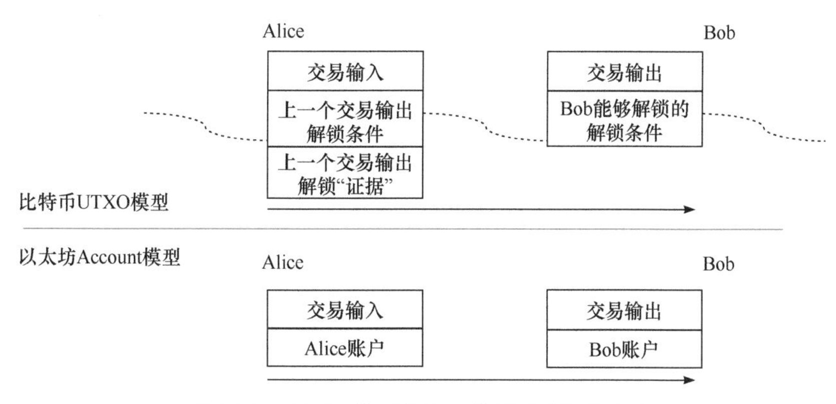


图 2.24 UTXO 模型与账户模型交易转账对比

基于账户模型的交易也带来了新的挑战. 在比特币的 UTXO 模型中, 如果用户使用同一个交易输入, 同时发出两笔交易, 则网络节点和矿工很容易发现“双重花费”交易. 然而, 在账户模型中却没有交易输入的概念, 允许同一个账户发起多次转账交易, 因此必须引入新的机制发现“双重花费”交易. 为此, 以太坊在交易中引入了随机数计数器(nonce)概念, 每次发起新的交易时, nonce 值都会增加 1. 以太坊中随机数计数器不支持跳过, 如果账户目前 nonce 值为 2, 而账户新发起交易的 nonce 值为 4, 则此交易不会通过以太坊网络节点或矿工的验证, 直至出现 nonce 值为 3 的交易.

使用随机数计数器对于账户实际运行起着至关重要的作用. 随机数计数器记录一个账户的交易数量和合约创建的数量, 标记交易创建顺序, 检测是否是“双重花费”交易.

以太坊设计了巧妙的 gas 机制, 将 gas 作为合约代码运行的“燃料”. 用户每执行一步代码都将消耗一定数量的 gas (详细见附表 B). 执行代码的 gas 消耗数量在以太坊虚拟机(EVM)字节码中明确定义. 用户发起交易时, 定义 gas 汇率(单位: Wei/gas), 即每一份 gas 等于多少 Wei 的以太币. gas 汇率是一个可调的变量, 执行一个合约需要的 gas 是相对稳定的, 但用户可以调高 gas 汇率, 从而支付更多的以太币佣金给矿工, 合约调用反应速度就越快, 交易的确认速度也越快. 反之, 设置过低的 gas 汇率交易, 交易确认时间较长. 当然 gas 汇率也可以设置为 0, 这就意味着交易过程不提供任何手续费, 这样的交易有可能永远无法在区块链上确认. 通过查询以太坊浏览器可知, 链上可以找到几处 gas 汇率为 0 的已确认交易[①].

合约代码运行的 gas 消耗可以被大致估计, 但很难精确计算. 根据不同的初始条件, 合约可以选择不同的执行路径, 这样会产生不同的 gas 消耗. 这就意味着合约可能因为调用合约的交易 gas 总量不同而执行不同的计算. 在交易中可设置的 gas 最大数量可以比作合约代码运行的“油箱”大小, 用于设置合约运行所能使用 gas 的最大值. 当发起交易时, 确保账户余额大于 gas 最大数量的金额, 这样的交易请求才可以通过验证.

以太坊交易中核心数据为交易金额和输入数据, 都是可以选填的. 如果交易只包含交易金额, 那么该交易是普通支付交易; 如果交易只包含输入数据, 那么该交易就是合约调用交易; 如果交易既不包含输入数据又不包含交易金额, 这样的交易也是被允许的, 用于消耗 gas.

3. 区块链数据结构

如图 2.25 所示, 以太坊区块链同样采用了链式数据结构, 后一个区块保留前一个区块的哈希值, 可一直追溯到创世区块, 形成逻辑上的链式结构. 不同于比特币区块链, 以太坊区块链中每一个区块不仅保留父区块(parent block)哈希值,

---

① https://etherscan.io/tx/0x4f719da4e138bd8ab929f4110e84d773b57376b37d1c635d26cd263d65da99cb, 以太坊第一笔 gas 汇率为 0 交易, 访问时间 2022 年 6 月 15 日.

而且保留共识竞争中自然分叉产生的叔区块哈希值，其中叔区块与父区块指向同一个祖父区块．以太坊试图使用叔、父区块的组织方式，提高交易的确认效率，避免算力浪费．

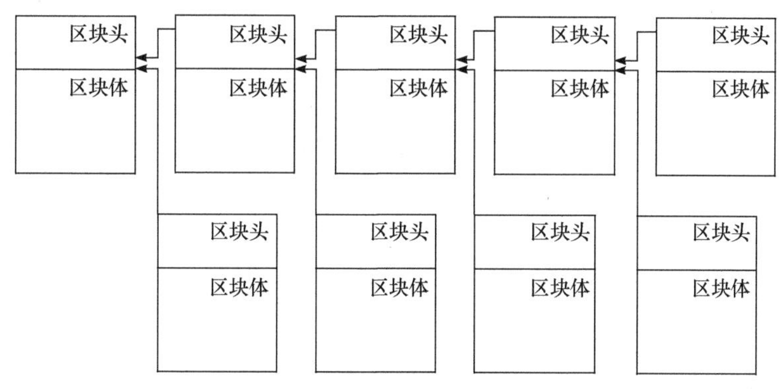


图 2.25 以太坊区块链数据结构

以太坊的每个区块包含区块头(block header)和区块体(block body)．为支持账户模型和合约运行，区块体不仅包含交易树而且新增了状态树和交易收据树，区块头中也增加相应元数据信息．不同于比特币的区块大小几乎固定为 1 兆字节，以太坊中每一个区块的大小各不相同[①]．以太坊区块数据结构如图 2.26 所示．

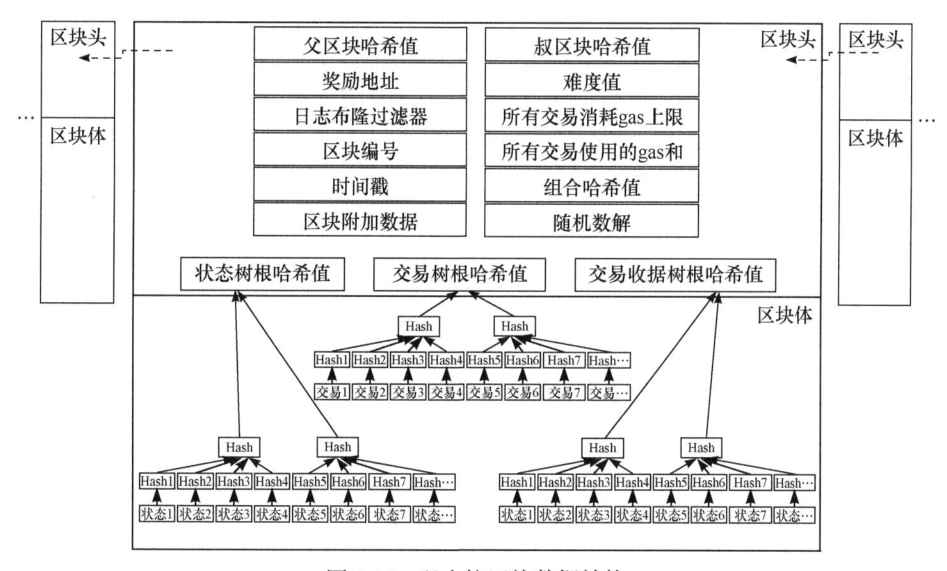


图 2.26 以太坊区块数据结构

① https://ycharts.com/indicators/ethereum_average_block_size, 以太坊区块大小统计，访问时间 2022 年 10 月 4 日．

以太坊区块头数据结构如表 2.11 所示，包含区块链的父区块哈希值、叔区块哈希值、奖励地址、状态树根哈希值、交易树根哈希值、交易收据树根哈希值、日志布隆过滤器、难度值、区块编号、区块所有交易消耗 gas 上限、区块中所有交易使用的 gas 和、时间戳、区块附加数据、组合哈希值、随机数解共 15 个数据字段.

**表 2.11　以太坊区块头数据结构**

| 序号 | 数据域 | 描述 |
| --- | --- | --- |
| 1 | 父区块哈希值(parentHash) | 前一个区块的哈希值 |
| 2 | 叔区块哈希值(ommersHash) | 与前一个区块指向相同区块的哈希值 |
| 3 | 奖励地址(beneficiary) | 打包区块的共识节点的账户地址，用于接收共识奖励 |
| 4 | 状态树根哈希值(stateRoot) | 区块体中状态树的根哈希值 |
| 5 | 交易树根哈希值(transactionRoot) | 区块体中交易树的根哈希值 |
| 6 | 交易收据树根哈希值(receiptsRoot) | 区块体中交易收据树的根哈希值 |
| 7 | 日志布隆过滤器(logsBloom) | 交易收据中所有日志索引规则 |
| 8 | 难度值(difficulty) | 区块的工作量证明共识的目标值 |
| 9 | 区块编号(number) | 区块的编号(创世区块为 0，依次递增) |
| 10 | 区块所有交易消耗 gas 上限(gasLimit) | 区块中所有交易消耗的 gas 上限，<br>该值由矿工设置，不等于区块中所有交易 gas 上限总和 |
| 11 | 区块中所有交易使用的 gas 和<br>(gasUsed) | 区块中所有交易使用的 gas 的总和 |
| 12 | 时间戳(timestamp) | 共识节点开始打包该区块的时间(UNIX 时间) |
| 13 | 区块附加数据(extraData) | 区块相关附加数据(小于 32 字节) |
| 14 | 组合哈希值(mixHash) | 256 比特的哈希值，<br>与随机数解一起求解满足目标哈希值的随机数 |
| 15 | 随机数解(nonce) | 64 比特的哈希值，<br>用于满足目标哈希值的随机数解 |

**定义 2-4** (以太坊区块哈希值/区块标识符)　以太坊区块哈希 BlockHash 由父区块哈希值、叔区块哈希值、奖励地址、状态树根哈希值、交易树根哈希值、交易收据树根哈希值、日志布隆过滤器、难度值、区块编号、区块所有交易消耗 gas 上限、区块中所有交易使用的 gas 和、时间戳、区块附加数据、组合哈希值、随机数解依次级联组合成的一条数值，经过一次 Keccak256 哈希算法计算得到.

以太坊区块头元数据保存交易收据中所有日志索引，用于快速查找智能合约事件产生的日志信息. 区块头部日志布隆过滤器包含了所有筛选日志的条件. 共识节点在打包区块时会设置所有交易消耗 gas 值的上限(gasLimit), 用于限制区块体中所有交易执行的 gas 消耗总和. 注意区块中 gas 值上限并不等于区块中所有交易的 gas 最大数量的总和, 后者不能超过前者, 从而间接限制区块所能容纳的交易的大小. 与比特币区块不同的是, 以太坊区块时间戳是共识节点开始打包这个区块的时间, 而不是完成打包这个区块的时间.

如图 2.27 所示, 以太坊区块体包含状态树、交易树和交易收据树, 使用 MPT(Merkle Patricia tree)技术分别将以太坊中账户状态信息、账户间交易信息和交易执行结果信息组织起来, 将树根保存在区块头中. MPT 是融合了 Merkle 和前缀树优点的一种数据结构(具体介绍见第 3 章). 改变区块体中任意信息都会导致 MPT 根哈希值的改变, 进而改变区块的哈希值.

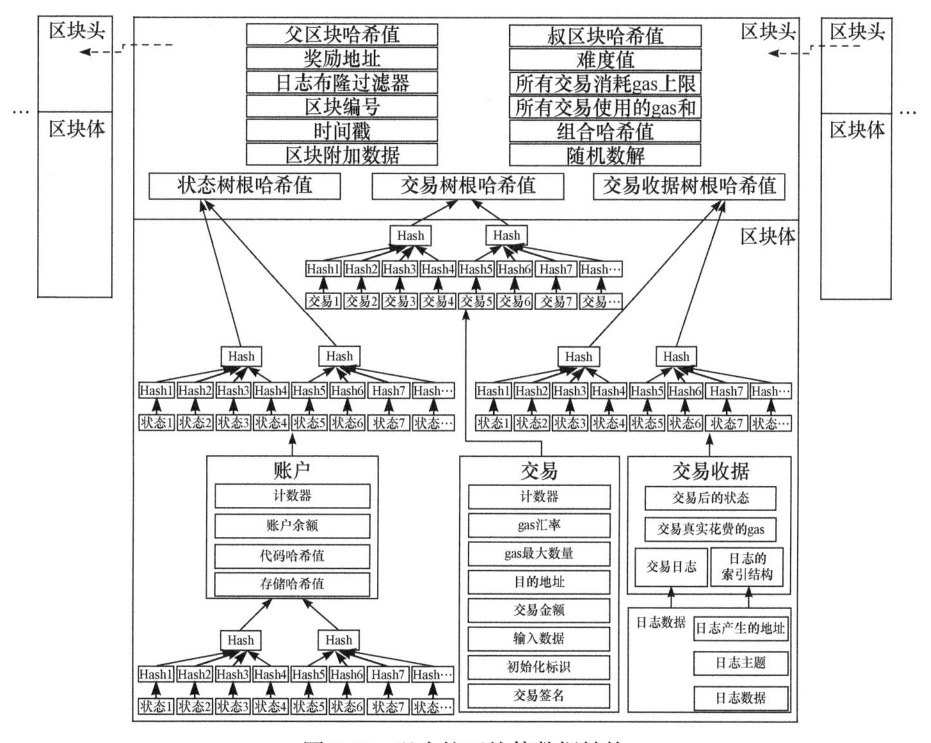


图 2.27　以太坊区块体数据结构

以太坊所有账户的最新信息一起表明了以太坊区块链当前的世界状态(world state). 以太坊世界状态的精准刻画是合约调用的基础, 合约调用的结果通常依赖于合约的初始状态, 合约的初始状态是合约调用时以太坊世界状态的一部分. 为了精准刻画区块中交易运行后以太坊网络的世界状态, 状态树保存着以太坊系统中当前所有账户的信息. 以太坊账户数据结构如表 2.9 所示, 所有账户为叶子节点, 按照 MPT 的组织方式, 最终形成以太坊状态树.

以太坊交易树与比特币区块中交易树的作用一致，包含区块中打包的所有交易. 交易的排列顺序由矿工在打包时唯一确定，若同一个区块中包含同一个账户发出的数笔交易，那么矿工将按照交易中的 nonce 值顺序排列. 以太坊交易数据结构如表 2.10 所示，区块打包的所有交易为叶子节点，经过递归长度前缀(recursive length prefix, RLP)编码①后，按照 MPT 的组织方式，形成以太坊交易树.

以太坊收据树包含了区块中交易执行结果的收据信息. 交易收据信息是一个键值对映射，根据键(交易编号)就可以找到值(收据信息). 交易收据信息如表 2.12 所示，交易收据是对交易执行后产生的状态改变反馈. 交易后的状态描述了交易执行后目的账户状态发生改变的结果. 交易发出时，交易发出方只对交易可能达到的 gas 最大值进行了定义，交易执行过程中实际花费的 gas 费由收据数据中交易真实消耗的 gas 描述，用于交易执行后的 gas 结算. 如果交易为合约调用交易，则 EVM 在执行合约代码过程中会产生自定义的格式的日志信息. 交易产生的日志信息包括日志产生的地址、日志主题(topics)和日志数据(可选). 通过收据中交易产生的日志和日志索引规则可以查询到相应的日志信息，验证代码执行过程.

**表 2.12　以太坊交易收据树数据结构**

| 序号 | 数据域 | 描述 |
|---|---|---|
| 1 | 交易后的状态(post-transaction state) | 交易执行后发生状态改变后的结果 |
| 2 | 交易真实花费的 gas(cumulative gas used) | 交易执行过程中实际消耗的 gas |
| 3 | 交易产生的日志(transaction logs) | 交易执行过程中产生日志数据 |
| 4 | 日志的索引结构(Bloom filter) | 日志数据索引规则 |

### 2.3.3　以太坊网络通信层

在比特币网络协议的基础上，以太坊对网络通信进行了优化[22]. 以太坊采用了devp2p②点对点网络协议，使用一种基于分布式哈希表(distributed Hash table, DHT)的 discv4③ 节点发现机制(node discovery protocol v4)，实现以太坊区块链节点发现和建立连接. 在本书撰写过程中，节点发现协议 discv5④ 规范正在制定中，因此介

① RLP 编码是以太坊中数据序列化/反序列化的主要方法，详见 https://eth.wiki/fundamentals/rlp，访问时间 2022 年 9 月 14 日.

② https://github.com/ethereum/devp2p, devp2p 协议，访问时间 2022 年 9 月 14 日.

③ https://github.com/ethereum/devp2p/blob/master/discv4.md, discv4 节点发现机制，访问时间 2022 年 9 月 14 日.

④ https://github.com/ethereum/devp2p/blob/master/discv5/discv5.md, discv5 节点发现机制，访问时间 2022 年 9 月 14 日.

绍当前使用的版本discv4. 网络传输时采用 RLPx 加密网络通信协议套件, 它为应用程序通过 P2P 网络进行通信提供了通用传输和接口, 实现以太坊节点间的加密通信. 在区块同步方面, 由于以太坊区块链设计包含自然分叉的叔区块、收据树和状态树, 以太坊针对性地重新设计了节点间区块传输机制. 下面概要介绍以太坊网络层协议.

### 1. 分布式哈希表 P2P 网络组网方式

以太坊采用分布式哈希表以实现结构化拓扑的对等节点组网. 分布式哈希表的核心是 Kademlia(Kad)算法, 该算法以哈希表的形式存储所有节点的地址信息, 这些地址信息由网络中各个分散的节点保存和维护. 分布式哈希表可以由全网共同维护, 支持数据的高效传输. 分布式哈希表如图 2.28 所示.

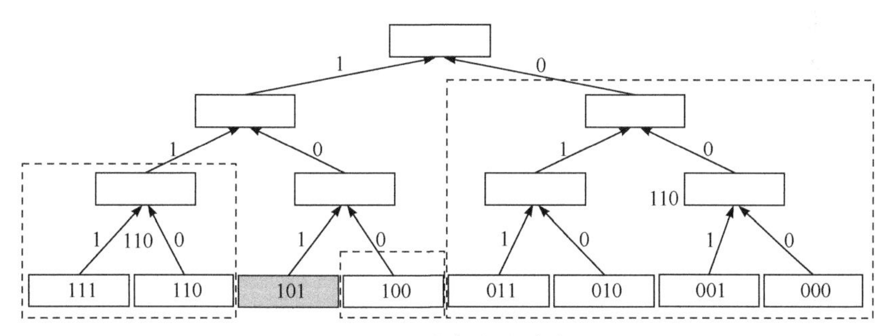


图 2.28　分布式哈希表

P2P 网络中每个节点拥有 160 比特随机地址标识(ID), Kad 算法将节点的 ID 信息按照前缀的值组织成一个二叉树. 节点 ID 前缀按大小依次排列并组成地址二叉树. Kad 算法中两个节点间的距离不是物理距离, 而是通过计算两个节点 ID 的二进制异或得到. 异或得出的值越小表示节点间距离越近, 异或结果较大时表示节点间距离较远. 例如, 图 2.28 中节点(001)与节点(011)的距离为 2, 节点(001)与节点(100)距离为 5.

$$d(001,011)=001\oplus 011=010=2$$

$$d(001,100)=001\oplus 100=101=5$$

网络中的节点很难保存完整的二叉树, 但是可以根据自身在二叉树中的位置, 将二叉树划分为不包含自己的多个二叉子树. 如图 2.28, 节点(011)可以将二叉树分成 3 个二叉子树. P2P 网络中节点是动态变化的, Kad 算法要求每个节点记录每个子树的 $k$ 个节点, 其中 $k$ 是平衡系统性能和网络复杂的常数. 记录一个子树中 $k$ 个节点的列表称为 K 桶(K bucket), 一个 K 桶至多包含 $k$ 个节点的信息.

K 桶实际上是一个路由表. 每一个 K 桶都会存储节点的信息, 并根据最近访问时间顺序排列. 在网络层表征以太坊节点的数据结构①如表 2.13 所示, 通过 K 桶 Kad 算法可以快速筛选节点信息, 高效查找连接节点.

**表 2.13　K 桶信息**

| 序号 | 节点 | 范围 |
| --- | --- | --- |
| 0 | 100 | [1, 2) |
| 1 | 111, 110 | [2, 4) |
| 2 | 010, 001 | [4, 8) |

2. discv4 节点发现机制

discv4 协议是一种类似 Kademlia 的 DHT, 用于存储有关以太坊节点的信息. 选择 Kademlia 结构是因为它是一种组织分布式节点索引并产生低直径拓扑的有效方法. discv4 协议包括 Ping 消息、Pong 消息、FindNode 消息、Neighbours 消息、ENRRequest 消息和 ENRResponse 消息 6 种报文数据.

discv4 协议报文的功能如下. Ping 消息用于探测对方节点是否在线, Ping 发送后, 若 15 秒内没有收到 Pong 响应, 将自动重发最多三次, 都未收到响应则将相应的节点状态变为离线. 节点接收到 Ping 消息, 发送 Pong 消息响应 Ping 报文. FindNode 消息用于向对方节点请求查找邻居节点. Neighbours 消息用于响应 FindNode 报文, 从 K 桶中查找最接近目标 ID 的节点, 回传找到的邻居节点的列表. ENRRequest 消息用于询问当前节点记录表的版本信息(表 2.14), 使用 ENRResponse 消息回复.

**表 2.14　以太坊网络节点信息结构**

| 序号 | 字段(key) | 描述(value) |
| --- | --- | --- |
| 1 | node_id | 身份方案版本号 |
| 2 | secp256k1 | 压缩后的节点公钥信息 |
| 3 | ip | IPv4 地址 |
| 4 | tcp | TCP 端口 |
| 5 | udp | UDP 端口 |
| 6 | ip6 | IPv6 地址 |
| 7 | Tcp6 | IPv6 TCP 端口 |
| 8 | udp6 | IPv6 UDP 端口 |

① https://github.com/ethereum/devp2p/blob/master/enr.md, 以太坊网络节点表征数据结构, 访问时间 2022 年 9 月 14 日.

3. RLPx 加密通信协议

RLPx 是以太坊的底层网络协议套件. RLPx 包含通信协议和节点发现协议, 以及运行这两个协议的服务器逻辑.

当以太坊节点启动时, 会同时监听 TCP 和 UDP 的端口(通常是用同一个端口), UDP 用来处理节点发现协议, TCP 用来接收 P2P 通信. 想要连接到以太坊的节点开始通信, 需要如下信息{node_id, ip, tcp 端口号}. 要注意 node_id 同时也是节点的公钥地址, 之后协议握手时会用到. 每个节点拥有自己的公钥和私钥对, 其中 node_id 就是公钥. 进行 P2P 通信时, 接收方和发送方会各自再生成一个临时的公钥和私钥对.

首先, 发送方发起 TCP 请求. 用接收方的公钥(node_id)加密, 发送自己的公钥和包含临时公钥的签名, 还有一个随机生成的 nonce. 接收方收到请求信息, 解析获得发送方的公钥, 同时利用ECDH算法从签名中最终获取发送方的临时公钥. 接收方把自己的临时公钥和随机 nonce 用发送方的公钥加密并发送. 发送方获取到接收方的临时公钥和 nonce, 利用 ECDH 算法从自己的临时私钥和对方的临时公钥计算出共享密钥, 共享密钥用来加密之后的通信, nonce 用来验证之后对方发来的信息. 接收方进行同样的计算, 用自己的临时密钥和发送方的临时公钥获取共享密钥, 此处密钥协商过程将在 5.1 节介绍.

第一阶段的密钥交换完成, 现在发送方和接收方拥有同一个共享密钥和对方的 nonce. 共享密钥会用于约定的对称加密算法加密之后的通信内容, nonce 将用于生成消息认证的 MAC 码, 验证收到的信息的完整性. 双方完成密钥交换后的通信都将使用 Frame 格式, Frame 包含 head 和 body, 类似 TCP 包的格式.

第二阶段握手称为协议握手. 发起节点发送自己支持的协议、节点名称、节点版本, 服务端会进行判断, 如果协议版本不符则断开. 至此, RLPx 的协议握手完成, 之后的操作是在 RLPx 基础上实现的以太坊子协议. DevP2P RLPx 是一个很灵活的协议, 不仅可用于以太坊, 还可用于其他 P2P 网络通信系统.

4. 以太坊区块同步机制

以太坊升级至 2.0 版之后, 区块和交易的广播采用了不同的 P2P 网络. 以太坊网络中节点间进行区块同步时, 首先找到同步区块的共同祖先区块, 确定需要同步的区块, 然后分别进行区块头和区块体等数据的同步. 节点 A 与 B 同步区块过程如图 2.29 所示.

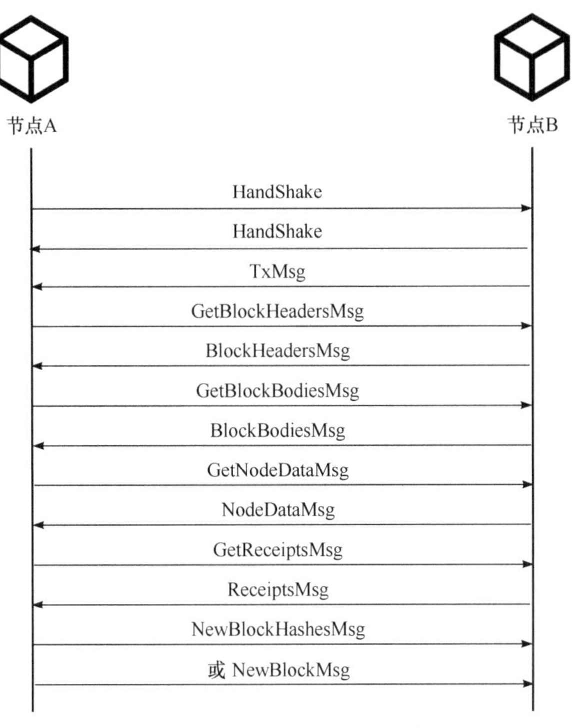


图 2.29　以太坊区块同步机制

(1) 节点间通过握手协议建立初始连接.

(2) 连接成功后, 节点 B 将自己交易池中的交易信息同步给 A, 各自监听对方发出的信息.

(3) 节点 A 发送 GetBlockHeadersMsg 消息, 获取 block header 数据. 节点 B 返回对应的区块头(BlockHeadersMsg)消息.

(4) 节点 A 依次发送获取区块体消息(GetBlockBodiesMsg)、获取状态树消息(GetNodeDataMsg)和获取收据树消息(GetReceiptsMsg), 获取区块头对应的区块体、收据树和状态树数据.

(5) 节点 A 依次返回相应的区块体消息(BlockBodiesMsg)、状态树消息(NodeDataMsg)和收据树消息(ReceiptsMsg).

(6) 节点 A 收到数据, 将区块头和区块体组成新的区块, 存入本地数据库.

(7) 节点 B 挖出 block 后会向 A 同步区块, 发送 NewBlockMsg 或者 NewBlockHashesMsg. 这取决于节点 A 位于节点 B 的节点列表位置. 如果收到的是 NewBlockMsg, 那么节点 A 验证完后直接存入本地; 如果收到的是 NewBlockHashesMsg, 节点 A 执行步骤(3)至步骤(5), 获取区块头、区块体、收据树和状态树消息, 再组装成区块, 存入本地数据库.

### 2.3.4 以太坊共识激励层

以太坊创始人 V. Buterin 设计以太坊前期版本时沿用了类似比特币的基于工作量证明的共识协议. 比特币的工作量证明采用 SHA256 哈希函数, 是一种计算密集型哈希函数. 矿工为提高挖矿成功的概率, 竞相研发可以高效并行加速的 ASIC 并用于计算哈希函数. 在计算 SHA256 哈希函数时, ASIC 具有远高于普通计算机的性价比, 在消耗同样资源的情况下, 比能够尝试的解随机数的次数高几个数量级. ASIC 的大量应用导致了算力集中, 逐渐偏离中本聪"一个 CPU 一票"的初衷. 为对抗 ASIC 矿机相对于普通计算机在计算哈希函数时的优势, 一些区块链系统纷纷弃用计算友好型哈希函数, 纷纷采用内存依赖型工作量证明算法, 例如莱特币[①]、狗狗币[②]采用 Scrypt 哈希算法(详见 3.3.4 节), 而以太坊选择了 Ethash 哈希函数.

Ethash 算法包括一个 Dagger 算法组件和一个 Hashimoto 算法组件. Dagger 组件包括 16 兆字节的小数据集和 1 吉字节的大数据集. 大数据集由小数据集经过复杂计算生成, 矿工为了能更快地挖矿只能保存大数据集, 以免重复计算耽误时间. 小数据集初始大小为 16 兆字节, 大数据集每 30000 个区块(约 125 小时)会更新一次. 小数据集通过 Seed 种子进行一些运算得到第一个数, 之后的每一个数都由前一个数哈希函数后得到. 轻节点存储此小数据集. 大数据集由小数据集计算得到, 小数据集通过伪随机顺序先得到一个位置 A 的元素的值, 再通过 A 计算哈希值得到 B 位置的值, 循环迭代 256 次后得到了大数据集中的第一个元素, 依次类推直到得到全部有向无环图(directed acyclic graph, DAG)元素. DAG 如图 2.30 所示.

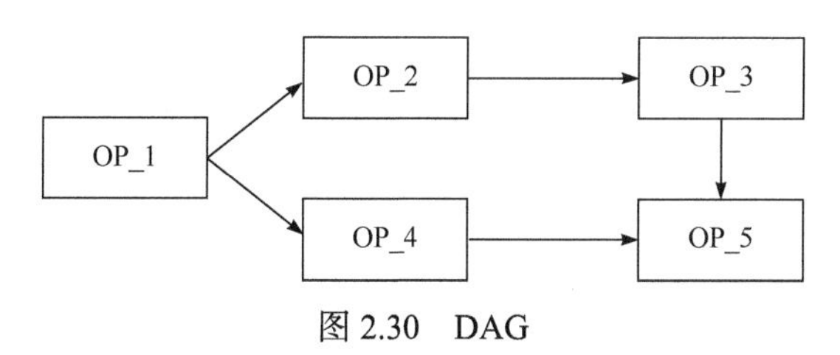


图 2.30 DAG

Ethash 算法的另一个关键组件是 Hashimoto 算法. 结合 Dagger 存储的大数据集, Hashimoto 算法开创了"I/O 限制工作量证明"的概念, 其中挖矿速度的主要限制因素不是每秒计算哈希函数的次数, 而是每秒 RAM 访问数(兆字节). Ethash 算法使用有向无环图和 Hashimoto 算法的目的是让参与以太坊工作量证明的节点维护一个大型且需要频繁读取的数据结构, 这使得 Ethash 具备抗衡 ASIC 的能力,

① https://litecoin.org/, 莱特币, 访问时间 2022 年 9 月 14 日.

② https://dogecoin.com/, 狗狗币, 访问时间 2022 年 9 月 14 日.

让更多普通计算机有机会参与到以太坊的挖矿活动中.

以太坊 1.0 采用的是叔、父区块激励规则机制. 为了保留自然分叉产生的区块, 减少算力浪费, 以太坊区块链组织方式采用叔、父块组织方式. 为此对链上所有区块的出块给予激励, 以太坊叔、父区块激励规则具体如下.

如图 2.31 所示, 若当前区块编号为 107.1, 它逻辑上连接着编号 106.1 的区块, 则称编号 106.1 的区块为当前区块的父区块. 此时编号 106.2 区块与编号 106.1 区块共同连接着编号 105.1 区块, 那么称 105.2 为当前区块(编号 107.1)的叔区块.

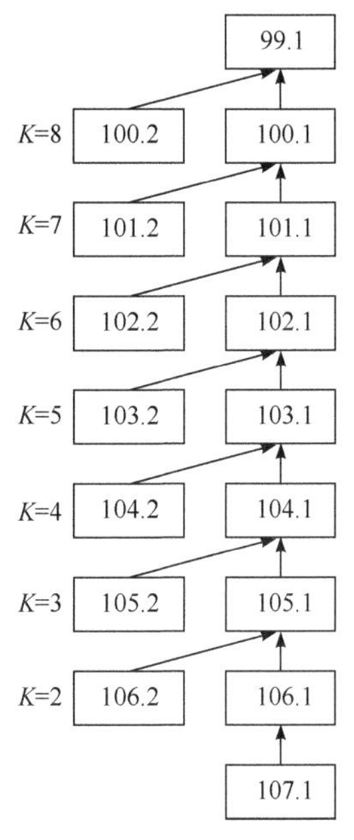


图 2.31　以太坊叔区块奖励规则机制

以太坊中叔区块是一个广义的概念. 以太坊区块中同样保留叔区块的哈希值, 每个区块最多可以引用两个叔区块, 且叔区块距离当前区块的深度小于等于 7, 示例中 101.2 至 106.2 范围内可以被当前区块 107.1 引用. 区块确认后, 叔区块创建者和打包者都可以获得奖励, 叔区块奖励规则按照距离当前区块深度递减, 以当前区块奖励为 2 为例, 叔区块奖励分配方案如表 2.15 所示.

**表 2.15　以太坊叔区块奖励分配方案**

| 距离深度 | 奖励计算比例 | 奖励(Ether) |
|---|---|---|
| 1 | 7/8 | 1.75 |
| 2 | 6/8 | 1.5 |
| 3 | 5/8 | 1.25 |

续表

| 距离深度 | 奖励计算比例 | 奖励(Ether) |
| --- | --- | --- |
| 4 | 4/8 | 1 |
| 5 | 3/8 | 0.75 |
| 6 | 2/8 | 0.5 |

随着以太坊的广泛应用, ASIC 研发的技术不断发展, 许多硬件厂商认为研发以太坊共识专用 ASIC 矿机是可行的. 但是, ASIC 研发工作需要投入大量研发时间以及用于设计、模具和制造等前期支出, 而且 ASIC 生产后只能进行专用的 Ethash 计算, 如果以太坊不再使用工作量证明机制达成共识, Ethash 算法被以太坊弃用, 那么 Ethash 算法 ASIC 矿机就变成了一堆废铁. 实际上, 以太坊团队决定逐渐过渡到权益证明(proof of stake, POS)共识机制, 用 Casper 完全代替 Ethash 工作量证明, 大大降低了硬件厂商对于投入研发 Ethash 算法 ASIC 的预期收益.

在权益证明共识机制中, 节点的提议机会和/或投票权重与其在系统中可验证的权益(如代币数量)绑定[17]. 不同于在工作量证明机制中节点需要付出足够的计算资源才能提议区块, 在权益证明机制中节点提议区块不需要额外的计算开销. 在工作量证明机制中, 节点通过不可逆地消耗一种有价值的物理资源获得期望有价值的虚拟奖励, 如果出块竞争失败或虚拟奖励未能兑换到有实际价值的等价物, 那么节点消耗的物理资源就成为沉没成本. 在权益证明共识机制中, 节点竞争出块失败的沉没成本极小, 系统往往需要复杂的额外机制以提高节点不当行为的难度和成本[26]. 相对于工作量证明, 权益证明几乎不需要消耗物理资源, 因此被认为对环境更加友好.

共识协议从工作量证明替换为权益证明是重大的系统升级, 以太坊的协议升级主要通过社区开发人员共同讨论决定. 以太坊共有 Frontier、Homestead、Metropolis、Serenity 四个开发阶段, 每个开发阶段都会发生重大变化, 因此会导致以太坊硬分叉. 各开发阶段主要讨论以太坊协议升级方案和具体改进方案(EIP)是否采纳, 并在讨论会议结束后发布升级公告①和升级后的系统, 最终完成协议升级.

2022 年 9 月 15 日, 以太坊在高度为 15537394 的区块完成了主网与基于权益证明的信标链合并②. 至此, 权益证明共识机制取代了工作量证明机制, 成为以太坊新的共识机制. 以太坊官方团队声称权益证明的使用降低了 99.95% 的

① https://blog.ethereum.org/, 协议升级, 访问时间 2022 年 9 月 14 日.

② https://ethereum.org/en/upgrades/merge/, 以太坊合并, 访问时间 2022 年 9 月 14 日.

能源开销.

根据以太坊官方文档, 以太坊权益证明机制 Casper 包括 Casper FFG(Casper the Friendly Finality Gadget)协议[6]和最新消息驱动的 LMD GHOST(Latest Message Driven Greediest Heaviest Observed SubTree)协议. Casper FFG 由 V. Buterin 主导设计, 将区块链中某些区块标记为最终确定状态, 以便仅有部分区块链信息的参与者仍然可以确信这些区块是区块链合法的一部分. Casper FFG 作为一个确认区块终态的便捷工具, 同时适用于基于工作量证明的区块链和基于权益证明的区块链. LMD GHOST 是一种区块分叉选择规则, 验证者给出区块的证明以表示对这些块的支持[8].

Casper FFG 的目的是为共识过程提供对区块的理顺对齐(justification)和最终确定(finalization)功能, 分别类似于 PBFT 协议中的准备(prepare)和提交(commit)阶段的功能.

在 Casper FFG 的设计中, 满足一定条件的用户即有机会成为验证者. 要作为验证者参与, 用户必须将 32 Ether 存入存款合约并运行三个单独的软件, 即执行客户端、共识客户端和验证器. 在存入以太币时, 用户加入一个激活队列, 该队列限制了新验证者加入网络的速率. 一旦激活, 验证者就会从以太坊网络中的对等节点接收新的区块, 重新验证区块中的交易和签名以确保区块有效, 发送支持该块的见证(attestation)到以太坊网络.

不同于工作量证明机制, 权益证明机制需要一个外部时间辅助对区块的最终确定. 在工作量证明机制中, 区块的产生时间间隔由全网算力和挖矿难度决定, 不依赖外部物理时间; 在权益证明机制中, 产生区块的时间间隔是相对固定的, 通常由共识节点参考外部物理时间确定[7]. 在以太坊官方文档中, 将出块时间划分为每 12 秒一个时隙(slot), 每 32 个时隙为一个时段(Epoch). 在每个时隙随机选择一个验证者作为区块提议者, 负责创建新的区块并发送给网络上的其他节点. Casper FFG 对于出块者的具体选择问题, 在以太坊主网与基于权益证明的信标链合并之前, V. Buterin 认为可以由工作量证明决定, 以便更好地与以太坊 1.0 合并, 将来可以替换为更加安全高效的方法. 另外, 在每个时隙还会随机选择一个验证者委员会, 负责确定提议者所提议区块的有效性.

Casper FFG 规定了什么样的交易被认为是最终确定的. 当交易成为链上一个区块的一部分时, 如果任何人不付出难以承受的巨大代价就无法改变上述事实, 那么交易在分布式网络中就具有了“最终确定性”. 交易的最终确定性通过区块的最终确定性实现. 以太坊使用检查点(checkpoint)区块来实现最终确定性. 每个时段都会有一个检查点区块, 一个区块可能同时是多个时段的检查点. 如果一对检查点获得了至少占质押的以太币总数 2/3 的投票, 那么这两个检查点之间的区块就被“理顺对齐”. 其中, 前一个检查点成为源检查点, 后一个成为目标检查点. 前一个检查点区块被最终确定, 具有永久性和不可逆转性.

为了回滚已经最终确定的区块, 攻击者需要至少在两个冲突的区块上承诺相同的三分之一的质押以太币, 他们将至少失去一方的 1/3 质押. 这种方式获得的最终确定性也被 V. Buterin 称作"经济最终确定性"(economic finality), 虽然不能保证区块最终确定性, 但是可以保障回滚最终确定的区块需要验证者损失大量的以太币.

攻击者可能降低自己的攻击目标, 不是回滚已最终确认区块, 而是阻止区块被最终确认. 由于最终确认需要三分之二的多数票, 攻击者可以通过质押获得总票数的 1/3 来阻止网络区块达成最终确认[①]. 不作为剔除(inactivity leak)机制被用于防御攻击. 当超过四个时段仍无法完成区块的最终确定时, 不作为剔除机制就会激活. 不作为或不积极投票验证者的以太币质押金将逐渐流失, 直到这些验证者控制的质押金少于网络中总质押金的 1/3, 从而允许剩下的验证者对区块进行最终确认, 确保区块确认失败只是暂时的.

Casper FFG 协议提供一种密码学-经济安全性(crypto-economic security). 运行验证程序是一项验证者承诺. 验证者应保持足够的硬件计算能力和网络连接性, 确保参与区块验证和建议的基础能力, 同时会收到出块奖励作为回报. 然而, 作为验证者参与系统任务也为恶意参与者获取个人利益或破坏系统开辟了新的途径. 为了防范这种情况, 如果验证者在被要求时未能参与, 那么他们就会错过以太币奖励; 如果他们的行为不诚实, 那么他们现有的质押可能会被罚没. 在单个时隙, 验证者提出多个块和提交相互矛盾的见证, 这是两种主要的不诚实行为, 也容易发现. 质押以太币的罚没量取决于大约同时有多少验证者被惩罚, 这被称为"相关性惩罚"(correlation penalty), 可以是轻微的惩罚, 也可以是质押权益被全部罚没.

由于网络延迟、恶意验证者等问题, 每个时段的检查点区块可能不同, 导致出现检查点子树, 形成链分叉. Casper FFG 的原始协议包括一个分叉选择算法, 该算法遵循包含具有最大高度的合理检查点的链, 其中高度的定义是与创世区块的最大距离. 在以太坊 2.0 中的 Casper 协议中, 原始的分叉选择规则被弃用, 取而代之的是一种称为 LMD GHOST 的更复杂的算法. LMD GHOST 的分叉选择算法核心理念是"最新消息驱动的最贪婪、最高权重的所有子树". 由于存在检查点分叉, 所有最新区块的链接关系会形成一棵树, 不同节点观测到的可能是不同的子树. LMD GHOST 选择具有最大证明累积权重的分叉作为正确分叉(最贪婪、最重的子树), 此处最贪婪的子树可以理解为"最活跃"的子树. 如果从一个验证者那里收到多个消息, 则只考虑最新的消息. 最终将证明有最大累计权重的区块添加到

① https://blog.ethereum.org/2016/05/09/on-settlement-finality, Casper 最终确定性, 访问时间 2022 年 9 月 14 日.

区块链之后. 在 LMD GHOST 的分叉选择算法中, 检查点子树的权重定义为子树和子树后续子树上见证的数量总和. 注意区块的高度不再是分叉选择的判断标准, 这与 Casper FFG 协议不同. 如图 2.32 所示, 假设认证(圆形)权重为 1, 区块的权重值标记在区块内. 那么根据 LMD GHOST 的分叉选择算法, 标记为阴影部分(创世区块、B1、B2、B3.1、B4.1)的区块将成为“有效”子树.

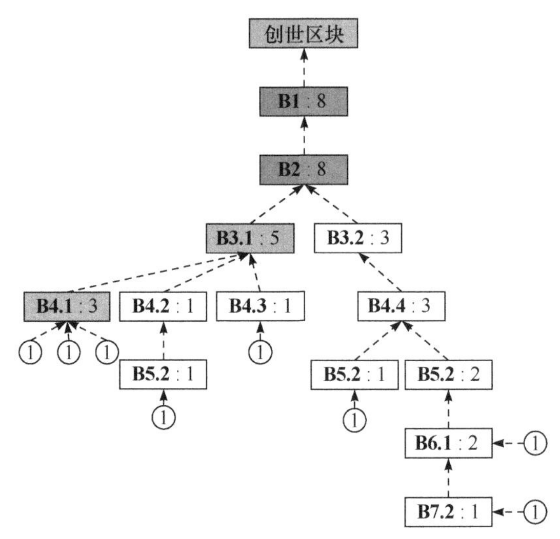


图 2.32　以太坊 Casper LMD GHOST 分叉选择

节点获得以太坊 Casper 共识的奖励取决于参与区块共识的具体情况. 节点做出与大多数其他验证者一致的投票、提议区块、参与同步委员会(sync committee)和验证区块时都会获得奖励.

(1) 源投票(权重: 14/64): 验证者对正确的源检查点进行了及时投票.

(2) 目标投票(权重: 26/64): 验证者对正确的目标检查点进行了及时投票.

(3) 区块头投票(权重: 14/64): 验证者及时对正确的区块头进行了投票.

(4) 同步委员会奖励(权重: 2/64): 验证者参加了区块同步委员会.

(5) 提议者奖励(权重: 8/64): 验证者在正确的时隙中提议了一个区块.

每个时段的奖励值都是根据基础奖励 base_reward 计算出来的. 基础奖励是计算其他奖励的基本单位, 表示参与共识节点在每个时段的最佳条件下收到的平均奖励, 根据所有验证者的有效质押和活跃验证者总数计算得到, 计算方法如下.

$$\begin{aligned}&\text{base\_reward}\\=\;&\text{effective\_balance}\\&\times\left(\text{base\_reward\_factor}/\left(\text{base\_rewards\_per\_epoch}\times\sqrt{\sum(\text{active\_balance})}\right)\right)\end{aligned}$$

其中, base_reward_factor 是 64, base_rewards_per_epoch 是 4, $\sum$(active_balance) 是所有活跃的验证者质押的以太币总和. 这意味着基础奖励与验证者的有效余额成正比, 与网络上验证者的数量成反比. 验证者的数量越多, 整个激励规模就越大[①].

以太坊 Casper 共识机制和激励机制一个显著的特点是"富者越富", 拥有足够多质押以太币的用户才能参与到共识中, 进而获得奖励拥有更多的以太币. 对于权益证明机制, 权益标的物的选取一直是复杂的开放问题.

在安全性方面, 无利害攻击(nothing at stake attack)和长程攻击(long range attack)是针对权益证明的两种重要攻击方式. 在权益证明机制中, 如果出块节点同时押注两条分叉链, 即使最后只有一条分叉才能得到全网承认, 矿工也不会因此损失什么, 那么出于对哪一条分叉链将被最终确认的不确定性, 出块节点更倾向于同时押注所有分叉链, 造成全网不能对主链做出一致的选择, 这就是所谓的无利害攻击. 在权益证明机制中, 如果没有不可逆转的可验证参考依据, 攻击者节点甚至可以从创世区块开始, 创建一条比当前主链还要长的链并代替当前主链, 这就是所谓的长程攻击. 这是因为, 单个节点能够模拟众多不同网络节点参与的权益证明过程, 但它需要的时间远远小于后者; 当攻击者在某个区块高度具有模拟能力之后, 由于所有奖励归其所有, 攻击者就能模拟之后的所有过程, 快速追上并代替当前主链.

在防范上述两种攻击时, Casper 团队引入了客观性(objectivity)、主观性(subjectivity)和弱主观性(weak subjectivity)等概念[②]. 这里的客观性是指, 在仅有协议定义、区块集合和其他重要信息的情况下, 新节点可以独立地得出与其他节点相同的当前区块链稳定状态的结论. 主观性是指不同新节点对区块链的稳定状态得出不同结论, 需要大量的外部信息才能参与共识. 弱主观性是指除非攻击者控制了超过一定数量的共识节点, 新节点在没有任何其他信息的情况下(除了协议定义、区块集合和其他重要信息和小于 $N$ 个块之前已经确认的状态), 可以独立地得出与其他节点相同的当前区块链稳定状态的结论.

V. Buterin 认为弱主观性可以有效防范无利害攻击和长程攻击. Casper 通过检查点机制实现弱主观性. 已确认的检查点区块是网络中合法链的状态根, 检查点区块和创世区块具有相同的作用, 只是没有在创世区块的位置上. 分叉选择算法使得节点确信这些检查点区块的状态是正确的, 并且从这些区块后面开始独立客观地验证区块链. 检查点区块可以有效防止状态"回滚", 这样可以将长距离的检

① https://notes.ethereum.org/@vbuterin/serenity_design_rationale?type=view#Why-are-the-Casper-incentives-set-the-way-they-are, 以太坊激励规则, 访问时间 2022 年 9 月 14 日.

② https://blog.ethereum.org/2014/11/25/proof-stake-learned-love-weak-subjectivity, 主观性, 访问时间 2022 年 9 月 14 日.

查点区块分叉视为非法, 从而防止上述攻击.

### 2.3.5 以太坊交易执行层

N. Szabo 提出智能合约(smart contracts)的概念[36], 指出智能合约是一系列以数字形式定义的承诺(promises), 包括合约参与方可以在上面执行这些承诺的协议. 比特币的成功应用表明, 在陌生的网络节点间可以建立起信任, 不需要信任任何第三方, 这使得在开放的网络环境中安全运行智能合约成为可能. V. Buterin 迅速意识到了这一点, 并开始设计可以执行图灵完备智能合约的区块链系统. 下面按照合约部署、调用、执行和反馈等智能合约生命周期中的关键步骤, 介绍以太坊交易执行层的设计.

1. 智能合约部署

以太坊账户包括外部账户和合约账户两种类型, 其中合约账户保存着智能合约的执行代码. 以太坊中外部账户可以发布一种特殊的交易用于创建新的合约账户, 达成将代码部署到区块链上的目的, 完成智能合约的部署.

外部账户通过发布交易部署一个新的智能合约, 这个交易的输出(to)为 0x0, 数据字段(data)保存合约编译后的以太坊字节码. 0x0 这个地址既不是一个外部账户的地址, 也不是一个合约账户的地址. 它是一个专门的“注册合约”地址, 既不能用来支付以太币, 又不能调用其他合约. 矿工打包这个合约部署交易时, 会为合约生成一个合约地址, 以供后续引用.

2. 智能合约调用

智能合约部署成功后, 外部账户即可向合约账户发起交易进行调用, 矿工首先验证交易的正确性, 具体验证过程如下.

(1) 验证交易格式符合 RLP 编码规则, 没有增加额外尾部字节.

(2) 验证交易签名的正确性.

(3) 验证交易计数的正确性, 即交易计数等于发送方的当前 nonce 值.

(4) 验证 gas 限制是否大于交易本身需要的 gas, 如果大于则执行, 否则忽略.

(5) 验证交易发起方的账户余额是否大于付款金额, 如果大于则执行, 否则忽略.

不同于比特币, 以太坊区块链是一个图灵完备(Turing completeness)的计算平台. 图灵完备的定义由英国数学家图灵提出. 1936 年, 图灵创建了一个计算机的数学模型, 这个计算机是包含操作符号的状态机, 可以从连续的内存(如无限长度的磁带)中读取和写入数据. 在这一构想下, 图灵证明了给定任意程序和输入, 试图证明程序最终是否会停止运行的"停机问题"是不可解的. 由此图灵给出了图灵完备的定义, 如果一个数据操作规则系统可以用于模拟任何图灵机, 则称该系统是图灵完备的或计算通用的.

以太坊能够执行存储在区块链上的所有代码, 由 EVM 状态机执行完成. 以太坊从存储中读取数据和向其中写入数据, 并让状态机满足图灵完备的定义, 成为图灵完备的计算系统, 在节点分布全球的区块链上实现通用目的的计算架构, 从而创建一个分布式"世界单体计算机".

图灵提出的停机问题在以太坊中是一个棘手的问题. 以太坊需要验证每一个交易的正确性, 验证合约调用交易正确性要求在本地运行对应智能合约的代码. 根据停机问题不可解性, 以太坊节点在运行智能合约代码前无法预先判断一个合约是否会运行终止. 如果合约因为设计错误或故意为之, 是一个死循环合约, 那么验证合约的每一个节点都会永远不停地执行下去, 这类死循环合约会造成永久持续的资源浪费, 也为攻击者提供了发起拒绝服务攻击的机会.

以太坊设计的 gas 机制可以防范潜在的"停机问题". 如果在预设上限的 gas 被耗尽的时候合约还没有结束, 那么所有处理都会无条件地停止, 从根本上防止停机问题. 以太坊中最大计算量不是固定的, 节点可以设置 gasLimit 来调整最大计算量. 一方面 gas 直接与账户余额挂钩, 另一方面 EVM 每执行一个指令(字节码(bytecode))都会有相应的 gas 消耗(如附表 B 所示), 消耗的 gas 量乘以交易中用户指定的 gas 汇率(gasPrice)等于执行每一步操作需要花费的资金, 这两种措施一起有效地防止了用户恶意或无意造成的"停机问题".

3. 智能合约执行

EVM 是以太坊协议的核心部分, 它与 JAVA 虚拟机(JVM)和微软 .NET 框架类似, 是系统核心计算引擎.

以太坊通过 EVM 部署和执行智能合约. 除外部账户间简单的转账交易外, 其他所有涉及状态更新的操作都由 EVM 执行, 完成状态更新或回退到执行前的状态, 保持全网节点的世界状态一致. 因此, 可以把以太坊想象为一台包含众多执行对象的"世界计算机".

如图 2.33 所示, EVM 是一种基于栈的计算架构, 在栈中保存了合约中所有的字节码. EVM 栈以字为单位进行操作, 最多可以容纳 1024 个字. 为了方便进行密码学计算, EVM 采用了 32 字节(256 比特)的字长. 在智能合约部署时, 首先采用 Solidity 等高级编程语言编写合约, 编写完成后, 为了能够在 EVM 中正常运行, 需要将合约代码编译成为 EVM"看得懂"的指令集(字节码).

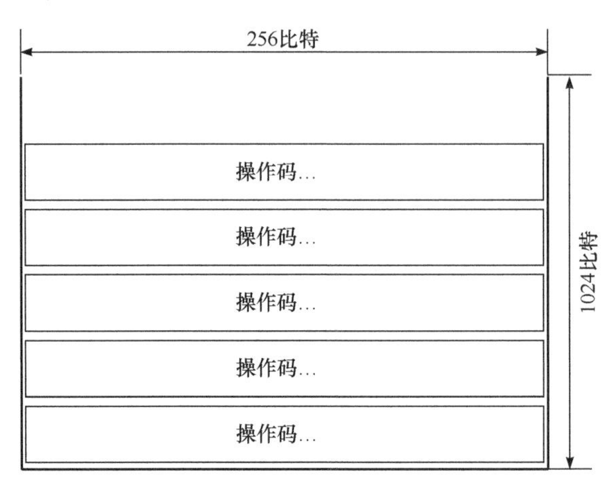


图 2.33　EVM 栈

EVM 指令集(字节码)与比特币预先定义的操作码类似. 如附表 B 所示[①], EVM 指令集(字节码)是预先定义并标记对应的 EVM 字节码及其对应的 gas 开销, 主要包括算术运算指令、比较运算指令、位移运算指令、哈希运算指令、环境操作指令、区块操作指令、存储管理指令、压入值指令、日志指令和系统操作指令.

根据以太坊交易数据格式, 转账交易中需考虑以下几种特殊情况. 第一种情况是交易中包含交易金额, 但是接收账户尚未初始化. 此时以太坊会记录这一情况, 新建接收账户并初始化对应的余额.

第二种情况是交易发起合约调用, 但输入数据为空. 此时 EVM 会指定调用合约的回退函数. 如果回退函数是可支付的, 那么根据函数的代码决定下一步的执行动作; 如果没有回退函数, 那么 EVM 增加合约的余额. 在可支付函数被调用时, 合约可以立刻通过抛出异常的方式拒绝转入的支付, 也可以根据可支付回退函数的逻辑做出决定. 如果可支付回退函数正常执行, 那么合约的状态就会更新, 合约账户余额随之发生变化.

第三种情况是交易发起合约调用, 且输入数据非空. 此时输入数据字段会被 EVM 解读为针对合约的函数调用, 调用 data 中特定函数, 并把需要的参数传递给函数. 输入数据采用十六进制编码, 包含函数选择器和函数的输入参数. 函数选择器由函数名称和参数经过 Keccak256 哈希运算后取前 4 个字节得到, 从而准确标识想要调用的函数. 哈希运算结果从第 5 个字节开始为函数输入参数, 它根据 EVM 多种实现规则定义相应编码规则.

---

① https://github.com/ethereum/go-ethereum/blob/94451c2788295901c302c9bf5fa2f7b021c924e2/core/vm/opcodes.go#L24, 以太坊字节码, 访问时间 2022 年 6 月 20 日.

4. 智能合约反馈

共识节点收到交易后，执行交易触发的操作. 如果为普通转账交易，则在交易验证通过后改变付款用户转账账户和收款用户接收账户的余额信息. 如果为合约调用交易，在交易验证通过后执行合约调用代码，在上述合约字节码每步 gas 值和交易中 gas 值限制下执行合约. 根据执行结果更新合约账户信息，并将合约执行过程中的日志信息存证. 完成合约执行后，更新以太坊区块中状态树信息，增加交易树和收据树内容，并按共识规则打包生成新区块.

以太坊的智能合约可以使用字节码直接编写，但是对于开发人员不友好. 因此以太坊团队设计了一种面向对象的高级编程语言 Solidity，它可以通过编译器转化为 EVM 字节码. 读者可以查阅 Solidity 语言的官方文档学习[①]，使用以太坊官方推荐的 Solidty 集成开发环境(integrated development enviorment, IDE) Remix[②]，读者可以基于浏览器完成编译，不需要客户端-服务端组件.

### 2.3.6 以太坊应用服务层

以太坊区块链发布以后出现了许多智能合约. 社区成员开始探讨重塑现有的互联网，在智能合约的基础上开发去中心化应用(decentralized application, DAPP)程序.

早期最有颠覆性的一个去中心化应用是所谓的去中心化自治组织 DAO(the Decentralized Autonomous Organization)合约. DAO 由 Slock.it 组织创立，目标是为区块链项目提供基于社区的资金支持和治理. 在 DAO 的设计中，任何人都可以提交项目建议，管理人(curator)管理提议，以太坊社区中的用户可以对不同的项目进行投资，项目落地后获得收益按照投资人的投资份额进行利润分配. 参与者使用以太币兑换 DAO 代币投资项目，DAO 合约参与者借助以太坊对提案进行表决，进而实现合约参与者社区内部自治，被认为是可能改变世界的智能合约.

尽管 DAO 在自组织的风险投资领域取得了一定的成功，但是意外的安全漏洞导致了其价值瞬间归零. DAO 代币销售从 2016 年 4 月 5 日一直进行到 4 月 30 日，募资金额约为当时以太币市值的 14%，价值总和约为 1.5 亿美元. DAO 用户将以太币发至合约换取相应数量的 DAO 代币，也可以通过 Splite DAO 函数兑换 DAO 代币取回以太币. Splite 函数中先转账以太币再扣除 DAO 代币，给攻击者提供了重入攻击的可能. 2016 年 6 月，攻击者利用 DAO 合约代码中的重入漏洞(reentrancy vulnerability)将 1/3 的 DAO 代币转移至附属账户. DAO 合约代码漏洞

① https://docs.soliditylang.org/en/v0.8.17, Solidity 文档，访问时间 2022 年 9 月 14 日.

② https://remix.ethereum.org/ Remix IDE, 访问时间 2022 年 10 月 10 日.

如图 2.34 所示，攻击者对 DAO 攻击具体步骤如下.

(1) DAO 攻击者请求 DAO 合约提取 DAO 代币.

(2) 在合约更新其记录显示 DAO 代币被提取前，攻击者再次请求提取代币.

(3) 攻击者多次重复上一步骤.

(4) 合约最终只记录了 DAO 一次提币操作，其间其他所有提币请求攻击者完成了提币但未被记录.

```
945    function splitDAO(
946        uint _proposalID,
947        address _newCurator
948    ) noEther onlyTokenholders returns (bool _success) {
949
950        Proposal p = proposals[_proposalID];
951
952        // Sanity check
953
954        if (now < p.votingDeadline  // has the voting deadline arrived?
955            //The request for a split expires XX days after the voting deadline
956            || now > p.votingDeadline + splitExecutionPeriod
957            // Does the new Curator address match?
958            || p.recipient != _newCurator
959            // Is it a new curator proposal?
960            || !p.newCurator
961            // Have you voted for this split?
962            || !p.votedYes[msg.sender]
963            // Did you already vote on another proposal?
964            || (blocked[msg.sender] != _proposalID && blocked[msg.sender] != 0) )  {
965
966            throw;
967        }
968
969        // If the new DAO doesn't exist yet, create the new DAO and store the
970        // current split data
971        if (address(p.splitData[0].newDAO) == 0) {
972            p.splitData[0].newDAO = createNewDAO(_newCurator);
973            // Call depth limit reached, etc.
974            if (address(p.splitData[0].newDAO) == 0)
975                throw;
976            // should never happen
977            if (this.balance < sumOfProposalDeposits)
978                throw;
979            p.splitData[0].splitBalance = actualBalance();
980            p.splitData[0].rewardToken = rewardToken[address(this)];
981            p.splitData[0].totalSupply = totalSupply;
982            p.proposalPassed = true;
983        }
984
985        // Move ether and assign new Tokens
986        uint fundsToBeMoved =
987            (balances[msg.sender] * p.splitData[0].splitBalance) /
988            p.splitData[0].totalSupply;
989        if (p.splitData[0].newDAO.createTokenProxy.value(fundsToBeMoved)(msg.sender) == false)
990            throw;
991
992
993        // Assign reward rights to new DAO
994        uint rewardTokenToBeMoved =
995            (balances[msg.sender] * p.splitData[0].rewardToken) /
996            p.splitData[0].totalSupply;
997
998        uint paidOutToBeMoved = DAOpaidOut[address(this)] * rewardTokenToBeMoved /
999            rewardToken[address(this)];
1000
1001       rewardToken[address(p.splitData[0].newDAO)] += rewardTokenToBeMoved;
1002       if (rewardToken[address(this)] < rewardTokenToBeMoved)
1003           throw;
1004       rewardToken[address(this)] -= rewardTokenToBeMoved;
1005
1006       DAOpaidOut[address(p.splitData[0].newDAO)] += paidOutToBeMoved;
1007       if (DAOpaidOut[address(this)] < paidOutToBeMoved)
1008           throw;
1009       DAOpaidOut[address(this)] -= paidOutToBeMoved;
1010
1011       // Burn DAO Tokens
1012       Transfer(msg.sender, 0, balances[msg.sender]);
1013       withdrawRewardFor(msg.sender); // be nice, and get his rewards
1014       totalSupply -= balances[msg.sender];
1015  ---> balances[msg.sender] = 0;
1016       paidOut[msg.sender] = 0;
1017       return true;
1018   }
```

图 2.34　DAO 合约代码漏洞[1]

[1] https://etherscan.io/address/0x304a554a310C7e546dfe434669C62820b7D83490#code, 访问时间 2022 年 9 月 14 日.

DAO 被攻击后, 社区开始讨论应对方案. 以 V. Buterin 为代表的一方认为应该将攻击者交易回滚, 重新打包区块并无视攻击者的提币交易, 以追回攻击所带来的损失. 另一方认为"代码即法则"(code is raw), 应该坚持执行的结果. 最终双方未达成共识, 支持回滚交易的一方从以太坊硬分叉成为现今的以太坊以太币, 坚持执行结果的一方继续维护原有以太坊区块链, 称为以太坊经典(Ethereum classic, ETC).

DAO 事件之后, 智能合约的安全问题引起了业界的重视[33]. 2016 年, L. Luu 等对智能合约中潜在的漏洞进行了归类[29], 主要包括交易顺序依赖(transaction-ordering dependence)、时间戳依赖(timestamp dependence)、异常操作(mishandled exceptions)、重入漏洞. 他们提出基于符号执行的 Oyente 形式化验证工具, 并对以太坊中 19366 个合约进行分析, 发现至少 8833 个合约存在安全漏洞. Mythril① 是一个以太坊字节码验证工具, 它使用符号执行、可满足性模理论(satisfiability modulo theories, SMT)方法和污染分析(taint analysis)技术检测合约的安全漏洞. 智能合约代码形式化验证已成为一个重要的前沿研究分支, 相关研究工作还包括 Securify[38]、TeEther[27]、ReGuard[28]、VeriSmart[35]等等, 合约的形式化分析已经成为国内外计算机安全会议的重要议题.

## 2.4 超级账本简介

比特币在数字货币领域取得了巨大成功, 证明区块链具有在开放环境下的对等节点之间建立信任的强大能力. 以太坊在分布式应用领域的初步探索, 展示了区块链在无边界的陌生人协作方面具有广阔的应用前景. 然而, 当人们试图将区块链技术应用到传统商业活动中, 解决跨领域、跨行业、跨企业间实际生产实践中的信任和业务问题时, 比特币、以太坊等公有链系统又暴露出吞吐率低、商业定制能力差、难以监管等问题.

为解决上述问题并促进商业应用落地, 联盟链应运而生. 联盟链保留了比特币等区块链的核心设计, 建立了准入机制和成员管理机制以解决监管问题; 不再发行原生代币以迎合不同国家和地区关于货币的法律法规与政策要求; 采用新的交易流转执行模式以支持并行处理, 解决公有链中存在的低吞吐率问题; 允许使用高级通用语言编写链码或智能合约, 支持更加灵活的商业应用. 本节主要介绍具有代表性的联盟链 Fabric, 即超级账本(Hyperledger)平台的企业级区块链, 包括 Fabric 的发展历程、主要模块功能和 Fabric 的运行方式.

---

① https://github.com/ConsenSys/mythril mithril, 以太坊字节码验证工具, 访问时间 2022 年 9 月 14 日.

### 2.4.1　超级账本的创立

超级账本是 LINUX 基金会旗下的区块链开发平台①，致力于为企业级区块链部署提供一套稳定的技术框架、开发工具和函数库. 截至 2022 年 9 月，Hyperledger 平台共有 15 个活跃的开源项目，包括技术框架 Fabric、Sawtooth 等，开发工具 Avalon、Caliper 等以及函数库 Aries、Ursa 等.

超级账本的创立一开始便吸引了包括金融、互联网、运输和制造等行业技术力量的加入. 基于区块链技术的超级账本致力于推进跨行业跨企业合作，简化商业流程，在不同行业企业间建立起商业信任，解决社会经济活动的信任难题.

超级账本的 Fabric 旨在作为开发具有模块化应用程序或企业级解决方案的基础[1]. Fabric 支持功能组件"即插即用"，其模块化和多功能的设计易于满足不同行业的复杂业务需求，是目前应用最广泛的超级账本技术框架之一.

超级账本由 15 位社区技术贡献者组成超级账本技术指导委员会(Technical Steering Committee Home, TSC). TSC 负责协议升级技术指导，定期组织会议讨论超级账本项目的发展规划. 2016 年 9 月，Fabric 正式上线 0.6 版本，截至 2022 年 8 月，已更新至 2.4.6 版本②.

Fabric 是一种模块化的联盟链架构③，可实现身份管理、隐私保护、数据高效处理、智能合约等功能. 在 Fabric 中，节点必须经过认证授权后才能加入网络，这意味着需要对认证机构进行一定信任假设，同时弱化了其他节点之间建立信任的需求，避免了完全无信任环境下建立共识所需资源和时间开销，从而提高交易处理效率，满足企业级应用对区块链性能的需求. 同时，为了适应灵活多变的复杂商业应用场景，Fabric 采用了高度模块化的系统设计，将成员关系服务提供商(membership service provider, MSP)模块、排序服务(ordering service)模块、背书节点(endorsing peers)模块、决议节点(committing peers)模块等分离部署，进行插件式管理，应用开发者可以根据具体的业务场景替换和选择不同的模块.

由于上述模块化设计特点，Fabric 中节点和节点组织关系存在不同的类型，我们首先介绍 Fabric 中相关的术语.

(1) 成员(member)与组织(organization)：成员是被区块链网络服务邀请加入区块链网络的参与者，组织是逻辑上多个成员的一个管理分组. Fabric 的不同参与者包括记账节点、排序节点、客户端应用程序、管理员等. 每一个成员都拥有 X.509 数字证书的数字身份，这些身份确定了成员在网络中的角色和信息的访问权限.

---

① https://www.hyperledger.org/，访问时间 2022 年 9 月 14 日.

② https://github.com/hyperledger/fabric/releases, Hyperledger Fabric 版本信息，访问时间 2022 年 9 月 14 日.

③ https://hyperledger-fabric.readthedocs.io/en/latest/, Fabric 官方文档，访问时间 2022 年 9 月 14 日.

(2) 通道(channel): 通道是基于数据隔离和保密构建的一条私有区块链. 特定通道的账本仅在该通道中的所有记账节点中共享, 交易方必须通过身份验证才能获取通道中账本信息. 通道的配置方式由配置区块决定, 配置区块包含通道成员和策略信息, 通道配置修改(常见于成员的离开或加入)时都会将配置块添加到链中, 形成独立的随时间增长的配置信息链.

(3) 账本(ledger): 账本由不同但相关的“区块链”和“状态数据库”两个部分组成. 后者也称为“世界状态”, 存储的是所有曾经在交易中出现的键值对的最新值; 区块链则是记录导致当前世界状态的所有更改的事务日志.

(4) 链码(chaincode): Fabric 中的智能合约.

(5) 成员关系服务(membership services): 在 Fabric 中负责认证、授权和身份管理. 成员(组织)经由成员关系服务提供商(MSP)加入到网络. MSP 是 Fabric 中的权威机构, 通过标识参与者并关联节点或通道, 使得他们拥有特定权限(角色). 成员关系服务不仅对成员(组织)的身份进行管理(本地 MSP), 而且对通道的访问策略进行管理(通道 MSP). 在伙伴节点(peer)和排序节点(orderer)中运行的成员关系服务代码都会认证和授权区块链操作. 基于公钥基础设施的抽象成员关系服务提供商的实现将在 6.2 节介绍.

(6) 客户端节点或应用程序(client application): 用户操作的实体, 它必须连接到某一个记账节点或者排序节点, 实现与区块链网络通信.

(7) 记账节点(peer 或 committing peer): 区块链网络中一类实体, 负责维护账本并运行链码容器, 对账本进行读写操作.

(8) 背书节点: 执行链码交易并返回一个提案响应给客户端应用. 提案响应包含链码执行后返回的消息、结果(读与写集合)和事件, 同时也包含该节点对链码执行进行背书的签名. 不同的链码应用可以有相应的不同背书策略.

(9) 排序节点: 将交易排序打包成一个区块, 然后将区块发送给相连接的记账节点. 排序服务独立于其他进程, 遵循“先到先服务”的原则为通道中的交易排序. 排序服务提供原子广播(atomic broadcast), 保证同一条链上的节点接收到相同的消息, 并且具有相同的逻辑顺序.

### 2.4.2　Fabric 数据存储层

Fabric 数据存储层的数据主要包含交易数据和区块数据. 交易信息用于用户间信息交互和改变 Fabric 的世界状态. 交易由排序节点排序后打包成区块, 并以区块与区块前后链接的方式构成区块链[10].

1. Fabric 交易数据结构

Fabric 交易包括交易头(header)、签名(signature)、提案(proposal)、响应

(response)和背书(endorsements)等组成部分. 上述五个部分是交易的主要部分, 不是全部组成部分.

下面简要介绍交易数据结构的五个主要部分. 交易头保存交易中相关链码的名称以及版本等一些重要元数据. 签名是交易发起者用其私钥创建的数字签名, 用于认证交易以及查验交易细节是否被篡改. 提案是交易发起者输入链码或智能合约参数的编码数据, 交易确认后改变账本的世界状态. 在智能合约运行时, 提案提供一系列输入参数, 这些参数同当前的世界状态一起决定新的世界状态. 响应以读写集(read write set, RW-集)的形式记录世界状态之前和之后的值. 交易响应是智能合约的输出, 如果交易验证成功, 那么该交易将应用到账本, 从而更新世界状态. 背书信息是对交易响应的一组签名, 这些签名都来自背书策略规定的相关背书节点, 签名背书需要符合背书策略.

2. Fabric 区块数据结构

Fabric 区块包含区块头、区块数据和区块元数据(block metadata)三个部分. 区块头包含区块编号、区块哈希值和前一个区块的哈希值三个部分. 区块的编号从 0 开始, 后面每添加一个区块则对应区块编号增加 1, 编号为 0 的区块称为创世区块. 区块哈希是区块中包含的所有交易的哈希值. 前一个区块的哈希值是前一个编号的区块的哈希值, 用于指向前一个区块. 区块数据包含了由排序节点排序好的所有交易的列表. 区块元数据包含了区块创建者的证书和签名, 用于验证区块的正确性. 记账节点将区块中每个交易标记为有效或无效, 区块交易的标记、最新配置块信息和所用共识的累计偏移都记录在区块元数据中.

如图 2.35 所示, 根据 Fabric 的共识过程可以发现, 区块产生(打包)后区块的信息仍然会发生改变, 因此区块的哈希值仅由区块中包含的交易决定.

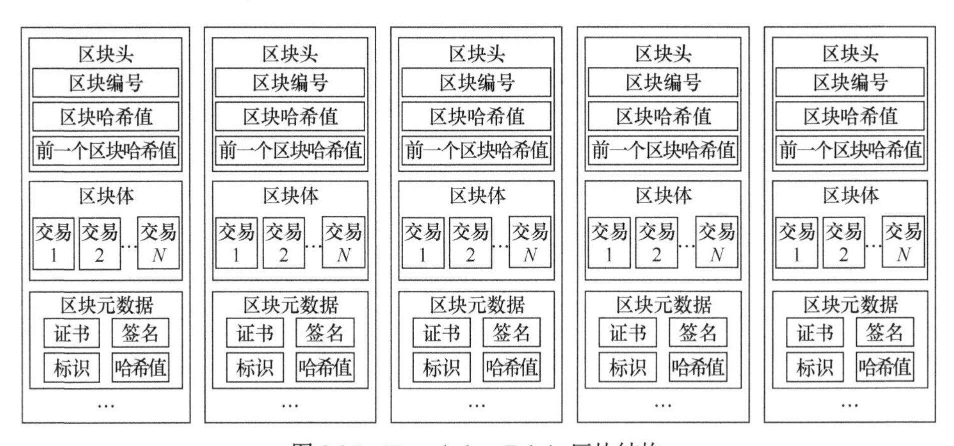


图 2.35　Hyperledger Fabric 区块结构

3. Fabric 世界状态

Fabric 账本由一系列有顺序和防篡改的记录组成，通过键值对的方式存储数据，记录所有的状态改变，包括数据的改变. 为了实现数据的时间可回溯性和防篡改, Fabric 在链上并不保存数据的状态，而是保存数据的变更. 因此，查询某条数据的状态就需要遍历全链，很难满足一些企业级业务的性能需求. 为了解决这一问题, Fabric 将账本中所有的键值对(key-value)构成“世界状态”(world state)，当区块中保存某一条记录时，会同步更新对应键值的世界状态；当需要查询某个键值时，只需要查询对应的世界状态即可，而无须进行全链遍历.

Fabric 的状态数据库存储的是各种键值数据，使用 Level DB 或 CouchDB. CouchDB 除了支持键值数据之外，也支持 JSON 格式的文档类型，能够做复杂的查询. “世界状态”是一种链外附加缓存机制，保存在 LevelDB / CouchDB 中，“世界状态”的丢失并不会对区块链中的数据产生影响.

状态数据库记录了账本中所有键值对的当前值，相当于对当前账本的交易日志进行索引. Fabric 链码执行的时候需要读取账本的当前状态，从状态数据库可以迅速获取键值的最新状态. 当一个区块附加到区块链上的时候，如果区块中的有效交易修改了键值对，则会在状态数据库中作相应的更新，使得区块链和状态数据库始终保持一致①.

### 2.4.3 Fabric 网络通信层

在比特币、以太坊等公有区块链中，所有节点是完全对等的，都可以连入公网并参与全网共识. 在 Fabric 中，只需要将排序节点部署在公网中，排序节点可以是每一个参与其中的企业主体. 这样的设计可以帮助企业以较少的代价部署和使用区块链服务，同时减少对企业内部网络的安全影响.

Fabric 采用 Gossip 协议[19]传播账本和通道数据. 通道中的每一个记账节点，不断从其他记账节点接收达成一致的账本数据并更新当前账本. 每一个 Gossip 消息都带有成员关系服务提供商公钥基础设施(public key infrastructure, PKI) ID 和发送者的签名，因此拜占庭成员发送的伪造消息很容易被识别，非目标节点也不用接收和他无关的消息. 由于网络延迟、网络分区或者其他原因影响，记账节点可能丢失某些区块，这时可以从其他拥有这些丢失区块的节点处同步账本. 基于 Gossip 的数据传播协议在 Fabric 网络中有三个主要功能.

(1) 识别检测节点：持续识别可用的成员节点，管理发现节点和通道成员资格，实时检测离线的节点.

① https://hyperledger-fabric.readthedocs.io/en/latest/ledger/ledger.html#world-state, Fabric 世界状态，访问时间 2022 年 9 月 14 日.

(2) 同步账本数据: 向通道中的所有节点传输账本数据. 节点没有和当前通道的数据同步时, 都会识别已丢失的区块, 并将正确的数据复制过来, 以使自己同步.

(3) 节点发现: 点对点的数据传输方式, 使新加入节点以最快速度连接到网络中并同步账本数据.

记账节点基于 Gossip 的数据交换机制接收通道中其他节点的信息, 然后将这些信息随机发送给通道中的一些其他节点, 随机发送的节点数是一个可配置的常量. 记账节点使用主动拉(pull)的方式获取信息而不用一直等待. 重复执行拉取数据, 以使通道中的成员、账本和状态信息同步并保持最新. 当分发新区块的时候, 通道中主节点(leader)从排序节点获取数据, 然后分发给它所在组织的记账节点.

主节点的选举机制用于在组织内确定一个用于链接排序服务和开始分发新区块的节点. 主节点的选举使得系统可以高效地利用排序节点的带宽, 主节点选举模型有静态和动态两种模式可供选择. 在静态模式下, 系统管理员手动配置一个节点为组织的主节点. 在动态模式下, 每个组织中的节点自己选举出一个主节点, 动态选举出的主节点通过向其他节点发送“心跳”信息来证明自己处于存活状态. 如果一个或者更多的节点在一个时段内没有收到“心跳”信息, 它们就会尝试选举出一个新的主节点. 在网络比较差、存在多个网络分区的情况下, 一个组织中可能会有多个主节点以保证组织中节点的正常工作. 在网络恢复正常之后, 一些主节点会放弃领导权. 在一个没有网络分区的稳定状态下, 一般只有唯一的主节点和排序服务节点相连.

Gossip 传播协议利用锚节点(anchor peers)实现不同组织中的记账节点互相通信. 当一个包含锚节点更新的配置区块被确认后, 记账节点会联系锚节点并从该节点获取其知道的所有记账节点的信息. 一旦每个组织中至少有一个记账节点已经联系到一个或多个锚节点的话, 锚节点就会知道这个通道中的所有记账节点. Gossip 通信是持续进行的, 并且记账节点总是会要求告知其尚不知道的其他记账节点, 这样就可以得到一个通道成员的全局视图.

### 2.4.4　Fabric 共识激励层

Fabric 被设计用于有一定信任基础的企业联盟, 有自己盈利模式的各个企业组织运维节点参与共识, 因此对共识节点没有公有区块链类似的原生代币激励. Fabric 区块共识过程主要包括提案背书、排序打包和验证提交三个阶段.

#### 1. 提案背书

Fabric 客户端通过客户端软件开发工具包(software development kit, SDK)构造交易提案. 在 2.4 版本中, Fabric 引入了网关(gateway)服务, 它提供一个简化的、最小的应用程序接口(application program interface, API), 用于向 Fabric 网络提交事务. 以前客户端 SDK 中, 比如从各种组织的节点收集事务背书的需求, 可以委托给在节点中运行的 Fabric 网关服务, 简化了应用程序开发和事务提交. 目前, Fabric 客户端 API 支持 Go、Node.js 和 JAVA 三种语言, SDK 也支持 Node.js、JAVA 和 Go 三种编程语言.

交易提案首先发给背书节点进行背书, 背书结果需要满足背书策略. 收到交易提案后, 背书节点将提案中的参数作为输入, 在当前的世界状态中模拟一次交易执行, 但此时不会将提案更新至本地保存的副本. 然后将模拟执行的读写操作集、签名以及背书的结果返回应用程序. 当应用程序收集的结果满足背书策略后进入下一阶段.

2. 排序打包

成功完成提案背书后, 客户端收到来自 Fabric 网关服务的已认可事务提案响应以进行签名. 对于已经背书的交易, 网关服务将交易转发给排序服务节点, 与其他背书过的交易一起排序, 并全部打包到一个区块中. 排序服务创建这些区块, 最后分发给通道中的所有记账节点, 以便在第三阶段对区块进行验证和决议. 区块本身也是有序的, 是账本的基本组成部分. 排序服务节点同时从许多不同的应用程序客户端接收事务. 这些排序服务节点共同完成排序服务, 不同的通道可以共享排序服务. 区块的期望大小和区块间隔时间的配置参数决定区块中包含交易的数量. 这些区块保存到排序节点的账本中并分发给通道中的不同记账节点. 如果一个记账节点宕机或者较晚加入通道, 那么它将通过网络从其他节点处收到缺失的区块.

排序服务提供了严格的顺序, 这保障了 Fabric 的最终性, 防止交易回滚或删除. 记账节点执行链码并且处理交易, 排序节点只会对已经经过认证的交易打包成区块, 排序节点不会对交易的内容(除了通道配置交易, 见 2.4.5 节)正确性做出判断. 交易在排序阶段打包成区块后进入验证提交阶段.

3. 验证提交

在排序阶段, 排序节点将打包后的区块分发给所有记账节点, 每个记账节点验证区块的正确性. 通道中的每个记账节点验证区块中每个交易, 以确保满足背书政策. 包含错误交易的块不会更新至账本中, 区块将一致地更新至账本中, 最终账本的状态因为交易而发生改变.

以每个交易的视角来看①, 如图 2.36 所示, Fabric 交易流程主要包括身份注册、交易提案、交易回复、交易转发、交易排序和区块确认六个步骤. 其中身份注册步骤不是每笔交易开始前都需要完成的.

① https://hyperledger-fabric.readthedocs.io/en/latest/txflow.html Fabric , 交易流程, 访问时间 2022 年 9 月 14 日.

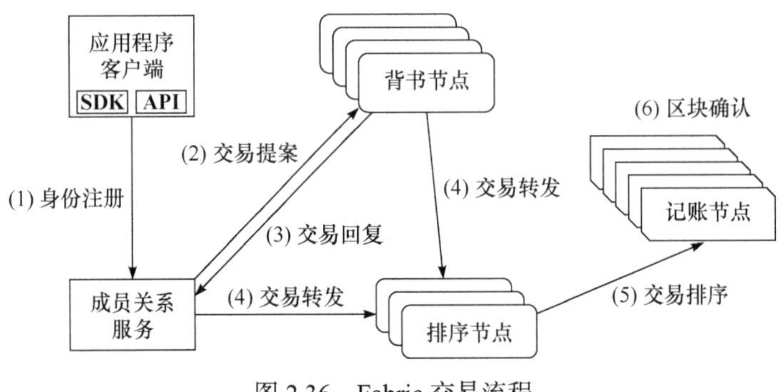


图 2.36　Fabric 交易流程

(1) 身份注册: 应用程序客户端调用成员关系服务, 进行身份登记和注册, 并获取身份证书.

(2) 交易提案: 应用程序客户端向区块链网络发起一个交易提案, 交易提案把带有本次交易要调用的合约标识、合约方法和参数信息以及签名等信息发送给背书节点.

(3) 交易回复: 背书节点收到交易提案后, 验证签名并确定提交者是否有权执行操作, 同时根据背书策略模拟执行智能合约, 并将结果及其签名发送给客户端.

(4) 交易转发: 应用程序客户端收到不同背书节点返回的信息后, 判断提案结果是否一致, 以及是否参照指定的背书策略执行, 如果没有足够的背书, 则中止处理; 若满足, 应用程序客户端把数据打包成一个交易并签名, 发送给排序节点.

(5) 交易排序: 参与排序的节点对接收到的交易运行共识协议, 对收到的交易排序, 然后按照区块生成策略, 将交易打包成一个新的区块, 发送给记账节点.

(6) 区块确认: 记账节点收到区块后, 会对区块中的每笔交易进行校验, 检查交易依赖的输入/输出是否符合当前区块链的状态, 完成后将区块添加到本地的区块链, 并更新世界状态.

虽然排序服务都以相同的方式处理交易和配置更新, 但是仍然有几种不同的实现方式可以在排序服务节点之间就严格的交易顺序达成共识. 由于 Fabric 中提供了成员关系服务, 大大降低了拜占庭敌手和女巫攻击的风险, 拜占庭容错的需求并不强烈, 反而是高性能并发处理更为重要. 因此共识过程可选用效率更高的典型分布式一致性算法, 排序服务中支持 PBFT (在 V0.6 之后被弃用)、Raft[32]、Kafka (在 V2.0 中被弃用)和 Solo (在 V2.0 中被弃用)共识协议. Fabric 共识协议(即排序服务)是一个单独的模块化组件, 该组件逻辑上与执行交易和维护账本的节点分离.

Fabric 使用了新的共识事务处理流程, 即按照执行—排序—验证(execute—order—validate)流程处理交易. 收到交易后, 系统首先执行交易并检查其正确性, 然后通过(可插拔的)共识协议排序交易, 最后在将该交易提交到分类账之前根据应用程序的特定认可策略验证交易. 这使得 Fabric 能够在排序达成最终一致之前就能够执行交易, 每个交易只需要由满足交易认可策略所需的对等节点子集执行(认可), 并允许并行执行, 从而提高系统的整体性能和可扩展性.

### 2.4.5 Fabric 交易执行层

Fabric 智能合约称作链码, 链码的实现依赖于安全的执行环境, 确保用户数据隔离. 在具体实现中, 超级账本 Fabric 使用容器(docker)管理链码, 由容器提供安全的沙箱环境和镜像文件仓库, 构造安全隔离的运行环境. 链码的运行主要包括打包(package)、安装(install)、批准(approve)和确认(commit)四个阶段[①], 链码的升级也可以使用上述四个步骤完成.

(1) 打包链码: 在节点链码安装前, 需要将链码打包成一个 tar 文件. 打包过程可以使用节点二进制文件、SDK 和第三方工具(GNU tar). 链码打包时需创建链码包标签.

(2) 安装链码: 链码需要安装在每个执行和背书交易的节点上. 链码安装完成后返回包含包标签和包的哈希值的链码标识符. 标识符用来关联在节点上已被批准的链码.

(3) 批准链码: 链码的管理通过链码定义(chaincode definition)完成. 通道中成员对链码定义批准时, 相当于组织对接收的链码参数进行投票. 这些经批准的链码定义允许通道成员就链码达成一致, 才能在通道中使用. 链码定义包括包标识符、名称、版本、序列号、背书策略、数据集合配置、相关背书链码和验证链码插件、初始化等参数.

(4) 确认链码: 足够多的通道成员批准一个链码定义后, 节点可提交定义到通道中. 确认链码的提案首先发送给通道中的节点, 节点查询链码定义是否被批准, 并为已经批准的链码定义背书. 然后, 提案发送给排序节点, 排序节点排序后将链码定义提交至通道中. 链码被提交至通道中之前需要满足链码生命周期的背书策略.

链码的实质是在背书节点上运行分布式交易规则, 用以自动执行特定的业务规则, 最终更新账本的状态. 客户端使用上述交易提案对智能合约发起调用, 进而改变账本世界状态, 有了它就可以完成复杂的业务逻辑. 链码还可以定义系统的配置规则, 通常这一类链码称作系统链码. 系统链码包括配置系统链码、查询系统链码、背书系统链码和验证系统链码四个类型. 在 1.4 版本前, 由生命周期系统链码(lifecycle system chaincode, LSCC)负责管理节点上的链码安装、批准组

① https://hyperledger-fabric.readthedocs.io/en/latest/peers/peers.html#phase-3-validation, 背书验证链码文档, 访问时间为 2022 年 9 月 14 日.

织的链码定义和将链码定义提交到通道上. 之后的版本使用“_lifecycle”命令配置链码的生命周期.

(1) 配置系统链码(configuration system chaincode, CSCC): 在所有节点上运行, 处理通道配置的变化, 比如策略更新等. 配置方法可查阅官方文档①.

(2) 查询系统链码(query system chaincode, QSCC): 在所有节点上运行, 提供账本 API, 包括区块查询、交易查询等. 配置方法可查阅官方文档②.

(3) 背书系统链码(endorsement system chaincode, ESCC): 在背书节点上运行, 对一个交易提案响应进行签名背书. 配置方法可查阅官方文档③.

(4) 验证系统链码(validation system chaincode, VSCC): 验证一个交易, 包括检查背书策略和读写集版本. 配置方法可查阅官方文档④.

### 2.4.6 Fabric 应用服务层

IBM 团队 2018 年在欧洲计算系统会议发表论文“Hyperledger Fabric: A Distributed Operating System for Permissioned Blockchains”[1], 给出了 Fabric 的一些应用情况. 主要云计算运营商, 包括 Oracle、IBM 和 Microsoft, 已经提供(或已经宣布)“区块链即服务”(blockchain-as-a-service)模式运行 Fabric. 常见应用包括食品安全、云服务银行区块链平台和数字全球航运贸易等解决方案, 实际案例包括外汇净额结算(foreign exchange netting)、企业资产管理(enterprise asset management, EAM)和全球跨币种支付(global cross-currency payments). 在外汇净额结算双边支付系统中, 支持外汇净额结算在 Fabric 上运行, 使用 Fabric 通道为涉及的每个客户机构提供隐私. 负责净额清算和结算的专门机构(“清算人”)是所有通道中的一个成员, 并在所有通道中运行排序服务. 区块链有助于解决未结算交易并维护所有账本中的必要信息, 这些数据可以被客户实时访问, 并帮助获得流动性、解决纠纷、减少风险敞口和最小化信贷风险.

在企业资产管理案例中, Fabric 区块链在制造、转移、部署和最终处置中跟踪记录设备资产, 获得额外的与硬件资产相关的软件许可证. 区块链记录资产生命周期中各种事件和相关证据. 账本作为与资产相关的所有参与者之间的透明记录系统, 从而改进了传统解决方案难以解决的数据质量问题.

---

① https://hyperledger-fabric.readthedocs.io/en/latest/smartcontract/smartcontract.html, 配置系统链码文档, 访问时间 2022 年 9 月 14 日.

② https://hyperledger-fabric.readthedocs.io/en/latest/developapps/transactioncontext.html, 查询系统链码文档, 访问时间 2022 年 9 月 14 日.

③ https://hyperledger-fabric.readthedocs.io/en/latest/peers/peers.html#phase-1-proposal, 背书系统链码文档, 访问时间 2022 年 9 月 14 日.

④ https://hyperledger-fabric.readthedocs.io/en/latest/peers/peers.html#phase-3-validation, 验证系统链码文档, 访问时间 2022 年 9 月 14 日.

在全球跨币种支付案例中, Fabric 区块链以参与者背书的交易的形式记录财务支付和相关的可接受的条件. 所有相关方都可以访问和看到金融交易的清算和结算. 这种解决方案为所有支付类型, 并允许金融机构选择不同结算网络, 特别是支持不同的结算方式.

## 2.5 区块链的发展与展望

区块链经历了十余年的发展, 在数字货币领域获得成功应用, 并对以智能合约为基础的多业务场景进行了初步探索. 业界同时也注意到, 区块链的大规模应用方兴未艾, 关键核心技术的突破仍然任重道远. 尤其与传统信息系统相比, 在安全、性能、功能、多链互操作、隐私保护和监管治理等方面还有很大的改进空间, 密码技术在解决这些问题方面有望发挥重要作用.

区块链安全、性能和可扩展性不可能三角是设计安全高效区块链的瓶颈. 工作量证明机制背后"通过消耗计算资源竞争出块权"的原理仍然是许多区块链系统的安全基石. 常规的工作量证明一直被诟病吞吐率低、能耗高, 然而低耗工作量证明或权益证明等机制又容易遭受低成本分叉的攻击. 采用委员会投票机制的共识算法需要更强的信任假设, 难以在开放环境下大规模部署. 尽管已有区块链进行了混合共识算法的尝试, 但这类尝试还没有经过时间的检验, 将共识参与成员的选择和共识过程解耦可能存在潜在的安全风险, 例如实际参与委员会投票的成员可能并非当初选出来参与的成员. 如何在保障安全性的前提下, 提出新的区块链架构, 提升区块链的共识效率, 提高系统吞吐率, 是亟须解决的重要问题.

随着区块链应用不断落地, 系统承载的价值越来越大, 区块链技术的发展与现实世界的联系愈发紧密. 不同区块链系统间的互联互通, 跨链数据交互和价值流通成了日益迫切的需求. 然而, 由于不同区块链采用不同的哈希函数、签名算法、数据结构和共识机制, 不同的区块链系统彼此不能获取、解析、理解、验证、接受和操作对方系统中的数据, 成为一个个新的数据与价值孤岛. 如何实现不同区块链之间安全的互联互通互操作, 构建新型数字经济基础设施, 是一项重要的研究课题.

对用户的隐私保护是区块链应用的保障. 区块链需要公开验证提案的正确性, 为便于验证区块链交易常以明文的形式全网发布. 这种明文交易的形式难以满足敏感业务的隐私保护需求. 如何在保证交易中的身份隐私和数据保密的同时, 尤其当交易包含复杂的代码逻辑和合约参数时, 支持公开验证交易的正确性是一个技术挑战. 目前已有区块链使用一次性签名、可链接环签名、盲签名、安全多方计算、零知识证明、同态加密等密码学技术进行隐私保护, 它们的隐私保护能力和性能各不相同. 在不牺牲性能的前提下, 增强区块链复杂业务的隐私保护是一项长期的研究任务.

区块链的广泛应用还需遵循各个国家和地区的法律法规的监管要求. 一些区块链无中心的开放设计, 使得在其上发生的违法犯罪活动难以追责, 成为不法分子汇聚之地, 如何监管此类不法行为是一项艰巨的任务. 区块链隐私保护、链间安全风险扩散、协议和代码漏洞使得区块链的监管追责更加困难和复杂. 当出现安全漏洞或新的协议需要部署时, 区块链的分布式特性使得系统升级异常缓慢和困难, 甚至导致分叉和新的安全问题, 需要更好的治理机制. 区块链的合规应用和可持续运行需要与之相适应的监管治理机制, 使人们能够放心地使用区块链服务, 真正发挥区块链作为新型数字经济基础设施的功能, 促进经济和社会的发展.

## 参 考 文 献

[1] Androulaki E, Barger A, Bortnikov V, et al. Hyperledger fabric: A distributed operating system for permissioned blockchains. The Thirteenth EUROSYS Conference. New York: ACM Press, 2018: 1-15.

[2] Antonopoulos A M, Wood G. Mastering Ethereum: Building Smart Contracts and Dapps. California: O’Reilly Media, 2018.

[3] Antonopoulos A M. Mastering Bitcoin: Unlocking Digital Cryptocurrencies. California: O’Reilly Media, 2014.

[4] Back A. Hashcash: A denial of service counter-measure. http://www.hashcash.org/papers/hashcash.pdf.

[5] Back A. Hashcash: A partial Hash collision based postage scheme.http://www.hashcash.org/papers/announce.txt.

[6] Bartoletti M, Pompianu L. An analysis of Bitcoin OP_RETURN metadata. International Conference on Financial Cryptography and Data Security. Cham: Springer, 2007: 218-230.

[7] Buterin V, Griffith V. Casper the friendly finality gadget. 2017. arXiv preprint arXiv:1710.09437.

[8] Buterin V, Hernandez D, Kamphefner T, et al. Combining GHOST and casper. 2020. arXiv preprint arXiv:2003.03052.

[9] Buterin V. A next-generation smart contract and decentralized application platform. https://ethereum.org/en/whitepaper.

[10] Cachin C. Architecture of the hyperledger blockchain fabric. Workshop on Distributed Cryptocurrencies and Consensus Ledgers, 2016, 310(4): 1-4.

[11] Chaum D L, Fiat A, Naor M. Untraceable electronic cash. Conference on the Theory and Application of Cryptography. Berlin: Springer, 1988, 319-327.

[12] Chaum D L. Computer systems established, maintained and trusted by mutually suspicious groups. PhD. Thesis, University of California, 1982.

[13] Chaum D L. Untraceable electronic mail, return addresses, and digital pseudonyms. Communications of the ACM, 1981, 24(2): 84-90.

[14] Chaum D L. Blind signatures for untraceable payments. Advances in Cryptology. Boston: Springer, 1983: 199-203.

[15] Chaum D L. Security without identification: Transaction systems to make big brother obsolete. Communications of the ACM, 1985, 28(10): 1030-1044.

[16] Chen T, Li Z, Zhu Y, et al. Understanding ethereum via graph analysis. ACM Transactions on Internet Technology, 2020, 20(2): 1-32.

[17] David B, Gaži P, Kiayias A, et al. Ouroboros Praos: An adaptively-secure, semi-synchronous proof-of-stake blockchain. Annual International Conference on the Theory and Applications of Cryptographic Techniques. Cham: Springer, 2018, 66-98.

[18] Decker C, Wattenhofer R. Information propagation in the bitcoin network. IEEE International Conference on Peer-to-Peer Computing. Los Alamitos: IEEE Computer Society, 2013: 1-10.

[19] Demers A, Greene D, Hauser C, et al. Epidemic algorithms for replicated database maintenance. Annual ACM Symposium on Principles of Distributed Computing. New York: ACM Press, 1987: 1-12.

[20] Dwork C, Naor M. Pricing via processing or combatting junk mail. Annual International Cryptology Conference. Berlin, Heidelberg: Springer, 1992: 139-147.

[21] Garay J, Kiayias A, Leonardos N. The bitcoin backbone protocol: Analysis and applications. Annual International Conference on the Theory and Applications of Cryptographic Techniques. Berlin, Heidelberg: Springer, 2015: 281-310.

[22] Gencer A E, Basu S, Eyal I, et al. Decentralization in bitcoin and ethereum networks. International Conference on Financial Cryptography and Data Security. Berlin, Heidelberg: Springer, 2018: 439-457.

[23] Institute of Electrical and Electronics Engineers. IEEE standard for data format for blockchain systems. IEEE Standard 2418.2—2020, 2020.

[24] International Organization for Standardization. Blockchain and distributed ledger technologies: Vocabulary. ISO/TC 307 Blockchain and Distributed Ledger Technologies, 2020.

[25] International Telecommunication Union. Distributed ledger technology terms and definitions. ITU-T Focus Group on Application of Distributed Ledger Technology, 2019.

[26] Kiayias A, Russell A, David B, et al. Ouroboros: A provably secure proof-of-stake blockchain protocol. Annual International Cryptology Conference. Cham: Springer, 2017: 357-388.

[27] Krupp J, Rossow C. TeEther: Gnawing at ethereum to automatically exploit smart contracts. 27th USENIX Security Symposium. Berkeley, CA: USENIX Association, 2018: 1317-1333.

[28] Liu C, Liu H, Cao Z, et al. ReGuard: Finding reentrancy bugs in smart contracts. 2018 IEEE/ACM 40th International Conference on Software Engineering: Companion Proceedings. Gothenburg: ACM Press, 2018: 65-68.

[29] Luu L, Chu D H, Olickel H, et al. Making smart contracts smarter. ACM SIGSAC Conference on Computer and Communications Security. Vienna: ACM Press, 2016: 254-269.

[30] Nakamoto S. Bitcoin: A peer-to-peer electronic cash system. 2009. https://bitcoin.org/en/bitcoin-paper.

[31] National Institute of Standards and Technology. Blockchain technology overview. National Institute of Standards and Technology Internal Report 8202, 2018.

[32] Ongaro D, Ousterhout J. In search of an understandable consensus algorithm. 2014 USENIX Annual Technical Conference. Philadelphia: ACM Press, 2014: 305-319.

[33] Poon J, Buterin V. Plasma: Scalable autonomous smart contracts. White paper, 2017.

[34] Rivest R L, Shamir A. PayWord and MicroMint: Two simple micropayment schemes. International Workshop on Security Protocols. Berlin, Heidelberg: Springer, 1996: 69-87.

[35] So S, Lee M, Park J, et al. VeriSmart: A highly precise safety verifier for Ethereum smart contracts.

The 41st IEEE Symposium on Security and Privacy. Los Alamitos: IEEE Computer Society, 2020: 1678-1694.
[36] Szabo N. Formalizing and securing relationships on public networks. First Monday, 1997, 2(9).
[37] Szabo N. Bitgold proposal. Decentralized Business Review, 2005: 21449.
[38] Tsankov P, Dan A, Drachsler-Cohen D, et al. Securify: Practical security analysis of smart contracts. 2018 ACM SIGSAC Conference on Computer and Communications Security. Toronto: ACM Press, 2018: 67-82.
[39] Tschorsch F, Scheuermann B. Bitcoin and beyond: A technical survey on decentralized digital currencies. IEEE Communications Surveys & Tutorials, 2016, 18(3): 2084-2123.
[40] Wood G. Ethereum: A secure decentralised generalised transaction ledger. Ethereum Project Yellow Paper, 2014.
[41] 王小云, 穆长春, 狄刚, 等. 信息安全技术区块链技术安全框架. 全国信息安全标准化委员会, 2023.

# 习　　题

## 一、填空题

1. 区块链系统通常按照准入机制分为__________和__________. 按照部署方式分为__________、__________和__________.

2. 比特币地址生成过程中使用__________和__________哈希运算和__________编码. 以太坊地址由__________经过__________运算添加版本号生成.

3. 比特币区块头中数据包括__________、__________、__________、__________、__________和__________. 比特币区块体中数据包括__________和__________.

4. 比特币系统的协议升级通常包括__________、__________、__________、__________和__________五个过程.

5. Fabric 区块共识过程主要包括__________、__________和__________三个阶段.

## 二、简答题

1. 简述比特币 UTXO 模型和 Account 模型.
2. 简述区块链软分叉和硬分叉.
3. 简述以太坊 Gas 机制设置的作用.
4. 简述权益证明中无利害攻击和长程攻击过程.
5. 简述 Fabric 交易流程.

# 第 3 章　哈希函数及其在区块链中的应用

区块链的基本安全要求是保证所记录的交易由合法的用户创建，一旦记录则无法删除、无法篡改、可以追溯、无法否认，系统就不能被少数恶意用户所控制. 哈希函数是区块链实现上述安全能力的基本工具之一. 区块链使用哈希函数实现链式数据存储，并将数据的哈希值记录在区块上，一些区块链还使用基于哈希函数设计的工作量证明机制以防系统被少数恶意用户控制，保障区块链可信数据存储的基本安全功能.

本章首先介绍哈希函数的基本概念，其次讨论区块链中常用的哈希函数，然后探讨哈希函数在区块链技术出现后的重要发展，最后介绍基于哈希函数的 Merkle 树和 Merkel Patricia 树在区块链中的重要应用.

## 3.1　哈希函数简介

哈希函数(Hash function)在一些文献中也称作杂凑函数. 如图 3.1，哈希函数 $H:X\rightarrow Y$ 将任意长度的比特串作为输入，输出固定长度的比特串[27]. 对于哈希函数 $H(x)=y$，给定任意输入数据 $x$，可以快速计算出输出 $y$，并称输入数据 $x$ 是输出数据 $y$ 的原像(preimage). 在密码学中，哈希函数通常考虑单向性、抗弱碰撞性和抗强碰撞性三个安全要求.

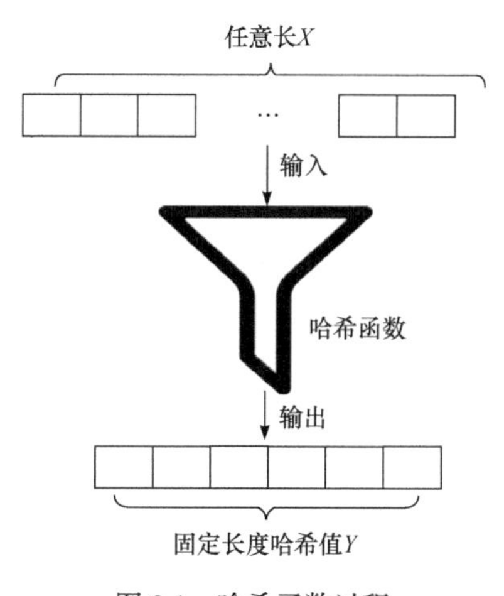


图 3.1　哈希函数过程

**定义 3-1 单向性** (第一原像攻击)　哈希函数 $H: X \to Y$ 是单向的, 如果给定 $y \in Y$, 找到对应的 $x \in X$ 使得 $H(x) = y$ 在计算上是不可行的.

**定义 3-2 抗弱碰撞性** (第二原像攻击)　哈希函数 $H: X \to Y$ 是抗弱碰撞的, 如果给定 $x_1 \in X$, $H(x_1) = Y$, 找到 $x_2 \in X$ 且 $x_2 \neq x_1$, 使得 $H(x_2) = Y = H(x_1)$ 在计算上是不可行的.

**定义 3-3 抗强碰撞性** (自由碰撞攻击)　哈希函数 $H: X \to Y$ 是抗强碰撞的, 如果找到 $x_1, x_2 \in X$ 且 $x_1 \neq x_2$, 使得 $H(x_1) = H(x_2)$ 在计算上是不可行的.

除上述安全要求外, 哈希函数还具有计算高效和伪随机性的特点. 高效性是指对于任意给定的输入数据 $x$, 计算 $H(x) = y$ 是容易的. 伪随机性是指哈希函数的输出是伪随机序列, 即不存在一个区分器能够在多项式时间内区分哈希函数的输出和一个真随机序列[28]. 直观上, 一个"好"的哈希函数输出结果看起来是均匀分布的随机乱码.

### 3.1.1　哈希函数的应用模式

哈希函数应用模式按是否由密钥控制可以划分为两大类. 一类无密钥控制, 计算哈希值 $H(m)$; 另一类由密钥控制, 计算哈希值 $H(k,m)$, 后者称为密码哈希(password Hash)函数或认证码, 其中 $m$ 为消息, $k$ 为密钥[8]. 任何人均可使用无密钥控制的常规哈希函数计算出哈希值, 不需要输入密钥, 因此不具有认证功能[16]. 密码哈希函数不仅包括输入消息 $m$, 还包括哈希函数控制密钥 $k$, 只有持有密钥的人才能计算出对应的哈希值, 因此可用于认证消息 $m$ 的完整性[23].

### 3.1.2　哈希函数的安全性

哈希函数安全性分析主要包括穷举攻击和密码分析两类. 穷举攻击(或称暴力破解)将密码学意义上的可能解逐个尝试直到找出符合要求的解. 穷举攻击可以对任何密码设计进行攻击, 因此一个安全的密码设计必须确保穷举需要尝试的次数是攻击者不能承受的. 密码分析是通过分析密码学算法和协议的特征以发现设计缺陷, 一个成功的密码分析可以用少于穷举攻击的尝试次数达到攻击的目的, 反之, 一个安全的密码设计则要能确保没有密码分析方法能够比穷举攻击更高效地达成攻击目的.

对于哈希函数, 穷举攻击的复杂性与哈希输出的比特长度 $l$ 有关. 具体地, 对于单向性和弱碰撞攻击, 敌手试图对给定哈希值 $y$ 找到满足 $H(x) = y$ 的 $x$. 对于良好设计的哈希函数, 穷举攻击的尝试次数大约是 $2^l$, 即攻击者平均需要尝试 $2^l$ 次才能找到原像. 以比特币采用的 SHA2-256 哈希函数为例, SHA2-256 输出为 256

比特的哈希值, 攻击者穷举次数大约是 $2^{256}$, 攻击者平均需要尝试 $2^{256}$ 次才能找到哈希原像.

对于自由碰撞攻击, 攻击者试图找到两个不同的输入数据 $x_1$ 和 $x_2$, 使得 $H(x_1)=H(x_2)$. 根据生日悖论问题可知, 自由碰撞攻击的复杂性低于第一原像和第二原像攻击的复杂性[4].

生日悖论问题可以通过以下场景说明. 一个班级共有 30 名学生, 老师记录每位学生的生日(不考虑闰年, 一年 365 天)以确定是否有某两位学生的生日相同(对应抗强碰撞性攻击). 直觉上, 这个机会似乎很小. 但与直觉相反, 根据公式(3-1), 有一位学生与某位其他学生生日相同(碰撞)的概率 $P_k$ 约为 70% ($n=30$). 若班级共有 23 名学生, 碰撞概率约为 50% ($n=23$). 班级共有 60 名学生, 碰撞概率约为 99% ($n=60$),

$$P_k = 1 - \frac{365!}{(365-n)! \cdot 365^n} \tag{3-1}$$

根据生日悖论问题类似的分析, 对于输出比特长度 $l$ 的哈希函数, 做了 $k$ 对随机输入碰撞尝试, 有一个碰撞 $H(x_1)=H(x_2)$ 的概率为 $1-((1-2^{-l})^k)^k$, 注意到 $1-x \approx e^{-x}$, 因此穷举大约 $\sqrt{2^l}$ 次后就将找到两个不同的输入 $x_1$ 和 $x_2$, 使得 $H(x_1)=H(x_2)$. 由于生日攻击不依赖哈希算法的设计, 因此哈希算法的输出必须达到一定长度才能保证抗自由碰撞攻击.

密码分析主要是对密码设计进行分析, 发现算法或协议的某种特征和弱点, 进而找到比穷举攻击更高效的攻击方法. 理想的密码协议和算法要求密码分析攻击所需花费代价不少于穷举攻击所需花费的代价.

研究人员在哈希函数的密码分析研究中做了大量的工作, 促进了哈希函数的发展. 早期哈希函数“MD-SHA”协议族主要包括 MD5、SHA0 和 SHA1[19]. 1990 年, 密码学家 R. L. Rivest 发布 MD4 哈希函数算法, 密码学家 B. Boer 对 MD4 哈希函数算法进行了密码分析, 发现 MD4 哈希函数算法很容易出现碰撞. 两年后, R. L. Rivest 发布 MD5 哈希函数算法. B. Boer 在早期发现 MD5 使用的压缩函数可能存在碰撞, 之后十几年, MD5 成为工业界使用最广泛的哈希算法. 2004 年, 中国密码学研究人员王小云、来学嘉、冯登国、于红波等开创性地使用了新型差分攻击分析, 分析发现仅需大约 15 分钟到 1 小时的计算时间即可找到 MD5 的碰撞[40]、在一秒内可以发现 MD4 碰撞[37]. 2005 年, 王小云等发现比穷举攻击更快找到 SHA0[39]和 SHA1[38]碰撞的攻击方法, 通过大约 $2^{39}$ 次哈希函数计算即可发现 SHA0 的碰撞, 通过 $2^{69}$ 次哈希函数计算即可发现 SHA1 的碰撞. 此后对于 SHA1 密码分析研究进一步减少了所需哈希函数计算的次数, 以更快的速度找到 SHA1

碰撞.

哈希函数的密码分析成果促进了哈希函数的发展. 目前, MD5、SHA0 哈希函数已被弃用, SHA1 也正在被逐步替代, SHA2 和 SHA3 成了主流应用中使用的哈希函数[24]. 应用中学者对哈希函数提出了新的安全需求. 2004 年, 密码学家 A. Joux[22] 在美国密码会议(Crypto, 简称美密会)上提出哈希函数 $k$ 次碰撞概念, 即对于 $k \geqslant 2$, 找出 $k$ 个不同的输入 $\{x_0, x_1, \cdots, x_{k-1}\}$, 使得 $H(x_0) = H(x_1) = \cdots = H(x_{k-1})$. 第 $k$ 原像攻击是指, 对于 $k \geqslant 1$, 给定哈希值 $y$ (或哈希输入 $x$ 和对应哈希值 $H(x) = y$ ), 找到 $k$ 个不同于 $x$ 的信息 $\{x_0, x_1, \cdots, x_{k-1}\}$, 使得 $H(x_0) = H(x_1) = \cdots = H(x_{k-1}) = y$.

## 3.2　哈希函数基本结构

### 3.2.1　迭代哈希函数

本章介绍的 SHA2-256、SM3 在内的大多数哈希函数均采用迭代哈希函数结构[14]. 如图 3.2 所示, 迭代哈希函数将输入消息分为 $L$ 个固定长度为 $b$ 的分组 $[Y_0, Y_1, \cdots, Y_{L-1}]$, 最后一组不足 $b$ 位将其填充为 $b$ 位.

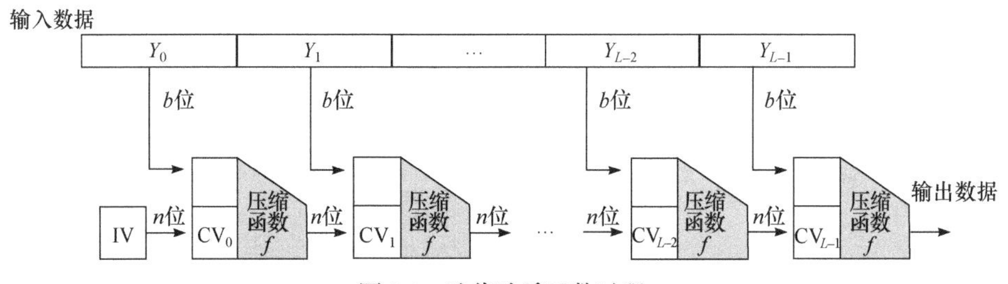


图 3.2　迭代哈希函数过程

迭代哈希函数重复使用压缩函数进行计算[18]. 压缩函数 $f$ 是一个 $n+b$ 位输入 $n$ 位输出的函数, 输入包括前一步计算得出的 $n$ 位结果(称为连接变量 $CV_i$ )和一个 $b$ 位分组, 连接变量的初始值( $IV = CV_0$ )由算法开始时指定, 输出 $n$ 位结果, 通常 $n < b$, 经 $L$ 次分组输入压缩函数最终输出哈希值.

在 1989 年的美密会上, 密码学者 R. C. Merkle[27]和 I. Damgård 证明[15], 如果迭代哈希函数采用的压缩函数 $f$ 具有抗碰撞能力, 那么如上构造出的哈希函数也具有抗碰撞能力, 这种结构也通常称为 Merkle-Damgård 结构. R. C. Merkle 和 I. Damgård 同时建议最后一组 $Y_{L-1}$ 填充长度信息数据, 那么寻找哈希碰撞的数据必须长度相同, 从而增强哈希函数的抗碰撞能力, 这种长度填充被称作 Merkle-Damgård 强化.

### 3.2.2 海绵结构

G. Bertoni 等密码学者提出了一种海绵迭代结构. 基于海绵迭代结构设计的哈希函数 Keccak 最终成为新一代安全哈希函数标准 SHA3 算法. SHA3 具体设计在 3.4.3 节讨论, 本节主要讨论海绵结构.

如图 3.3 所示, 海绵结构的主要运算过程包括吸收阶段和挤压阶段. 海绵结构初始状态与填充后的输入消息分块(设长度为 $r$ )异或后输入迭代函数计算, 输出更新状态. 更新状态与下一个消息分块异或后再次输入迭代函数计算, 输出更新状态. 多次迭代后直至所有输入数据块均输入迭代函数计算完成. 吸收阶段完成后, 海绵结构进入挤压阶段, 吸收阶段最终状态输出前 $r$ 比特字符串为 $z_0$, 状态再次输入迭代函数 $f$ 计算, 更新状态输出的前 $r$ 比特字符串 $z_1$, 以此类推, 输出字符串依次拼接, 最终按照要求输出所需长度 $\ell$ 的哈希输出.

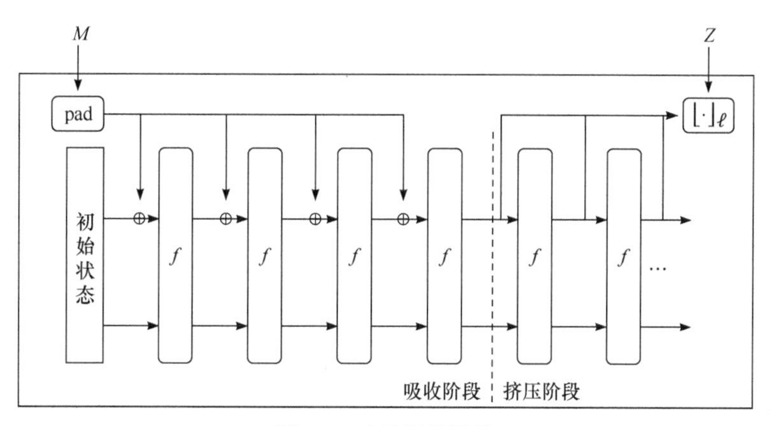


图 3.3 哈希海绵结构

## 3.3 哈希函数的应用

哈希函数是密码学的一个基本原语, 被广泛应用于众多更复杂的密码算法和密码学协议中. 本节介绍哈希函数的应用, 包括哈希函数作为区块中的常用密码算法与协议组件的间接应用以及哈希函数在区块链中的其他应用.

### 3.3.1 哈希函数在密码学中的常见应用

1. 消息认证

消息认证是一种用于验证消息完整性的机制. 使用哈希函数计算出的消息的哈希值被称作消息标识或消息摘要. 发送者使用哈希函数计算消息对应的哈希值,

然后将消息和其哈希值一起发送给接收方. 接收方对消息执行相同的哈希函数计算, 并将结果与收到的哈希值进行比对. 如果匹配, 则接收者确认消息的完整性, 否则接收者可以推断接收的消息与发送的消息不同. 也可以将哈希值发送给接收者, 后面当收到消息时哈希值持有者可以验证收到的数据和最初输入的数据是否一致, 确保数据在计算出其哈希值之后包括在传输过程中没有被修改、插入、删除等[25].

在双方通信的环境中, 消息哈希值的上述使用方式不能防范替换攻击. 攻击者可能将消息和其哈希值一起替换后再发给接收者, 消息接收者此时不能确定收到的消息及其哈希值是否是被替换过的. 为了提供更强的认证功能, 通信双方可以使用带密钥的哈希函数. 通信双方事先共享同一密钥, 将密钥与消息一起输入哈希函数, 按这种方式计算的哈希函数输出被称作消息认证码(MAC). 消息认证码除了提供认证消息的完整性, 还可以认证消息的来源, 因为除通信双方没人知道共享密钥, 接收方可以确认发送方身份; 不过, 接收方不能向第三方证明这一点, 这也意味着消息认证码不能提供不可否认性.

区块链中通常对交易消息和区块消息进行消息完整性验证, 确保已上链数据不可篡改. 区块链利用了哈希函数的这个安全能力, 区块链的区块头中保存着前一个区块的哈希值, 确保对区块历史信息的任何修改都能被发现, 防止区块信息被篡改(2.2.2 节). 在区块链的区块体部分, 以比特币为例, 使用哈希函数构造的 Merkle 树(3.4 节)保存交易, 对交易的任何修改都将导致 Merkle 根的改变, Merkle 根又将导致区块信息的改变, 最终导致区块的哈希值改变而被发现. 类似地, 以太坊区块链使用哈希函数构造的 Merkle Patricia 树(3.5 节)保存交易、状态和收据. 除了对交易完整性校验之外, 区块链网络传输协议还使用消息标识确定缺少的区块和交易, 减少交易或区块在网络传输中的冗余, 具体使用方式参见 2.2.3 节.

#### 2. 伪随机函数

大多数密码原语的安全性都依赖于高质量的不可预测的随机数, 密码学协议中广泛使用哈希函数作为实用的伪随机函数(pseudo-random function), 并在形式化安全证明中将其模型化为随机谕言机(random oracle). 密钥协商中生成密钥、承诺协议中保证承诺值的隐藏性、非交互式零知识证明中生成随机挑战, 以及外包数据存储完整性证明中生成随机挑战等应用中经常使用哈希函数生成伪随机数.

#### 3. 数字签名组件

数字签名是一个比消息认证码更强的密码学原语, 除了提供消息完整性和消息源认证之外, 还可以提供不可否认性, 消息的发送者不能否认发送的消息是其签署的. 在数字签名的定义里, 签名算法输入的是消息和私钥. 在实际使用中, 通常将待签署的消息经哈希运算后再输入签名算法[26], 这是因为签名算法输入的消息往往属于特定的代数空间, 当对任意消息签名的时候需要将消息编码为签名消息空间的元素, 使用哈希函数完成编码可以扩展签名的适用范围[42]; 由于哈希函数的抗碰撞性和输出的伪随机性, 消息经哈希后再签署可以提高攻击者利用签名消息空间的代数特征伪造签名的难度. 区块链中使用的数字签名(4.2 节)主要包括 ECDSA 签名体制、Schnorr 签名体制、BLS 短签名体制等, 哈希函数在这些签名算法中都是重要的安全组件.

### 3.3.2 哈希函数在区块链中的其他应用

1. 地址生成

在比特币等区块链中, 用户将公钥作为哈希函数输入, 其哈希输出作为用户地址(2.2.2 节、2.3.2 节). 这种公钥即身份"假名"机制, 在一定程度上保护了用户的身份隐私, 是公有链中最常见的用户地址生成方式. 将公钥经过哈希函数计算后再作为用户地址有助于用户地址格式的标准化, 便于应用编程和升级用到的公钥密码算法. 另外, 哈希函数的单向性与抗碰撞性质, 使得从用户地址恢复出用户公钥对应的私钥更加困难, 这在一些极端情况下可以为区块链提供一定程度的额外安全防护.

2. 工作量证明

比特币等区块链采用工作量证明机制(详见 2.2.4 节)以实现区块链记账权的分配. 工作量证明机制要求所有的参与者寻找一个随机数解, 使得以区块头数据和随机数解为输入的哈希函数输出小于一个目标值(前面高位比特为 0). 第一个寻找到符合条件的随机数的参与者拥有生成新区块的权利. 由于杂凑函数具备单向性, 任何人都无法根据指定的输出轻松找到对应的输入, 由于哈希函数输出具有伪随机性, 对于良好设计的哈希函数获得符合条件的随机数解的策略只能是不断尝试新的随机数进行哈希函数计算.

3. 布隆过滤器

区块链系统常用布隆过滤器提高查询的效率. 比特币轻量节点"简化支付验证"交易匹配(2.2.2 节)和以太坊交易收据日志索引(2.3.2 节)均使用由哈希函数构造的布隆过滤器. 布隆过滤器由多个独立哈希函数设置映射规则, 根据哈希函数输出映射关系判断信息是否在数据库中, 实现对不在数据库中查询的快速过滤. 这里的哈希函数主要为过滤器查询提供一个弱的随机测试功能, 通常不需要哈希函数有密码学级别的安全性.

## 3.4　区块链中常用的哈希函数

本节讨论哈希函数在区块链中的应用, 按照结构分类和作用, 介绍代表性哈希函数. 首先介绍采用 Merkle-Damgård 结构的 SHA2-256 和 SM3 哈希函数, 和采用海绵结构的 SHA3(Keccak)哈希函数. 然后介绍用于抵抗专用集成电路(application specific integrated circuit, ASIC)的内存依赖哈希函数(memory-hard Hash function, MHF)Scrypt、Ethash、Equihash 和复合哈希函数 X11. 最后介绍受海绵结构启发设计的零知识证明友好的哈希函数 POSEIDON.

### 3.4.1　SHA2-256(SHA2)

安全哈希算法(secure Hash algorithms, SHA)是由美国国家标准与技术研究院(NIST)发布的一系列哈希函数标准. SHA1 采用的算法结构与 MD5 类似, 输出长度为 160 比特. 2001 年, NIST 发布了一组新的安全哈希函数(SHA2), 使用 Merkle-Damgård 结构, 经过多个版本的修改, SHA2 哈希输出长度包括 224 位、256 位、384 位和 512 位, 共包含 SHA2-224、SHA2-256、SHA2-384、SHA2-512、SHA2-512/224、SHA2-512/256 六个版本的哈希函数. 表 3.1 是 SHA2 不同版本的参数比较.

**表 3.1　SHA2 参数比较**

| 算法 | 消息长度/比特 | 分组长度/比特 | 处理消息长度/比特 | 输出长度/比特 |
|---|---|---|---|---|
| SHA2-224 | $<2^{64}$ | 512 | 32 | 224 |
| SHA2-256 | $<2^{64}$ | 512 | 32 | 256 |
| SHA2-384 | $<2^{128}$ | 1024 | 64 | 384 |
| SHA2-512 | $<2^{128}$ | 1024 | 64 | 512 |
| SHA2-512/224 | $<2^{128}$ | 1024 | 64 | 224 |
| SHA2-512/256 | $<2^{128}$ | 1024 | 64 | 256 |

SHA2 各版本算法结构类似, 使用不同的分组大小、位移量、初始值、迭代轮数. SHA2-224 是 SHA2-256 的截断版本, SHA2-384、SHA2-512/224 和 SHA2-512/256 是 SHA2-512 的截断版本, 使用不同的初始值计算. SHA2-256 哈希函数计算过程主要包括填充、消息分组、初始化哈希函数缓存、分组处理消息和输出五个步骤.

**步骤一：填充**

假设输入消息 $m$ 的长度是 $\ell$ 比特，填充数由 1 比特“1”和后续 $k$ 比特“0”组成，要求 $k$ 是满足 $\ell+1+k\equiv 448 \bmod 512$ 的最小非负整数解，即填充后消息长度 $(\ell+1+k)$ 模 512 与 448 同余. 然后再使用 64 比特的串表示输入消息 $m$ 的长度 $\ell$.

参考 FIPS 180 中具体说明，如图 3.4 所示，在 SHA2-256 “abc”输入填充时，如果输入消息 $m$ (8 比特 ASCII 码)“abc”，长度 $\ell=8\times3=24$，因此消息 $m$ 后填充 1 比特“1”和(448−24−1=423)比特“0”及 64 比特的串(00⋯011000)表示输入长度 $\ell$. 最终得到长度是 512 比特的整数倍的消息 $M$.

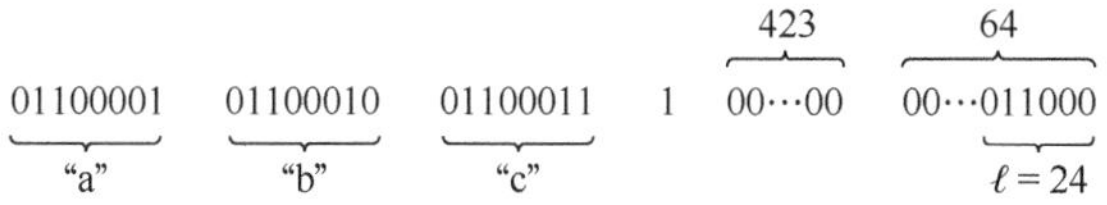

$$\underbrace{01100001}_{\text{“a”}}\quad\underbrace{01100010}_{\text{“b”}}\quad\underbrace{01100011}_{\text{“c”}}\quad 1\quad\overbrace{00\cdots00}^{423}\quad\overbrace{\underbrace{00\cdots011000}_{\ell=24}}^{64}$$

图 3.4　SHA2-256 “abc” 输入填充

**步骤二：消息分组**

经过步骤一操作后得到了一个长度为 512 比特整数倍的消息 $M$，如图 3.5 所示，将消息 $M$ 分成 $N$ 个 512 比特的消息块$(M^{(1)},M^{(2)},\cdots,M^{(N)})$. 消息块中任意一个消息块 $M^{(i)}(1\leqslant i\leqslant N)$又可以划分为 16 个 32 比特的小块$(M_0^i,M_1^i,\cdots,M_{15}^i)$.

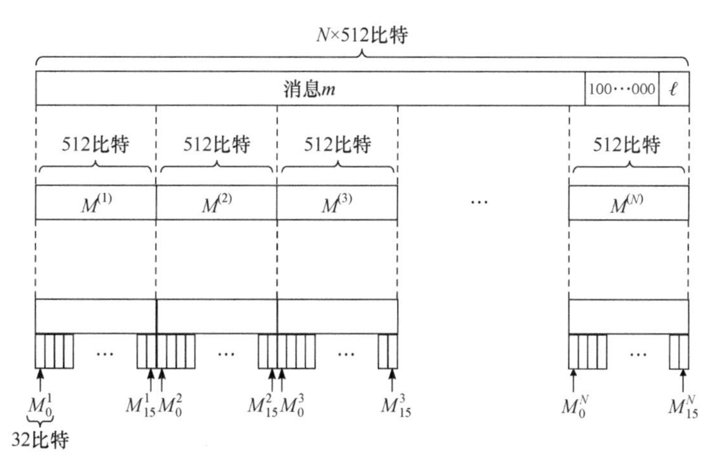


图 3.5　SHA2-256 消息分组

**步骤三：初始化哈希函数缓存**

哈希函数执行的中间结果和最终结果保存在 8 个 32 比特的寄存器中，寄存器的大小和初始数值由输出的长度决定.

**表 3.2　SHA2-256 初始化哈希函数**

| |
|---|
| $H_0^{(0)}=$ 6a09e667 |
| $H_1^{(0)}=$ bb67ae85 |
| $H_2^{(0)}=$ 3c6ef372 |
| $H_3^{(0)}=$ a54ff53a |
| $H_4^{(0)}=$ 510e527f |
| $H_5^{(0)}=$ 9b05688c |
| $H_6^{(0)}=$ 1f83d9ab |
| $H_7^{(0)}=$ 5be0cd19 |

SHA2-256 的初始化寄存器( $H_0^{(0)}$, $H_1^{(0)}$, $H_2^{(0)}$, $H_3^{(0)}$, $H_4^{(0)}$, $H_5^{(0)}$, $H_6^{(0)}$, $H_7^{(0)}$ )的初始数值(十六进制)如表 3.2 所示. 初始化数值通过取前 8 个素数的平方根小数部分的前 32 比特得到. 8 个 32 比特的寄存器中数据采用大端格式存储, 左边为高位有效位, 右边为低位有效位. 数的高阶字节存储在存储器的低地址, 数的低阶字节存储在存储器的高地址.

**步骤四: 分组处理消息**

消息处理前首先将每个消息分块 $M_t^{(i)}$ 划分成 64 个输入序列 $W_t(0\leqslant t\leqslant 63)$ 作为 64 轮迭代函数的输入. 如图 3.6 所示, 当 $0\leqslant t\leqslant 15$ 时, $M_t^{(i)}$ 每两比特划分为 $W_t$.

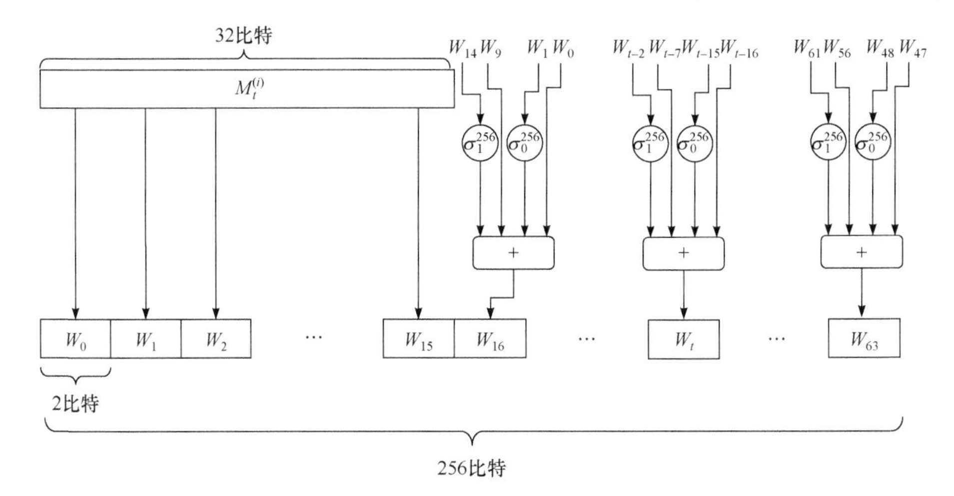


图 3.6　SHA2-256 消息输入序列

当 $16\leqslant t\leqslant 63$ 时, $W_t$ 计算结果依赖于前序 $W_{t-2}$, $W_{t-7}$, $W_{t-15}$, $W_{t-16}$ 的结果作为输入. 其中有两个值需要进行算术移位和循环移位操作, 这增加了被压缩消息分组的冗余性和相互依赖性. 输入序列计算过程如下.

$$W_t=\begin{cases}M_t^{(i)}, & 0\leqslant t\leqslant 15\\ \sigma_1^{256}(W_{t-2})+W_{t-7}+\sigma_0^{256}(W_{t-15})+W_{t-16}, & 16\leqslant t\leqslant 63\end{cases}$$

其中:

$$\sigma_0^{256}(x)=\mathrm{ROTR}^7(x)\oplus\mathrm{ROTR}^{18}(x)\otimes\mathrm{SHR}^3(x)$$

$$\sigma_1^{256}(x)=\mathrm{ROTR}^{17}(x)\oplus\mathrm{ROTR}^{19}(x)\oplus\mathrm{SHR}^{10}(x)$$

说明:

(1) $\mathrm{ROTR}^n(x)$ 对输入消息块 $x$ 循环右移 $n$ 比特.

(2) $\mathrm{SHR}^n(x)$ 对输入消息块 $x$ 向右移 $n$ 比特，左边填充 0.

(3) 加法(+)均在以 $2^{32}$ 为模上运算.

完成输入序列分组后，将输入序列输入压缩函数进行 64 轮运算. 首先将初始寄存器初始值保存在寄存器$(a, b, c, d, e, f, g, h)$中，$t$ 轮输入包括输入序列 $W_t$ 和附加常数 $K_t^{\{256\}}$，附加常数如表 3.3 所示.

**表 3.3　$K_t^{\{256\}}$ 取值(64 个 32 比特字符串)**

| 428a2f98 | 71374491 | b5c0fbcf | e9b5dba5 | 3956c25b | 9f111f1 | 923f82a4 | ab1c5ed5 |
|---|---|---|---|---|---|---|---|
| d807aa98 | 12835b01 | 243185be | 550c7dc3 | 72be5d74 | 80deb1fe | 9bdc06a7 | c19bf174 |
| e49b69c1 | efbe4786 | 0fc19dc6 | 240ca1cc | 2de92c6f | 4a7484aa | 5cb0a9dc | 76f988da |
| 983e5152 | a831c66d | b00327c8 | bf597fc7 | c6e00bf3 | d5a79147 | 06ca6351 | 14292967 |
| 27b70a85 | 2e1b2138 | 4d2c6dfc | 53380d13 | 650a7354 | 766a0abb | 81c2c92e | 92722c85 |
| a2bfe8a1 | a81a664b | c24b8b70 | c76c51a3 | d192e819 | d6990624 | f40e3585 | 106aa070 |
| 19a4c116 | 1e376c08 | 2748774c | 34b0bcb5 | 391c0cb3 | 4ed8aa4a | 5b9cca4f | 682e6ff3 |
| 748f82ee | 78a5636f | 84c87814 | 8cc70208 | 90befffa | a4506ceb | bef9a3f7 | c67178f2 |

SHA2-256 压缩函数计算过程如图 3.7 所示. 每一轮计算结果保存在寄存器中，作为下一轮计算的初始值. 压缩函数计算过程如下，涉及算术移位、循环移位与条件判断函数.

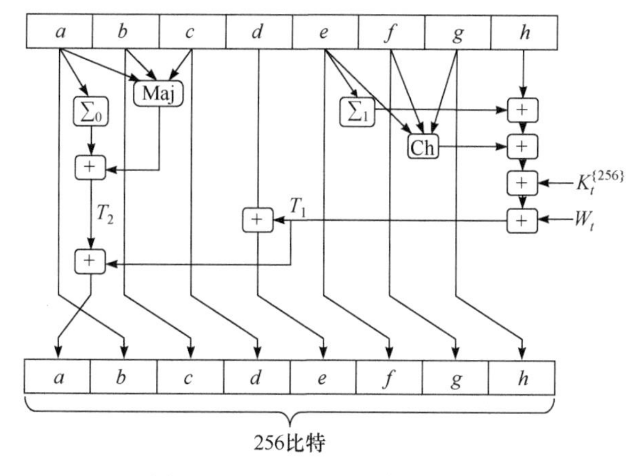


图 3.7　SHA2-256 压缩函数结构

**for** $t = 0$ to 63:
{

$$T_1 = h + \Sigma_0^{\{256\}}(e) + \mathrm{Ch}(e,f,g) + K_t^{\{256\}} + W_t$$

$$T_2 = \Sigma_0^{\{256\}}(a) + \mathrm{Maj}(a,b,c)$$

$$h = g$$

$$g = f$$

$$f = e$$

$$e = d + T_1$$

$$c = b$$

$$b = a$$

$$a = T_1 + T_2$$

}
**end for**

说明:

(1) $\mathrm{Ch}(e,f,g) = (e \text{ AND } f) \oplus (\text{NOT } e \text{ AND } g)$ 条件函数：如果 $e$, 那么 $f$, 否则 $g$.

(2) $\mathrm{Maj}(a,b,c) = (a \text{ AND } b) \oplus (a \text{ AND } c) \oplus (b \text{ AND } c)$ 函数为真当且仅当多数(2 个或 3 个)变量为真.

(3) $(\Sigma_1^{\{256\}}a) = \mathrm{ROTR}^2(a) \oplus \mathrm{ROTR}^{13}(a) \oplus \mathrm{ROTR}^{22}(a)$.

(4) $(\Sigma_1^{\{256\}}a) = \mathrm{ROTR}^2(a) \oplus \mathrm{ROTR}^{11}(a) \oplus \mathrm{ROTR}^{25}(a)$.

(5) 附加常数 $K_t^{\{256\}}$ 对前 64 个素数开立方取小数点前 32 比特(十六进制).

(6) 加法 (+) 均在以 $2^{32}$ 为模上运算.

SHA2-256 多轮压缩函数处理逻辑如图 3.8 所示. 对于每个 $M_t^{(i)}$ 划分为 64 个输入序列, 进行 64 轮压缩函数计算后, 第 64 轮输出与第一轮输入 $H_{i-1}$ 在以 $2^{32}$ 为模相加后产生 $H_i$.

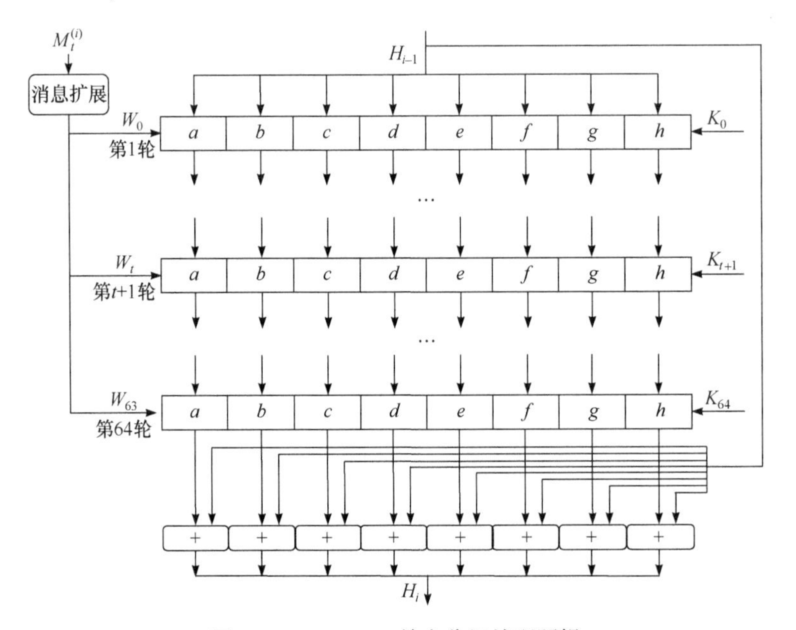


图 3.8　SHA2-256 单个分组处理逻辑

**步骤五：输出**

所有消息分组 $M^{(i)}$ 处理完成后，得到

$$H(m)=H_0^{(N)} \| H_1^{(N)} \| H_2^{(N)} \| H_3^{(N)} \| H_4^{(N)} \| H_5^{(N)} \| H_6^{(N)} \| H_7^{(N)}$$

输出消息 $m$ 的 SHA2-256 哈希函数值 $H(m)$.

### 3.4.2 SM3

我国国家密码管理局于 2010 年 10 月发布了 SM3 哈希函数[43]. 2018 年 10 月，ISO 正式发布包括 SM3 哈希函数在内的 ISO/IEC 10118-3: 2018《信息安全技术杂凑函数第 3 部分：专用杂凑函数》(第 4 版)，我国研发的 SM3 哈希函数被正式纳入国际标准.

SM3 哈希函数采用 Merkle-Damgård 结构. 与 SHA2-256 相比，SM3 的消息分组过程和迭代函数构造更加复杂. SM3 对于填充后的消息分组为 512 比特，输出哈希函数值为 256 比特. SM3 哈希函数计算过程主要包括填充、消息分组、初始化哈希函数缓存、压缩函数和输出五个步骤，具体过程如下.

**步骤一：填充**

假设消息 $m$ 的长度是 $\ell$ 比特，将 1 比特“1”和 $k$ 比特“0”填充在消息 $m$ 之后，其中 $k$ 为满足 $\ell+1+k \equiv 448 \bmod 512$ 的最小非负整数解. 然后再添加一个 64 比特的串，该比特串是长度 $\ell$ 的二进制表示，最终填充后的消息 $m'$ 的比特长度是 512 的倍数. 以输入消息 $m$ (8 比特 ASCII 码)的“abc”为例，填充后的消息如图 3.9 所示.

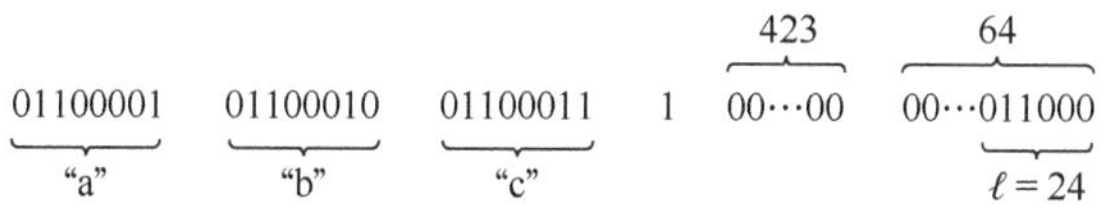

$$\underbrace{01100001}_{\text{“a”}}\quad\underbrace{01100010}_{\text{“b”}}\quad\underbrace{01100011}_{\text{“c”}}\quad 1\quad\overbrace{00\cdots00}^{423}\quad\overbrace{00\cdots\underbrace{011000}_{\ell=24}}^{64}$$

图 3.9 SM3“abc”输入填充

**步骤二：消息分组**

如图 3.10 所示，填充后的$m'$ 按 512 比特进行消息分组，$m'=B^{(0)}B^{(1)}B^{(2)}\cdots B^{(n-1)}$，其中 $n=(\ell+1+k+64)/512$ .

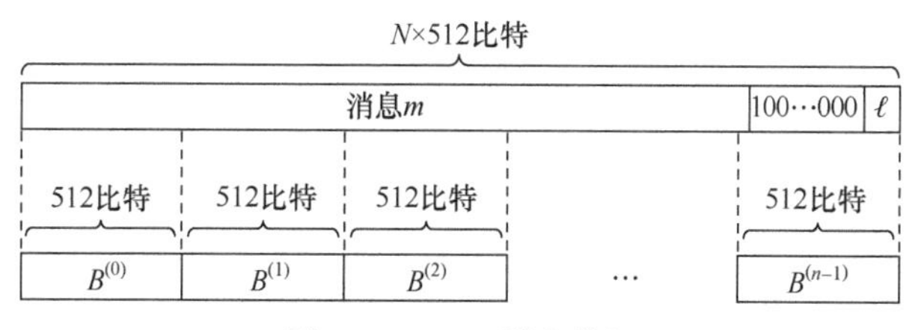


图 3.10 SM3 消息分组

消息 $m'$ 按 512 比特分组后得到 $B^{(i)}$ $(0 \leqslant i \leqslant n-1)$，再将每个 $B^{(i)}$ 扩展成 132 个字符串作为迭代函数输入序列. 当 $0 \leqslant j \leqslant 15$ 时，将 $B^{(i)}$ 划分成 16 个 32 比特的字 $W_0, W_1, \cdots, W_{15}$. 当 $16 \leqslant j \leqslant 67$ 时，$W_j$ 计算结果依赖于前序 $W_{j-16}, W_{j-9}, W_{j-3}$，$W_{j-13}$ 和 $W_{j-6}$ 五个结果作为输入，包括异或计算和循环左移计算. SM3 消息输入序列如图 3.11 所示.

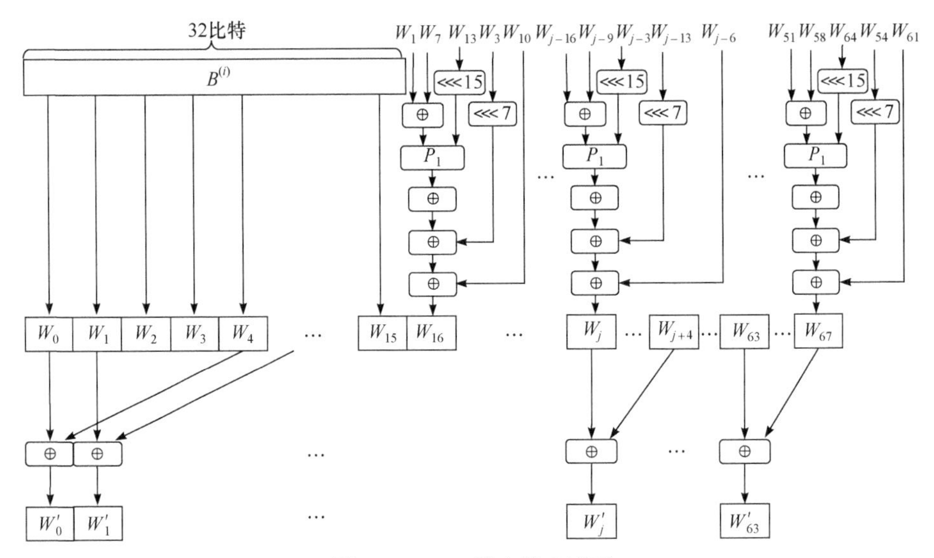


图 3.11　SM3 消息输入序列

下面计算 $W'_j$. 对于 $0 \leqslant j \leqslant 63$，$W'_j$ 计算结果为 $W_j$ 和 $W_{j+4}$ 的异或值，最终得到 132 个字 $W_0, W_1, \cdots, W_{67}, W'_0, W'_1, \cdots, W'_{63}$，计算过程如下.

---

(1) 对于 $0 \leqslant j \leqslant 15$，将消息 $B^{(i)}$ 划分成 16 个字符串 $W_0, W_1, \cdots, W_{15}$.

(2) 对于 $16 \leqslant j \leqslant 67$，

$$W_j \leftarrow P_1(W_{j-16} \oplus W_{j-9} \oplus (W_{j-3} \lll 15)) \oplus (W_{j-13} \lll 7) \oplus W_{j-6}$$

(3) 对于 $0 \leqslant j \leqslant 63$，

$$W'_j = W_j \oplus W_{j+4}$$

---

说明:

(1) $\lll k$: 循环左移 $k$ 比特运算.

(2) $P_1(X) = X \oplus (X \lll 15) \oplus (X \lll 23)$.

---

**步骤三：初始化哈希函数缓存**

哈希函数计算的中间结果和最终结果保存在 8 个 32 比特的大端格式存储的寄存器中. 寄存器的初始值(十六进制)如表 3.4 所示，初始值通过取前 8 个素数的平方根小数部分的前 32 比特得到.

**步骤四: 压缩函数**

对于消息分组 $B^{(i)}$ $(0 \leqslant i \leqslant n-1)$, 将消息分组 $B^{(i)}$ 和寄存器中字符串 $V^{(i)}$ 输入压缩函数 $V^{(i+1)} = \mathrm{CF}(V^{(i)}, B^{(i)})$ 得到结果 $V^{(i+1)}$. 经过 $n-1$ 轮迭代获得最终哈希函数输出. 压缩函数 CF 计算过程如图 3.12 所示, 每一轮计算结果保存在寄存器中, 作为下一轮压缩函数计算的初始值.

**表 3.4 SM3 初始化哈希函数**

| |
|---|
| $A$ = 7380166f |
| $B$ = 4914b2b9 |
| $C$ = 172442d7 |
| $D$ = da8a0600 |
| $E$ = a96f30bc |
| $F$ = 163138aa |
| $G$ = e38dee4d |
| $H$ = b0fb0e4e |

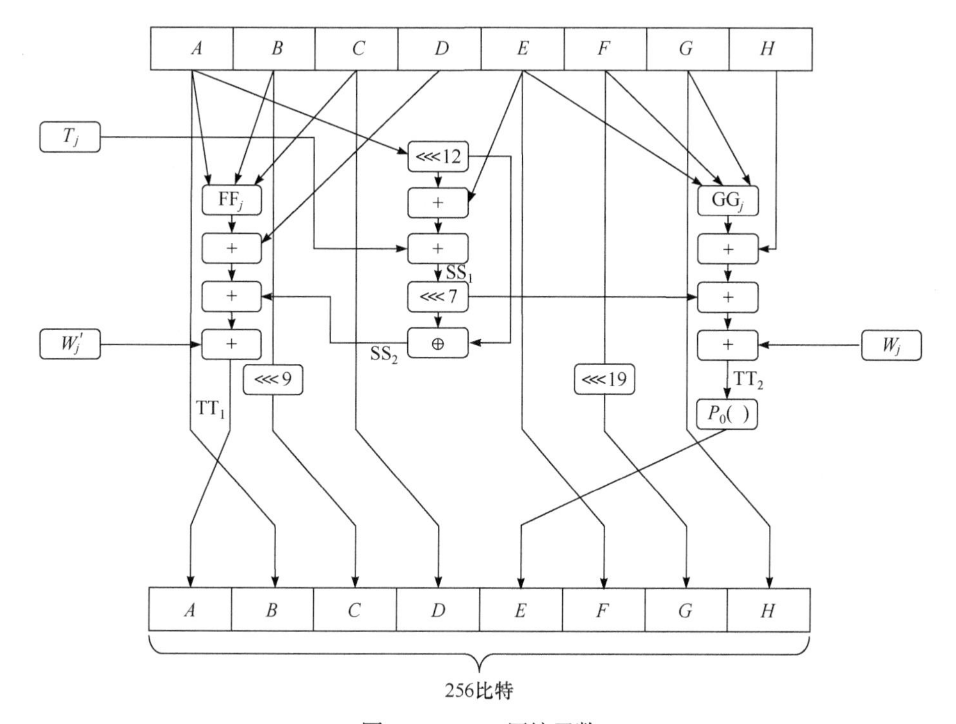


图 3.12 SM3 压缩函数

压缩函数计算过程如下, 每一轮输入包括 $W_j$, $W_j'$ 和常量 $T_j$, 涉及布尔函数、置换函数、循环左移计算和异或运算.

---

$ABCDEFGH \leftarrow V^{(i)}$

**for** $j = 0$ to 63:

---

{

$$SS_1 \leftarrow ((A \lll 12) + E + (T_j \lll j \bmod 32)) \lll 7$$

$$SS_2 \leftarrow SS_1 \oplus (A \lll 12)$$

$$TT_1 \leftarrow FF_j(A,B,C) + D + SS_2 + W'_j$$

$$TT_2 \leftarrow GG_j(A,B,C) + D + SS_1 + W'_j$$

$$D \leftarrow C$$

$$C \leftarrow B \lll 9$$

$$B \leftarrow A$$

$$A \leftarrow TT_1$$

$$H \leftarrow G$$

$$G \leftarrow F \lll 19$$

$$F \leftarrow E$$

$$E \leftarrow P_0(TT_2)$$

}

**end for**

说明:

(1) 布尔函数

$$FF_j(X,Y,Z) = \begin{cases} X \oplus Y \oplus Z, & 0 \leqslant j \leqslant 15 \\ (X \wedge Y) \vee (X \wedge Y) \vee (Y \wedge Z), & 16 \leqslant j \leqslant 63 \end{cases}$$

(2) 布尔函数

$$GG_j(X,Y,Z) = \begin{cases} X \oplus Y \oplus Z, & 0 \leqslant j \leqslant 15 \\ (X \wedge Y) \vee (\neg X \wedge Y), & 16 \leqslant j \leqslant 63 \end{cases}$$

(3) 置换函数

$$P_0(X) = X \oplus (X \lll 9) \oplus (X \lll 17)$$

(4) 置换函数

$$P_1(X) = X \oplus (X \lll 15) \oplus (X \lll 23)$$

(5) 常量

$$T_j = \begin{cases} \text{79cc4519}, & 0 \leqslant j \leqslant 15 \\ \text{7a879d8a}, & 16 \leqslant j \leqslant 63 \end{cases}$$

SM3 多轮压缩函数处理逻辑如图 3.13 所示. 对于每个 $B^{(i)}$ 进行消息扩张后, $W_j$ 和 $W'_j$ 输入 64 轮压缩函数, 输出结果与第一轮的输入 $V^{(i)}$ 在分组异或后得到 $V^{(i+1)}$.

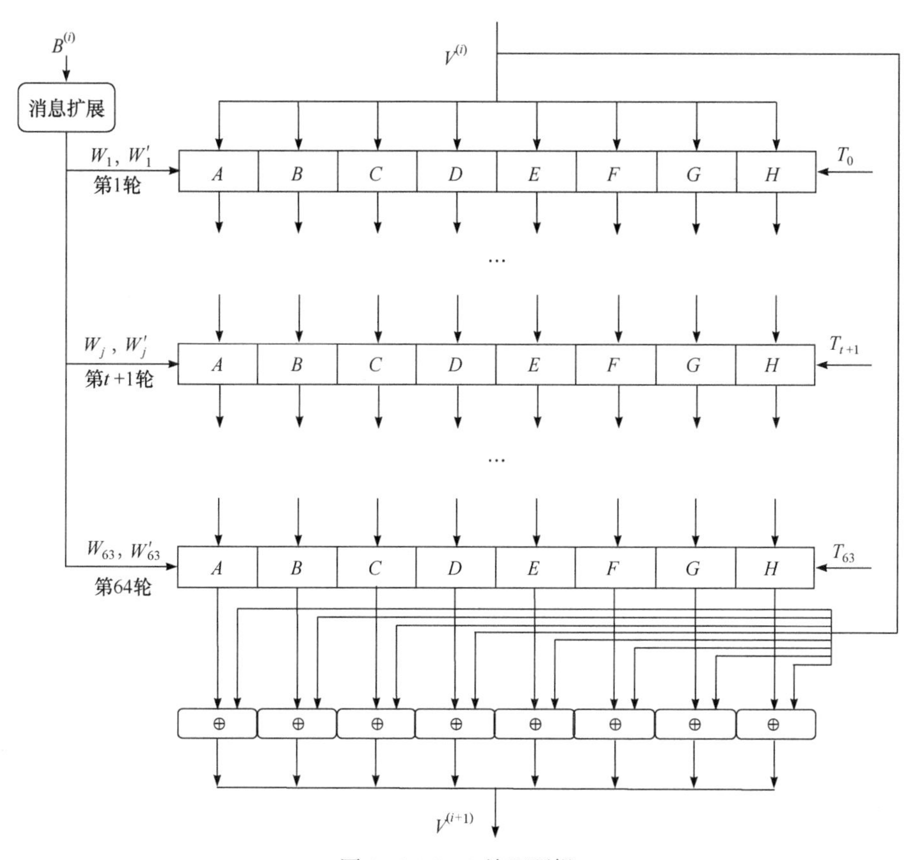


图 3.13 SM3 处理逻辑

**步骤五: 输出**

所有消息分组 $B^{(i)}$ 处理完成后, 得到

$$H(m)=V_0^n \| V_1^n \| V_2^n \| V_3^n \| V_4^n \| V_5^n \| V_6^n \| V_7^n$$

输出消息 $m$ 的 SM3 哈希函数值 $H(m)$.

### 3.4.3 SHA3(Keccak)

由于 MD5、SHA0 和 SHA1 哈希函数相继被攻破, NIST 在 2007 年公开宣布征集新一代安全哈希函数标准 SHA3. NIST 宣布了第一轮的共计 51 个有效候选哈希函数, 考虑到性能、安全性、密码分析、算法多样性等因素, 遴选 BLAKE、Grøstl、JH、Keccak、Skein 作为最终的 5 个候选哈希函数.

2012 年 10 月, NIST 宣布 Keccak[6]成为新的安全哈希算法标准的优胜者, 在 Keccak 提案的基础上对填充方式做了部分修改. 2015 年, NIST 发布 FIPS 202, SHA3 逐渐成为各类应用中使用的哈希函数[29]. 最终轮落选的 BLAKE、

Grøstl、JH、Skein 哈希函数也在网络协议、文件压缩和其他区块链项目中广泛使用.

SHA3 哈希输出长度包括 224 比特、256 比特、384 比特和 512 比特, 表 3.5 是 SHA3-224、SHA3-256、SHA3-384 和 SHA3-512 的主要参数比较. SHA3 选用海绵结构(3.2.2 节)作为基本迭代结构, 迭代由反复的填充吸收和挤压操作组成.

**表 3.5　SHA3 参数比较**

| 算法 | 消息长度/比特 | 分组长度/比特 | 处理消息长度/比特 | 处理轮数 | 容量/比特 | 输出长度/比特 |
|---|---|---|---|---|---|---|
| SHA3-224 | 无限制 | 1152 | 64 | 24 | 448 | 224 |
| SHA3-256 | 无限制 | 1088 | 64 | 24 | 512 | 256 |
| SHA3-384 | 无限制 | 832 | 64 | 24 | 768 | 384 |
| SHA3-512 | 无限制 | 576 | 64 | 24 | 1024 | 512 |

SHA3 哈希函数计算过程主要包括填充、吸收、挤压和输出四个步骤[7]. SHA3 修改了 Keccak 提案的填充方法, 其余部分未改变, 所以 SHA3 的输出和 Keccak 的输出不同. 下面以 SHA3-256 为例具体介绍 SHA3 哈希函数的计算过程.

**步骤一: 填充**

如图 3.14 所示, 假设输入数据 $m$ 的长度为 $n$ 比特, SHA3-256 分组处理长度为 $r$, 填充 $j$ 比特"100…0"和两比特"01"①使得 $(n+j+2) \bmod r \equiv 0$, 其中 $j$ 是最小正整数解. 填充后的数据切分为 $k$ 个 $r$ 比特的输入数据块 $\{p_0, p_1, \cdots, p_{k-1}\}$, 分组处理长度 $r$ 反映了 SHA3 哈希函数的处理速度, 称作位数率(bitrate), $r$ 越大, 处理速度越快.

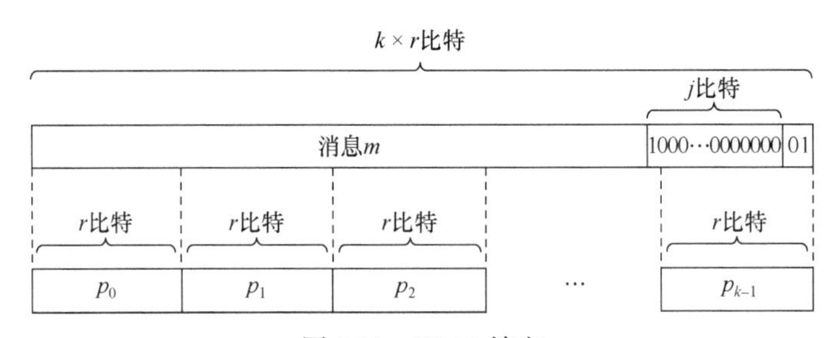


图 3.14　SHA3 填充

① Keccak 的填充方法没有"01"两比特后缀填充.

SHA3 迭代函数 $f$ 每轮处理字长 $b=r+c$, 除了分组长度 $r$, 还包含容量 (capacity) $c$ 比特"0". 值得注意的是, 初始状态中最后 $c$ 位永远不会直接受到输入块的影响, 并且在吸收阶段永远不会输出, 因此海绵哈希容量 $c$ 大小决定了运算后哈希函数的安全程度. SHA3 中默认 $b=1600$ 比特, 字串容量为输出字串长度的两倍, 即 SHA3-256 中容量 $c=512$ 比特, 那么 $r=1088$ 比特.

**步骤二: 吸收阶段**

完成消息填充与分块后, 输入海绵结构. 如图 3.15 所示, 海绵结构包括吸收阶段和挤压阶段. 吸收阶段主要对消息分块 $p_0,p_1,\cdots,p_{k-1}$ 进行处理, 设置长度为 $b$ 的初始状态的所有比特位均为"0". 首先, 第一个分组块 $p_0$ 的前 $r$ 比特与初始状态前 $r$ 比特异或后附加 $c$ 比特"0", 输入迭代函数 $f$ 得到状态 $S_0$. 接着, 第二分组块 $p_1$ 的前 $r$ 比特与状态 $S_0$ 前 $r$ 比特异或后附加 $c$ 比特"0", 输入迭代函数 $f$ 得到状态 $S_1$. 以此类推, 直到所有消息分块都经过迭代函数处理.

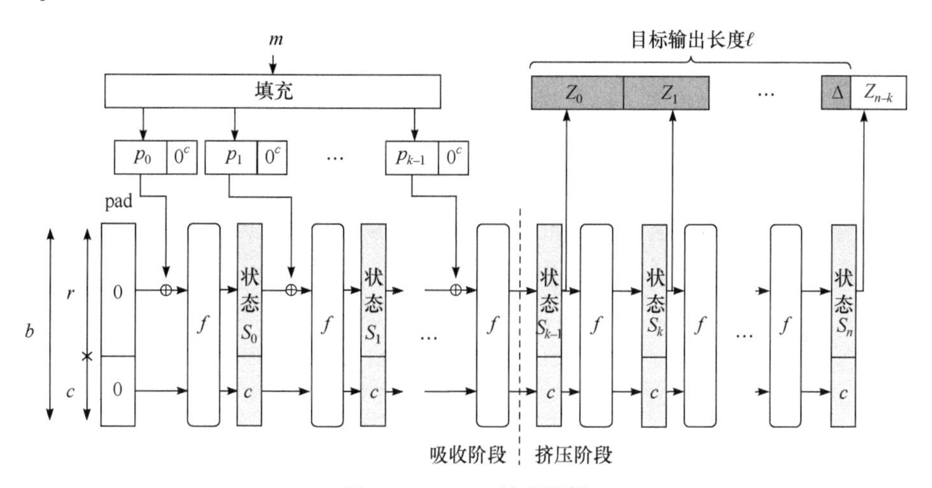


图 3.15 SHA3 处理逻辑

对于每个迭代函数 $f$, 需要将输入状态字串 $S[n]$($n$ 为字串比特位索引)输入 $A[x,y,z]$ 的状态方块中. 状态方块如图 3.16 所示, 三元组 $(x,y,z)$, $0\leqslant x<5$, $0\leqslant y<5$, $0\leqslant z<w$, 其中 $w=b/25$, 默认 $b=1600$, 那么 $w=64$. 字符串输入状态方块过程如下.

```
S[n] → A[x,y,z]
for y =0 to 4:
    for x =0 to 4:
        for z =0 to w −1:
                        A[x,y,z] = S[w(5y + x) + z]
        end for
    end for
end for
```

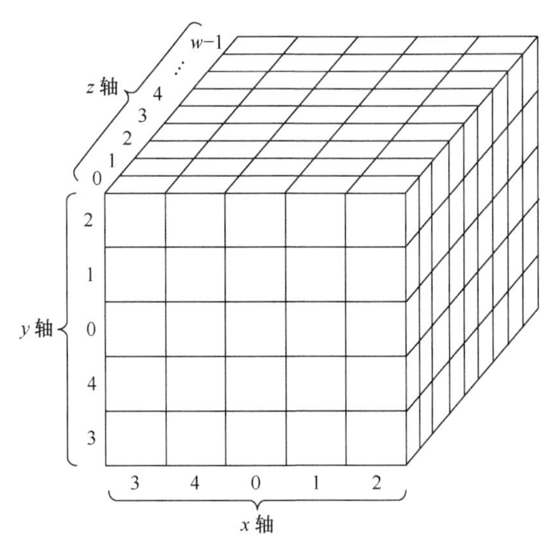


图 3.16　SHA3 状态方块

完成状态方块填充后，输入迭代函数 $f$. 迭代函数 $f=\iota(\chi(\pi(\rho(\theta(\cdot)))))$ 为复合函数，包括五个函数: $\theta$ 函数、$\rho$ 函数、$\pi$ 函数、$\chi$ 函数、$\iota$ 函数.

如图 3.17 所示，$\theta$ 函数输出被输入 $\rho$ 函数，$\rho$ 函数输出被输入 $\pi$ 函数，$\pi$ 函数输出被输入 $\chi$ 函数，$\chi$ 函数输出被输入 $\iota$ 函数，最终计算 $\iota$ 函数完的输出成一轮函数迭代. 一个迭代函数 $f$ 共完成 24 轮迭代.

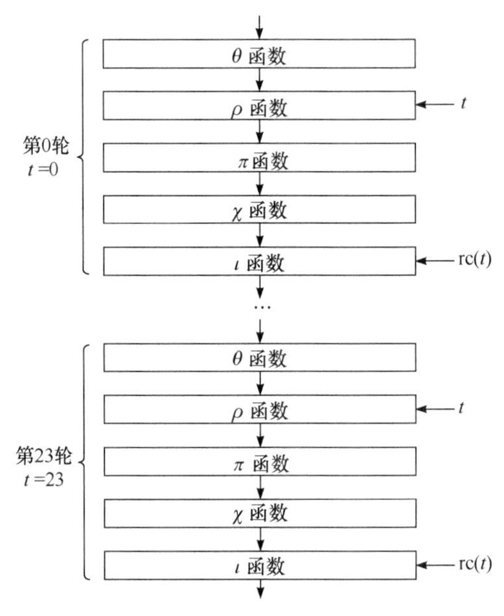


图 3.17　SHA3 迭代函数 $f$

迭代函数 $f$ 的 5 个函数功能及方法如表 3.6 所示，每个函数的输入 $A$ 表示状态数组，返回一个由 $A'$ 表示的更新状态数组作为输出，其中 $\rho$ 函数和 $\iota$ 函数的输入包含处理轮数 $t$，$\iota$ 函数中处理轮数 $t$ 经过 $i_r$ 函数运算后输入，其他函数输入不包含处理轮数索引.

**表 3.6　SHA3 步函数**

| 函数 | 功能 | 方法 |
|---|---|---|
| $\theta$ | 替换 | 每个处理字串中的每一位新值,<br>取决于当前值、其前一列的每个处理字串的相同位、后一列的每个处理字串的邻接位 |
| $\rho$ | 置换 | 对于每个处理字串的内部使用循环位移进行置换操作，其中 $A[0,0,w]$ 不变 |
| $\pi$ | 置换 | 处理消息进行 5×5 矩阵的置换，其中 $A[0,0,w]$ 不变 |
| $\chi$ | 替换 | 每个处理字串中的每一位新值<br>取决于当前值、相同行的下一个字的相应位的值、相同行的下下一个字的对应位的值 |
| $\iota$ | 替换 | $A[0,0,w]$ 与处理轮数进行异或运算 |

下面依次介绍 $\theta$ 函数、$\rho$ 函数、$\pi$ 函数、$\chi$ 函数、$\iota$ 函数中具体构造.

1) $\theta$ 函数

$\theta$ 函数将状态 $S$ 中每一位与矩阵中两列($y$ 轴)的取值 $D[x,z]$ 异或计算.

(1) 对于所有两元组 $(x,z)$，其中 $0\leqslant x<5$ 和 $0\leqslant z<w$，

$$C[x,z]=A[x,0,z]\oplus A[x,1,z]\oplus A[x,2,z]\oplus A[x,3,z]\oplus A[x,4,z]$$

(2) 对于所有两元组 $(x,z)$，其中 $0\leqslant x<5$ 和 $0\leqslant z<w$，

$$D[x,z]=C[(x-1)\bmod 5,z]\oplus C[(x+1)\bmod 5,(z-1)\bmod w]$$

(3) 对于三元组 $(x,y,z)$，其中 $0\leqslant x<5$，$0\leqslant y<5$ 和 $0\leqslant z<w$，

$$A'[x,y,z]=A[x,y,z]\oplus D[x,z]$$

说明: +, − 为模 2 运算.

2) $\rho$ 函数

$\rho$ 函数的作用是每个纵($z$ 轴)旋转一个偏移量(offset)，促进每个纵内部的扩散. 偏移量取决于每个纵的固定 $x$ 和 $y$ 坐标值和处理轮数 $t$. 在实际操作中，通过每个纵的每一位增加偏移量值来修改 $z$ 的值，其中 $A[0,0,w]$ 不变.

(1) 对于所有 $z$，其中 $0\leqslant z<w$，$A'[0,0,z]=A[0,0,z]$.

(2) 令 $(x,y)=(1,0)$.

(3) 对于 $t$，从 0 至 23,

　3.1　对于所有 $z$，其中 $0\leqslant z<w$，

$$A'[x,y,z]=A[x,y,(z-(t+1)(t+2)/2) \bmod w]$$

3.2　令 $(x,y)=(y,(2x+3y) \bmod 5)$.

(4) 返回 $A'$.

说明:

(1) +, −为模 2 运算.

(2) $t$ 为处理轮数.

(3) FIPS 202 中给出了偏移值, 取 $w=64$ 偏移量如下所示.

| | $x=3$ | $x=4$ | $x=0$ | $x=1$ | $x=2$ |
|---|---|---|---|---|---|
| $y=2$ | 25 | 39 | 3 | 10 | 43 |
| $y=1$ | 55 | 20 | 36 | 44 | 6 |
| $y=0$ | 28 | 27 | 0 | 1 | 62 |
| $y=4$ | 56 | 14 | 18 | 2 | 61 |
| $y=3$ | 21 | 8 | 41 | 45 | 15 |

3) $\pi$ 函数

$\pi$ 函数的作用是置换每个纵($z$轴)之间的位置, 即各纵在 $5\times5$ 的矩阵$(x,y)$内部互换位置, 其中 $A[0,0,w]$不变. 具体步骤如下.

(1) 对于所有三元组 $(x,y,z)$, 其中 $0\leqslant x<5$, $0\leqslant y<5$ 和 $0\leqslant z<w$,

$$A'[x,y,z]=A[(x+3y) \bmod 5,x,z]$$

(2) 返回 $A'$.

说明:

+, − 为模 2 运算.

4) $\chi$ 函数

$\chi$ 函数的作用是每个位与其所在行($x$ 轴)中其他两个位的非线性函数进行异或运算. 非线性函数取值依赖于当前值、同一行中接下来相邻两纵的取值. 具体步骤如下.

(1) 对于所有三元组 $(x,y,z)$, 其中 $0\leqslant x<5$, $0\leqslant y<5$ 和 $0\leqslant z<w$.

$$A'[x,y,z]=A[x,y,z]\oplus((A[(x+1) \bmod 5,y,z])\oplus 1)\text{AND}(A[(x+2) \bmod 5,y,z])$$

(2) 返回 $A'$.

说明:

+, − 为模 2 运算.

5) $\iota$ 函数

$\iota$ 函数的作用是根据处理轮数索引 $i_r$, 修改 $x=0$ 和 $y=0$ 矩阵的取值. $x=0$ 和 $y=0$ 的矩阵取值与 RC$[z]$ 函数值进行异或运算, 具体步骤如下.

$\iota(A,i_r)$ 算法处理轮数索引 $i_r$.

(1) 对于所有的三元组 $(x,y,z)$, 其中 $0\leqslant x<5$, $0\leqslant y<5$ 和 $0\leqslant z<w$,

$$A'[x,y,z]=A[x,y,z]$$

(2) 令 $\mathrm{RC}=0^w$.

(3) 对于 $j$ 从 0 至 $\ell$, 令 $\mathrm{RC}[2^j-1]=\mathrm{rc}(j+7i_r)$, 其中 $\ell=\log_2 w$.

(4) 对于所有的 $z$, 其中 $0\leqslant z<w$, 令 $A'[0,0,z]=A[0,0,z]\oplus\mathrm{RC}[z]$.

(5) 返回 $A'$.

说明:

rc($t$) 算法过程:

(a) 如果 $t \bmod 255=0$, 则返回 1.

(b) 令 $R=10000000$.

(c) $i$ 从 1 至 $t \bmod 255$,

c.1 $R=0\,\|\,R$

c.2 $R[0]=R[0]\oplus R[8]$

c.3 $R[4]=R[4]\oplus R[8]$

c.4 $R[5]=R[5]\oplus R[8]$

c.5 $R[6]=R[6]\oplus R[8]$

c.6 $R=\mathrm{Trunc}_8[R]$

(d) 返回 $R[0]$.

说明:

(1) +, − 为模 2 运算.

(2) $\mathrm{Trunc}_s(X)$ 函数的计算过程:

对于正整数 $s$ 和字符串 $X$, $\mathrm{Trunc}_s(X)$ 截取 $X[0]$ 至 $X[s-1]$ 的子字符串.

FIPS 202 中给出示例, $\mathrm{Trunc}_2(10100)=10$.

迭代函数 $f$ 完成 24 轮迭代后, 状态方块 $A[x,y,z]$ 按照以下规则转变为状态字串 $S$, 具体步骤如下.

$A[x,y,z]\to S[n]$

$n$ =0;

**for** $y$ =0 to 4:

**for** $x$ =0 to 4:

**for** $z$ =0 to $w-1$:

$$S[n++]=A[x,y,z]$$

**end for**

**end for**

**end for**

**步骤三: 挤压阶段**

哈希函数目标输出长度为 $L$. 如图 3.15 所示, 完成消息分块 $p_0,p_1,\cdots,p_{k-1}$ 处理后得到状态 $S_{k-1}$, 截取前 $r$ 位输出 $Z_0$. 状态 $S_{k-1}$ 再输入迭代函数, 得到状态 $S_k$, 截取前 $r$ 位输出 $Z_1$, 以此类推直至输出 $Z_{n-k}$, 其中 $n-k$ 是 $0<(n-k)\times r-L<L$ 的最小整数解.

**步骤四: 输出**

挤压阶段输出 $Z_0, Z_1, \cdots, Z_{n-k}$, 截取 $Z_{n-k}$ 前 $\Delta$ 位, 使得 $(n-k+1)\times r+\Delta=L$. 最终输出消息 $m$ 的 SHA3 哈希函数值

$$H(m)=Z_0 \parallel Z_1 \parallel \cdots \parallel \lfloor Z_{n-k} \rfloor_{\Delta}$$

### 3.4.4 Scrypt

在实用工作量证明机制的区块链中, 哈希计算的速度直接决定了求解工作量证明难题的快慢, 进而决定获得共识激励的机会大小, 哈希计算的费效比也就是单次哈希计算的开销则决定了挖矿的成本收益率. 随着比特币等区块链挖矿的奖励收益日趋可观, 为了在挖矿竞争中获得更大的优势, 一些硬件厂商和矿池联合研发 ASIC 矿机, 以提升哈希函数的计算速度并降低费效比.

ASIC 矿机相对于普通计算设备在挖矿中拥有巨大优势. ASIC 矿机单位时间所能进行的哈希函数计算尝试次数比类似配置的普通设备高几个数量级, 同时 ASIC 矿机单次哈希函数计算所消耗的资源(主要是电力)也比普通设备低几个数量级. 然而, ASIC 矿机的研发成本是普通用户无法承担的, 因此区块链出块的优先权日益集中到部署了大量 ASIC 矿机的矿池的手中, 与区块链提出时的"一 CPU 一票"的初衷渐行渐远.

为了抵御 ASIC 矿机在工作量证明共识中垄断出块权, 采用 PoW 共识机制的区块链设计团队在哈希函数的选型上逐渐从"计算密集型"哈希函数转向"抗 ASIC 型"哈希函数[10]. 由内存读取速度来决定哈希计算速度的"内存依赖型"(memory-hard, 也称为内存困难[35])哈希函数是实现抗 ASIC 特性的重要手段[9], Scrypt 算法是此类算法的代表.

Scrypt 是一种密钥控制哈希算法[32]. 2009 年, 针对 UNIX 类操作系统的安全在线备份, C. Percival 在开发的 Tarsnap 服务中提出了 Scrypt 算法, Tarsnap 将数据加密备份并存储在云服务器上. Scrypt 通过大量内存访问请求来提高执行大规模定制硬件攻击(custom hardware attack)的成本[13], 其中定制硬件攻击即指使用 ASIC 来破解加密的数据. 2016 年, C. Percival 通过互联网标准组织互联网工程任务组(Internet Engineering Task Force, IETF)正式发布 Scrypt 的标准算法文件(RFC① 7914). Scrypt 的简化版本在莱特币(Litecoin②)、狗狗币(Dogecoin③)的工作量证明共识机制中使用.

---

① RFC 文件收录互联网的技术和组织文件, 包括互联网工程任务小组、互联网研究任务小组(Internet Research Task Force, IRTF)、互联网架构委员会(Internet Architecture Board, IAB)、独立个体提交和 RFC 编辑部门在内的五个部门发表的规范和政策文件.

② https://litecoin.org, 莱特币区块链官网, 访问时间 2022 年 9 月 14 日.

③ https://dogecoin.com, 狗狗币区块链官网, 访问时间 2022 年 9 月 14 日.

Scrypt 哈希算法的整体过程可以概括为初始化、混淆和输出三个步骤. 初始化阶段将消息 $m$ 输入 PBKDF2 算法, 哈希函数初始化由 $p$ 个 $128\times r$ 字节的块组成数组 $B$. 在混淆阶段, 对于 $p$ 个数组分别执行由 Salsa 20/8 核函数[5]组成的 scryptROMix 算法. scryptROMix 算法计算的结果再次输入 PBKDF2 算法, 得到最终 Scrypt 哈希函数输出.

**步骤一: 初始化**

PBKDF2 函数是基于口令的密钥派生函数(password-based key derivation function), 用于从一个秘密值派生出一个或多个密钥[44]. 其基本原理是通过一个伪随机函数, 把秘密值和盐值(salt)作为输入参数, 然后重复进行运算, 并最终产生密钥. 如果重复的次数足够大, 暴力破解的成本就会变得很高, 加盐也会增加彩虹表(rainbow table)攻击的难度. PBKDF2 是 PKCS#5 的 2.0 版本, 作为 RFC 2898 标准发布[31]. PBKDF2 虽然提高了密码生成的遍历次数, 但是它使用了很少的内存空间, ASIC 专用设备计算时也很快.

Scrypt 算法中 PBKDF2 函数选择 HMAC-SHA256 作为伪随机函数(pseudorandom function). PBKDF2-HMAC-SHA256 函数从提供口令(passphrase, 此处为哈希函数的输入)和盐值 $S$ 派生出长度 $128\times r$ 字节的 $p$ 个块. 莱特币①和狗狗币②Scrypt 哈希函数的参数设置相同, Scrypt 的口令为哈希函数输入(区块头, 长度为 80 字节), 盐值 $S$ 取值与口令相同, 迭代次数 $c=1$, 输出长度 $\mathrm{dkLen}=128$ 字节, $r$ 的取值为 $1$, $p$ 的取值为 $1$.

输入: 口令 Password; 盐值 $S$; 迭代次数 $c$; 输出长度 dkLen; “天花板数”函数 Ceil; 整数转字符串函数 INT
输出: 派生密钥 DK ( dkLen 长度的字符串)

$p \leftarrow \mathrm{Ceil}\,(\mathrm{dkLen}/\mathrm{hLen})$
**for** $i \leftarrow 1$ to $p$ **do**
  $U_i \leftarrow$ HMAC-SHA256 ( Password, $S \,\|\, \mathrm{INT}(i)$ )
  $T_1 \leftarrow U$
  **for** $j \leftarrow 1$ to $c$ **do**
    $U \leftarrow$ HMAC-SHA256 ( Password, $U$ )
    $T_i \leftarrow T_i \oplus U$
  **end for**
**end for**
$DK \leftarrow \lfloor T_1 \,\|\, T_2 \,\|\cdots\|\, T_p \rfloor_{\mathrm{dkLen}}$

说明:
(1) dkLen 最大取值为 $32\times(2^{32}-1)$

① https://github.com/litecoin-project/litecoin/blob/master/src/crypto/scrypt.cpp 莱特币参数取值, 访问时间 2022 年 9 月 14 日.

② https://github.com/dogecoin/dogecoin/blob/master/src/crypto/scrypt.cpp 狗狗币参数取值, 访问时间 2022 年 9 月 14 日.

(2) hLen 为伪随机函数 HMAC-SHA256 的输出长度.

(3) “天花板数”函数 Ceil ($x$): 大于或等于 $x$ 的最小整数.

(4) 整数转字符串函数 INT($x$): 对整数 $x$ 四字节编码, 大端形式.

**步骤二: 混淆**

Scrypt 哈希函数中 PBKDF2-HMAC-SHA256 函数并不能起到内存依赖的作用, Scrypt 的内存依赖特性由 scryptROMix 算法决定. Scrypt 哈希函数的计算过程中需要维护一个数据集合, scryptROMix 算法会设置生成中间计算过程的数据集合大小, Scrypt 进行读取计算从而实现内存依赖的效果. RFC 7914 标准中 scryptROMix 算法的计算过程主要包含 scryptBlockMix 函数、Salsa 20/8 核函数的层层调用.

scryptROMix 的输入包括块大小参数 $r$, 输入值 $B$ 的长度 $128\times r$ 字节, CPU 或内存计算参数 $N$ 必须大于 1 小于 $2^{(128\times r/8)}$, 输出 $B'$ 的长度 $N$ 个 $128\times r$ 字节. 参数 $N$ 是决定内存依赖的关键, 莱特币和狗狗币中设置参数 $N=1024$.

```
X ← B
for i ← 0 to N−1 do
    V[i] ← X
    X ← scryptBlockMix (X)
end for
for i ← 0 to N−1 do
    J ← Integerify (X) mod N
    T ← X ⊕ V[J]
    X ← scryptBlockMix (T)
end for
    B' ← X
```

说明: Integerify ($X$) 以小端形式排列.

根据上述 scryptROMix 算法的过程可以看出, 算法的核心是 scryptBlockMix, 按照 CPU 或内存的计算参数 $N$ 多次计算. scryptBlockMix 算法的输入包括分块参数 $r$, 将输入值 $128\times r$ 字节 $B$ 按照 $2\times r$ 个 64 字节块输入, 算法过程如下.

```
X ← B[(2*r−1)]
for i ← 0 to (2*r−1) do
        T ← X ⊕ B[i]
        X ← Salsa (T)
        Y[i] ← X
end for
B' ← (Y[0], Y[2], ···, Y[(2*r−2)], Y[1], Y[3], ···, Y[(2*r−1)])
```

说明: Salsa ($T$) 对应的是输入 $T$ 进入 Salsa 20/8 核函数计算.

上述 scryptBlockMix 算法的核心是 Salsa 20/8 核函数的计算. Salsa 20/8 是一个计算轮简化的 Salsa 20 核哈希函数的变体函数. Salsa 20/8 核函数输入和输出均为 64 字节字符串. Salsa 20/8 核函数是由 D. J. Bernstein 设计的, 但由于不具备抗碰撞性并不是密码学哈希函数. Salsa 20/8 核函数算法过程如下.

如图3.18所示, 64字节的输入 $x$ 以小端形式被划分为16个32比特整数 $B_0,B_1,\cdots,B_{15}$. 这 16 个字经过 4 次双轮(double-round)运算后, 与原始输入 $x_0,x_1,\cdots,x_{15}$ 进行模 $2^{32}$ 加法, 得到 16 个 32 位整数 $B'_0,B'_1,\cdots,B'_{15}$.

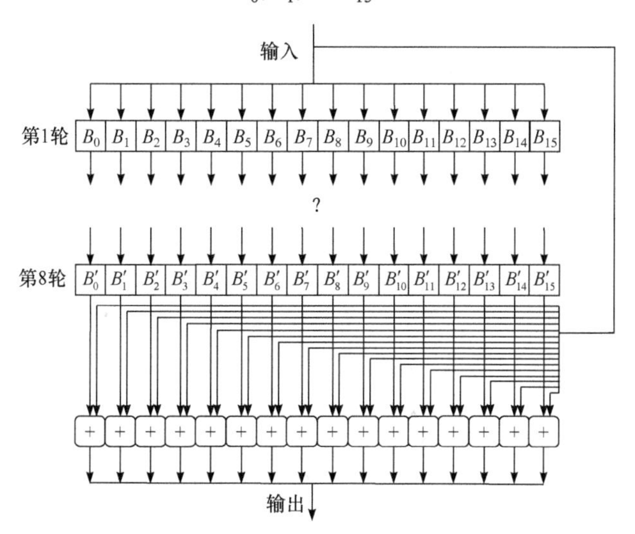


图 3.18 Salsa 20/8 核函数计算过程

整个运算包含 4 个相同的双轮(原版 Salsa 20 核函数包含 10 个双轮), 每个双轮由两轮修改组成. 每一轮修改由四个可并行的四分之一轮(quarter-round)修改组成, 每个四分之一轮修改了 4 个字.

---

**for** $i \leftarrow 0$ to 15 **do**

　　$x_i \leftarrow B_i$

**end for**

**for** $i \leftarrow 0$ to 3 **do**

| | |
|---|---|
| $x_4 \leftarrow x_4 \oplus R(x_0 + x_{12},7)$ | $x_9 \leftarrow x_9 \oplus R(x_5 + x_1,7)$ |
| $x_{14} \leftarrow x_{14} \oplus R(x_{10} + x_6,7)$ | $x_3 \leftarrow x_3 \oplus R(x_{15} + x_{11},7)$ |
| $x_8 \leftarrow x_8 \oplus R(x_4 + x_0,9)$ | $x_{13} \leftarrow x_{13} \oplus R(x_9 + x_5,9)$ |
| $x_2 \leftarrow x_2 \oplus R(x_{14} + x_{10},9)$ | $x_7 \leftarrow x_7 \oplus R(x_3 + x_{15},9)$ |
| $x_{12} \leftarrow x_{12} \oplus R(x_8 + x_4,13)$ | $x_1 \leftarrow x_1 \oplus R(x_{13} + x_9,13)$ |

---

$x_6 \leftarrow x_6 \oplus R(x_2 + x_{14}, 13)$　　$x_{11} \leftarrow x_{11} \oplus R(x_7 + x_3, 13)$

$x_0 \leftarrow x_0 \oplus R(x_{12} + x_8, 18)$　　$x_5 \leftarrow x_5 \oplus R(x_1 + x_{13}, 18)$

$x_{10} \leftarrow x_{10} \oplus R(x_6 + x_2, 18)$　　$x_{15} \leftarrow x_{15} \oplus R(x_{11} + x_7, 18)$

**end for**

**for** i ← 0 to 15 **do**

$B_i' \leftarrow (x_i + B_i) \bmod 2^{32}$

**end for**

**步骤三：输出**

scryptROMix 算法输出 $B'$，长度为 $N$ 个 $128 \times r$ 字节，将输出结果 $B'$ 再次输入 PBKDF2-HMAC-SHA256 函数，得到最终的哈希函数输出. 莱特币中 Scrypt 的口令输入为 scryptROMix 算法的输出 $B'$，盐值 $S$ 取值也为 scryptROMix 算法的输出 $B'$，迭代的次数参数设置为 $c = 1$，输出长度 dkLen = 32 字节.

### 3.4.5 Ethash

Ethash 是以太坊 1.0 工作量证明机制中采用的一种哈希函数①，它将哈希函数计算和工作量证明过程耦合，是内存依赖哈希函数在区块链中的一种实际应用[41]. Ethash 是在 Dagger-Hashimoto 算法基础上经过大量修改而形成的新算法. Dagger-Hashimoto 算法由 V. Buterin 设计的 Dagger 算法[12]和 T. Dryja 设计的 Hashimoto 算法[17]结合而成. Dagger 算法会生成一个有向无环图，核心原理是每个随机数(nonce)只是总的数据树的一小部分. 求解工作量证明难题实例时禁止为每个随机数重新计算子树，因此需要已知总的数据树的信息；但若为验证某个随机数解时，则可以重新计算，从而达到计算困难、验证容易的效果. Dagger 的设计目的是替代 Scrypt 算法，Scrypt 算法是"内存依赖型"哈希算法，但当它们的内存依赖程度增加到可信的安全水平时，验证也将变得困难，这意味着 Scrypt 算法抗 ASIC 矿机的效果有限. 但有研究表明，Dagger 算法容易受到共享内存硬件加速的影响.

Hashimoto 算法通过密集输入/输出(I/O)的特性(即内存读取速度的限制)来限制 ASIC 的哈希函数运算速度. 工作量证明机制中要求区块头和随机数解的哈希值小于目标值来完成正确性证明. Hashimoto 算法使用一个哈希函数的输出值作为起始值，输入到第二个哈希函数中计算，得到最终的哈希输出. 在这个过程中，需要不断访问共享数据集才能完成 Hashimoto 的计算，由于 I/O 频率瓶颈很难突破，从而提高 ASIC 设备的研发成本，达到限制 ASIC 挖矿性能的目的.

---

① https://github.com/ethereum/go-ethereum/tree/master/consensus/ethash，以太坊 Ethash，访问时间 2022 年 9 月 14 日.

Dagger-Hashimoto 是在 Dagger 和 Hashimoto 的基础上改进而来的以太坊共识算法. Dagger-Hashimoto 和 Hashimoto 的差别在于, Dagger-Hashimoto 的数据来源并不是直接来自于区块链, 而是自定义生成的数据集, 这些数据集将基于所有 $N$ 个区块上的区块数据进行更新. 这些数据集通过 Dagger 算法生成, 同时可为轻量级客户端的验证算法高效计算特定于每个随机数的子集. Dagger-Hashimoto 算法和 Dagger 算法的差别在于, 与原来的 Dagger 不同, 数据集只会偶尔更新(例如每周更新一次).

Ethash 运算过程中使用 Keccak 算法(源码中标记为 SHA3). Ethash 算法主要包括计算区块种子、生成缓存、生成数据集和随机数解验证四个步骤, 具体过程如下.

**步骤一: 计算区块种子**

通过检索特定区块高度的区块头, 进行多轮哈希函数计算, 得到 32 字节的种子.

**步骤二: 生成缓存**

如图 3.19 所示, 由上述步骤获得的种子生成一个 16 兆字节的伪随机缓存, 轻客户端存储该缓存信息. 对种子进行 Keccak-512 哈希函数计算, 填充前 64 字节缓存. 以 64 字节为单位, 依次进行 Keccak-512 哈希函数计算并填充到下一个 64 字节缓存中, 重复上述步骤直至填充满整个 16 兆字节缓存. 对缓存进行 3 轮版的 Randmemohash 哈希函数计算, 生成缓存.

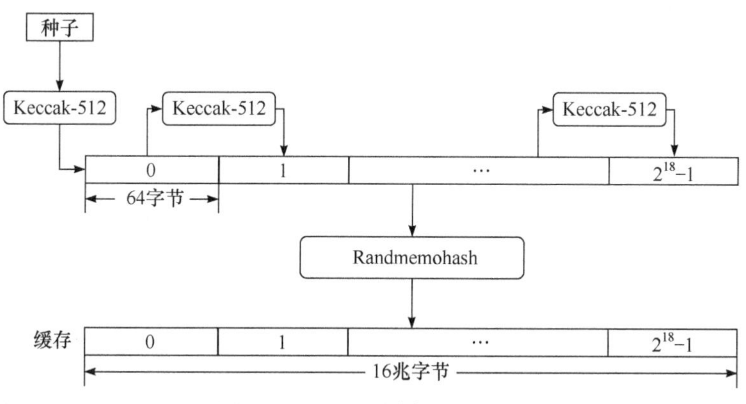


图 3.19 Ethash 缓存生成过程

Randmemohash 是由 S. D. Lerner 提出的一种严格内存依赖哈希算法, 主要用于证明某一时间段内或某次计算中使用了一定量的内存. 如图 3.20 所示, Randmemohash 同样以 64 字节为单位进行操作: 按从前往后的顺序, 对第 $i$ 个 64 字节缓存, 取前 32 位作为索引 $v$ 并找到对应的第 $v$ 个 64 字节缓存, 将其与第 $(i–1)$个 64 字节缓存（对于第 1 个 64 字节, 选择最后 64 字节）进行按位异或运算, 将得到的结果进行 Keccak-512 哈希计算, 输出第 $i$ 个 64 字节的位置.

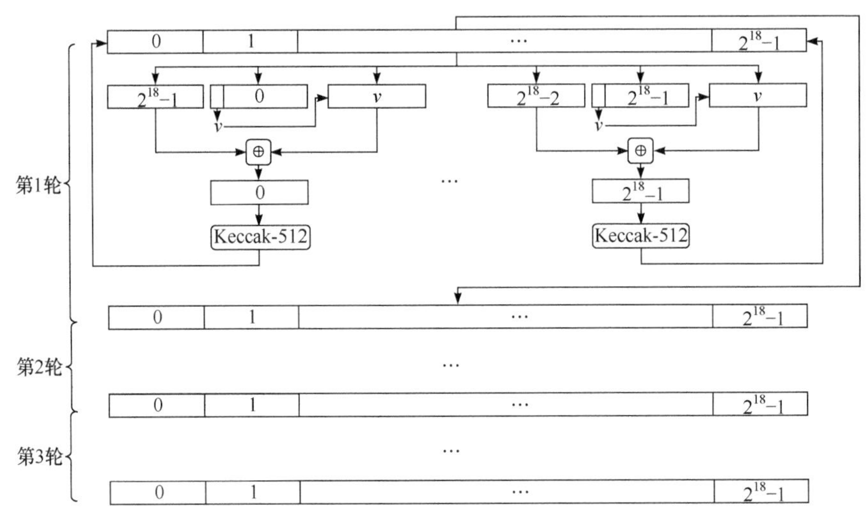


图 3.20　Randmemohash 过程

**步骤三：生成数据集**

如图 3.21 所示，由 16 兆字节缓存计算生成 1 吉字节数据集，数据集中的每一个条目通过缓存的一部分生成. 生成 1 吉字节大小的数据集需要经过 $2^{24}$ 次填充，每次填充都要从缓存中取出 64 字节，对前 32 比特进行异或操作后，再经过多次

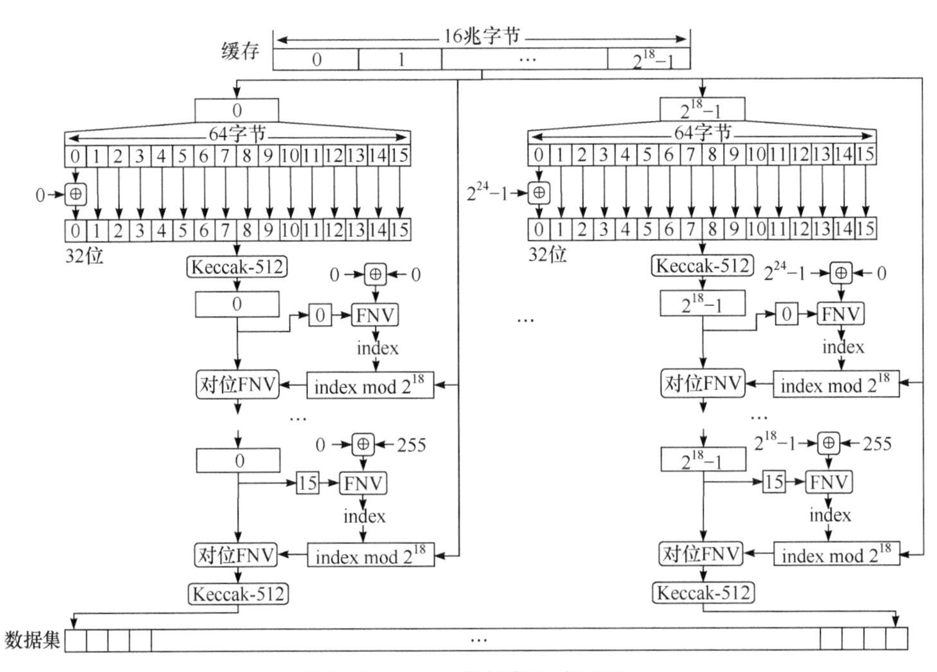


图 3.21　Ethash 数据集生成过程

Keccak-512 和 FNV(Fowler-Noll-Vo)哈希计算，生成对应位置的数据集条目. 生成数据集的过程需要大量内存和时间. 轻节点无须存储数据集.

FNV 哈希算法是由 G. Fowler、L. C. Noll 和 K. P. Vo 提出的一种非密码学哈希算法，具有哈希计算快速且碰撞率小的特点，常用于对相近的字符串的哈希运算. FNV 算法有三个版本：FNV-0(已弃用)、FNV-1 和 FNV-1a. FNV-1 和 FNV-1a 的区别仅在于异或运算和乘法运算执行顺序不同. Ethash 中使用的是修改后的 FNV-1 哈希算法. FNV-1 哈希算法的实现很容易，首先初始化哈希值(FNV Offset Basis)，对于输入的每个位，初始哈希值与 FNV 质数(FNV prime)相乘，乘法的结果与输入的每一位异或得到最终的 FNV-1 哈希函数输出. FNV 初始化值和质数选择超出本书讨论范围，具体可查阅 FNV 哈希函数 IETF 草案[①]. FNV-1 哈希函数计算过程如下.

```
 hash ← FNV Offset Basis
for each byte_of_data to be hashed do
        hash ← hash × FNV_prime
        hash ← hash ⊕ byte_of_data
return hash
```

**步骤四：随机数解验证**

与比特币的工作量证明原理相同，Ethash 挖矿同样是寻找随机数解 nonce，要求 nonce 作为哈希函数输入之一，满足哈希计算结果小于目标值.

Ethash 的挖矿和验证过程均使用 Hashimoto 函数. Hashimoto 函数通过随机选取数据集中的切片信息，使用算法聚合生成最终的哈希值. 8 字节 nonce 与 32 字节 header 作为 Hashimoto 函数的输入，挖矿时需要反复尝试 nonce，而验证时 nonce 已知. Hashimoto 函数计算过程如图 3.22 所示. 首先将 header和nonce 拼接成字符串并进行 Keccak-512 哈希计算，得到 64 字节的seed. 将seed复制拼接为 128 字节的mix. 经过异或和 FNV 计算后得到索引，使用 lookup 函数根据索引找出对应位置的数据并与mix 进行 FNV 计算，结果作为下一轮计算中的mix. 重复上述步骤 64 次后，将得到的 128 字节以 32 比特为单位划分，4 个一组进行 FNV 计算，得到 32 字节的digest 作为输出之一. 将seed与digest 拼接并进行 Keccak-256 哈希计算后得到另一个输出.

Lookup 函数的作用是寻找计算需要的数据集条目. 对于全节点，所需条目直接从数据集中选取；对于轻节点，所需条目通过缓存生成函数计算生成. 数据集每 30000 个区块进行一次更新，因此绝大多数挖矿的工作只需要读取数据集，而无须花费大量时间更新数据集.

---

① https://datatracker.ietf.org/doc/html/draft-eastlake-fnv-18, FNV 哈希函数(版本 18)，访问时间 2022 年 9 月 14 日.

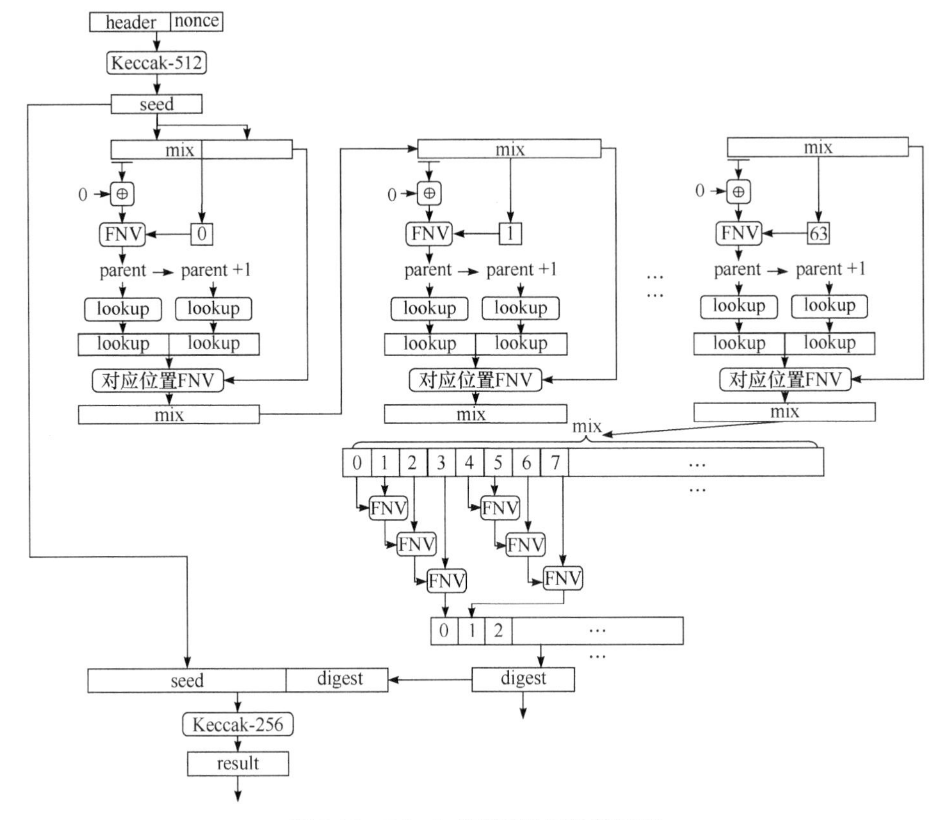


图 3.22　Ethash 共识和验证计算过程

在 Ethash 算法中，每次混淆操作都需要从数据集中读取 128 字节. 计算单个哈希函数需要进行 64 次混淆，共需要(128×64 字节) 8 千字节的内存读取. 且读取是随机访问(每个 128 字节页面是根据混淆函数伪随机选择的)，将一小部分数据集放在 L1 或 L2 缓存中不会对提升速度有太大帮助，因为下一次提取的值很可能无法涵盖在 L1 或 L2 缓存中. 由于从内存中获取数据比混淆计算慢得多，因此加速混淆计算几乎无法显著提升性能，加速 Ethash 哈希函数的更佳方法是加快从内存中提取 128 字节 DAG 页面的速度.

### 3.4.6　Equihash

Equihash 算法是由 A. Biryukov 和 D. Khovratovich 共同提出的一种基于哈希函数的工作量证明算法，它与 Ethash 类似，将哈希函数计算和工作量证明过程耦合. Equihash 被应用于零币[21](Zcash)①、比特币黄金(Bitcoin Gold)②等多个区块链

① https://z.cash，零币，访问时间 2022 年 9 月 14 日.

② https://bitcoingold.org/，比特币黄金，访问时间 2022 年 9 月 14 日.

项目中，以达到抗 ASIC 专用矿机的目的.

Equihash 的数学理论依据是计算机科学及密码学领域中著名的广义生日问题. 广义生日问题是指，给定由 $N$ 个 $n$ 位字符串组成的列表 $L=\{X_i \mid i=1,2,\cdots,N\}$，要求找到 $2^k$ 个 $X_{i_j}$ 使得 $X_{i_1}\oplus X_{i_2}\oplus\cdots\oplus X_{i_{2^k}}=0$. 该问题由 D. Wagner 提出[36]，并给出了基本求解算法. 由于 Wagner 算法可以批处理哈希函数计算和通过排序进行碰撞搜索进行并行化求解，上述快速过程在 CPU 和 GPU 甚至 FPGA 中的并行实现已经被广泛研究，这种情况违背了内存依赖工作量证明算法的要求. 因此，Equihash 在 Wagner 算法的基础上进行了修改和优化，对其增加约束条件并优化求解算法.

最终 Equihash 将广义生日问题转化成如下问题，对于给定的哈希算法 $H$、种子 $I$ 和字符串列表 $L$，找到随机数 $V$ 使得以下条件成立.

(1) 广义生日问题条件: $H(I\|V\|x_1)\oplus H(I\|V\|x_2)\oplus\cdots\oplus H(I\|V\|x_{2^k})=0$.

(2) 难度条件: $H(I\|V\|x_1\|x_2\|\cdots\|x_{2^k})$ 有 $d$ 个前序零.

(3) 算法约束条件: 对于所有 $w,l$, $H\left(I\|V\|x_{w2^l+1}\right)\oplus\cdots\oplus H\left(I\|V\|x_{w2^l+2^l}\right)$ 有 $\dfrac{nl}{k+1}$ 个前序零，并且下列等式按照字母排序满足

$$\left(x_{w2^l+1}\|x_{w2^l+2}\|\cdots\|x_{w2^l+2^{l-1}}\right)\ll\left(x_{w2^l+2^{l-1}+1}\|x_{w2^l+2^{l-1}+2}\|\cdots\|x_{w2^l+2^l}\right)$$

Equihash 的挖矿过程如图 3.23 所示，将区块头部、随机数解 nonce、参数 $n$ 与 $k$、尝试次数 $i$ 输入到 EquihashGenerator 函数(在 D. Khovratovich 官方开源实

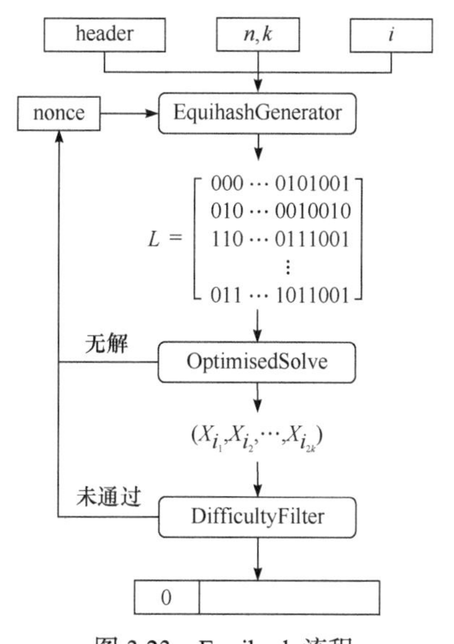


图 3.23　Equihash 流程

现中由 blake2b 哈希函数计算生成，并批注任何抗碰撞的哈希函数都可以代替 blake2b 哈希函数完成这一步骤)，最终 EquihashGenerator 函数得到 $N$ 个 $n$ 比特字符串组成的列表 $L$.

EquihashGenerator 函数使用改良后的 Wagner 算法 OptimisedSolve 求解，若无解则重新选择 nonce . 若 OptimisedSolve 求解满足要求，将满足要求的 $2^k$ 个 $\{X_{i_j}\}$ 输入到 DifficultyFilter 函数中进行难度条件检验(对应上述条件 2). 若未通过则重新选择 nonce 求解；通过则求解成功，可以发布区块. DifficultyFilter 函数是难度过滤函数，用于调整工作量证明的难度，其本质是一个密码学哈希函数 $H$. 零币的白皮书中设置参数 $N = 200$ 和 $k = 9$，零币中需要保存 $200 \times 512 = 100$ (千字节) 的字串组成的列表 $L$. 零币同时支持共识难度调整(查阅零币白皮书 7.6.3 节).

根据上述三种哈希(工作量证明共识)算法的介绍，运算过程中会产生一定数量级的中间数据集，并对数据集进行混淆(如 Scrypt、Ethash)或条件求解(如 Equlish)操作，这些操作是内存依赖哈希函数的常用构造范式. D. Boneh 在 2016 年亚洲密码会议(Asiacrypt，简称亚密会)上提出了一种内存依赖哈希函数 Balloon Hashing[11]，同样是对中间变量根据空间和时间参数运算产生中间数据集，并将数据集与上一区块和现在区块的信息一起作为哈希函数的输入进行运算. 最后根据空间参数输入，选取数据一部分作为哈希运算结果.

### 3.4.7　X11

抗 ASIC 矿机的工作量证明机制设计主要有两种思路. 一种是使用内存依赖型哈希函数，在哈希运算过程形成一定数量级的中间数据集作为中间变量[1]，进而实现内存读取速度决定哈希计算速度，达到内存依赖的效果[2]，抵抗专用集成电路对于 PoW 共识的影响. 另一种抗 ASIC 矿机的尝试是使用复合哈希函数，将多种哈希函数串行计算以代替早期工作量证明的单一哈希函数计算. 如果复合哈希函数中的基础哈希算法不是抗 ASIC 的，那么复合哈希函数并不能真正阻止针对复合哈希函数的 ASIC 研制，但可以推迟研制成功的时间并推高研发的经济成本. 由于不同的 ASIC 矿机专门针对特定哈希算法，这意味着针对串行哈希算法的 AISC 矿机需要更多的研发时间和更高的经济成本. 复合哈希函数包括 X11(X13/X15/X16r/X17)、NIST5、Quark[3]、Lyra2rev2、LBRY 和 SkunkHash 等，下面以达世币区块链(DASH)①使用的 X11 为例介绍复合哈希函数的计算原理.

X11 算法是复合型哈希函数的典型代表. X11 算法的原理是将多种哈希函

① https://www.dash.org/，达世币区块链，访问时间 2022 年 9 月 14 日.

数串联计算，将消息输入上一个哈希函数后，得到的哈希计算结果按顺序传递至下一个中间哈希函数，以此类推，对最后一个哈希函数得到的哈希计算结果进行截取，得到最终的哈希输出. 256 比特的 X11 算法计算过程如图 3.24 所示，将消息依次输入不同哈希函数进行计算，共进行 11 种不同哈希算法的计算，完成全部哈希计算后得到 512 比特哈希值，截取前 256 比特得到最终输出哈希值.

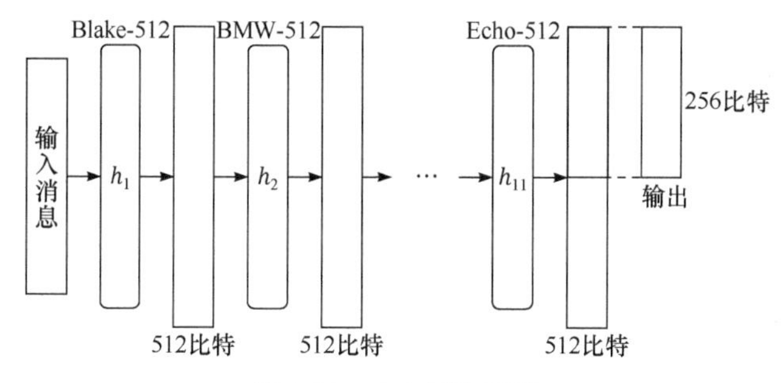


图 3.24 X11 算法流程

X11 算法内部串联了 11 种哈希算法，包括 Blake、BMW、Groestl、JH、Keccak、Skein、Luffa、Cubehash、Shavite、Simd 和 Echo，每种算法均为 512 位版本. NIST5 复合哈希算法内部串联了新一代安全哈希函数标准 SHA3 征集过程中最终候选的 BLAKE、Grøstl、JH、Keccak、Skein 五个哈希函数.

复合哈希函数对不同的哈希算法串行计算，一定程度上增加了哈希函数运算的安全性. 复合哈希算法在开发阶段被设计为抗 ASIC 计算，通过复合哈希算法以增加 ASIC 研制难度. 但由于复合哈希算法并没有像 Scrypt、Ethash 等的内存依赖特性，在硬件条件上对 ASIC 进行限制，因此随着硬件技术发展，复合哈希函数抵抗 ASIC 矿机的能力将越来越弱.

### 3.4.8 零知识证明友好的哈希函数

使用零知识证明(5.7 节)技术，证明者可以在不披露断言证据的情况下，使得验证者确信断言的正确性. 零知识证明是非常有用的密码学原语，常见的零知识证明协议包括身份证明、范围证明和数据完整性证明等，广泛用于保护隐私并防止欺骗. 在区块链中，Zcash 使用 zk-SNARK 零知识证明技术确保匿名转账人拥有转账的资格，Monero 使用 Bulletproof 零知识证明技术保证转账金额在有效范围内.

在区块链应用中常常需要证明知道某个哈希值对应的原像. Zcash 中使用 zk-SNARK 零知识证明技术证明知道 SHA2-256 哈希函数原像，生成这一证明相当耗时. 这是因为零知识证明协议中通常需要使用电路形式表达一个断言或函数关系，而用电路形式表达哈希函数需要引入大量电路约束. 为了降低哈希函数表示所需的电路约束规模, 需针对零知识证明优化哈希函数, 为此 Zcash 团队设计了面向 zk-SNARK 的 Pedersen 哈希函数, 使用椭圆曲线上求和运算和乘法运算, 减少电路约束数量.

设计零知识友好的哈希函数需要兼顾哈希函数的迭代结构和零知识所需的代数结构. 海绵结构哈希函数中使用多轮迭代函数计算输出哈希函数值, 在保障安全性的前提下, 使用电路约束较少的迭代函数设计并重复调用可以大大减少整个哈希函数电路表达中电路约束的规模. 研究人员 L. Grassi 等提出了一种新型零知识证明友好的哈希函数构造框架 POSEIDON[20]. 如图 3.25 所示, POSEIDON 使用海绵结构, 与 SHA3 中使用相同的迭代函数不同, POSEIDON 中使用两类迭代函数, 包括完备 S 盒迭代函数和部分 S 盒迭代函数. 完备 S 盒迭代函数是指全部计算过程的状态均经过 S 盒, 部分 S 盒迭代函数是指只有其中一个状态经过 S 盒计算, 其余状态直接进入下一轮计算.

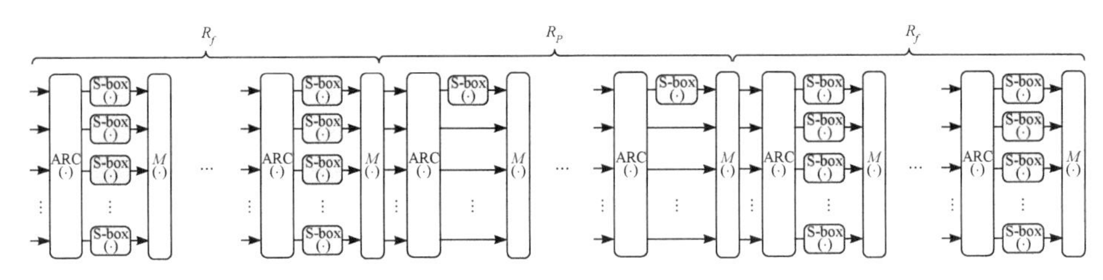


图 3.25　POSEIDON 哈希函数框架

POSEIDON 初始 $R_f$ 轮完备 S 盒迭代函数包含以下三个部分.

(1) 常量加法轮 AddRoundConstants, 记作 ARC(·).

(2) 完备 S 盒轮 SubWords, 记作 S-box(·).

(3) 混合轮 MixLayer, 记作 $M(\cdot)$.

经过初始 $R_f$ 轮迭代函数计算后, 进入 $R_P$ 轮部分 S 盒迭代函数, 包含以下三个部分.

(1) 常量加法轮 AddRoundConstants, 记作 ARC(·).

(2) 部分 S 盒轮 SubWords, 记作 S-box(·).

(3) 混合轮 MixLayer, 记作 $M(\cdot)$.

经过初始 $R_f$ 轮完备 S 盒迭代函数和 $R_P$ 轮部分 S 盒迭代函数计算后, 再次进入 $R_f$ 轮完备 S 盒迭代函数计算, 最终完成哈希函数计算输出.

POSEIDON 使用相同的常量加法轮作 ARC(·)和混合轮 $M(\cdot)$. S 盒在提供哈希计算非线性、保障安全性的同时增加了电路约束的规模, 出于安全性和执行效率综合考虑, POSEIDON 通常设置 $R_f + R_f = R_P$, 即部分 S 盒迭代函数计算轮数与完备 S 盒迭代函数计算轮数相同，同时 S 盒设置为 $x^5$ 这一代数结构简洁的非线性函数. 在相同安全强度下(128 比特安全等级)，大素数域上 Pedersen 哈希函数每比特输入需要 1.7 个电路约束，而 POSEIDON 哈希函数每比特仅需要 0.2 个至 0.45 个电路约束，从而使得生成 POSEIDON 哈希函数原像的零知识证明要远比 Pedersen 哈希函数的原像证明高效.

## 3.5 Merkle 树

区块链中每个区块作为已经确认交易的存证，事后需要多次验证交易的完整性和存在性. 在比特币采用的 UTXO 模型中，每个新交易提案节点都需要验证输入的交易在链上已经存在. 为此，比特币采用 Merkle 树的逻辑形式组织每个区块中交易的哈希值，支持交易的快速验证，同时支持轻节点的验证. Merkle 树以密码学家 R. C. Merkle 的名字命名，他于 1979 年在《一种提供数字签名的方法》的专利申请材料中首次提出，Merkle 树为数据完整性验证提供了一种安全高效的手段，下面以比特币区块链为例，介绍 Merkle 树的构造和 Merkle 树在区块链中的具体应用.

### 3.5.1 Merkle 树构造

Merkle 树通常是二叉树，二叉树(binary tree)是指树中节点拥有的子树数目(度)不大于 2 的有序树. Merkle 树构造过程中首先计算每个数据块的哈希值，其次将相邻的两个哈希值合并成一个字符串，然后计算该字符串哈希值作为第二层非叶子节点的哈希值；最后将第二层相邻的两个哈希值合并成一个字符串，再计算该字符串的哈希值作为第三层非叶子节点的哈希值[34]；以此类推得到唯一的 Merkle 树根(Merkle root).

举例来说，如图 3.26 所示，首先计算消息块 $A, B, C, D, E, F, G, H$ 的哈希值 $H_A, H_B, H_C, H_D, H_E, H_F, H_G, H_H$，得到第一层哈希值. 再将相邻哈希值组合成字符串计算哈希值 $H_{AB} = \text{Hash}(H_A \| H_B), H_{CD} = \text{Hash}(H_C \| H_D), H_{EF} = \text{Hash}(H_E \| H_F), H_{GH} = \text{Hash}(H_G \| H_H)$，得到第二层哈希值. 再将相邻哈希值组合成字符串计算哈希值 $H_{ABCD} = \text{Hash}(H_{AB} \| H_{CD}), H_{EFGH} = \text{Hash}(H_{EF} \| H_{GH})$，得到第三层哈希值. 最终将 $H_{ABCD}$，$H_{EFGH}$ 组合成字符串计算哈希值 $H_{ABCDEFGH} = \text{Hash}(H_{ABCD} \| H_{EFGH})$ 得到 Merkle 树根的取值. 根据上述 Merkle 树构造过程可以发现，修改任意一个消息块的内容都会导致消息块的 Merkle 树的路径上的哈希值发生改变，最终导致树根的取值改变.

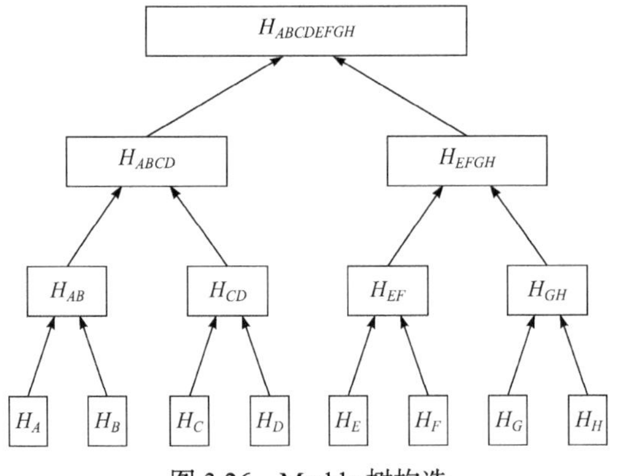


图 3.26　Merkle 树构造

### 3.5.2　Merkle 树在区块链中的应用

Merkle 树是比特币和很多主流区块链系统的数据组织方式. 以比特币为例, 每个交易的哈希值作为 Merkle 树的叶子节点, 按照上述构造方式组成一棵 Merkle 树. 交易 Merkle 树的根哈希值保存在区块头中, 其余部分保存在区块体中.

如图 3.27 所示, 比特币中的交易 $TX_A$, $TX_B$, $TX_C$, $TX_D$, $TX_E$, $TX_F$, $TX_G$ 作为一个独立的数据块, 使用 SHA2-256 哈希函数计算后得到交易哈希值 $H_A$, $H_B$, $H_C$, $H_D$, $H_E$, $H_F$, $H_G$. 再将相邻哈希值组合成字符串使用 SHA2-256 哈希函数计算得到 $H_{AB}$, $H_{CD}$, $H_{EF}$, $H_{GG}$. 值得注意的是, 当交易为单数时, 需复制一个交易 $TX_G$, 计算哈希值 $H_G$ 后与原交易哈希值 $H_G$ 组合成字符串并计算哈希值 $H_{GG}$. 以此类推, 计算得到 Merkle 树根 $H_{ABCDEFGG}$.

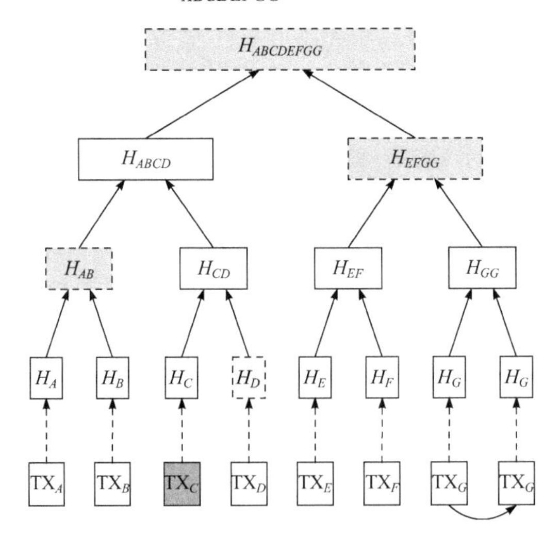


图 3.27　比特币区块链中 Merkle 树

区块链采用Merkle树数据结构保存交易信息，能够实现交易完整性校验、特定交易校验和简化支付验证等功能. 首先，在交易完整性校验方面，如果节点修改其中任意交易，则该交易及其到 Merkle 树根的路径上的所有哈希值均将改变. 由于 Merkle 根哈希值保存在区块头中，因此整个区块哈希值发生改变. 注意到区块链中后一个区块保存前一个区块链的哈希值，最终一个交易的改变将导致篡改交易所在区块及其之后所有区块的哈希值均发生改变. 区块链系统中的全节点保存着一条完整的区块链，除了修改交易的节点，其他诚实节点将忽视或丢弃被篡改的区块. 因此，少数不诚实节点篡改其中某些交易，不会改变其他诚实节点保存的区块链. 反之，在正常区块链的完整性校验时，Merkle树根的哈希值未发生改变，诚实节点可以确信区块中交易未被篡改，快速完成交易完整性校验.

在特定交易校验方面，比特币 UTXO 模型下新发起交易的输入指向前一个交易的输出，在验证新交易合法性时需要验证指向的前一个交易是否存在，Merkle 树可以提供快速的特定交易校验. 在 Merkle 树中，从某一叶子节点到 Merkle 树根所经过的节点组成的路径，称为 Merkle 路径. 如图 3.27 所示，验证区块链中是否存在 $TX_C$ 交易，那么通过 $H_D$, $H_{AB}$, $H_{EFGG}$ (虚框)验证计算是否等于 Merkle 树根 $H_{ABCDEFGG}$. 如果相等，则该交易存在区块中；反之，不存在. 如果区块中包含 $n$ 个交易，那么确认任意交易的复杂度为 $\log_2 n$.

Merkle 树为比特币的轻节点提供了一种简化支付验证方法(2.2.2 节). 轻节点仅需保存区块头，然后向全节点询问 Merkle 路径即可验证交易的存在性和正确性. 不仅如此，区块中交易数量的增加不会导致Merkle路径的数据大小显著增加. 每个交易使用 SHA2-256 哈希函数运算，哈希值长度为 32 字节，区块链中包含 8 笔交易，Merkle 路径需要 96 字节. 如果增加至 1024 笔交易，Merkle 路径需要 320 字节，若增加至 8192 笔，Merkle 路径需要 416 字节.

## 3.6 Merkle Patricia 树

Merkle 树可以保存交易等数据信息，但是很难表示状态信息. 以太坊采用账户模型且支持合约调用，因此对于账户信息和合约状态信息的简洁描述是设计的关键. 以太坊采用 Merkle Patricia 树(MPT)保存交易、状态和收据信息. Merkle Patricia 树可以看作 Merkle 树和 Patricia[①] 树的结合，Patricia 树来自于 Trie[②] 树. 下面介绍 Trie 树、Patricia 树、Merkle Patricia 树的构造和 Merkle Patricia 树在以太坊中的应用.

① Patricia 是 Practical Algorithm to Retrieve Information Coded in Alphanumeric 的缩写.

② Trie 来自 retrieval 中间四个字母.

### 3.6.1　Trie 树和 Patricia 树

Trie 树又称前缀树或字典树, 常用于数据集中定位某个字符串. Trie 树采用深度优先遍历, 节点所有的子节点都具有与父节点相关的公共字符串. Trie 树根节点通常不包含字符串(空字符串), 节点路径上经过的字符串联起来是该节点的字符串, 并且每个节点包含的字符都不相同. 一般情况下, Trie 树不是所有的节点都有对应的值, 只有叶子节点和部分内部节点所对应的键才有对应的值.

如图 3.28 所示, 示例中 Trie 树使用 11 个节点保存了 8 个字符串“A”, “to”, “tea”, “ted”, “ten”, “i”, “in”和“inn”. 如果使用 Trie 树保存 $m$ 个字符串, 字符串长度为 $n$, 那么 Trie 树深度为 $n$, 包含 $m$ 个子节点(出度). 使用该 Trie 树查找字符串的最坏时间复杂度为 $O(n)$, 但 Trie 树最坏情况下的空间复杂度为 $O(m^n)$. 由此可见, Trie 树使用前缀树提高了查询的效率, 但是带来了较大的存储空间需求.

Patricia 树是一种更为节省空间的 Trie 树. 1968 年, Morrison 在 Trie 树的基础上提出 Patricia 树[30], Trie 树中每个节点只能表示一个字母, 字符串越长, Trie 树的深度越长. Patricia 树中没有只有一个子节点的节点, 如果节点只有一个子节点, 那么子节点将与该节点合并, 这样可以减少树的深度. Patricia 树减少了空间的消耗并加快了搜索节点的速度. 如图 3.29 所示, Patricia 树使用 9 个节点保存 8 个字符串.

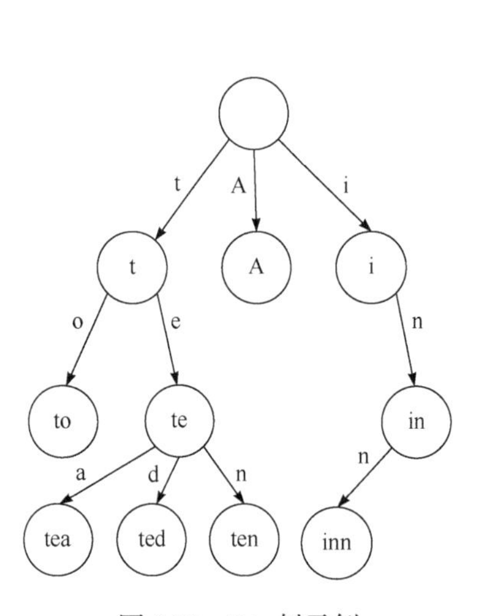


图 3.28　Trie 树示例

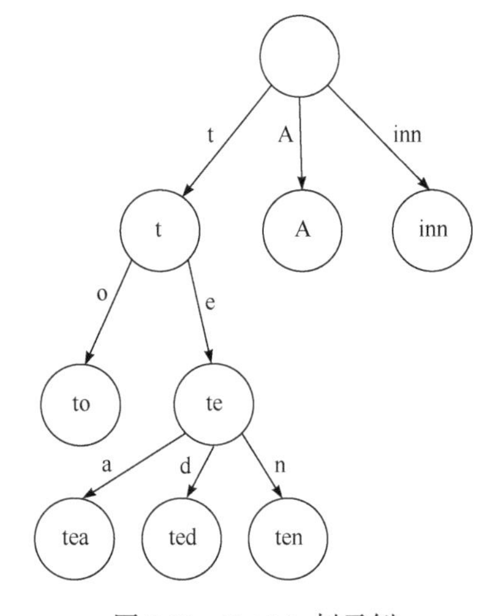


图 3.29　Patricia 树示例

### 3.6.2　Merkle Patricia 树

Merkle Patricia 树在 Patricia 树的基础上使用 Merkle 树方式组织各节点, 节点通过保存哈希值的方式表示索引关系[33]. 以太坊区块链中 MPT 非叶子节点保存在 LevelDB 键值对(key-value)数据库中, 节点的值(value)使用递归长度前缀 RLP 编码. 节点的键(key)是节点 RLP 编码值的 Keccak 哈希值, 哈希值经过十六进制前缀(hex-prefix, HP)编码保存在数据库中. 若想查询具体某一个节点字符串, 只需要根据节点的哈希值索引数据库, 解码后即可获取字符串的取值.

以太坊 MPT 包括四种类型节点, 分别是空节点、叶子节点、扩展节点和分支节点. 四类节点均采用键值对格式, 空节点无实际内容, 占用一个元数据存储. 叶子(leaf)节点保存节点字符串信息, 键值按照上述要求编码存储. 扩展(extension)节点表示节点间链接关系, 与叶子节点不同的是数据中保存其他节点的键的哈希值, 指向其他节点, 通常情况下 MPT 根节点为扩展节点. 分支(branch)节点表示树中超过一个子节点的非叶子节点, 分支节点是一个长度为 17 的列表, 前 16 个元素对应键中十六进制前缀的 16 个可能的字符, 因此分支节点最多拥有 16 个子节点. 分支节点最后一位是数据. 如果一个键值对在这个分支节点终止, 那么分支节点值就是键值对保存的数据.

MPT 以 4 个比特(半个字节, nibble)为单位检索键(key)路径. 十六进制前缀编码在键前加上 1 个 nibble 前缀, 添加方法如表 3.7 所示. 前缀比特中最低有效位表示字符串长度的奇偶(1 表示长度为奇数、0 表示长度为偶数), 第二有效位表示节点类型(0 表示为扩展节点, 1 表示叶子节点).

下面使用表 3.8 中 4 个字符串示例构造 MPT 的过程, 其中 key 使用十六进制编码, 每一个字符为一个 nibble, 构造结果如图 3.30 所示.

**表 3.7 前缀编码方式**

| 前缀字符串 | 前缀比特 | 节点类型 | 字符串长度 |
|---|---|---|---|
| 0 | 0000 | 扩展节点 | 偶数 |
| 1 | 0001 | 扩展节点 | 奇数 |
| 2 | 0010 | 叶子节点 | 偶数 |
| 3 | 0011 | 叶子节点 | 奇数 |

**表 3.8 键值对示例**

| 序号 | 键 | 值 |
|---|---|---|
| 1 | a612345 | 1.00 ETH |
| 2 | a67f121 | 2.00 ETH |
| 3 | a6d4567 | 3.00 ETH |
| 4 | a67f197 | 4.00 ETH |

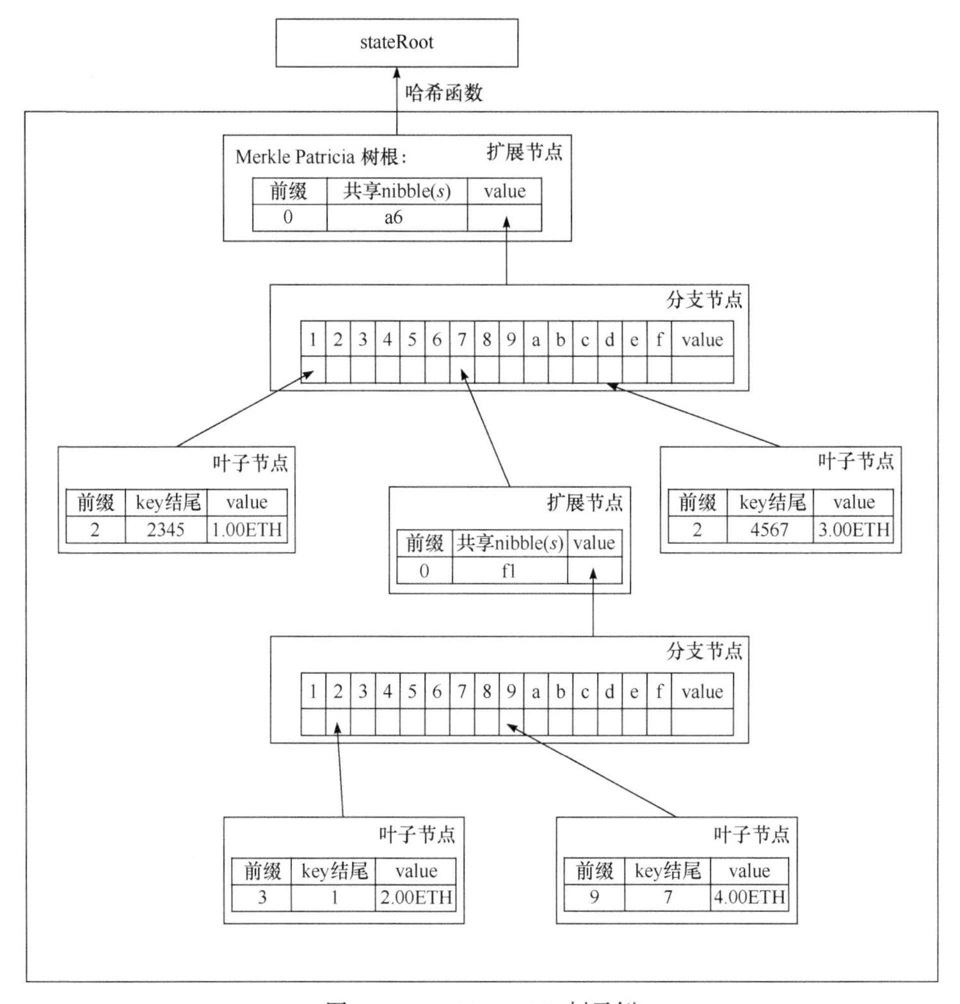


图 3.30　Merkle Patricia 树示例

MPT 构造包括如下四个基本规则:

(1) 叶子节点和分支节点可以保存值, 扩展节点保存键;

(2) 没有相同的键前缀成为叶子节点;

(3) 若有相同的键则将共享前缀保存为一个扩展节点和叶子节点;

(4) 若相同的键也是一个完整的键, 则字符串数据保存到下一级的分支节点值中.

如图 3.30 所示, MPT 根为一个扩展节点, 观察 4 个字符串拥有共同前缀“a6”, 因此扩展节点的前缀为 “0”, key 为 “a6”, value 值为下一个分支节点的哈希值, 指向下一个分支节点. 观察字符串剩余部分包括 “1” “7” “d” 三个前缀, 因此分支节点包含 “1” “7” “d” 分别保存下一节点的哈希值. 继续观察四个字符串, 第二个和第四个字符串拥有共同前缀“f”，其余节点没有共同前缀. 因此第一个和第三个字符串指向叶子节点，分别添加前缀“2”，key 为“2345”和“4567”，叶子节点保存字符串数据“1.00 ETH”和“3.00 ETH”. 第二个和第四个字符串拥有共同前缀“7”，扩展节点指向分支节点的“7”字符. 分支节点 key 为“f1”，前缀为“0”，value 值保存下一个分支节点哈希值. 继续观察第二个和第四个字符串，剩余部分没有共同字符串，因此分支节点“2”和“9”保存两个叶子节点的哈希值，第二个和第四个字符串叶子节点 key 分别为“1”和“7”，保存字符串数据“2.00 ETH”和“4.00 ETH”.

MPT 兼具 Merkle 树和 Patricia 树的优点，能快速验证树中所有信息的完整性和特定信息，并用较少的存储空间实现信息的快速检索.

### 3.6.3 Merkle Patricia 树在区块链中的应用

MPT 是以太坊区块链中重要的数据结构. 以太坊区块链包含交易树、状态树和收据树，都采用 MPT 组织结构，分别保存以太坊交易信息、账户信息和合约状态信息. 这些 MPT 根保存在以太坊区块头中，与比特币中 Merkle 树类似，支持交易、账户和合约状态信息的完整性验证和特定信息的快速验证. 在此基础上，MPT 支持着以太坊账户模型、合约调用、验证等功能.

以太坊的每个区块都包含独立的交易树和收据树，交易树中的键保存经过 RLP 编码后的交易索引(交易在区块中的索引，顺序由矿工决定)，值保存交易记录内容. 收据树中的键保存经过 RLP 编码后的区块中的交易收据索引(交易收据在区块中的索引，顺序由矿工决定)，值保存收据信息.

以太坊的状态树存储系统的世界状态，随着新交易的不断产生来不断更新. 状态 MPT 中的键保存经过哈希函数计算的以太坊账户地址，值保存经过 RLP 编码的由交易次数、账户余额、存储树根和代码哈希值组成的字符串. 合约账户中有存储树的根哈希值和代码的哈希值，存储树的根是一个单独的 Trie 树根哈希值，保存着合约的所有数据，每个合约都有一棵单独的存储树.

## 参 考 文 献


[1] Alwen J, Blocki J, Harsha B. Practical graphs for optimal side-channel resistant memory-hard functions. ACM SIGSAC Conference on Computer and Communications Security. New York: ACM Press, 2017: 1001-1017.

[2] Alwen J, Gazi P, Kamath C, et al. On the memory-hardness of data-independent password-Hashing functions. 2018 on Asia Conference on Computer and Communications Security. New York: ACM Press, 2018: 51-65.

[3] Aumasson J P, Henzen L, Meier W, et al. Quark: A lightweight Hash. Journal of Cryptology, 2013, 26(2): 313-339.

[4] Bellare M, Kohno T. Hash function balance and its impact on birthday attacks. International

Conference on the Theory and Applications of Cryptographic Techniques. Berlin, Heidelberg: Springer, 2004: 401-418.

[5] Bernstein D J. The salsa20 family of stream ciphers. New Stream Cipher Designs. Berlin, Heidelberg: Springer, 2008: 84-97.

[6] Bertoni G, Daemen J, Peeters M, et al. Keccak sponge function family main document. Submission to NIST (Round 2), 2009.

[7] Bertoni G, Daemen J, Peeters M, et al. Duplexing the sponge: Single-pass authenticated encryption and other applications. International Workshop on Selected Areas in Cryptography. Berlin, Heidelberg: Springer, 2011: 320-337.

[8] Biryukov A, Dinu D, Khovratovich D. Argon2: New generation of memory-hard functions for password hashing and other applications. IEEE European Symposium on Security and Privacy. Los Alamitos: IEEE Computer Society, 2016: 292-302.

[9] Blocki J, Harsha B, Kang S, et al. Data-independent memory hard functions: New attacks and stronger constructions. Annual International Cryptology Conference. Cham: Springer, 2019: 573-607.

[10] Blocki J, Ren L, Zhou S. Bandwidth-hard functions: Reductions and lower bounds. ACM SIGSAC Conference on Computer and Communications Security. New York: ACM Press, 2018: 1820-1836.

[11] Boneh D, Corrigan-Gibbs H, Schechter S. Balloon Hashing: A memory-hard function providing provable protection against sequential attacks. International Conference on the Theory and Application of Cryptology and Information Security. Berlin, Heidelberg: Springer, 2016: 220-248.

[12] Buterin V. Dagger: A memory-hard to compute, memory-easy to verify scrypt alternative. Technical Report, 2013. http://www.hashcash.org/papers/dagger.html. 引用日期 2022 年 9 月 20 日.

[13] Chen B, Tessaro S. Memory-hard functions from cryptographic primitives. Annual International Cryptology Conference. Cham: Springer, 2019: 543-572.

[14] Coron J S, Dodis Y, Malinaud C, et al. Merkle-Damgård revisited: How to construct a Hash function. Annual International Cryptology Conference. Berlin, Heidelberg: Springer, 2005: 430-448.

[15] Damgård I. A design principle for Hash functions. Conference on the Theory and Application of Cryptology. Berlin, Heidelberg: Springer, 1989: 416-427.

[16] Dobbertin H, Bosselaers A, Preneel B. RIPEMD-160: A strengthened version of RIPEMD. International Workshop on Fast Software Encryption. Berlin, Heidelberg: Springer, 1996: 71-82.

[17] Dryja T. Hashimoto: I/O bound proof of work. Technical Report, 2009. Available online: http://diyhpl.us/%7Ebryan/papers2/bitcoin/meh/hashimoto.pdf. 引用日期 2022 年 9 月 20 日.

[18] Eastlake 3rd D. US secure Hash algorithms (SHA and SHA-based HMAC and HKDF). RFC 6234, 2011. https://www.rfc-editor.org/rfc/rfc6234. 引用日期 2022 年 9 月 20 日.

[19] Gallagher P, Director A. Secure Hash standard (SHS). FIPS PUB, 180-3, NIST, 1995.

[20] Grassi L, Khovratovich D, Rechberger C, et al. Poseidon: A new Hash function for zero-knowledge proof systems. 30th USENIX Security Symposium. Berkeley, CA: USENIX Association, 2021: 519-535.

[21] Hopwood D, Bowe S, Hornby T, et al. Zcash protocol specification. Technical Report. San Francisco: GitHub, 2016.

[22] Joux A. Multicollisions in iterated Hash functions. Application to cascaded Constructions. Annual International Cryptology Conference. Berlin, Heidelberg: Springer, 2004: 306-316.
[23] Kaliski B. PKCS #5: Password-based cryptography specification version 2.0. RFC 2898. 2000. https://www.rfc-editor.org/rfc/rfc2898. 引用日期 2022 年 9 月 20 日.
[24] Mendel F, Pramstaller N, Rechberger C, et al. On the collision resistance of RIPEMD-160. International Conference on Information Security. Berlin, Heidelberg: Springer, 2006: 101-116.
[25] Merkle R C. Secrecy, authentication, and public key systems. California: Stanford University, 1979.
[26] Merkle R C. Method of providing digital signatures. U.S. Patent 4,309,569. 1982.
[27] Merkle R C. One way Hash functions and DES. Conference on the Theory and Application of Cryptology. Berlin, Heidelberg: Springer, 1989: 428-446.
[28] Merkle R C. A fast software one-way Hash function. Journal of Cryptology, 1990, 3(1): 43-58.
[29] Dworkin M J. SHA-3 standard: Permutation-based Hash and extendable-output functions. NIST, 2015.
[30] Morrison D R. PATRICIA: Practical algorithm to retrieve information coded in alphanumeric. Journal of the ACM, 1968, 15(4): 514-534.
[31] Percival C. The scrypt password-based key derivation function. RFC 7914, 2016. https://www.rfc-editor.org/rfc/rfc7914. 引用日期 2022 年 9 月 20 日.
[32] Percival C. Stronger key derivation via sequential memory-hard functions, 2009. http://www.tarsnap.com/scrypt/scrypt.pdf. 引用日期 2022 年 9 月 20 日.
[33] Sato S, Banno R, Furuse J, et al. Verification of a merkle patricia tree library using $F^*$. 2021. arXiv: 2106. 04826.
[34] Szydlo M. Merkle tree traversal in log space and time. International Conference on the Theory and Applications of Cryptographic Techniques. Berlin, Heidelberg: Springer, 2004: 541-554.
[35] Tromp J. Cuckoo cycle: A memory bound graph-theoretic proof-of-work. 2015. International Conference on Financial Cryptography and Data Security. Berlin, Heidelberg: Springer, 2015: 49-62.
[36] Wagner D. A generalized birthday problem. Annual International Cryptology Conference. Berlin, Heidelberg: Springer, 2002: 288-304.
[37] Wang X, Lai X, Feng D, et al. Cryptanalysis of the Hash functions MD4 and RIPEMD. Annual International Conference on the Theory and Applications of Cryptographic Techniques. Berlin, Heidelberg: Springer, 2005: 1-18.
[38] Wang X, Yin Y L, Yu H. Finding collisions in the full SHA-1. Annual International Cryptology Conference. Berlin, Heidelberg: Springer, 2005: 17-36.
[39] Wang X, Yu H, Yin Y L. Efficient collision search attacks on SHA-0. Annual International Cryptology Conference. Berlin, Heidelberg: Springer, 2005: 1-16.
[40] Wang X, Yu H. How to break MD5 and other Hash functions. Annual International Conference on the Theory and Applications of Cryptographic Techniques. Berlin, Heidelberg: Springer, 2005: 19-35.
[41] Wu K, Dai G, Hu X, et al. Memory-bound proof-of-work acceleration for blockchain applications.

56th Annual Design Automation Conference 2019. Los Alamitos: IEEE Computer Society, 2019: 1-6.
[42] Zhao Y. Practical aggregate signature from general elliptic curves, and applications to blockchain. 2019 ACM Asia Conference on Computer and Communications Security. New York: ACM Press, 2019: 529-538.
[43] 国家密码管理局. SM3 密码杂凑算法. 2010.
[44] 国家密码管理局. 基于口令的密钥派生规范. 中华人民共和国密码行业标准 GM/T 0091—2020. 2020.

# 习　题

## 一、填空题

1. 哈希函数通常考虑__________、__________和__________三个安全要求. 哈希函数在区块链中的应用主要包括__________、__________、__________、__________、__________和__________.

2. Merkle-Damgård 结构哈希函数中, __________具有抗碰撞能力, 那么构造出的哈希函数也具有碰撞能力. Merkle-Damgård 强化的方法是__________.

3. SHA2-256 中消息长度小于__________比特, 分组长度为__________比特, 处理消息长度__________比特, 输出长度为__________比特. SHA3-256 分组长度为__________比特, 处理论述为__________比特, 采用__________结构.

4. 我国国家密码管理局于 2010 年 10 月发布了__________哈希函数, 采用__________结构, 填充后的消息分组为__________比特, 输出为__________比特.

5. 二叉树是指__________的有序树. 以太坊 Merkle Patricia 树中使用__________编码, 节点的键值是__________的经过__________哈希计算值, 哈希值经过__________编码保存在数据库中.

## 二、简答题

1. 哈希函数应用模式按是否由密钥控制可划分为哪两大类? 区别是什么?
2. 简述生日悖论问题.
3. 简述内存依赖型哈希算法构造方式.
4. 简述比特币 Merkle 树构造方式和特定交易校验方法.
5. Merkle Patricia 树构造准则包括哪几个方面?

# 第 4 章　数字签名及其在区块链中的应用

数字签名在实现交易参与方身份认证、交易背书、交易数据完整性验证和交易不可否认等区块链基础功能中起着重要应用. 本章首先介绍数字签名的基本概念和 DSA 签名, 然后介绍区块中主流的数字签名 ECDSA、Schnorr、EdDSA、SM2、BLS 和 CL 算法, 最后介绍区块链中具有特殊功能的数字签名, 如多重签名、聚合签名、门限签名、群签名、环签名、盲签名和后量子签名等.

## 4.1　数字签名基本概念

W. Diffie 和 M. E. Hellman 在 1976 年首次提出数字签名(digital signature)的概念, 它作为手写签名的一种数字化模拟, 可对数字签名对象的合法性、真实性进行确认[39].

美国国家标准与技术研究院(NIST)发布 FIPS PUB 186 数字签名算法(digital signature algorithm, DSA) (见 4.1.3 节), 经过多个版本的修改, 2013 年发布的 FIPS PUB 186-4 中包含了椭圆曲线数字签名算法(elliptic curve digital signature algorithm, ECDSA) (见 4.2.1 节).

### 4.1.1　数字签名的要求

类似于手写签名, 数字签名在应用中一般需要满足以下要求:

(1) 签名接收者能够确认或证实收到的签名.

(2) 签名者发出签名的消息后, 不能再否认他所签发的消息.

(3) 产生、识别和验证数字签名都比较容易.

(4) 伪造数字签名在计算上是不可行的. 无论是从给定的数字签名伪造信息, 还是从给定的消息伪造数字签名, 甚至在获得一系列消息签名对后伪造一个新消息的签名, 在计算上都是不可行的.

应用中, 数字签名可以提供认证码的消息源认证、消息完整性认证安全能力[7]. 在此基础上还提供不可否认性, 除接收方外任何第三方也可以验证消息来源和消息完整性.

### 4.1.2 数字签名的组成

一个数字签名方案主要由密钥生成算法(key generation algorithm)、签名算法(signature algorithm)和验签算法(verification algorithm)组成[89].

(1) 密钥生成算法: 一个随机化算法, 输入安全参数 $k$, 输出签名者的公私钥对$(PK, SK)$, 其中 $SK$ 是签名者秘密持有的私钥, $PK$ 是可以公开的公钥.

(2) 签名算法: 输入签名者私钥 $sk$ 和待签署的消息 $m$, 输出对消息 $m$ 的签名 $\sigma$, 记为 $\sigma = \mathrm{Sign}_{SK}(m)$.

(3) 验签算法: 输入公钥 $PK$、签署的消息 $m$ 和签名 $\sigma$, 输出 1 或 0, 分别表示签名有效或无效.

一个签名方案要求拥有私钥的签名者诚实生成的签名一定能通过验证, 反之, 如果没有私钥则生成一个有效的签名在计算上是不可行的[6]. 前者称为签名的正确性, 后者称为签名的不可伪造性, 这里要求生成的签名签署的不能是已经签署过的消息[41]. 因此, 一旦验证了某个消息的签名, 那么即可确认该签名一定是私钥持有者签署的[86], 签名者不能否认自己的签名, 该消息也一定是完整的, 否则表明有人在没有私钥的情况下生成了有效的签名, 与签名的不可伪造性要求矛盾[57].

根据签名算法是否是随机化算法, 签名可以分为确定性签名和随机化签名[99]. 对同一消息, 一个确定性签名方案的私钥持有者在不同时间执行签名算法生成的签名都是相同的[1] (如本章将介绍的 BLS 签名方案), 而一个随机化签名方案的私钥持有者在不同时间执行签名算法, 生成的签名以压倒性的概率是不相同的(如本章将介绍的 ECDSA、Schnorr 签名方案)[76].

### 4.1.3 DSA 数字签名

NIST 发布的 F1PS PUB 186 数字签名算法(DSA)综合了 Schnorr 签名和 ElGamal 签名的设计. 如图 4.1 所示, DSA 方案中使用哈希函数计算消息 $m$ 的哈希值后与随机数 $k$ 共同作为签名的输入, 因此 DSA 方案是随机化签名. 签名验

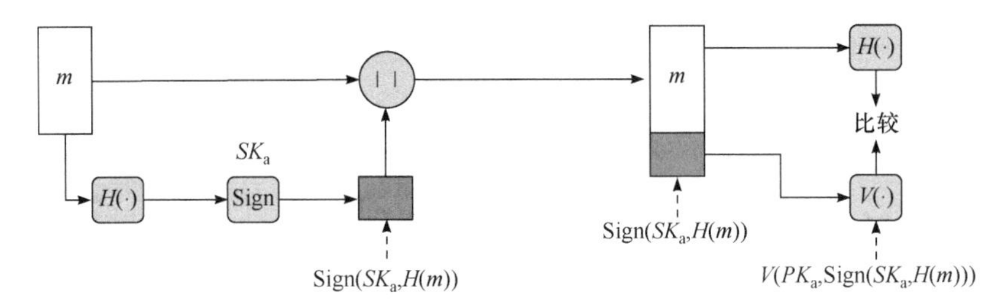


图 4.1　DSA 数字签名方案

证者将收到的消息输入哈希函数运算后，与数字签名共同输入验签算法以判断签名是否有效.

下面介绍 NIST 发布的 DSA 数字签名方案.

### 1. 系统参数与密钥生成算法

(1) 选取素数 $q$, 其中 $2^{L-1}<q<2^L$， $L$ 表示 $q$ 的比特长度.

(2) 计算 $p$ 为 $q-1$ 的素因子, 其中 $2^{N-1}<p<2^N$， $N$ 表示 $p$ 的比特长度.

(3) 随机取 $h\in\mathbb{Z}_q^*$ 满足 $h^{(q-1)/p} \bmod q>1$， 计算 $g\equiv h^{(q-1)/p} \bmod q$， 注意 $g$ 是在含有 $q$ 个元素的有限域中的 $p$ 阶乘法子群的生成元.

(4) 在 $0<x<p$ 中随机选取私钥 $x$.

(5) 计算私钥 $x$ 对应的公钥 $y\equiv g^x \bmod q$.

(6) 输出公共参数 $(q,p,L,N,g,h)$ 和密码学哈希函数 $H$、公钥 $g^x$ 和私钥 $x$.

对于 $q$ 的比特长度 $L$ 和 $p$ 的比特长度 $N$, F1PS PUB 186(表 4.1)中给出了可选择的参数取值.

**表 4.1 DSA 签名 $q$ 和 $p$ 的比特长度**

| 序号 | $q$ 的比特长度($L$) | $p$ 的比特长度($N$) |
|---|---|---|
| 1 | 1024 | 160 |
| 2 | 2048 | 224 |
| 3 | 2048 | 256 |
| 4 | 3072 | 256 |

### 2. 签名生成算法

签名者输入消息 $m$ 和自己的私钥 $x$, 运行签名算法, 输出消息的签名$\sigma$.

(1) 随机选取整数 $k$, $0<k<p$.

(2) 计算 $r\equiv(g^k \bmod q) \bmod p$.

(3) 计算 $s\equiv[k^{-1}(H(m)+xr)] \bmod p$.

(4) 输出消息 $m$ 的签名 $\sigma=(r,s)$.

### 3. 签名验证算法

验证者输入消息签名对$(m,\sigma)$ 和公钥(含公共参数), 解析 $\sigma=(r,s)$, 验证签名是否有效.

(1) 计算辅助值 $w\equiv s^{-1} \bmod p$.

(2) 计算辅助值 $u_1 \equiv H(m)w \bmod p$.

(3) 计算辅助值 $u_2 \equiv rw \bmod p$.

(4) 计算 $r' \equiv [(g^{u_1} y^{u_2}) \bmod q] \bmod p$.

(5) 比较 $r'$ 和 $r$, 如果 $r'$ 和 $r$ 相等则接受签名, 否则拒绝签名.

下面对 DSA 数字签名进行简要的分析.

由于 $g \equiv h^{(p-1)/q} \bmod q$, 根据费马小定理 $g^p \equiv h^{q-1} \equiv 1 \bmod q$, 在模 $q$ 下 $g$ 的阶为 $p$. 根据公钥的生成方式和验证算法中 $u_1, u_2$ 的计算方式可知

$$
\begin{aligned}
r' &\equiv [(g^{u_1} y^{u_2}) \bmod q] \bmod p \\
&\equiv [(g^{H(m)w} g^{xrw}) \bmod q] \bmod p \\
&\equiv [(g^{(H(m)+xr)w}) \bmod q] \bmod p
\end{aligned} \tag{4-1}
$$

根据签名算法可知

$$s \equiv k^{-1}[H(m) + xr] \bmod p$$

$$w \equiv k[H(m) + xr]^{-1} \bmod p$$

$$[H(m) + xr]w \equiv k \bmod p$$

因此可以得到等式

$$r' \equiv (g^k \bmod q) \bmod p \equiv r \tag{4-2}$$

因此, 诚实的签名者生成的签名一定会通过验证.

DSA 数字签名安全性基于离散对数困难性假设[79], 从 $r \equiv (g^k \bmod q) \bmod p$ 中计算 $k$ 在计算上是不可行的. 对于大整数 $q$, 目前最快的 Pollard-$\rho$ 算法需要大约 $\sqrt{\pi p / 2}$ 步完成离散对数求解. 若 $p \approx 2^{160}$, 那么 Pollard-$\rho$ 算法需要的计算时间是不能承受的. $k$ 的取值空间、保密性和唯一性对于 DSA 签名的安全性至关重要, 知道 $k$ 或签名者使用相同的 $k$ 值, 攻击者即可提取签名者的整个私钥. DSA 签名中 $g^k$ 与签名信息 $m$ 无关, 可以预先计算多个 $g^k$ 和 $k^{-1}$, 加快在线生成签名的速度.

## 4.2　区块链中常用数字签名

数字签名是确保区块链中交易方身份认证和数据不可篡改的关键技术. 在区块链中, 数字签名主要用于交易或提案的背书以及对提案的投票. Alice 在发起一笔交易时, 用自己的私钥对该交易进行签名, 然后将交易和签名拼接在一起广播到区块链网络中. 其他节点接收到这笔交易后, 使用 Alice 的公钥对签名进行验

证. 如果验证通过, 则确认这笔交易是 Alice 发出的, 且被签署的内容未被篡改, 只有签名验证有效的交易才会被区块链记录.

目前在区块链中常用的数字签名方案主要包括 ECDSA、Schnorr 数字签名、EdDSA 和我国商用密码签名算法标准 SM2 签名, 以及基于椭圆曲线上双线性映射实现的 BLS 签名和 CL 签名等. 常见数字签名及其特点与应用如表 4.2 所示.

**表 4.2 区块链中常见数字签名**

| 序号 | 名称 | 特点 | 区块链应用 |
| --- | --- | --- | --- |
| 1 | ECDSA 签名 | 椭圆曲线对 DSA 的模拟 | Bitcoin、Ethereum 等 |
| 2 | Schnorr 签名 | 可支持签名聚合, 易于实现门限签名 | Bitcoin、Cash 等 |
| 3 | EdDSA 签名 | Schnorr 签名方案在 Edwards 曲线上实现的一种变体 | Cosmos、Monero、Zcash 等 |
| 4 | SM2 签名 | 中国商用数字签名算法 | CITA 链、趣链等 |
| 5 | BLS 签名 | 短签名, 可聚合, 确定性签名 | DFINITY |
| 6 | CL 签名 | 自随机签名 | Hyperledger Fabric |

### 4.2.1 ECDSA 数字签名方案

FIPS PUB 186-4 修订版本中新增了椭圆曲线数字签名算法(ECDSA), 可以视为 DSA 在椭圆曲线上的实现. ECDSA 由 D. Johnson, A. Menezes 和 S. Vanstone 提出[55], 随后被 ANSI 标准、IEEE 标准和 ISO 标准等采纳. ECDSA 是目前区块链系统中应用最多的数字签名算法.

ECDSA 和 DSA 流程之间有一个主要差别, DSA 中的签名分量 $r$ 通过 $(g^k \bmod q) \bmod p$ 产生, 而在 ECDSA 中签名分量 $r$ 是通过椭圆曲线上对应点的 $x$ 轴坐标模 $q$ 产生. 图 4.2 展示了 ECDSA 方案的签名和验签的具体过程.

ECDSA 具体实现过程如下.

1. 系统参数与密钥生成算法

ECDSA 参数包含六元组 $T=(H,\mathbb{F},a,b,g,p)$, 其中 $H$ 是一个密码学哈希函数, $\mathbb{F}$ 是一个有限域, $a$ 和 $b$ 是椭圆曲线的两个参数, $g=(x_g,y_g)$ 是曲线上的基点, 椭圆曲线上加法群生成元 $g$ 的阶是 $p$, 通常设置 $p$ 为一个大素数.

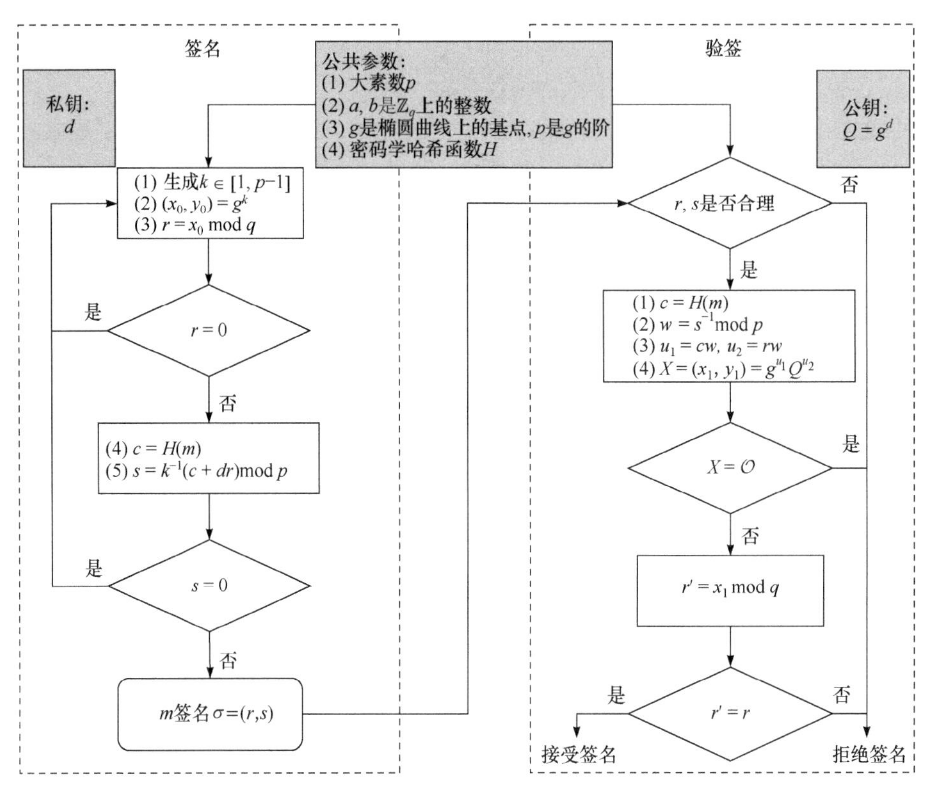


图 4.2　ECDSA 过程

FIPS PUB 186-4 中推荐了两类椭圆曲线，一种是在素数域 GF($q$) 中的曲线，形式如下:

$$y^2 \equiv x^3 - 3x + b \bmod q$$

另一种在二元域 GF($2^k$) 上，推荐使用 Koblitz 曲线实现，具体曲线形式如下:

$$E_b : y^2 + xy = x^3 + x^2 + b$$

$$E_a : y^2 + xy = x^3 + ax^2 + 1$$

上述椭圆曲线具体参数设置请查阅 FIPS PUB 186-4 标准附录 D 部分.

在上述素数域 GF($q$)中椭圆曲线的基础上，生成公钥和私钥密钥对，具体步骤如下.

(1) 随机选取 $d \in [1, p-1]$ 作为签名用的私钥.

(2) 计算私钥 $d$ 对应的公钥 $Q = g^d$.

(3) 输出公钥 $Q$ 和私钥 $d$.

2. 签名生成算法

签名者输入消息 $m$ 和自己的私钥 $d$，运行签名算法，输出消息的签名 $\sigma$.

(1) 随机选取 $k \in [1, p-1]$.

(2) 计算椭圆曲线上的解点 $(x_0, y_0) = g^k$.

(3) 计算 $r \equiv x_0 \bmod q$，若 $r = 0$ 则返回步骤(1).

(4) 计算消息 $m$ 的哈希值 $c = H(m)$.

(5) 计算 $s \equiv k^{-1}(c + dr) \bmod p$，若 $s = 0$ 则返回签名算法步骤(1).

(6) 输出消息 $m$ 的签名 $\sigma = (r, s)$.

3. 签名验证算法

验证者输入消息签名对$(m, \sigma)$和公钥，输出 1 或 0，分别表示接受或拒绝签名.

(1) 检查签名分量 $r, s$ 是否在区间 $[1, p-1]$ 内，若不成立，返回 0.

(2) 计算消息 $m$ 的哈希值 $c = H(m)$.

(3) 计算 $s$ 的逆 $w \equiv s^{-1} \bmod p$.

(4) 计算 $u_1 = cw$ 和 $u_2 = rw$.

(5) 计算椭圆曲线上的解点 $X = (x_1, y_1) = g^{u_1} Q^{u_2}$.

(6) 若 $X = \mathcal{O}$，则返回 0；否则继续计算.

(7) 计算 $r' \equiv x_1 \bmod q$.

(8) 比较 $r'$ 和签名分量 $r$，一致则返回 1，否则返回 0.

下面对 ECDSA 进行简单的分析.

注意到 ECDSA 的 $s$ 分量通过 $s \equiv k^{-1}(c + dr) \bmod p$ 计算得到，根据签名算法和验证算法可知

$$s \equiv k^{-1}(c + dr) \bmod p$$

$$\begin{aligned} k &\equiv s^{-1}(c + dr) \bmod p \\ &\equiv w(c + dr) \bmod p \\ &\equiv cw + rwd \bmod p \\ &\equiv u_1 + u_2 d \bmod p \end{aligned}$$

因此

$$\begin{aligned} g^k &\equiv g^{u_1 + du_2} \\ &\equiv g^{u_1} g^{du_2} \\ &\equiv g^{u_1} Q^{u_2} \end{aligned}$$

因为 $g^k$ 在椭圆曲线上的解点为 $(x_0, y_0)$, $g^{u_1+du_2}$ 在椭圆曲线上的解点为 $(x_1, y_1)$, 其中 $x$ 和 $x_1$ 均为解点的横坐标, 又 $r \equiv x \bmod q$, $r' \equiv x_1 \bmod q$, 因此 $r' = r$.

ECDSA 的安全性一直是学术界讨论的重点问题[43]. 在理想的计算模型分析中, 1992 年, D. R. L. Brown 在标准哈希函数难解性假设(抗第一、第二原像攻击及抗自由碰撞攻击)下证明 ECDSA 在通用群模型(generic group model, GGM)下是安全的. 通用群模型是指在群计算的时候不考虑实例化群本身的特定结构, 而是通过一种理想化的询问来进行群元素的操作[18]. 2016 年, M. Fersch, E. Kiltz 和 B. Poettering 证明[40], 如果把哈希函数建模成理想函数且还有一些其他的计算困难性假设, 则 ECDSA 是安全的. 2022 年, DFINITY 区块链社区 J. Groth 和 V. Shoup 分析了在通用群模型几个变体下 ECDSA 的安全性. 这些通用群模型的特定变体可以更准确地模拟椭圆曲线和相应的转换函数的一些特性, 被称为椭圆曲线通用群模型(EC-GGM). J. Groth 和 V. Shoup 的论文同时对比特币 BIP 32 使用派生密钥和预签名的 ECDSA 方案进行了安全性分析[48], 具体分析可查阅原论文.

如果敌手通过公共参数 $T$ 和公钥 $Q$ 能够恢复出对应私钥 $d$, 那么敌手可以对其选取的任何消息伪造签名. 然而, 从公钥 $Q$ 恢复对应私钥 $d$ 需要求解椭圆曲线上的离散对数问题. 不同于整数乘法群上的离散对数困难问题和大整数分解问题存在亚指数时间求解算法, ECDSA 所依赖的椭圆曲线离散对数问题没有已知的亚指数时间算法, 使用 ECDSA 可以用较短的密钥获得更高的安全性[96].

实现 ECDSA 时要避免随机数重用. 考虑区块链交易签名应用场景, 对于两个交易, 其哈希值分别为 $c_1$ 和 $c_2$, 对应的签名分别是 $(r_1, s_1)$ 和 $(r_2, s_2)$. 考虑两种随机数的重用的情况. 第一种情况假设两个交易使用不同的公钥, 但使用的随机数 $k$ 相同, 那么 $(x_0, y_0) = g^k$ 和签名分量 $r \equiv x_0 \bmod q$ 相同. 这种情况下, 通过计算 $d \equiv r^{-1}(s_i k - c_i) \bmod p$ $(i = 1, 2)$, 两个交易所有者均可以获得另一方签名使用的私钥. 第二种情况假设两个交易使用了相同的公私钥对 $(d, g^d)$ 和随机数 $k$, 那么任何人均可以通过 $k \equiv (s_1 - s_2)^{-1}(c_1 - c_2) \bmod p$ 和 $d \equiv r^{-1}(s_i k - c_i) \bmod p$ $(i = 1, 2)$ 计算出签名所用私钥. 为了解决这一问题, 在参考标准 RFC 6979 中规定, ECDSA 不再随机生成 $k$, 而是通过确定性算法输入消息 $m$ 和签名私钥 $d$ 生成伪随机数 $k$.

ECDSA 存在交易延展性, 即通过消息签名对 $(m, \sigma)$ 可以生成另外一个有效的消息签名对 $(m, \sigma')$, 其中 $\sigma' \neq \sigma$. 事实上, 如果 $(r, s)$ 是对 $m$ 的签名, 则 $(r, -s \bmod p)$ 也是对 $m$ 的有效签名. 在标准的数字签名安全性定义中, 只要签名消息没有发生变化, 能通过验证的签名就被认为是有效签名而不是伪造的签名. 这在常规应用中不会引起混乱, 因为签名者已经同意对消息 $m$ 的声明, 不管接收方出示哪一个签名都不会产生争议. 然而, 在区块链中节点可能将有相同 $m$ 但签名不同的两个交易视为非法的双花交易, 从而引起安全问题. 据报道, 早期全球最大的比特币交易所 Mt. Gox 遭受了上述交易延展攻击, 累计损失 70 余万个比特币, 直接造成了 Mt. Gox 的破产. 因此, 比特币从 363724 区块高度开始的 BIP 66 软分叉已强制要求区块链中的所有新交易都严格遵循 DER 编码的 ASN.1 标准, 要求有效签名在 DER 规定的范围内, 从而避免两个签名都有效的情况. 下面介绍 ECDSA 在区块链中的应用.

比特币及以太坊等众多区块链系统均使用了基于 Koblitz 曲线(secp256k1 曲线)实现 ECDSA. 比特币在实现 ECDSA 时, 使用交易(实际为交易中某些数据的哈希值)作为被签名的消息, 签名密钥为用户的私钥. ECDSA 主要在比特币的脚本操作码 OP_CHECKSIG、OP_CHECKSIGVERIFY、OP_CHECKMULTISIG 和 OP_CHECKMULTISIGVERIFY 中使用. 这里给出密码标准中与该曲线相关的 $\mathbb{F}_p$ 上的推荐椭圆曲线参数, 使用推荐参数可使标量乘法等运算效率显著提高, 同时也可以降低算法中存在后门的风险. 据说美国国家安全局(NSA)密码标准推荐的另外一条伪随机曲线 secp256r1 的参数由一个秘密随机种子生成, 是 NSA 精心选取的, NSA 知道该曲线的弱化方法, 选用 secp256k1 曲线则躲过 NSA 设置的后门.

基于 secp256k1 的 ECDSA 方案在实际区块链场景中实现时仍然需要十分谨慎. 首先由于 secp256k1 不具有数理完备性, 在实现算法时容易在边界情况下产生错误的结果. 其次 ECDSA 方案存在私钥泄露的风险, 比如随机数泄露、随机数重用均会导致签名使用的私钥被泄露. 此外, ECDSA 对每一笔交易输入都需要进行一次签名, 对于有多笔输入的交易者并不友好, 需要支付给矿工的手续费很高昂.

### 4.2.2 Schnorr 数字签名方案

Schnorr 数字签名方案于 1989 年由德国密码学家 C. P. Schnorr 提出[91], 它在 ElGamal 数字签名方案的基础上利用 Fiat-Shamir 变换进行了改进. Schnorr 签名算法很高效[92], 签名长度较小, 而且, 当多方使用多个密钥对同一条消息进行 Schnorr 签名时, 可以将各方生成的签名合并为一个签名. 因此, 比特币社区核心成员 P. Wuille、J. Nick 和 T. Ruffing 在比特币改进提案 BIP 340①中提出, 由于可证明安全、非延展性和线性组合的优点, 推荐使用 secp256k1 曲线上的 Schnorr 签

① https://github.com/bitcoin/bips/blob/master/bip-0340.mediawiki，BIP 340 Schnorr 签名提案，访问时间 2022 年 9 月 14 日.

名代替现有的 ECDSA 方案.

据估计, Schnorr 签名将使比特币中签名的空间占用至少减少 25%. 这可用于显著降低多重签名支付和其他多重签名相关交易的交易单大小, 例如闪电网络等区块链应用.

Schnorr 数字签名方案如图 4.3 所示. Schnorr 签名使用哈希函数计算消息 $m$ 与随机数发生器 KG 链接, 计算哈希值 $c = H(m \| g^k)$, 然后将哈希值 $c$ 、私钥 $d$ 和随机数 $k$ 输入签名算法, 计算得到签名 $\sigma = (c,s)$. 签名验证者收到待验证的消息签名对后, 将收到的消息 $m$ 输入哈希函数, 然后与数字签名 $\sigma = (c,s)$ 和公钥 $Q$ 共同输入验签算法, 最后签名验证算法输出的哈希值与数字签名分量 $c$ 比较, 验证签名的正确性.

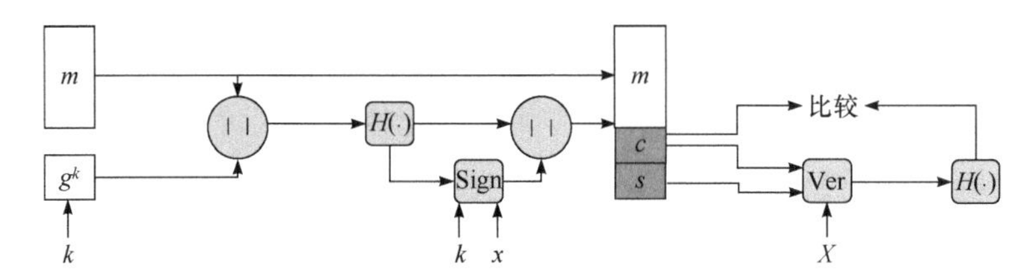


图 4.3　Schnorr 数字签名方案

Schnorr 签名过程如图 4.4 所示, 下面详细介绍 Schnorr 签名.

### 1. 系统参数与密钥生成算法

基本的 Schnorr 签名在模大素数的有限域上实现. 相对于椭圆曲线上加法群元素, 为了获得同等安全性, 模大素数域的乘法群元素占用带宽更多, 因此在区块链中, Schnorr 签名通常采用在椭圆曲线上的实现版本, 此时模大素数的乘法群由椭圆曲线上的加法群代替. Schnorr 签名与 ECDSA 兼容, 可以在 Koblitz 曲线(secp256k1 曲线)上实现. 与 ECDSA 相似, 椭圆曲线上的 Schnorr 的公共参数包含六元组 $T = (H, \mathbb{F}, a, b, g, p)$, 公私钥生成算法如下.

(1) 随机选取 $d \in [1, p-1]$.

(2) 计算 $Q = g^d$.

(3) 输出私钥 $d$、公钥 $Q$.

### 2. 签名生成算法

签名者输入消息 $m$ 和自己的私钥 $x$, 运行签名算法, 输出消息的签名 $\sigma$.

(1) 随机选取 $k \in [1, p-1]$.

(2) 计算 $r \equiv g^k \bmod q$.

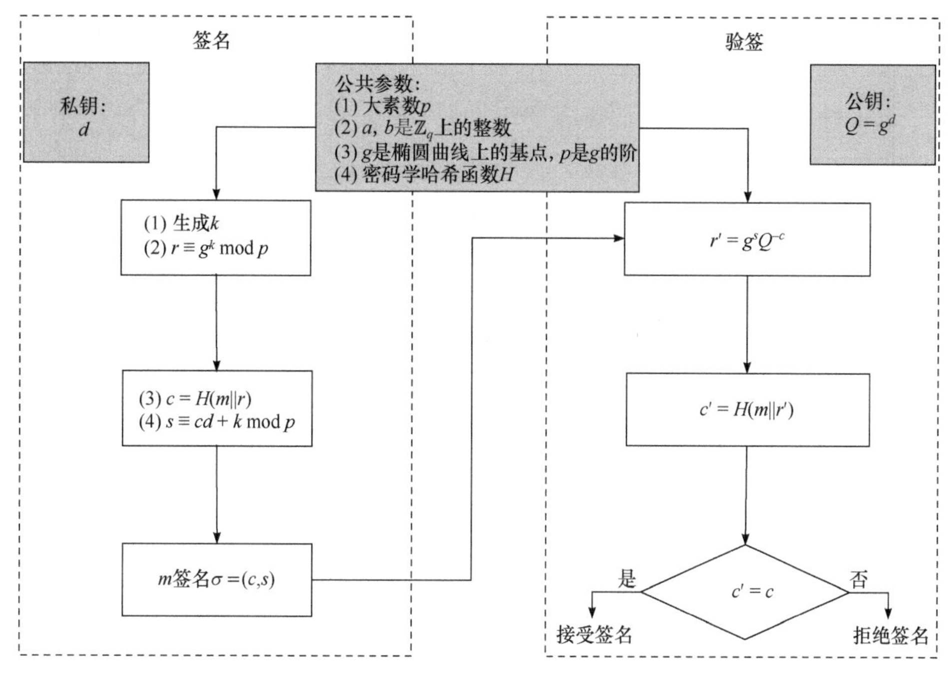


图 4.4 Schnorr 签名过程

(3) 计算 $c = H(m \| r)$.

(4) 计算 $s \equiv cd + k \bmod p$.

(5) 输出消息 $m$ 的签名 $\sigma = (c,s)$.

3. 签名验证算法

验证者输入消息签名对$(m,\sigma)$和公钥, 输出 1 或 0, 分别表示接受或拒绝签名.

(1) 计算 $r' = g^s Q^{-c}$, 若$r' = \mathcal{O}$, 返回 0.

(2) 计算 $c' = H(m \| r')$.

(3) 比较$c'$和$c$,相等则返回 1, 否则返回 0.

下面对 Schnorr 数字签名进行简要的分析.

Schnorr 数字签名中 $s$ 分量通过 $s \equiv cd + k \bmod p$ 计算得到, 根据密钥生成算法和签名算法可知

$$\begin{aligned} r' &= g^s Q^{-c} = g^{cd+k} Q^{-c} \\ &= g^{cd} g^k g^{-cd} \\ &= g^k = r \end{aligned}$$

因此有 $c' = H(m||r') = H(m||r) = c$, 即诚实签名者生成的签名一定会通过验证.

在椭圆曲线上实现的 Schnorr 数字签名安全性依赖于椭圆曲线离散对数困难问题. 如果敌手能通过公共参数 $T = (H, \mathbb{F}, a, b, g, p)$ 和公钥 $Q = g^d$ 恢复对应私钥 $d$, 那么敌手可以对其选择的任何消息伪造签名. 在 1996 年的欧洲密码会议(Eurocrypt, 简称欧密会)上, D. Pointcheval 和 J. Stern 将哈希函数建模为随机谕言机, 在离散对数困难性假设下完成了 Schnorr 签名的安全性证明. 其主要思想是假定有一个成功伪造者, 我们让谕言机回退, 使得签名伪造者对回退的谕言机重复询问得到不同的回复, 让伪造者输出两个不同的伪造签名, 然后通过两个伪造的签名可以计算出公钥的离散对数, 从而导致矛盾, 因此成功伪造者不可能存在, 方案是安全的. 上述 D. Pointcheval 和 J. Stern 的证明中, 安全性依赖于谕言机的访问次数, 伪造者可以进行大量谕言机询问来降低安全性. 谕言机的访问次数对于安全性的影响一直是学界关注的问题. 在 2005 年亚密会上的 P. Paillier 和 D. Vergnaud, 2008 年美密会上的 S. Garg, R. Bhaskar 和 S. V. Lokam[44]以及 2012 年欧密会上的 Y. Seurin 都对这一问题进行了讨论.

与 ECDSA 类似, 在实现 Schnorr 数字签名时也要避免随机数重用. 如果两个不同的消息(哈希值为 $c_1$和$c_2$)的签名 $s_1$ 和 $s_2$, 使用相同的随机数 $k$ 和密钥对 $(d, Q)$, 可以通过 $s_2 - s_1 = -d(c_2 - c_1)$ 计算得到签名用的私钥 $d$.

目前, Schnorr 签名算法已经正式在比特币社区得到支持, 不少区块链系统陆续转用这一隐私性及扩展性更好的签名方案. 除了签名更短之外, Schnorr 签名还支持签名聚合和公钥隐藏. 这里的签名聚合是指多个签名者可以协作对同一消息运行签名算法, 最后得到一个签名, 可以通过多个签名者的公钥聚合后得到的公钥进行验证, 这样协作产生的签名和拥有聚合公钥对应私钥的签名者产生的签名不可区分, 这让 Schnorr 签名可以在多笔交易输入时大幅降低签名的大小, 很好地原生支持多重签名方案的设计. 公钥隐藏或钱包地址隐藏是指第三方可以对签名者的公钥进行随机化, 签名者仍然可以用原来的私钥签名, 生成的签名可以用随机化后的公钥验证. 这在实践中非常有用, 门罗币[83]即利用了这个性质提供转账交易接收者的匿名保护, 例如, 商家可以在网上公开其公钥作为收款地址, 付款人获得收款地址后将其随机化并付款给随机化后的公钥地址, 这样不影响收款人验证是否成功收款, 也不影响收款人后续使用该笔收入, 但在链上其他人看不到收款人原来公布的收款地址, 从而为收款人提供匿名保护.

### 4.2.3　EdDSA 数字签名方案

爱德华兹曲线数字签名算法(Edwards-curve digital signature algorithm, EdDSA)

是由 D. J. Bernstein 等提出的一种安全高效的 DSA 实现，是 Schnorr 签名在爱德华兹(Edwards)曲线上的一种变体[56]. 常见的 Edwards 曲线实例有 Ed25519、Ed448 等. 下面介绍 EdDSA 方案.

1. 系统参数与密钥生成算法

EdDSA 采用特别的编码方式，记作 $\overline{A}=\mathrm{ENC}(A)$. EdDSA 编码将椭圆曲线用小端格式编码成长度为 $b$ 比特的字符串，椭圆曲线点$(x,y)$将 $y$ 以小端格式编码为$(b-1)$比特. 若 $x$ 为负，最后一位为 1; 若 $x$ 不为负，最后一位为 0. 根据签名参数和编码方式, EdDSA 的密钥生成算法如下.

(1) 随机生成长度为 $b$ 的二进制数 $k$ 作为私钥.

(2) 计算私钥 $k$ 的哈希值 $h=H(k)$.

(3) 计算 $a=2^n+\sum_{c\leqslant i\leqslant n-1}2^i h_i$.

(4) 计算 $A=(x_A,y_A)=B^a$.

(5) 计算 $A$ 的小端格式编码 $\overline{A}=\mathrm{ENC}(A)$.

(6) 输出公私钥对 $(\overline{A},k)$.

我们以区块链中常用的 Ed25519 扭曲爱德华兹曲线为例，详细参数如表 4.3 所示.

**表 4.3 EdDSA 参数**

| 参数 | 描述 | Ed25519 中实例 |
| --- | --- | --- |
| $q$ | 有限域大小 $q$ | $2^{255}-19$ |
| $n$ | 向量长度为$(n+1)$比特 | 254 |
| $b$ | 公钥比特长度 $2^{b-1}>q$ | 256 |
| $a$, $d$ | 有限域中曲线参数 | −1, −121665/121666 |
| $B$ | $E$ 中素数域子群的基点 | $(x,4/5)$ $x>0$ |
| $c$ | 曲线辅助因子 | 3 |
| $L$ | 基点 $B$ 的阶$(LB=0)2^cL=\|E\|$ | $2^{252}$+27742…8493 |
| $H$ | 安全哈希函数的输出长度为 $2b$ 比特 | SHA512 |
| $E$ | 曲线 | $x^2+y^2=1+dx^2y^2$ |

### 2. 签名生成算法

签名者输入消息 $m$ 和自己的私钥 $k$, 运行签名算法, 输出消息的签名 $\sigma$.

(1) 根据消息 $m$ 计算随机数 $r = H(h_b, \cdots, h_{2b-1}, m) \in \{0, \cdots, 2^{2b} - 1\}$.

(2) 计算随机数对应的点 $R = B^r$.

(3) 计算签名 $S \equiv (r + H(\bar{R} \| \bar{A} \| m)a) \bmod L$

(4) 输出消息 $m$ 的签名 $\sigma = (\bar{R}, \bar{S})$.

### 3. 签名验证算法

(1) 由 $\bar{A}, \bar{R}$ 解码得 $A, R$, 若 $A \notin E$ 或 $R \notin E$ 或 $S \notin \{0, 1, \cdots, L-1\}$, 则拒绝签名.

(2) 计算哈希函数 $H(\bar{R} \| \bar{A} \| m)$.

(3) 判断 $B^{2^c s} = R^{2^c} A^{2^c H(\bar{R} \| \bar{A} \| m)}$ 是否成立. 若成立, 接受签名; 否则, 拒绝签名.

下面对 EdDSA 进行简单的分析.

EdDSA 的 $\bar{S}$ 分量通过 $S \equiv (r + H(\bar{R} \| \bar{A} \| m)a) \bmod L$ 计算得到

$$
\begin{aligned}
B^S &= B^{(r + H(\bar{R} \| \bar{A} \| m)a)} \\
&= B^r B^{H(\underline{R} \| \underline{A} \| m)a} \\
&= RA^{H(\underline{R} \| \underline{A} \| m)} \\
&= R^{2^c} A^{2^c H(\underline{R} \| \underline{A} \| m)}
\end{aligned}
$$

因此, 诚实的签名者生成的签名一定会通过验证.

EdDSA 在保证安全性的基础上具有速度快、密钥较短等优点. EdDSA 在签名过程中实际使用了密码学哈希函数来代替传统 Schnorr 算法中的伪随机数发生器, 使得一些由于算法采用的随机数生成器不够随机化生成的安全问题得以避免. 另外, 在整个签名和验签过程中, 除了生成私钥的步骤, 其余部分均无须依赖随机数发生器, 从而直接在签名机制内原生避免了因为随机化失效导致密钥泄露的安全性问题, 也避免了同一笔交易两次签名不同被误认为双重花费等潜在安全问题.

由于 EdDSA 的签名机制特性良好, 许多区块链项目(包括 Cosmos、Monero、Zcash 等)采纳了这一数字签名方案, 且选择了其在设计机制透明的 Curve25519 曲线上的实例 Ed25519 签名实现. 根据 RFC8032, 此实例具有 128 比特安全强度, 设计者称在此条件 Ed25519 可以达到 10 万/秒的签名速度和 7 万/秒的验签速度.

### 4.2.4 我国商用数字签名算法 SM2

2010 年 12 月, 我国国家密码管理局发布《SM2 椭圆曲线公钥密码算法》公告, 其中第 2 部分发布了基于 SM2 椭圆曲线的公钥密码数字签名算法[104]. 2016 年, SM2 椭圆曲线公钥密码算法正式成为国家标准. SM2 数字签名方案如图 4.5 所示, 其中根据 ASCII 编码生成签名者身份信息的可辨识标识、部分椭圆曲线系统参数和用户公钥一起作为用户标识 $Z_A$.

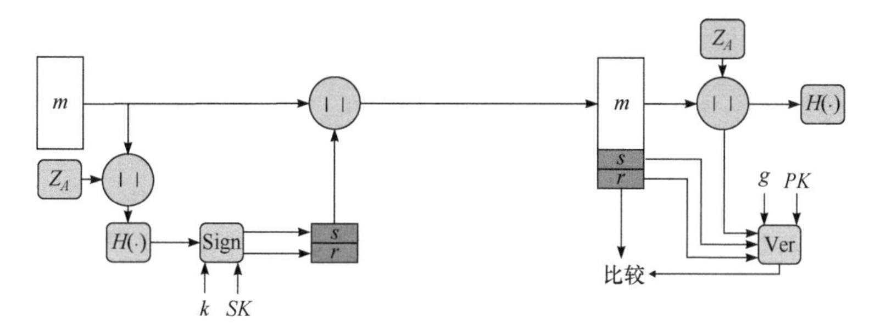


图 4.5 SM2 数字签名方案

下面简要介绍 SM2 数字签名算法.

1. 系统参数与密钥生成算法

在 GB/T 32918.2—2016 中为 SM2 签名算法推荐了两类椭圆曲线, 一种是在大素数域 GF($p$) 上的椭圆曲线, 具体曲线形式如下

$$y^2 = x^3 + ax + b$$

另一种是在二元域 GF($2^l$) 上的椭圆曲线, 具体曲线形式如下

$$y^2 + xy = x^3 + ax^2 + b$$

SM2 签名算法中使用的推荐哈希函数是 SM3 哈希算法 $H_v$,其他系统参数还包括 $a$ 和 $b$ 是如上椭圆曲线中的两个参数, $g = (x_{\mathbb{G}}, y_{\mathbb{G}})$ 为曲线上素数阶的基点, $g$ 的阶是 $p$. SM2 使用一条特定的素域中椭圆曲线, 具体参数设置请查阅 GB/T 32918.2—2016 标准附录 A.2 部分. 在上述椭圆曲线的基础上, 生成公钥和私钥的具体步骤如下.

(1) 随机选取 $d \in [1, p-1]$ 作为签名私钥.

(2) 计算私钥 $d$ 对应的公钥 $Q = g^d$.

(3) 计算公钥 $Q$ 在椭圆曲线上的解点 $(x_A, y_A)$.

(4) 输出签名公私钥对 $(Q, d)$ 和公钥解点 $(x_A, y_A)$.

SM2 签名与验签过程如图 4.6 所示.

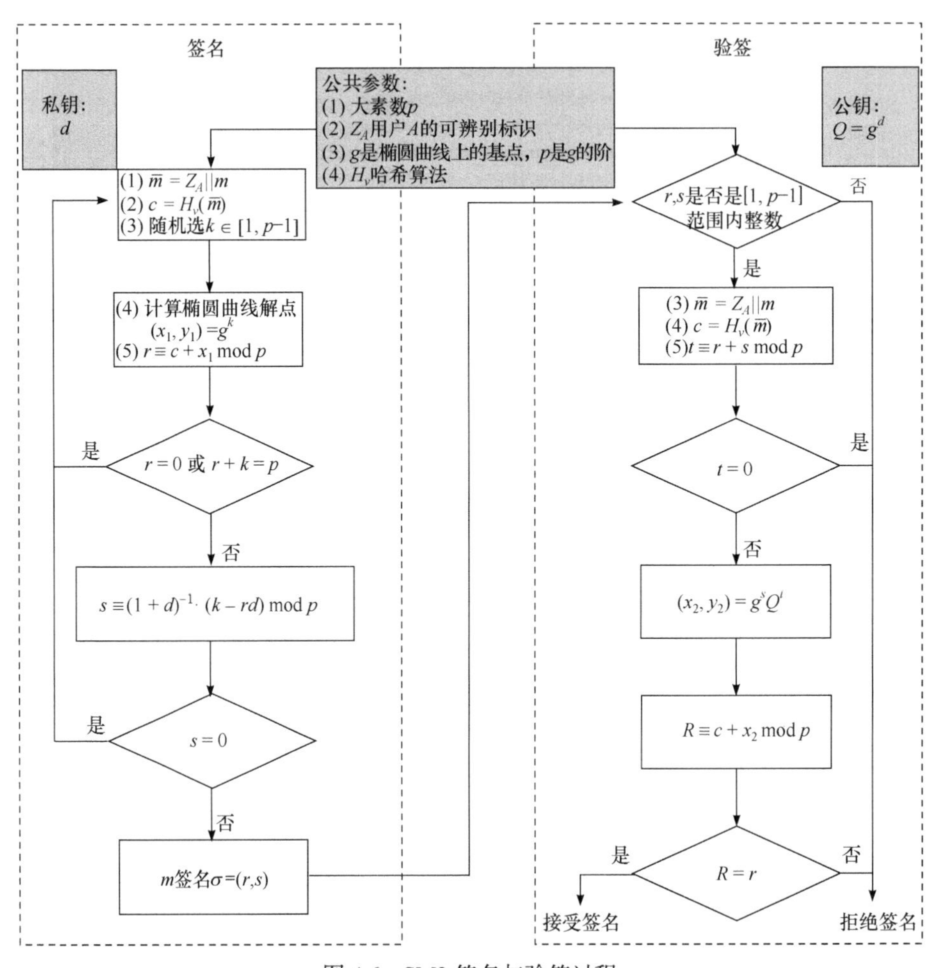


图 4.6　SM2 签名与验签过程

2. 签名生成算法

签名者预先计算可辨识标识、部分椭圆曲线系统参数和用户公钥哈希值 $Z_A = H_{256}(\mathrm{ENTL}_A \| \mathrm{ID}_A \| a \| b \| x_{\mathbb{G}} \| y_{\mathbb{G}} \| x_A \| y_A)$, 其中 $\mathrm{ID}_A$ 是用户 $A$ 可辨识标识. 签名者输入消息 $m$ 和自己的私钥 $d$, 运行签名算法, 输出消息的签名 $\sigma$.

(1) 将 $Z_A$ 和签名消息链接, 置 $\bar{m} = Z_A \| m$.

(2) 计算链接后的消息哈希值 $c = H_v(\bar{m})$.

(3) 随机选取 $k \in [1, p-1]$.

(4) 计算椭圆曲线上的解点 $(x_1, y_1) = g^k$.

(5) 计算 $r \equiv c + x_1 \bmod p$.

(6) 判断是否 $r = 0$ 或 $r + k = p$，如是则返回步骤(3).

(7) 计算 $s \equiv (1+d)^{-1} \cdot (k - rd) \bmod p$.

(8) 判断是否 $s = 0$,如是则返回步骤(3).

(9) 输出消息 $m$ 的签名 $\sigma = (r,s)$.

3. 签名验证算法

验签者收到的签名消息 $m$ 、公钥 $Q$、签名 $(r,s)$ 进行以下计算验证签名消息.

(1) 检验 $r \in [1, p-1]$ 是否成立，若不成立则验证不通过.

(2) 检验 $s \in [1, p-1]$ 是否成立，若不成立则验证不通过.

(3) 级联 $Z_A$ 和 $m$ 得到 $\bar{m} = Z_A \| m$.

(4) 计算 $c = H_v(\bar{m})$.

(5) 计算 $t \equiv r + s \bmod p$.

(6) 判断是否 $t = 0$,如是则验证不通过.

(7) 计算椭圆曲线上的解点 $(x_2, y_2) = g^s Q^t$.

(8) 计算 $R \equiv c + x_2 \bmod p$.

(9) 检验 $R = r$ 是否成立，若成立则验证通过；否则验证不通过.

下面对 SM2 数字签名进行简要的分析.

根据签名算法, SM2 数字签名的 $s$ 分量通过计算 $s \equiv (1+d)^{-1} \cdot (k - rd) \bmod p$ 得到，进一步根据签名算法和验证算法可知

$$
\begin{aligned}
g^s Q^t &= g^s Q^{(r+s)} \\
&= g^s g^{d(r+s)} \\
&= g^s g^{rd_A} g^{sd_A}
\end{aligned}
$$

$$
\begin{aligned}
g^s Q^t &= g^{s(1+d_A)} g^{rd_A} \\
&= g^{(1+d_A)^{-1}(k-rd_A)(1+d_A)} g^{rd_A} \\
&= g^{k-rd_A} g^{rd_A} \\
&= g^k
\end{aligned}
$$

因为 $(x_1, y_1) = g^k$, $(x_2, y_2) = g^s Q^t$，所以 $x_1 = x_2$. 又 $r \equiv c + x_1 \bmod p$, $R \equiv c + x_2 \bmod p$，由此可知 $r = R$,故诚实的签名者生成的签名一定可以通过验证程序.

类似于 Schnorr 数字签名，在随机谕言机模型下, SM2 数字签名的安全性基于椭圆曲线离散对数困难问题. 如果敌手可以伪造签名，那么将敌手作为黑盒子程序调用，可以从用户 $A$ 的公钥 $Q = g^d$ 中恢复签名私钥 $d$. SM2 数字签名不存在 ECDSA

和 Schnorr 签名中弱随机性. 签名准备阶段需要先计算可辨识标识、部分椭圆曲线系统参数和用户公钥组合字符串的哈希值

$$Z_A = H_{256}(\mathrm{ENTL}_A \| \mathrm{ID}_A \| a \| b \| x_g \| y_g \| x_A \| y_A)$$

伪造签名时需要提供用户 $A$ 可辨识标识 $\mathrm{ID}_A$，该标识可以提高 SM2 签名的安全性.

SM2 数字签名的 $(1+d)^{-1}$ 计算不依赖于签名信息, 可预先运算, 提高在线签名的速度. 由于 SM2 数字签名是我国商用密码标准, 具有倍点运算、软硬件实现规模小等优秀特点, 因此常用于国产区块链系统中, 如 CITA 链、趣链等.

### 4.2.5 BLS 数字签名方案

BLS 数字签名方案由密码学家 D. Boneh、B. Lynn、H. Shacham 于 2001 年提出[16], 是一种具有良好性质的高效签名方案. 方案基于双线性对和全域哈希(full-domain Hash)函数[53]实现. BLS 签名方案的设计很简洁, 得到的签名十分短小. 经过优化后的签名用压缩的序列化格式保存, 只占 33 字节. BLS 数字签名方案算法流程如图 4.7 所示.

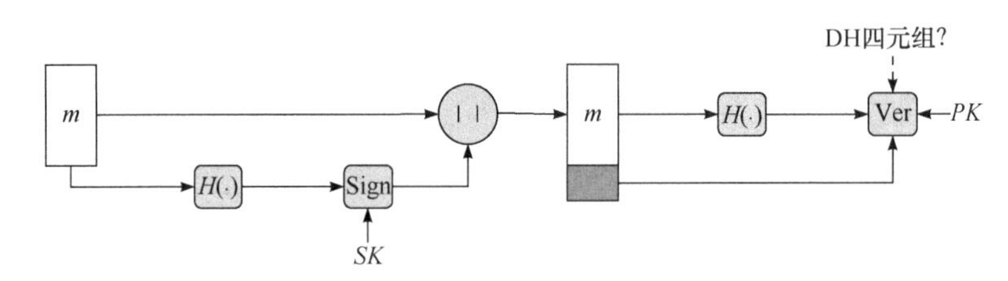


图 4.7　BLS 数字签名方案

假设 $g$ 是乘法循环群 $\mathbb{G}$ 生成元, 阶为素数 $p$. 对于 $\mathbb{Z}_p^*$ 中 $a$ 和 $b$, 给定 $(g, g^a, g^b)$, 计算 $g^{ab}$ 称作计算性 DH(computational Diffie-Hellman)问题, 简称 CDH 问题. 对于 $\mathbb{Z}_p^*$ 中 $a$, $b$ 和 $c$, 给定 $(g, g^a, g^b, g^c)$, 判断是否 $c = ab$ 称作判定性 DH(decisional Diffie-Hellman)问题, 简称 DDH 问题. 如果 $c = ab$, 则称 $(g, g^a, g^b, g^c)$ 为 DH 四元组. 如果群 $\mathbb{G}$ 上 CDH 问题困难但 DDH 问题是容易的, 则称 $\mathbb{G}$ 为有隙 DH(gap Diffie-Hellman, GDH)群, 简称 GDH 群.

在密码学实践中, 通常用超奇异椭圆曲线上的点的加法群作为 GDH 群的实例. BLS 数字签名方案即在 GDH 群 $\mathbb{G}$ 上实现, 具体地, 群 $\mathbb{G}$ 上可以定义双线性映射 $e: \mathbb{G} \times \mathbb{G} \to \mathbb{G}_T$. 由于加法群和乘法群是同构的, 因此对于椭圆曲线上点的加法群 $\mathbb{G}$ 和普通数域非零元素构成的乘法群 $\mathbb{G}_T$ 上的群运算, 我们统一用乘法表示. 群 $\mathbb{G}$ 上的双线性映射 $e$ 具有以下性质.

(1) 双线性: 对于任意 $g_1, g_2 \in \mathbb{G}$, 任意 $a$, $b \in \mathbb{Z}_p^*$, 有下列等式成立.

$$e(g_1^a, g_2^b) = e(g_1, g_2)^{ab}$$

(2) 非退化性: 对于任意非单位元 $g, g' \in \mathbb{G}$, 有 $e(g, g') \neq 1_{\mathbb{G}_T}$.

(3) 可计算性: 任意 $g \in \mathbb{G}$, $g' \in \mathbb{G}$, 双线性映射 $e(g, g')$ 可以高效计算.

下面介绍 BLS 数字签名方案. BLS 签名方案中将用到全域哈希函数 $H:\{0,1\}^* \to \mathbb{G}^*$, 将输入任意消息经哈希映射到 GDH 群 $\mathbb{G}$ 中的元素. BLS 数字签名过程如图 4.8 所示, 具体过程如下.

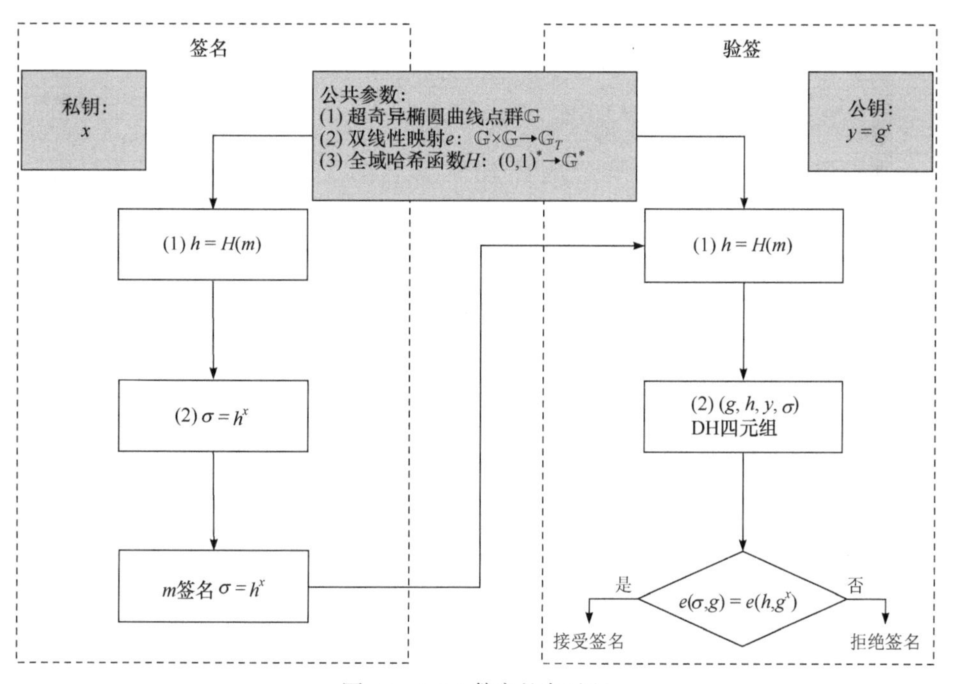


图 4.8 BLS 数字签名过程

1. 系统参数与密钥生成算法

(1) 随机选取 $x \in \mathbb{Z}_p^*$ 作为私钥, 其中 $p$ 为素数.

(2) 计算私钥 $x$ 对应的公钥 $y = g^x$.

(3) 输出公钥 $y$ 和私钥 $x$.

2. 签名生成算法

签名者输入消息 $m$ 和自己的私钥 $x$, 运行签名算法, 输出消息的签名 $\sigma$.

(1) 计算全域哈希值 $h = H(m)$.

(2) 计算签名 $\sigma = h^x$.

(3) 输出消息 $m$ 的签名 $\sigma$.

3. 签名验证算法

验证者输入消息签名对 $(m,\sigma)$ 和公钥, 输出 1 或 0, 分别表示接受或拒绝签名. 验证者判断 $(g,y,h,\sigma)$ 是否为 DH 四元组, 具体地,

(1) 计算全域哈希值 $h = H(m)$;

(2) 判断 $e(\sigma,g) = e(h,y)$ 是否成立, 如果是则输出 1, 否则输出 0.

下面对 BLS 数字签名进行简要分析. 根据签名算法和双线性映射性质, 可知

$$e(\sigma,g) = e(h^x,g) = e(h,g^x) = e(h,y)$$

因此诚实的签名者生成的签名一定会通过验证.

在随机谕言机模型下, 可以证明 BLS 签名在适应性选择消息攻击(adaptive CMA)下是存在性不可伪造的(existenially unforgeable). 假设存在一个适应性选择消息攻击敌手 $\mathcal{F}$ 可以成功进行存在性签名伪造, 那么可以调用算法 $\mathcal{F}$ 构造一个算法 $\mathcal{A}$ 攻破群 $\mathbb{G}$ 的 CDH 假设. 算法 $\mathcal{A}$ 使用一个 CDH 挑战 $(g,g^a,g^b)$ 为敌手 $\mathcal{F}$ 构造一个 BLS 签名公钥. 敌手 $\mathcal{F}$ 可以对哈希函数谕言机和数字签名谕言机进行询问, 这些谕言机由算法 $\mathcal{A}$ 掌控, 最终敌手 $\mathcal{F}$ 伪造的有效签名被算法 $\mathcal{A}$ 用于构造出对 CDH 挑战的解答. 由于 CDH 问题是困难的, 因此这样的算法 $\mathcal{A}$ 不存在, 从而这样的敌手 $\mathcal{F}$ 也不会存在, 因而方案是不可伪造的. 参考上述证明思路, 读者可以自行完成 BLS 数字签名方案的形式化安全性证明.

BLS 数字签名具有一些良好的性质, 譬如可以高效地支持多重签名(4.3 节)、聚合签名(4.4 节)、门限签名(4.5 节)等. DFINITY 区块链使用 BLS 门限签名方案作为随机数生成器关键组件, 使得随机数生成过程不可操控、无法串谋预测且可公开验证, 保证 DFINITY 区块链领导者选举与共识的公平性和安全性.

### 4.2.6　CL 数字签名方案

CL 数字签名方案由密码学家 J. Camenisch 和 A. Lysyanskaya 于 2002 年提出[22], 签名者可以在不知道消息的情况下对消息签名, 而且签名接收者可以对签名随机化, 使得随机化后的签名仍然是该消息的有效签名. 与盲签名不同的是, 签名请求者不是对签名者返回的签名进行脱盲而是进行再随机化, 要求再随机化后的签名仍然可以用签名者的公钥验证[21]. CL 数字签名方案可用作设计匿名增强的密码协议的组件, 可以实现群签名或匿名证书管理(身份托管). CL 数字签名方案同样基于椭圆曲上的双线性映射, 签名与验证流程如图 4.9 所示.

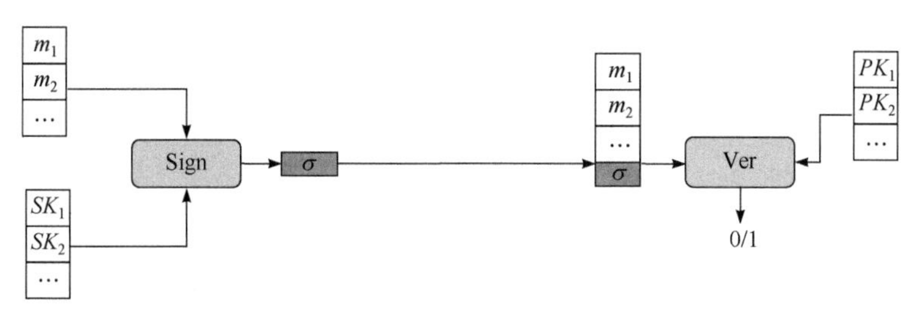


图 4.9 CL 数字签名方案

下面简要介绍 CL 数字签名方案.

1. 系统参数与密钥生成算法

(1) 初始化双线性映射参数 $(p,\mathbb{G},g,e)$, 其中双线性映射 $e:\mathbb{G}\times\mathbb{G}\to\mathbb{G}_T$, $g\in\mathbb{G}$ 为 $\mathbb{G}$ 的生成元, 素数 $p$ 为有限循环群 $\mathbb{G}$ 的阶.

(2) 随机选取 $x\leftarrow\mathbb{Z}_p^*$ 和 $y\leftarrow\mathbb{Z}_p^*$, 计算 $X=g^x,Y=g^y$.

(3) 输出公钥 $PK=(p,\mathbb{G},g,e,X,Y)$ 和私钥 $SK=(x,y)$.

2. 签名生成算法

签名者输入消息 $m$ 和自己的私钥 $SK$, 运行签名算法, 输出消息的签名 $\sigma$.

(1) 随机选取 $A\in\mathbb{G}$;

(2) 计算 $\sigma_0=A$, $\sigma_1=A^y$, $\sigma_2=A^{x+mxy}$;

(3) 输出消息 $m$ 的签名 $\sigma=(\sigma_0,\sigma_1,\sigma_2)$.

3. 签名验证算法

验证者输入消息签名对 $(m,\sigma)$ 和公钥 $PK=(p,\mathbb{G},g,e,X,Y)$, 输出 1 或 0, 分别表示接受或拒绝签名.

(1) 解析签名得到分量 $\sigma=(\sigma_0,\sigma_1,\sigma_2)$.

(2) 验证 $e(g,\sigma_1)=e(Y,\sigma_0)$, $e(g,\sigma_2)=e(X,\sigma_0{\sigma_1}^m)$, 如果同时成立, 输出 1, 否则输出 0.

下面对 CL 签名进行简单的分析. 根据签名和验证算法可知

$$e(g,\sigma_1)=e(g,A^y)=e(g^y,A)=e(Y,\sigma_0)$$

$$e(g,\sigma_2)=e(g,A^{x+mxy})=e(g^x,A^{1+my})=e(X,A(A^y)^m)=e(X,\sigma_0{\sigma_1}^m)$$

因此, 诚实的签名者生成的签名一定会通过验证. CL 数字签名过程如图 4.10 所示.

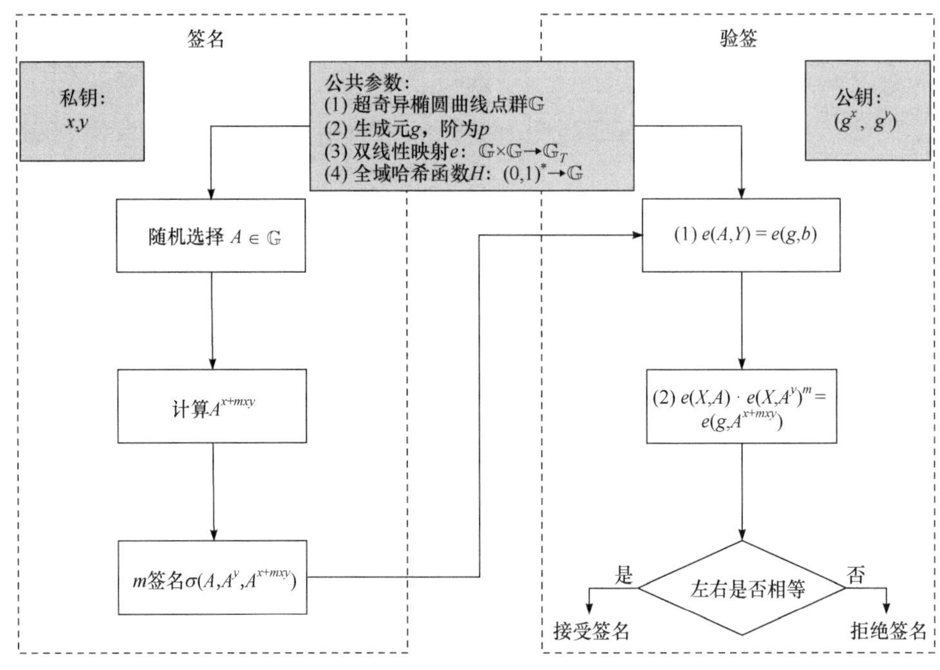


图 4.10　CL 数字签名过程

CL 签名的安全性依赖于 LRSW 假设, 该假设由密码学家 A. Lysyanskaya, R. L. Rivest, A. Sahai 等提出[71]. 在 LRSW 假设中, 假定 $\mathbb{G}=\langle g\rangle$ 是一个有限循环乘法群, $X,Y\in\mathbb{G}$, $X=g^x$, $Y=g^y$. 令 $\mathcal{O}_{\mathcal{X},\mathcal{Y}}(\cdot)$ 是一个谕言机, 输入一个询问 $m\in\mathbb{Z}_p^*$, 对于任意选取的 $A\in\mathbb{G}$, 输出一个三元组 $\sigma=(A,A^y,A^{x+mxy})$. 对于任意多项式敌手 $\mathcal{A}$, 下列等式成立的概率是可忽略的, 其中 $Q$ 是一系列多项式敌手 $\mathcal{A}$ 对于谕言机 $\mathcal{O}_{\mathcal{X},\mathcal{Y}}(\cdot)$ 的询问.

$$\begin{aligned}\Pr\Big[&(p,\mathbb{G},g,e)\leftarrow \mathrm{Setup}(1^k);x\leftarrow\mathbb{Z}_p;y\leftarrow\mathbb{Z}_p;z\leftarrow\mathbb{Z}_p;X=g^x;Y=g^y;\\&(m,\sigma_0,\sigma_1,\sigma_2)\leftarrow\mathcal{A}^{\mathcal{O}_{\mathcal{X},\mathcal{Y}}(\cdot)}(p,G,g,e,X,Y):m\notin Q\wedge m\in\mathbb{Z}_p\wedge m\neq 0\\&\wedge\sigma_0\in\mathbb{G}\wedge\sigma_1=\sigma_0^y\wedge\sigma_2=\sigma_0^{x+mxy}\Big]\end{aligned}$$

在上述 LRSW 假设的基础上, 容易证明 CL 签名的安全性. 首先考虑签名者有限度地配合敌手 Cary, 使得敌手可以对消息 $m$ 输出一个正确的签名 $\sigma$, 此时签名者起到了谕言机 $\mathcal{O}_{\mathcal{X},\mathcal{Y}}(\cdot)$ 的作用. 为了证明 CL 签名的安全性, 必须保证伪造签名 $\sigma=(\sigma_0,\sigma_1,\sigma_2)$ 能够通过签名验证算法, 这意味着 $\sigma_1=\sigma_0^y$ 和 $\sigma_2=\sigma_0^{x+mxy}$ 两个关系需要成立. 由于 $g$ 是生成元, 总可以令 $\sigma_0=g^\alpha$, $\sigma_1=g^\beta$, $\sigma_2=g^\gamma$, 那么 $\beta/\alpha=y$ 并且 $\gamma/\alpha=x+mxy$. 根据验证算法, $e(g,g)^\beta=e(g,g^\beta)=e(g,\sigma_1)=e(Y,\sigma_0)=$

$e(g^y,\sigma_0)=e(g,g^\alpha)^y=e(g,g)^{\alpha y}$，得到 $\beta/\alpha=y$，因此关系 $\sigma_1=\sigma_0^y$ 成立. 再次根据验证算法，$e(X,\sigma_0)e(X,\sigma_1)^m=e(g,\sigma_2)$，可知 $e(g,g)^{x\alpha}e(g,g)^{mx\beta\alpha}=e(g,g)^r$，即 $e(g,g)^{x\alpha+mx\beta\alpha}=e(g,g)^r$，由此可以得到 $r/\alpha=x+mxy$，因此关系 $\sigma_2=\sigma_0^{x+mxy}$ 成立. 这意味着我们得到了一个 LRSW 的解，与 LRSW 假设冲突，根据 LRSW 假设，任意多项式敌手伪造合法签名的概率是可忽略的.

4. CL 数字签名推广

基本的 CL 数字签名只能对一条消息 $m\in\mathbb{Z}_p^*$ 进行签名，CL 数字签名也可以推广至对消息块 $(m_1,\cdots,m_\ell)$ 的签名. 此时密钥参数需要做适当的修改，随机选取 $x\leftarrow\mathbb{Z}_p$ 和 $(y_1,\cdots,y_\ell)\leftarrow\mathbb{Z}_p^\ell$，私钥为 $SK=(x,y_1,\cdots,y_\ell)$，公钥为 $PK=(p,\mathbb{G},g,e,X,Y)$，其中 $Y=\{g^{y_1},\cdots,g^{y_\ell}\}$. 读者可以据此写出相应的签名算法和验证算法.

基本的 CL 数字签名方案中签名请求者需要将消息 $m\in\mathbb{Z}_p^*$ 出示给签名者. 可以将 CL 数字签名推广至对消息的幂指数承诺 $M=g^m$ 进行签名. 进一步对密钥参数稍作修改，假定私钥 $SK=(x,y,z)\leftarrow\mathbb{Z}_p^3$ 和公钥 $PK=(p,\mathbb{G},g,h,e,X,Y,Z)$，其中 $X=g^x,Y=g^y,Z=g^z$，$g,h$ 为 $\mathbb{G}$ 的独立生成元，还可以将 CL 数字签名推广至对消息的 Pedersen 承诺 $M=g^mh^r$（详见 5.3.2 节）进行签名，其中 $r\in\mathbb{Z}_p^*$ 为一个随机数. 同样作为练习，读者可以尝试给出相应的签名算法和验证算法.

CL 数字签名方案支持对一个秘密承诺发布签名，具有类似于盲签名的性质，签名请求者仅向签名者提供包含在凭证中的属性值的承诺，获得签名后通过有效的零知识证明来证明签名的所有权，而不暴露秘密消息，甚至不需披露签名本身[85]. 在 Hyperledger fabric 区块链中，Idemix 组件(6.3 节)利用 CL 数字签名实现多个消息签名和“盲”签名特性[87]，在保护身份隐私的同时实现对用户多个身份属性的认证与属性更新.

## 4.3 多重签名

区块链主要利用数字签名实现交易参与方身份认证、交易数据完整性验证和交易不可否认等基本功能. 在基本功能的基础上，区块链系统还面临着存储空间扩容、复杂支付策略、隐私保护增强等需求，这往往需要具有特殊功能的数字签名的支持. 下面介绍多重签名、聚合签名、门限签名等具有特殊功能的数字签名.

多重签名(multi-signatures)是指 $n$ 个参与方独立生成自己的密钥对[77]，之后所有参与方对同一个消息 $m$ 进行签名[10]，输出的对消息的签名 $\sigma$ 使得验证者确信所有参与者都对消息 $m$ 进行了签名[54]，最终多重签名消息的长度应该独立于签名参与方的数量 $n$. 在区块链中，多重签名可用于减少交易单的带宽占用[88]. G. Maxwell 等提出了一种基于 Schnorr 签名的多重签名方案[74]，该方案能够降低需多方签名的比特币交易单的数据规模.

### 4.3.1　多重 Schnorr 签名算法

下面介绍 G. Maxwell 等基于 Schnorr 签名的多重签名算法.

1. 系统参数与密钥生成算法

(1) 初始化群参数 $(n,\ell,p,\mathbb{G},g,H_0,H_1)$，其中 $n$ 是多重签名的签名者数量，$p$ 是 $\ell$ 比特素数，$\mathbb{G}$ 是阶为 $p$ 的循环群，$g\in\mathbb{G}$ 为生成元，$H_0$, $H_1$: $\{0,1\}^*\to\{0,1\}^\ell$ 为两个哈希函数.

(2) 每个签名者随机选取私钥 $x_i\leftarrow\mathbb{Z}_p$，计算公钥 $X_i=g^{x_i}$, 其中 $i\in\{1,\cdots,n\}$.

(3) 输出公钥列表 $PK=(X_1,\cdots,X_n)$，所有私钥列表 $SK=(x_1,\cdots,x_n)$，每个签名者独自秘密持有自己的私钥 $x_i$.

2. 签名生成算法

每个签名者输入消息 $m$ 和自己的私钥 $x_i$，协作运行签名算法，输出消息的签名 $\sigma$.

(1) 对于消息 $m$，每个签名者 $i\in\{1,\cdots,n\}$，计算 $a_i=H_0(PK,X_i)$, 聚合得到多重签名公钥 $X=\prod_{i=1}^n X_i^{a_i}$.

(2) 每个签名者 $i\in\{1,\cdots,n\}$ 随机选取 $r_i\leftarrow\mathbb{Z}_p$，计算并发送 $R_i=g^{r_i}$ 给所有其他签名参与者.

(3) 每个签名者收到 $R_1,\cdots,R_n$, 计算

$$R=\prod_{i=1}^n R_i$$

$$c=H_1(X,R,m)$$

$$s_i\equiv r_i+ca_ix_i \bmod p$$

(4) 每个签名者将 $s_i$ 发送给所有其他签名参与者.

(5) 每个签名者收到 $s_1,\cdots,s_n$，计算 $s=\sum_{i=1}^n s_i \bmod p$.

(6) 输出消息 $m$ 的签名为 $\sigma=(c,s)$.

3. 验证算法过程

验证者输入消息签名对$(m, \sigma)$和公钥集合$PK = \{X_1 = g^{x_1}, X_2 = g^{x_2}, \cdots, X_n = g^{x_n}\}$, 输出 1 或 0, 分别表示接受或拒绝签名.

(1) 解析得到签名分量$\sigma = (c, s)$.

(2) 对于$i \in \{1, \cdots, n\}$, 验证者计算

$$a_i = H_0(PK, X_i), \quad X = \prod_{i=1}^{n} X_i^{a_i}, \quad R' = g^s X^{-c}, \quad c' = H_1(X, R', m)$$

(3) 比较$c' = c$. 如果相等, 则输出 1; 后者输出 0.

### 4.3.2 多重 Schnorr 签名正确性分析

要证明多重 Schnorr 签名的正确性, 需要证明如果所有的签名者诚实地参与协作签名, 那么生成的签名一定能通过验证. 根据签名算法和验证算法可知

$$R' = g^s X^{-c} = g^{\sum_{i=1}^{n} s_i} X^{-c} = g^{\sum_{i=1}^{n} r_i + c a_i x_i} X^{-c} = g^{\sum_{i=1}^{n} r_i + c a_i x_i} \left( \prod_{i=1}^{n} X_i^{a_i} \right)^{-c}$$

$$= g^{\sum_{i=1}^{n} r_i} g^{\sum_{i=1}^{n} c a_i x_i} \prod_{i=1}^{n} X_i^{-c a_i} = R g^{\sum_{i=1}^{n} c a_i x_i} g^{\sum_{i=1}^{n} - c a_i x_i} = R$$

因此有$c' = H_1(X, R', m) = H_1(X, R, m) = c$, 故如果所有签名者诚实地参与协作签名, 生成的多重签名一定会通过验证.

多重签名需要考虑到流氓密钥攻击(rogue-key attacks)[5]. 恶意敌手可以精心选取自己的公钥并发送给诚实用户, 从而使得敌手可以伪造有效签名, 但敌手并不知道该签名对应的私钥[4]. 为了抵抗这种攻击, 一种方法是附加零知识证明, 让其他签名者确信公钥提供者拥有该公钥对应的私钥[59]; 另一种方法是与上述 Schnorr 多重签名方案中类似的公钥聚合方式. 基于 Schnorr 的多重签名方案需要在签名者之间进行三轮交互[35], J. Nick 等在 2020 年国际计算机学会计算机和通信安全国际会议(ACM Conference on Computer and Communications Security, ACM CCS)上提出通过确定性随机数的 MuSig-DN[81]和 2021 年美密会上通过随机数列表的方式实现了两轮多重签名 MuSig-2[82], 读者可查阅相关论文.

2018 年, 亚密会上 D. Boneh, M. Drijvers 和 G. Neven 基于 BLS 签名提出了一种紧凑的多重签名方案[14], 在签名者生成 BLS 签名系统参数和各自的公私钥后, 得到聚合签名公钥 $PK = \prod_{i=1}^{n} (PK_i)^{a_i}$, 签名计算 $s_i = H_0(m)^{a_i \cdot sk_i}$, 其中, $a_i = H_1(pk_i, (pk_1, \cdots, pk_n))$. 签名者发送$s_i$给签名聚合者, 签名聚合者收到签名者独立的签名后聚合得到最终的签名$\sigma = \prod_{j=1}^{n} s_j$. 验证者验证$e(H_0(m), PK) = e(\sigma, g_2)$

是否成立. 如果成立则接受多重签名, 否则拒绝接受. BLS 多重签名有一个有用的特点, 即验证者可选取一个子集加以聚合, 得到关于该签名者子集的多重签名, 这在一些场景中很有用[93].

在应用中, 有学者提出将签名者按特定方式组织起来, 以减少多重签名中汇聚签名的开销. 2016 年, Syta 等提出基于 Merkle 树的汇集签名(collective signature, Cosi), 将签名的密钥作为 Merkle 树的叶子节点进行预先承诺[101]. 使用 Merkle 树根作为聚合的签名密钥, 签名验证中同时包括 Merkle 树路径证明. Cosi 有效地将签名者之间的通信和计算成本分摊在 Merkle 树中.

### 4.3.3 多重签名在区块链中的应用

一些区块链系统支持多输入的交易, 每一个输入都需要签名背书. 在区块链交易验证时, 签名大小和签名验证开销是区块链扩展性的主要限制因素之一. 高效的多重签名有助于缓解这类限制. 比特币脚本支持聚合签名和对应多重签名, 交易的解锁脚本由多重签名控制. 多重签名的解锁脚本需要所有多重签名的公钥, 上述方案首先将公钥聚合, 使得解锁脚本变得更小, 验证的计算量更低[62].

在区块链可扩展抗偏置(bias-resistant)的分布式随机源研究中, RandHerd 使用 Cosi 多重签名方式对消息签名, 分布式地生成伪随机数. Byzcoin 中使用 Cosi 多重签名对 PBFT 共识消息进行聚合[61], 降低 PBFT 共识消息验证和轻量级节点验证交易的开销[62]. 在 2020 年的 USENIX Security 会议上, DFINITY 区块链团队的 M. Drijvers 等提出基于层级身份基加密的多重签名 Pixel[36], 相较于基于 BLS 类的多重签名方案还可以提供前向安全特性, 签名者可以随着时间的推移生成新的密钥, 完成 BFT 类共识区块的多重签名生成与验证, 降低通信和计算开销的同时, 提高共识的安全性.

## 4.4 聚合签名

聚合签名(aggregate signatures)能够将多个不同签名者产生的多个签名聚合成一个签名. 与多重签名由多个签名者协作对同一消息签名不同, 聚合签名可以将 $n$ 个签名者对 $n$ 个消息的签名压缩成一个签名, 理想情况下聚合签名的长度等于单个签名的长度, 通常也不需要签名者交互协作. 验证者仅需验证聚合后的签名即可确认所有签名的有效性, 无须逐个验证原始的签名, 只需在聚合后签名验证不通过时才返回验证原始的签名.

聚合签名能够有效节省签名传输、存储和验证开销, 是一种应用范围比较广、实用价值比较高的签名方案[2]. 聚合签名可以分为顺序聚合签名(sequential aggregate signatures, SAS)和常规聚合签名(general aggregate signatures, GAS), 前者要求不同签名者按顺序对收到的签名进行聚合后再生成自己的签名以便后续的签名者聚合验证[74], 后者允许多个签名者独立生成签名后由验证者进行聚合验证. 2003 年, D. Boneh、C. Gentry、B. Lynn 等基于 BLS 短签名提出首个聚合签名方案[15]. 在 2004 年欧密会上, A. Lysyanskaya 等在 RSA 假设下基于陷门置换提出一种顺序聚合签名方案[71]; 在 2006 年欧密会上, S. Lu 等基于 Waters 签名提出一种无须随机谕言机的顺序聚合签名[69]. 顺序聚合签名的顺序特性可用于 PKI 认证中天然支持数字证书链. 下面以高效的 BLS 聚合签名方案为例, 介绍聚合签名及其在区块链中的应用.

### 4.4.1 BLS 聚合签名

在 4.2.4 节我们已经介绍过 BLS 签名, 在那里 BLS 签名是在对称双线性映射 $e:\mathbb{G}\times\mathbb{G}\to\mathbb{G}_T$ 上实现的. 实际上, BLS 签名可以推广到更一般的非对称双线性映射 $e:\mathbb{G}_1\times\mathbb{G}_2\to\mathbb{G}_T$ 上实现.

1. 系统参数与密钥生成算法

(1) 生成系统参数$(e,\mathbb{G}_1,\mathbb{G}_2,\mathbb{G}_T,p,g_1,g_2,H)$, 其中双线性映射 $e:\mathbb{G}_1\times\mathbb{G}_2\to\mathbb{G}_T$, $\mathbb{G}_1,\mathbb{G}_2$ 和 $\mathbb{G}_T$ 是阶为素数 $p$ 的乘法群, $g_1$ 和 $g_2$ 分别是 $\mathbb{G}_1$ 和 $\mathbb{G}_2$ 的生成元, $H$ 是全域哈希映射 $H:\{0,1\}^*\to\mathbb{G}_1^*$.

(2) 随机选取 $x\in\mathbb{Z}_p$, 计算 $y=g_2^x\in\mathbb{G}_2$.

(3) 输出公钥 $y$ 和私钥 $x$.

2. 签名生成算法

签名者输入消息 $m$ 和自己的私钥 $x$, 运行签名算法, 输出消息的签名 $\sigma$.

(1) 计算哈希值 $h=H(m)\in\mathbb{G}_1^*$.

(2) 计算签名 $\sigma=h^x$.

(3) 输出消息 $m$ 的签名为 $\sigma$.

3. 签名验证算法

验证者输入消息签名对$(m,\sigma)$和公钥, 输出 1 或 0, 分别表示接受或拒绝签名.

(1) 计算哈希值 $h=H(m)$.

(2) 判断 $e(\sigma,g_2)=e(h,y)$ 是否成立. 如果成立, 则输出 1; 否则输出 0.

4. 签名聚合算法

假定签名收集者收集到 $n$ 个签名者的 $n$ 个消息签名对 $(m_i,\sigma_i)$，其中诚实的签名者生成的签名满足 $\sigma_i = H(m_i)^{x_i}$，$x_i$ 是签名者 $i \in \{1,2,\cdots,n\}$ 的私钥，对应的公钥为 $y_i = g_2^{x_i}$.

(1) 计算 $\sigma = \prod_{i=1}^{n} \sigma_i$.

(2) 输出聚合消息 $m = (m_1, m_2, \cdots, m_n)$ 的聚合签名 $\sigma$.

5. 签名聚合验证算法

聚合验证者输入聚合消息签名对 $(m,\sigma)$ 和公钥列表 $y = (y_1, y_2, \cdots, y_n)$，输出 1 或 0，分别表示接受或拒绝聚合签名.

(1) 对 $i \neq j \in \{1,2,\cdots,n\}$，验证 $m_i \neq m_j$. 如相等，输出 0.

(2) 对 $i \in \{1,2,\cdots,n\}$，计算 $h_i = H(m_i)$.

(3) 验证 $e(\sigma, g_2) = \prod_{i=1}^{n} e(h_i, y_i)$. 如相等，则输出 1；否则输出 0.

注意步骤(1)排除了多个签名者对同一消息签名的情形. 这是因为如果允许多个签名者对同一消息签名，那么存在一种流氓公钥攻击，也就是恶意签名者可以在诚实签名者的公钥基础上生成一个新的公钥但不知对应的私钥，然后在看到诚实签名者的签名后，敌手也可以在不知新公钥对应私钥的情况下利用诚实者的签名伪造一个该消息在新公钥下有效的签名. 在实践中，如果确实需要支持不同签名者对同一消息签名，可以对签名算法稍作修改，譬如计算 $\sigma_i = H(m_i, y_i)^{x_i}$ 为消息 $m_i$ 在公钥 $y_i$ 下对应的签名. 感兴趣的读者可以根据上述思路写出完整的流氓公钥攻击以及针对上述攻击签名算法修改后的完整聚合签名方案.

### 4.4.2　BLS 聚合签名正确性分析

根据聚合签名的聚合与验证算法，很容易验证诚实的签名者生成的签名经聚合后一定能通过验证，事实上，

$$e(\sigma, g_2) = e\left(\prod_{i=1}^{n} \sigma_i, g_2\right) = \prod_{i=1}^{n} e(\sigma_i, g_2) = \prod_{i=1}^{n} e(H(m_i)^{x_i}, g_2) = \prod_{i=1}^{n} e(H(m_i), g_2^{x_i})$$

因此，诚实地按照签名算法和聚合算法得到的聚合签名，将会被诚实的验证者接受，签名方案是正确的.

### 4.4.3　聚合签名在区块链中的应用

由于聚合签名的良好性质，已有多个区块链系统的社区建议采用聚合签名提高交易验证与类 BFT 共识的效率. 在 Mimblewimble 区块链协议中，单向聚合签

名(one-way aggregate signature, OWAS)被用于将不同用户的交易进行安全聚合[42]. 区块链中每个区块包含一个交易列表, 这些交易以密码学的方式链接发送方和接收方的地址. Mimblewimble 将交易和交易的签名进行聚合, 使得交易和块中不包含发送方和接收方之间的链接关系, 在提高区块验证效率的同时增强对参与交易的用户的隐私保护.

## 4.5 门 限 签 名

门限签名(threshold signature)由 Y. Desmedt 和 Y. Frankel 在 1989 年美密会上提出[33]. 门限签名允许群组成员将他们签发消息的权力委托给任何超过预设规模阈值的群组子集. 具体地, $(t,n)$门限签名方案允许$n$个参与方共享一个公钥, 各自持有私钥的一个秘密份额, 当且仅当群组中有不少于$t+1$个诚实成员参与, 就可以安全地对任意一个消息签名[94]. 门限签名能够抵御不超过$t$个敌手的合谋攻击, 合谋的敌手无法对新消息伪造有效的签名[45]. 因此, 通过验证一个门限签名是否有效, 签名验证者就可以判断参与生成该签名的签名者数量是否满足门限要求[63]. 注意到这一点与很多类 BFT 共识协议要求是一样的, 其中要求超过一个门限的成员对某个事件达成了一致认识, 这里的门限通常是成员总数的 2/3 或 1/2, 因此一些最新的类 BFT 共识协议采用了门限签名技术以提高效率.

门限签名可以看作一种特殊的多重签名, 额外的阈值设置使其适合更灵活的实际场景. 门限签名在区块链中常用于资产的多方联合托管或者用于提高区块链相关协议, 如公共掷币协议、共识协议、分布式密钥生成协议等的鲁棒性和效率[97]. 在资产托管类应用中, 由于底层区块链交易使用的主流签名方案是 ECDSA、Schnorr 签名方案, 因此需要相应的门限 ECDSA、门限 Schnorr 签名方案. 在区块链相关的应用中, 通常是新的区块链系统所需的协议或应用层的协议[100], 包括共识提案的投票协议、选举共识领导人的公共抛币(或分布式随机数生成协议), 因此有更多的选择余地, 不需要针对既有的签名方案设计相应的门限签名版本, 可以选取对门限签名更友好的基本签名方案. 下面介绍 2003 年公钥密码理论与实践国际会议（International Conference on Practice and Theory of Public-key Cryptography, PKC）上 A. Boldyreva 提出的基于 BLS 签名的高效门限签名方案[11].

### 4.5.1 BLS 门限签名

在通常的门限密码体制里面, 存在一个可信的启动方, 为参与方生成系统参数和群公钥, 并将群公钥对应的私钥份额发送给参与方. 在系统启动后, 可信的启动方删除所有秘密参数与内部状态, 不再参与系统后续事务.

1. 系统参数与密钥生成算法

(1) 生成系统参数($e,\mathbb{G}_1,\mathbb{G}_2,\mathbb{G}_T,p,g_1,g_2,H,t,n$), 其中双线性映射 $e:\mathbb{G}_1\times\mathbb{G}_2\to\mathbb{G}_T$, $\mathbb{G}_1,\mathbb{G}_2$ 和 $\mathbb{G}_T$ 是阶为素数 $p$ 的乘法群, $g_1$ 和 $g_2$ 分别是 $\mathbb{G}_1$ 和 $\mathbb{G}_2$ 的生成元, $H$ 是全域哈希映射 $H:\{0,1\}^*\to\mathbb{G}_1^*$.

(2) 随机选取 $x\in\mathbb{Z}_p$, 计算 $y=g_2^x\in\mathbb{G}_2$.

(3) 随机选取多项式 $f(\alpha)=x+a_1\alpha^1+a_2\alpha^2+\cdots+a_t\alpha^t$, 其中, $a_i\in\mathbb{F}_p$, $i\in\{1,2,\cdots,n\}$.

(4) 计算并秘密发送私钥份额 $x_i=f(i)$ 和公钥份额 $y_i=g_2^{x_i}$ 给成员 $i\in\{1,2,\cdots,n\}$.

(5) 输出群公钥 $y$ 、成员公钥向量( $y_1,\cdots,y_n$ ) 和每个成员 $i\in\{1,2,\cdots,n\}$ 的私钥份额 $x_i$.

注意到任意 $k\geqslant t+1$ 个成员, 不妨假设成员集合为 $\mathbb{R}\subseteq\{1,2,\cdots,n\}$, 都可以利用拉格朗日插值公式, 用它们的私钥份额 $x_i,i\in\mathbb{R}$ 重构出多项式

$$f(\alpha)=\sum_{i\in\mathbb{R}}\left(\sum_{j\neq i}^{j\in\{1,2,\cdots,n\}}\frac{\alpha-j}{i-j}\right)x_i$$

从而可得(或直接计算)

$$x=f(0)=\sum_{i\in\mathbb{R}}\left(\sum_{j\neq i}^{j\in\{1,2,\cdots,n\}}\frac{-j}{i-j}\right)x_i$$

记

$$L_i=\sum_{j\neq i}^{j\in\{1,2,\cdots,n\}}\frac{-j}{i-j}$$

为拉格朗日系数, 则

$$f(0)=\sum_{i\in\mathbb{R}}L_ix_i$$

由于超过 $t$ 个成员合作可以恢复出密钥, 因此它们可以首先恢复出密钥, 然后利用密钥, 如同普通密码系统中的私钥持有者一样进行密码计算. 与此不同的是, 门限密码体制要求成员在不协作恢复出密钥的情况下联合模拟私钥拥有者的角色, 以此保证每次密码运算都有不低于阈值的参与者协作, 避免少数参与者获知密钥后作恶或者由于只有单方知道密钥引起的单点失败.

2. 签名生成算法

每个签名者 $i \in \{1,2,\cdots,n\}$ 输入同一消息 $m$ 和自己的私钥份额 $x_i$，计算消息的签名份额 $\sigma_i$，收集所有份额后输出最终签名 $\sigma$.

(1) 签名者计算 $h = H(m) \in \mathbb{G}_1^*$.

(2) 签名者 $i$ 计算并发送签名份额 $\sigma_i = h^{x_i}$ 给其他签名者.

(3) 签名者收到 $\sigma_i$ 后，丢弃所有不满足 $e(\sigma_i, g_2) = e(h_i, y_i)$ 的签名份额 $\sigma_i$.

(4) 假设有至少 $t+1$ 个签名份额 $\sigma_i$，$i \in \mathbb{R}$. 签名者计算 $\sigma = \prod_{i\in\mathbb{R}} \sigma_i^{L_i}$，其中 $L_i$ 为集合 $\mathbb{R}$ 的拉格朗日系数.

(5) 输出消息 $m$ 的门限签名 $\sigma \in \mathbb{G}_1$.

在实践中根据应用场景的不同，可以将签名者按特定关系如 CoSi 方案中签名份额收集者的树形结构组织，减少签名者之间的通信开销；也可以直接由验证者完成，这样门限签名者之间就不需要交互.

3. 签名验证算法过程

验证者输入消息签名对 $(m,\sigma)$ 和群公钥 $y$，输出 1 或 0，分别表示接受或拒绝签名.

(1) 计算 $h = H(m)$.

(2) 验证 $e(\sigma, g_2) = e(h, y)$ 是否成立. 如相等则输出 1；否则输出 0.

### 4.5.2 BLS 门限签名正确性分析

根据签名份额生成算法和最终门限签名的重构算法，很容易验证上述 BLS 门限签名方案的正确性.

注意到 $\sigma_i = h^{x_i}$ 且 $\sigma = \prod_{i\in\mathbb{R}} \sigma_i^{L_i}$，根据拉格朗日插值公式可知

$$e(\sigma, g_2) = e\left(\prod_{i\in\mathbb{R}} \sigma_i^{L_i}, g_2\right) = e\left(h^{\sum_{i\in\mathbb{R}} L_i x_i}, g_2\right) = e(h^x, g_2) = e(h, g_2^x) = e(h, y)$$

因此不少于门限阈值 $t+1$ 个诚实签名者生成的门限签名一定会被验证者验证通过.

门限签名需要满足不可伪造性和鲁棒性两个性质. 门限签名的不可伪造性是指，敌手可以获得公开信息并且腐化不超过 $t$ 个参与者的情况下，没有多项式敌手可以通过算法参数建立和签名算法过程输出一个新消息及其对应的正确签名 $(m', \sigma')$，所谓新消息 $m'$ 是指敌手未曾获得过 $m'$ 的门限签名或根据签名份额重构 $m'$ 的门限签名. 门限签名的鲁棒性是指，在至多 $n-t-1$ 个签名者不合作或掉线的情况下，余下的诚实签名者仍然可以生成有效的门限签名. BLS 门限签名的不

可伪造性和鲁棒性可由 Shamir 秘密分享方案的性质和 BLS 签名的不可伪造性得到, 读者可以尝试完成相应的安全证明.

BLS 门限签名方案中, 需要一个可信的第三方启动系统参数和生成参与成员的密钥份额. 在开放的网络环境中, 很难找到这样一个被所有成员信任的第三方. 读者可以尝试改进上述方案, 使其在没有可信第三方的情况下, 仍然可以生成每个成员的密钥份额和群公钥.

### 4.5.3 门限 ECDSA 签名

比特币、以太坊等区块链底层采用 ECDSA, 由于门限提案、门限钱包等上层应用的出现, 门限 ECDSA 的研究成为目前学术界研究的热点. 如 4.2.1 节所示, 门限 ECDSA 计算的核心过程是 $s \equiv k^{-1}(c+dr) \bmod p$. 门限 ECDSA 中签名消息与随机数非线性组合, 协议参与方需要分布式生成 $k^{-1}$, 同时 $r$ 为 $g^k$ 在椭圆曲线上解点的 $x$ 坐标, 协议设计时需要保证 $r$ 和 $k^{-1}$ 对应相同的随机数 $k$.

门限 ECDSA 中, 对于统一的协商随机数和密钥, 协议参与者不能公开暴露本地生成份额, 因此需要具有加法同态的加密方案对参与者的份额进行加法组合. 按照使用加法同态的加密方案的不同, 门限 ECDSA 主要分为基于 Paillier 加密和 CL 加密两种.

基于 Paillier 加密的方案中, 同态运算后的消息可以直接解密获取具有更高的效率, 但 Paillier 加密基于 RSA 假设, 与 ECDSA 的群不匹配, 因此需要使用远大于 ECDSA 模的 Paillier 加密的模, 并结合高昂的零知识范围证明, 以保证协议过程中无取模运算.

CL 加密方案基于一类特殊设计的未知阶类群, 后者具有可高效求解 DL 问题的素阶子群. CL 加密的密文形式十分接近 ElGamal 加密($ct=(g_p^r, X^r h^m)$), 其区别在于 CL 加密的加密消息被编码在可高效求解 DL 问题的素阶子群上, 这使得 CL 加密可以实现消息空间 $\mathbb{Z}_p$ 的高效加密与解密, 并且具备加法同态性质. CL 加密与 Paillier 加密相比, 明显优势在于其消息空间与 ECDSA 的群相匹配, 可采用相同的模. 但 CL 加密本身基于未知阶类群, 这导致对加密消息正确性的证明需要额外设计, 以抵抗低阶元素攻击（lower-order-element attack）.

CL 加密是由 G. Castagnos 和 F. Laguillaumie 在 2015 年中提出的加密方案[26]. 下面对 CL 加密的过程进行简要的介绍.

1. 系统参数与密钥生成算法

CL 加密的算法参数包括 $(p, \tilde{s}, g_c, f, g_p, \hat{\mathbb{G}}, \mathbb{G}_c, \mathcal{F}, \mathbb{G}^p)$. $p$ 为大素数, 在用于门限 ECDSA 协议的情况时, 通常和椭圆曲线上点的加法群的阶数相同. 这使得在

对密文同态计算的过程中可以正常进行模约简而不会改变明文的值，避免了 Paillier 方案中必须提高模数以避免密文模约简的问题. $\hat{\mathbb{G}}$ 是阶数为 $p\hat{s}$ 的有限阿贝尔群，其中 $\hat{s}$ 未知但存在上界 $\tilde{s}$, 满足 $\gcd(p,\hat{s})=1$. $\mathbb{G}_c$ 是 $\hat{\mathbb{G}}$ 的子群，满足 DDH 假设，阶数为 $ps$ 的生成元为 $g_c$, 其中 $s\,|\,\hat{s}$ 也是未知的. $\mathbb{F}$ 为 $\mathbb{G}_c$ 的唯一 $p$ 阶循环子群，生成元记为 $h$，群上离散对数问题可解，通过算法 $\mathrm{DLog}_h$ 在多项式时间内求解. $\mathbb{G}^p$ 是 $\mathbb{G}_c$ 的 $S$ 阶子群，阶数为 $s$ 的生成元记为 $g_p$.

在 $[0,S]$ (其中 $S$ 是一个足够大的值，在实践中取 $S=2^{\lambda-2}\tilde{s}$ )中选取随机数 $x$, 计算 $X=g_p^x$, CL 加密私钥为 $x$, 公钥为 $(\tilde{s},p,g_p,h,X)$.

2. *加密算法*(*记作* $\mathrm{E.CL}_{pk}$)

(1) 在 $[0,S]$ 中选取随机数 $r$.

(2) 对待加密的消息 $m$, 计算 $c_1=g_p^r, c_2=X^r h^m$.

消息 $m$ 的 CL 加密的密文为 $(c_1,c_2)=(g_p^r, X^r h^m)$.

3. *解密算法*(*记作* $\mathrm{D.CL}_{sk}$)

解密过程中计算 $m=\mathrm{DLog}_h(c_2/c_1^x)$, 完成 $X^r h^m / g_p^{xr}$ 计算后获得 $h^m$, 根据 $\mathbb{F}$ 群上离散对数问题可解，通过算法 $\mathrm{DLog}_h$ 在多项式时间内求解获得 $m$.

在加法同态性方面，通过 $\mathrm{E.CL}_{pk}(m_1)\cdot\mathrm{E.CL}_{pk}(m_2)$ 计算 $m_1+m_2$ 的密文 $(g_p^{r_1}g_p^{r_2}, X^{r_1}h^{m_1}X^{r_2}h^{m_2})$ 满足 $\mathrm{E.CL}_{pk}(m_1+m_2;r_1+r_2)$. 在同态标量乘法方面，对于标量 $\alpha$, 根据 $(\mathrm{E.CL}_{pk}(m_1;r_1))^{\alpha}=(g_p^{\alpha r_1}, X^{\alpha r_1}h^{\alpha m_1})=\mathrm{E.CL}_{pk}(\alpha m_1; r+\alpha r_1)$ 获得标量乘积 $\alpha m_1$ 的密文.

门限 ECDSA 签名中需要保证签名参与者在协议执行中使用的随机数和密钥份额是一致的. 方案中通常使用 Sigma 协议（详细见 5.7.1 节）证明份额的一致性. 由于关于低阶幂指数的离散对数问题是可求解的，常规的 Sigma 协议易受到低阶元素攻击. 低阶元素攻击指持有低阶元素的恶意证明者有较高概率说服验证者相信一个不正确的密文，即协议无法保证可靠性. 对于 $(c_1,c_2)=\mathrm{E.CL}_{pk}(m;r)$, 证明者可以生成 $g_p', X'$ (两者可以相同), 并且公布 $(c_1',c_2')=(g_p'c_1, X'c_2)$ 作为密文. 注意到它对应的明文并不是 $m$, 证明者也并不持有对应明文，只要验证者选择的挑战值 $e$ 满足 $\mathrm{ord}(g_p')\,|\,e$ 且 $\mathrm{ord}(X')\,|\,e$, 那么证明者就可以说服验证者相信 $(c_1',c_2')$.

下面简要介绍低阶元素攻击是如何破坏 Sigma 协议的可靠性的.

在以下 CL 明文知识关系

$$\mathcal{L}_{\mathrm{CL}}=\{(pk,c)\mid\exists m\in\mathbb{Z}_p,r\in[0,S],\text{使得}\,c=\mathrm{E.CL}_{pk}\,(m;r)\}$$

构造的 Sigma 协议形式中，双方共同的输入为 CL 公钥 $PK=(\tilde{s},p,g_p,h,X)$, CL 密文 $c=(c_1,c_2)$. 证明者的私有输入秘密值 $m$ 和随机数 $r\in[0,S]$，满足 $c_1=g_p^r$ 和 $c_2=X^r h^m$. 证明者随机选择 $s_m\in\mathbb{Z}_p$，$s_r\in[0,U)$，其中 $U$ 是一个大整数，使得 $pS/U$ 是可忽略的. 证明者计算承诺 $a_1=g_p^{s_r}, a_2=X^{s_r}h^{s_m}$，并将 $a_1,a_2$ 发送给验证者. 验证者进行挑战，验证者随机选择 $e\in\mathbb{Z}_p$ 并发送给证明者. 证明者进行响应，计算 $z_m=s_m+em \bmod p$ 和 $z_r=s_r+er$. 证明者将 $z_m$ 和 $z_r$ 发送给验证者. 验证者进行验证，当 $z_r\in[0,U+(p-1)S]$，$g_p^{z_r}=a_1c_1^e$ 和 $X^{z_r}h^{z_m}=a_2c_2^e$ 均成立时输出 1，否则输出 0.

上述证明过程是无法满足可靠性的. 对于 $(c_1',c_2')=(g_p'c_1,h'c_2)$，如果满足 $\mathrm{ord}(g_p')|e$ 且 $\mathrm{ord}(h')\,|\,e$，那么无效的 $(c_1',c_2')$ 也可以通过证明，这是因为

$$a_1(c_1')^e=a_1(g_p'c_1)^e=a_1c_1^e(g_p')^e=a_1c_1^e=g_p^{z_r}$$

$$a_2(c_2')^e=a_1(X'c_2)^e=a_2c_2^e(X')^e=a_2c_2^e=X^{z_r}h^{z_m}$$

为了抵抗这种攻击，G. Castagnos 等在 2019 年提出的方案[24]中采用零知识证明和一个比特挑战来证明 CL 密文的有效性，同时并行重复该子协议以实现可忽略的可靠性误差. 为了克服重复导致的低效率，2020 年提出的方案依赖更强和非标准的低阶假设，假定攻击者无法在给定的类群中高效地找到低阶元素.

Y. Deng 等在 2021 年提出了一种保证 Sigma 协议(promise sigma protocol)[32]，以 Sigma 协议形式(详见 5.7.1 节)进行 CL 加密正确性的零知识证明. 由于 CL 加密存在低阶元素攻击，直接使用 Sigma 协议将不具备可靠性. 保证 Sigma 协议将直接证明 CL 加密/同态操作的正确性转化为证明 CL 加密/同态操作与另一具备可靠性的消息编码的编码/同态操作的一致性，从而达到较弱但足够的可靠性.

保证 Sigma 协议是一种通用的协议，下面对保证 Sigma 协议进行简要介绍，后续在门限 ECDSA 中将不再具体介绍每个证明协议.

保证 Sigma 协议中 $\boldsymbol{\pi}_{CLDL}$ 证明 CL 加密明文与椭圆曲线离散对数相等性的声明语句为 $\mathcal{L}_{\mathrm{CLDL}}=\{(g,pk,Q,c)\mid\exists m\in\mathbb{Z}_p,r\in[0,S]$，使得 $Q=g^m,c=\mathrm{E.CL}_{pk}(m;r)\}$，证明 $Q$ 离散对数与 CL 加密的解密明文相等，过程如下.

双方共同的输入为椭圆曲线群生成元 $g$、CL 公钥 $pk=(\tilde{s},p,g_p,h,X)$、$Q=g^m$ 和加密密文 $c=(c_1,c_2)$. 证明者私有输入为 $m\in\mathbb{Z}_p$ 和随机数 $r\in[0,S]$.

(1) 证明者随机选择 $s_m\in\mathbb{Z}_p$ 和 $s_r\in[0,U)$，计算 $A=g^{s_m}$，$a_1=g_p^{s_r}$，$a_2=X^{s_r}h^{s_m}$. 证明者将 $A,a_1,a_2$ 发送给验证者.

(2) 验证者生成挑战，随机选择 $e\in\mathbb{Z}_p$ 并发送给证明者.

(3) 证明者计算 $z_m = s_m + em \bmod p, z_r = s_r + er$，将 $z_m$ 和 $z_r$ 发送给验证者.

(4) 验证者验证响应的正确性，当 $z_r \in [0, U + (p-1)S]$，$g^{z_m} = AQ^e$，$g_p^{z_r} = a_1 c_1^e$ 和 $X^{z_r} h^{z_m} = a_2 c_2^e$ 均成立时输出 1，否则输出 0.

保证 Sigma 协议中 $\boldsymbol{\pi}_{\boldsymbol{CLEG}}$ 证明 CL 加密明文与 ElGamal 加密明文(加密算法记作 $\mathrm{E.EG}_{pk_0}$)相等性的声明语句为

$$\mathcal{L}_{CLEG} = \{(C, c, pk_0, pk_1) \mid \exists m \in \mathbb{Z}_p, r_1 \in \mathbb{Z}_p, r_2 \in [0, S] \text{使得}$$
$$C = \mathrm{E.EG}_{pk_0}(m; r_1), \quad c = \mathrm{E.CL}_{pk_1}(m; r_2)\}$$

双方共同的输入为 ElGamal 加密公钥 $pk_0 = (g, Y)$, CL 加密公钥 $pk_1 = (\tilde{s}, p, g_p, h, X)$，ElGamal 密文 $C = (C_1, C_2)$，CL 密文 $c = (c_1, c_2)$. 证明者输入为 $m$，ElGamal 加密随机数 $r_1 \in \mathbb{Z}_p$，满足 $C_1 = g^{r_1}, C_2 = Y^{r_1} g^m$，CL 加密随机数 $r_2 \in [0, S]$，满足 $c_1 = g_p^{r_2}$ 和 $c_2 = X^{r_2} h^m$.

(1) 证明者进行承诺，随机选择 $s_m \in \mathbb{Z}_p$，$s_1 \in \mathbb{Z}_p$ 和 $s_2 \in [0, U)$，计算 $A_1 = g^{s_1}$，$A_2 = Y^{s_1} g^{s_m}$，$a_1 = g_p^{s_2}$ 和 $a_2 = h^{s_2} f^{s_m}$. 证明者将 $A_1, A_2, a_1, a_2$ 发送给验证者.

(2) 验证者生成挑战，随机选择 $e \in \mathbb{Z}_p$ 并发送给证明者.

(3) 证明者计算 $z_m = s_m + em \bmod p$, $z_1 = s_1 + er_1 \bmod p$ 和 $z_2 = s_2 + er_2$. 证明者将 $z_m, z_1, z_2$ 发送给验证者.

(4) 验证者验证响应的正确性，如果下列等式当 $z_2 \in [0, U + (p-1)S]$, $g^{z_1} = A_1 C_1^e$，$Y^{z_1} g^{z_m} = A_2 C_2^e$, $g_p^{z_2} = a_1 c_1^e$ 和 $X^{z_2} h^{z_m} = a_2 c_2^e$ 均成立时，输出 1，否则输出 0.

下面对 Y. Deng 等基于保证 Sigma 协议和 CL 加密的门限 ECDSA 方案[32]进行介绍. 首先介绍两方 ECDSA.

Y. Deng 提出的两方 ECDSA 中遵循 Y. Lindell 提出的两方 ECDSA 协议框架[66]，参与方 $P_1$和$P_2$ 是不对称的，$P_1$和$P_2$ 在协议中承担的任务并不相同. 方案中密码学承诺算法(详见 5.2 节)记为 $(z, v) = \mathrm{commit}(x)$，其中 $x$ 是承诺方承诺的秘密信息，$z$ 是承诺信息，$v$ 是揭示信息. 零知识证明协议记为 $\pi^R$，其中 $R$ 表示证明者想要证明自己持有的秘密信息之间的某一关系，或持有的秘密信息和公开信息的某一关系. 零知识证明协议可以是交互的，也可以是非交互的(详见 5.7.4 节). CL 加法同态加密算法中以 $\oplus$和$\otimes$ 分别表示通过对密文进行同态运算以实现明文的加法和标量乘法.

### 1. 系统参数与密钥生成算法

(1) $P_1$ 生成随机数 $d_1 \in \mathbb{Z}_p$，并计算 $Q_1 = g^{d_1}$. $P_1$ 生成 $Q_1$和$d_1$ 离散对数知识证明

$\pi_1^{R_{DL}}$ (详见 5.7.2 节), 然后对 $Q_1$ 和 $\pi_1^{R_{DL}}$ 做出承诺 $(z_1,v_1)$. $P_1$ 将 $z_1$ 发送给 $P_2$.

(2) $P_2$ 收到上一步 $P_1$ 发送的消息后, 生成随机数 $d_2 \in \mathbb{Z}_p$, 并计算 $Q_2 = g^{d_2}$. $P_2$ 生成 $Q_2$ 和 $d_2$ 离散对数知识证明 $\pi_2^{R_{DL}}$. $P_2$ 将 $Q_2$ 和 $\pi_2^{R_{DL}}$ 发送给 $P_1$.

(3) $P_1$ 收到上一步 $P_2$ 发送的消息后, 验证 $\pi_2^{R_{DL}}$ 的正确性, 生成 CL 加密公私钥对 $pk' = (\tilde{s}, p, \hat{g}_p, \hat{X}, h)$ 和 $sk = x$, 其中 $\hat{g}_p \in \mathbb{G}^p$, $h \in \mathbb{F}$, 再计算 $pk = (\tilde{s}, p, g_p = \hat{g}_p^p, X = \hat{X}^p, h)$, 将 $(pk, sk)$ 作为公私钥对. 然后计算 $c_{\text{key}} = \text{E.CL}_{pk}(d_1)$. $P_1$ 将 $v_1$, $pk$, $pk'$ 和 $c_{\text{key}}$ 发送给 $P_2$.

(4) $P_1$ 运行 $c_{\text{key}}$ 明文与 $Q_1$ 离散对数相等性证明的保证 Sigma 协议 $\boldsymbol{\pi_{CLDL}}$.

(5) $P_2$ 收到(3)和(4)中 $P_1$ 发送的消息后, 验证 $g_p = \hat{g}_p^p$ 和 $X = \hat{X}^p$ 及 $z_1$ 承诺的正确性、$\boldsymbol{\pi_{CLDL}}$ 证明正确性, 以及 $c_{\text{key}}$ 和 $pk$ 范围符合要求.

(6) $P_1$ 计算 $Q = Q_2^{d_1}$, 并存储 $d_1$ 和 $Q$.

(7) $P_2$ 计算 $Q = Q_1^{d_2}$, 并存储 $d_2$, $Q$ 和 $c_{\text{key}}$.

2. 签名生成算法

(1) $P_1$ 生成随机数 $k_1 \in \mathbb{Z}_p$, 并计算 $R_1 = g^{k_1}$. $P_1$ 生成 $R_1$ 和 $k_1$ 离散对数知识证明 $\pi_3^{R_{DL}}$, 然后对 $R_1$ 和 $\pi_3^{R_{DL}}$ 做出承诺 $(z_2, v_2)$. $P_1$ 将 $z_2$ 发送给 $P_2$.

(2) $P_2$ 收到上一步 $P_1$ 发送的消息后, 生成随机数 $k_2 \in \mathbb{Z}_p$, 并计算 $R_2 = g^{k_2}$. $P_2$ 生成 $R_2$ 和 $k_2$ 离散对数知识证明 $\pi_4^{R_{DL}}$. $P_2$ 将 $R_2$ 和 $\pi_4^{R_{DL}}$ 发送给 $P_1$.

(3) $P_1$ 收到上一步 $P_2$ 发送的消息后, 验证 $\pi_4^{R_{DL}}$ 正确性, 然后将 $v_2$ 发送给 $P_2$.

(4) $P_2$ 收到上一步 $P_1$ 发送的消息后, 验证 $v_2$ (即 $R_1$ 和 $\pi_3^{R_{DL}}$)正确性. $P_2$ 计算 $R' = R_1^{k_2}$, 待签名的消息为 $m$, 其哈希值为 $m' = H(m)$. 记 $R' = (r_x, r_y)$, $P_2$ 计算 $r = r_x \bmod p$. $P_2$ 生成随机数 $t \in [0, pS)$, 然后计算 $t_p = t \bmod p$, $c_1 = \text{E.CL}_{pk}(k_2^{-1}m' \bmod p)$, $e = (k_2^{-1} r d_2 + t) \bmod p$, $c_2 = e \oplus c_{\text{key}}$, $c_3 = c_1 \otimes c_2$. $P_2$ 将 $c_3$ 和 $t_p$ 发送给 $P_1$, 其中 $c_1 = \text{E.CL}_{pk}(k_2^{-1} m' \bmod p)$ 中随机数可以取 0, 以减少计算量.

(5) $P_1$ 收到上一步 $P_2$ 发送的消息后, 计算 $R' = R_2^{k_1}$. 记 $R' = (r_x, r_y)$, $P_1$ 计算 $r = r_x \bmod p$. $P_1$ 计算 $s' = \text{D.CL}_{sk}(c_3)$, $s'' = k_1^{-1} \cdot s' \bmod p$, $s = \min\{s'', p - s''\}$. $P_1$ 使用公钥 $Q$ 验证 $(r, s)$ 的正确性, 并输出 $(r, s)$.

3. 签名验证算法

验证者根据签名 $(r, s)$ 和公钥 $Q$ 可验证签名的正确性. 验证者计算

$g^{m'/s}Q^{r/s}=R'$，取 $R'$ 横坐标 $r'_x$，与 $r$ 对比. 若相等则签名有效，否则无效.

下面我们对 Y. Deng 提出的多方门限 ECDSA 进行简要介绍. 方案使用了 R. Gennaro 和 S. Goldfeder 在 2018 年提出的多方 ECDSA 协议框架[46]. 在此框架提出之前，多方门限 ECDSA 协议使用门限同态加密，多方共同参与同态加密的密钥生成和解密，效率较低. 在本框架中，多方各自生成自己的同态加密密钥对，然后在生成签名阶段点对点地发送同态密文，避免了调用门限同态加密带来的额外开销.

签名参与方 $P_1,P_2,\cdots,P_n$ 为对等参与方，其中至少 $f+1$ 方参与签名生成，将参与签名生成的 $f+1$ 方记为集合 $S$，在签名生成阶段对应的标号集合为 $\text{ind}_S$. $P_i$ 指代任意消息的发送者，$P_j$ 指代任意消息的接收者.

1. 系统参数与密钥生成算法

(1) $P_i$ 生成随机数 $u_i\in\mathbb{Z}_p$，并计算 $Q_i=g^{u_i}$. $P_i$ 和 $Q_i$ 作出承诺 $(kgz_i,kgv_i)$. $P_i$ 生成公私钥对 $\widehat{pk_i}=(\tilde{s},p,\hat{g}_p,\hat{X},h),sk_i=x$，再计算 CL 加密的 $pk_i=(\tilde{s},p,g_p=\hat{g}_p^p,X=\hat{X}^p,h)$，将 $(pk_i,sk_i)$ 作为 CL 加密公私钥对. $P_i$ 生成 ElGamal 加密的公私钥对 $pk'_i,sk'_i$. $P_i$ 将 $pk_i,\widehat{pk_i},pk'_i$ 和 $kgz_i$ 广播. $P_i$ 收到其他参与方发送的消息，并检查收到的每个 $pk_j,\widehat{pk_i}$ 中 $g_p=\hat{g}_p^p,X=\hat{X}^p$ 是否成立.

(2) $P_i$ 广播 $kgv_i$ (即揭示 $Q_i$). $P_i$ 收到其他参与方发送的消息，计算 $Q=\prod_{i=1}^n Q_i$.

(3) $P_i$ 执行 $u_i$ 的 $(t,n)$-VSS 分享(详见 5.3.2 节)，$p_i(y)=u_i+\sum_{k=1}^t a_{i,k}y^k \mod p$，$\{\sigma_{i,j}:=p_i(j)\}$，$\{V_{i,k}:=g^{a_{i,k}}\}$. 然后，$P_i$ 将每个 $\sigma_{i,j}$ 分别私密地发送给对应的 $P_j$，并将 $\{V_{i,1},V_{i,2},\cdots,V_{i,t}\}$ 广播.

(4) $P_i$ 收到其他参与方发送的消息. $P_i$ 计算 $d_i=\sum_{j=1}^n\sigma_{j,i}$，$D_i=g^{d_i}$. $P_i$ 生成 $D_i$ 和 $d_i$ 离散对数知识证明 $\pi_{i,1}^{R_{DL}}$. $P_i$ 将 $D_i$ 和 $\pi_{i,1}^{R_{DL}}$ 广播. $P_i$ 验证其他发送方的消息中 $\pi_{j,1}^{R_{DL}}$.

2. 签名生成算法

(1) $P_i$ 计算 $\omega_i=d_i\prod_{j\neq\text{ind}_i}^{j\in\text{ind}_S}\dfrac{(0-j)}{(\text{ind}_i-j)}$ 和 $W_i=g^{\omega_i}$，其中 $\text{ind}_i$ 表示 $P_i$ 的编号.

(2) $P_i$ 生成随机数 $k_i,\gamma_i\in\mathbb{Z}_p$，并通过 CL 加密 $k_i$ 得到 $c_{k_i}=\text{E.CL}_{pk_i}(k_i)$. $P_i$ 对 $g^{\gamma_i}$ 作出承诺 $(z_i,v_i)$. $P_i$ 通过 ElGamal 公钥 $pk'_i$ 加密 $k_i$ 得到 $C_{k_i}=\text{E.EG}_{pk'_i}(k_i)$. $P_i$ 生

成 $c_{k_i}$ 和 $C_{k_i}$ 明文相等性的非交互式保证 Sigma 协议证明 $\boldsymbol{\pi}_{CLEG}^{i}$. $P_i$ 将 $z_i$, $c_{k_i}$, $C_{k_i}$ 和 $\boldsymbol{\pi}_{CLEG}^{i}$ 广播. $P_i$ 收到其他参与方发送的消息, 并验证每一个 $\boldsymbol{\pi}_{CLEG}^{i}$ 正确.

(3) $P_i$ 生成随机数 $\beta_{j,i}$ 和 $\upsilon_{j,i} \in \mathbb{Z}_p$, 并计算 $B_{j,i} = g^{\upsilon_{j,i}}$; 生成随机数 $t_{j,i}$ 和 $\hat{t}_{j,i} \in [0, pS]$, 并计算 $t_{p,ji} = t_{j,i} \bmod p$, $\hat{t}_{p,ji} = \hat{t}_{j,i} \bmod p$, $c_{k_j\gamma_i} = c_{k_j} \otimes (\gamma_i + \hat{t}_{j,i}) \oplus \mathrm{E.CL}_{pk_j}(-\beta_{j,i})$ 和 $c_{k_j\omega_i} = c_{k_j} \otimes (\omega_i + t_{j,i}) \oplus \mathrm{E.CL}_{pk_j}(-\upsilon_{j,i})$. $P_i$ 将每个 $c_{k_j\gamma_i}$, $c_{k_j\omega_i}$, $t_{p,ji}$, $\hat{t}_{p,ji}$ 和 $B_{j,i}$ 分别发送给对应的 $P_j$. $P_i$ 收到其他参与方发送的消息后计算 $\alpha_{i,j} = \mathrm{D.CL}_{sk_i}(c_{k_i\gamma_j}) - k_j\hat{t}_{p,ji}$ 和 $\mu_{i,j} = \mathrm{D.CL}_{sk_i}(c_{k_i\omega_j}) - k_j t_{p,ji}$, 验证 $g^{\mu_{j,i}} B_{j,i} = W_i^{k_j}$, 计算 $\delta_i = k_i\gamma_i + \sum_{j \neq i}(\alpha_{i,j} + \beta_{j,i})$ 和 $\sigma_i = k_i\omega_i + \sum_{j \neq i}(\mu_{i,j} + \upsilon_{j,i})$.

(4) $P_i$ 将 $\delta_i$ 广播. $P_i$ 收到其他参与方发送的消息, 并计算 $\delta = \sum_{i \in S}\delta_i = k\gamma$.

(5) $P_i$ 生成 $g^{\gamma_i}$ 和 $\gamma_i$ 离散对数知识证明 $\pi_{i,2}^{R_{DL}}$. $P_i$ 广播 $v_i$(即揭示 $g^{\gamma_i}$), 接着广播 $\pi_{i,2}^{R_{DL}}$. $P_i$ 收到其他参与方发送的消息, 并验证每一个 $\pi_{j,2}^{R_{DL}}$. $P_i$ 计算 $R' = \left(\prod_{i \in S} g^{\gamma_i}\right)^{\delta^{-1}}$. 记 $R' = (r_x, r_y)$, $P_i$ 计算 $r = r_x \bmod p$.

(6) 设待签名的消息为 $m$, 其哈希值为 $m' = H(m)$. $P_i$ 计算 $s_i = m'k_i + r\sigma_i$, 生成随机数 $l_i$ 和 $\rho_i \in \mathbb{Z}_p$, 计算 $V_i = (R')^{s_i} + g^{l_i}$ 和 $A_i = g^{\rho_i}$, 对 $V_i, A_i$ 作出承诺 $(\hat{z}_i, \hat{v}_i)$, 将 $\hat{z}_i$ 广播. $P_i$ 收到其他参与方发送的消息后广播 $\hat{v}_i$. $P_i$ 生成 $V_i$, $A_i$ 和 $s_i$, $l_i$, $\rho_i$ 关系的零知识证明 $\pi_i^{\hat{R}}$, 将 $\pi_i^{\hat{R}}$ 广播. $P_i$ 收到其他参与方发送的消息后验证每一个 $\pi_i^{\hat{R}}$, 计算 $U_i = V^{\rho_i}$ 和 $T_i = A^{l_i}$, 对 $U_i, T_i$ 作出承诺 $(\tilde{z}_i, \tilde{v}_i)$, 将 $\tilde{z}_i$ 广播. $P_i$ 收到其他参与方发送的消息, 然后广播 $\tilde{v}_i$. $P_i$ 收到其他参与方发送的消息后将 $s_i$ 广播. $P_i$ 收到其他参与方发送的消息后计算 $V = g^{-m'}Q^{-r}\prod_{i \in S} V_i$ 和 $A = \prod_{i \in S} A_i$, 检验 $\prod_{i \in S} T_i = \prod_{i \in S} U_i$, 计算 $s = \sum_{i \in S} s_i$. $P_i$ 调用 ECDSA 验证算法检验 $(r, s)$ 正确性, 输出 $(r, s)$.

3. 签名验证算法

验证者根据签名 $(r, s)$ 和公钥 $Q$ 可验证签名的正确性. 验证者计算 $g^{m'/s}Q^{r/s} = R'$, 取 $R'$ 横坐标 $r_x'$, 与 $r$ 对比. 若相等则签名有效, 否则无效.

### 4.5.4 门限签名在区块链中的应用

门限签名在区块链中与多重签名、聚合签名有类似的应用. 采用门限签名可以允许人们将资产交给一个委员会托管, 结合不同的业务场景可以设置相应的门限阈值和委员密钥生成方式. 一些钱包服务提供商, 例如 ZenGo 和 TSSKit, 支持基于门限签名的资产托管, ZenGo 移动客户端使用门限签名方案, 部分密钥保存在用户移动端, 部分密钥保存在ZenGo的服务器上. 侧链协议中[80], Liquid和RSK使用门限签名实现链上资产托管.

类似于聚合签名, 门限签名也可以用于降低类 BFT 共识协议的通信复杂性. 在 HotStuff 和 SBFT 共识协议[49]中, 主节点收集普通节点的签名份额, 对达成共识的提议生成最终的门限签名, 主节点再将上一轮的提议及其门限签名发给普通节点. 节点仅需与主节点通信, 通过门限签名即可确认提议已经被其他节点收到并认可. 这样可以大大减少共识过程中节点之间通信的复杂性, 提高共识的效率.

门限签名还可以用于在区块链中构造去中心化的伪随机数发生器. DFINITY 使用 BLS 门限签名生成分布式随机数, 实现不可预测的委员会成员选举和分配. 在 HoneyBadger 和 Dumbo[51]系列[50]异步二元共识(asynchronous binary agreement, ABA)协议中[19], 需要借助门限签名以分布式的方式生成伪随机数(公共掷币, common coin), 从而规避 FLP 不可能原理[70], 达成概率性共识. 在异步网络环境下, 很多类 BFT 共识协议需要门限签名生成不可预测的随机数, 然而无可信第三方的门限签名在启动阶段需要成员对分布式生成的群密钥达成共识, 如何打破这一循环是一项有趣且重要的工作.

## 4.6 群 签 名

群签名(group signatures)的概念由 D. L. Chaum 和 H. Heyst 于 1991 年提出[30]. 在群签名中, 任何一个群成员都可以用匿名的方式代表整个群体对消息进行签名[34]. 任何知道群公钥的验证者都可以验证签名的有效性, 即确认该签名一定是由群组中某成员生成, 但不能确定具体是哪位群成员生成的签名[23], 因此群签名可以保护签名者的身份隐私[3]. 在发生争议的情况下, 具有特权的群管理员可以通过争议中的有效签名找出真正的签名者, 因此群签名具有可追踪性[17]. 学者已经提出了多种群签名方案, 下面以 D. Boneh、X. Boyen 和 H. Shacham 在 2004 年美密会上提出的群签名方案为例[12], 具体介绍 BBS 群签名.

### 4.6.1 BBS 群签名

1. *系统参数与密钥生成算法*

(1) 群签名参与者的规模为 $n$. 群管理员生成双线性映射 $e:\mathbb{G}_1\times\mathbb{G}_2\to\mathbb{G}_T$, 其中 $\mathbb{G}_1$, $\mathbb{G}_2$和$\mathbb{G}_T$ 是阶为素数 $p$ 的乘法群, 另有函数 $H:\{0,1\}^*\to\mathbb{Z}_p$ 为密码学哈希函数.

(2) 群管理员在 $\mathbb{G}_1$ 中随机选取 $h$, 在 $\mathbb{Z}_p^*$ 中随机选取 $\xi_1$ 和 $\xi_2$；计算 $\mathbb{G}_1$ 中 $u$, $v$, 满足 $u^{\xi_1} = v^{\xi_2} = h$.

(3) 群管理员在 $\mathbb{Z}_p^*$ 中随机选取 $\gamma$, 生成元 $g_1 \in \mathbb{G}_1$, $g_2 \in \mathbb{G}_2$, 计算 $w = g_2^{\gamma}$；使用 $\gamma$ 为每一个群用户 $i$ 生成 $(A_i, x_i)$，其中 $x_i \leftarrow \mathbb{Z}_p^*$，$A_i = g_1^{1/(\gamma + x_i)}, 1 \leqslant i \leqslant n$.

(4) 输出群公钥 $gpk = (n, g_1, g_2, h, u, v, w)$, 用于追踪签名的群追踪私钥 $\text{gmsk} = (\xi_1, \xi_2)$, 用于注册新成员的群注册私钥 $\text{grsk} = \gamma$, 已注册成员列表 $L = \{i, A_i\}$；输出签名参与方 $i$ 的成员私钥 $gsk[i] = (A_i, x_i)$. 没有签名参与方持有 $\gamma$, 只有群管理员知道, 如果群不再接受新成员注册, 群管理员也不需要持有 $\gamma$.

2. *群签名生成算法*

已知群公钥 $gpk = (g_1, g_2, h, u, v, w)$, 每个群成员输入消息 $m$ 和自己的成员私钥 $gsk[i] = (A_i, x_i)$, 通过证明自己拥有群成员私钥的方式, 群成员代表群组签署并输出消息的群签名 $\sigma$.

(1) 计算全域哈希值 $h = H(m)$;

(2) 随机选取 $\alpha, \beta \leftarrow \mathbb{Z}_p^*$, 计算

$$T_1 = u^{\alpha}$$

$$T_2 = v^{\beta}$$

$$T_3 = A_i h^{\alpha+\beta}$$

(3) 计算辅助值 $\delta_1 = x_i \alpha$, $\delta_2 = x_i \beta$;

(4) 随机选取 $r_\alpha$, $r_\beta$, $r_{\delta_1}$, $r_{\delta_2}, r_{\delta_2} \leftarrow \mathbb{Z}_p^*$, 计算

$$R_1 = u^{r_\alpha}$$

$$R_2 = v^{r_\beta}$$

$$R_3 = e(T_3, g_2)^{r_x} e(h, w)^{-r_\alpha - r_\beta} e(h, g_2)^{-r_{\delta_1} - r_{\delta_2}}$$

$$R_4 = T_1^{r_x} u^{-r_{\delta_1}}$$

$$R_5 = T_2^{r_x} v^{-r_{\delta_2}}$$

(5) 计算挑战值

$$c = H(m, T_1, T_2, T_3, R_1, R_2, R_3, R_4, R_5)$$

(6) 计算对挑战值的响应值

$$s_\alpha = r_\alpha + c\alpha$$

$$s_\beta = r_\beta + c\beta$$

$$s_x = r_x + cx$$

$$s_{\delta_1} = r_{\delta_1} + c\delta_1$$

$$s_{\delta_2} = r_{\delta_2} + c\delta_2$$

(7) 输出群签名 $\sigma = (T_1, T_2, T_3, c, s_\alpha, s_\beta, s_x, s_{\delta_1}, s_{\delta_2})$.

### 3. 群签名验证算法

输入消息及其群签名$(m,\sigma)$和群公钥 $gpk$, 输出 1 或 0, 分别表示接受或拒绝签名, 其中群公钥 $gpk = (g_1, g_2, h, u, v, w)$, 消息 $m$ 的群签名 $\sigma = (T_1, T_2, T_3, c, s_\alpha, s_\beta, s_x, s_{\delta_1}, s_{\delta_2})$.

(1) 通过下列计算恢复 $R_1, R_2, R_3, R_4, R_5$:

$$R_1 = u^{s_\alpha} / T_1^c$$

$$R_2 = v^{s_\beta} / T_2^c$$

$$R_3 = e(T_3, g_2)^{s_x} e(h, w)^{-s_\alpha - s_\beta} e(h, g_2)^{-s_{\delta_1} - s_{\delta_2}} \left(e(T_3, w) / e(g_1, g_2)\right)^c$$

$$R_4 = T_1^{s_x} / u^{s_{\delta_1}}$$

$$R_5 = T_2^{s_x} / u^{s_{\delta_2}}$$

(2) 验证 $c = H(m, T_1, T_2, T_3, R_1, R_2, R_3, R_4, R_5)$.

(3) 当且仅当第(1)和(2)步的验证都成立时输出 1, 否则输出 0.

### 4. 群签名打开算法

当群成员代表群组签署了不适当的文件时, 可以由群管理员运行签名打开算法以追踪签名者.

(1) 输入公钥 $gpk = (g_1, g_2, h, u, v, w)$ 和对应的群管理员私钥 $gmsk = (\xi_1, \xi_2)$;

(2) 输入消息 $m$ 及其有效的群签名 $\sigma = (T_1, T_2, T_3, c, s_\alpha, s_\beta, s_x, s_{\delta_1}, s_{\delta_2})$;

(3) 计算 $A_i = T_3 / T_1^{\xi_1} T_2^{\xi_2}$;

(4) 查询本地成员注册列表 $L = \{i, A_i\}$, 输出成员标识 $i$.

### 5. 群成员撤销算法

在实践中某些群成员可能因为退群申请、私钥泄露、违反群规受到惩罚等,

需要撤销某个用户 $(A_i, x_i)$ 的群签名许可, 但不能影响其他用户的群签名能力[64]. 为了实现上述目标, 群管理员只需计算 $y=\prod_{i=1}^{r}(\gamma+x_i)$, 然后更新群公钥为 $gpk=(\bar{g}_1,\bar{g}_2,h,u,v,\bar{w})$, 其中 $\bar{g}_1=g_1^{1/y}$, $\bar{g}_2=g_2^{1/y}, \bar{w}=(\bar{g}_2)^{\gamma}$; 未被撤销的签名者的密钥对变为 $gsk[i]=(A_i,x_i)=((\bar{g}_1)^{1/(r+x_i)},x_i)$. 注意未被撤销的成员不需更新自己的成员私钥, 因此 BBS 群签名在应用中是用户友好的.

### 4.6.2 BBS 群签名正确性分析

要证明 BBS 群签名的正确性, 需要证明如果群管理员诚实地生成系统参数和群密钥, 群成员诚实地执行签名算法, 那么生成的群签名一定能通过验证, 且签名打开算法一定能追踪到原始的群签名成员.

对于消息 $m$ 的群签名 $\sigma=(T_1,T_2,T_3,c,s_\alpha,s_\beta,s_x,s_{\delta_1},s_{\delta_2})$, 根据群签名验证算法需要验证第(2)步中的 5 个等式. 由签名生成算法可知

$$u^{s_\alpha}=u^{r_\alpha+c\alpha}=u^{c\alpha}u^{r_\alpha}=T_1^c R_1$$

$$v^{s_\beta}=v^{r_\beta+c\beta}=v^{c\beta}v^{r_\beta}=T_2^c R_2$$

$$T_1^{s_x}u^{-s_{\delta_1}}=(u^\alpha)^{r_x+cx}u^{-r_{\delta_1}-cx\alpha}=(u^\alpha)^{r_x}u^{-r_{\delta_1}}=T_1^{r_x}u^{-r_{\delta_1}}=R_4$$

$$T_2^{s_x}v^{-s_{\delta_2}}=(v^\beta)^{r_x+cx}v^{-r_{\delta_2}-cx\beta}=(v^\beta)^{r_x}v^{-r_{\delta_2}}=T_2^{r_x}v^{-r_{\delta_2}}=R_5$$

根据群签名生成算法和群公钥信息可知

$$\begin{aligned}
&e(T_3,g_2)^{s_x}e(h,w)^{-s_\alpha-s_\beta}e(h,g_2)^{-s_{\delta_1}-s_{\delta_2}}\\
&=e(T_3,g_2)^{r_x+cx}e(h,w)^{-r_\alpha-r_\beta-c\alpha-c\beta}e(h,g_2)^{-r_{\delta_1}-r_{\delta_2}-c\delta_1-c\delta_2}\\
&=e(T_3,g_2^x)^c e(h^{-\alpha-\beta},wg_2^x)^c[e(T_3,g_2)^{r_x}e(h,w)^{-r_\alpha-r_\beta}e(h,g_2)^{-r_{\delta_1}-r_{\delta_2}}]\\
&=e(T_3h^{-\alpha-\beta},wg_2^x)^c e(T_3,w)^{-c}R_3\\
&=(e(A_i,wg_2^x)/e(T_3,w))^c R_3\\
&=(e(g_1,g_2)/e(T_3,w))^c R_3
\end{aligned}$$

那么 $T_3=A_ih^{\alpha+\beta}$, 因此

$$e(A_i,wg_2^x)=e(g_1^{1/(\gamma+x)},g_2^\gamma g_2^x)=e(g_1^{1/(\gamma+x)},g_2^{\gamma+x})=e(g_1,g_2)$$

注意到 $u^{\xi_1}=v^{\xi_2}=h$, 则有

$$A_ih^{\alpha+\beta}/u^{\alpha\xi_1}v^{\beta\xi_2}=A_ih^{\alpha+\beta}/h^\alpha h^\beta=A_i$$

因此对于有效的签名, 在 BBS 群签名不可伪造的情况下, 诚实的群管理员一定能揭示群签名者的身份信息.

### 4.6.3 群签名在区块链中的应用

上述BBS群签名的安全性依赖于双线性对上强DH假设(strong Diffie-Hellman assumption)和线性 DH 假设(linear Diffie-Hellman assumption), 具体证明可参阅论文. 群签名一般具有一些优良的安全性质[65].

(1) 完备性: 群成员的有效签名始终验证正确, 无效签名则始终验证失败.

(2) 不可伪造性: 只有群成员才能创建有效的群签名.

(3) 匿名性: 给定一个群签名后, 如果没有群管理员的密钥, 则无法确定签名者的身份, 至少在计算上是不可行的.

(4) 可跟踪性: 给定任何有效的群签名, 群管理员应该能够确定签名者的身份.

(5) 不关联性: 给定两个消息及其签名, 无法判断签名是否来自同一签名者.

(6) 防构陷: 即使所有其他群成员相互合谋(在一些定义中甚至允许攻击者与群管理员合谋), 他们也不能为非合谋成员伪造签名.

(7) 不可伪造追踪证据: 群管理员不能错误地指责签名者创建了其本没有创建的签名.

(8) 抗合谋逃避追踪攻击: 即使所有群成员相互串通, 他们也不能产生一个合法的不能被跟踪的群签名.

群签名结合了匿名性和可监管性[20], 主要用于区块链隐私保护. 在区块链中应用的群签名一般要具有可链接的性质. Orbs 区块链系统的共识协议 Helix 中采用可链接的群签名, 该协议根据相对声誉的比例选举节点参与委员会, 因而需要一种机制来揭示哪些网络节点参与了有问题的交易, 以降低其声誉. 因此该协议使用了具有分布式追踪性的群签名来达到这一目的, 即让每个网络节点都充当公平性评判机构, 并要求一定阈值数量的机构来打开和追踪签名. Juzix 开发的 JUICE 开放服务平台通过集成广播加密和群签名, 实现交易请求节点能在以匿名方式保护身份隐私的同时支持管理节点审查, 并可指定多个接收方查看加密的内容, 提升交易的隐私性、可追溯性和灵活性.

## 4.7 环 签 名

环签名(ring signatures)允许一个群组用户用自己的私钥和包含自己与其他用户的公钥进行签名, 由 R. L. Rivest, A. Shamir 和 Y. Tauman 于 2001 年首次提出[89]. 与群签名不同的是, 环签名中的群组是自组织的, 系统启动和签名过程中无需管理员. 所有人只要知道群组的公钥均可以验证该签名源自该群组, 但无法确认签名源自某个具体的成员. 因此, 环签名提供了一种在没有可信第三方的情况下实现匿名签名的方法.

最初的环签名的基本流程是一个用户自由选取其他成员的公钥和自己的公钥形成一个群组, 从自己的公钥出发开始顺序“模仿”下一个用户的签名, 绕环一周后, 再利用自己的私钥“拼凑”出环形所需求解的困难问题的解答, 使整个过程形成一个形式上完整的环. 一旦形成环之后, 环的接点处不再有任何痕迹, 这使得验证者无法判断该环是在哪个位置上拼接起来的.

环签名特别适合无可信第三方的公有区块链场景下的匿名签名, 尤其是使用公钥即地址的 UTXO 模型区块链. 但是在公钥即地址和 UTXO 模型区块链中, 保护用户隐私的同时需要考虑双重花费攻击[58], 可链接环签名(linkable ring signature)是解决这个问题的关键. 在可链接环签名中, 验证者虽然不知道某个签名是哪一个公钥所有者产生的签名, 但是可以知道两个环签名是否由同一个签名者生成. 门罗币(Monero)区块链使用保密交易(ring confidential transactions, RingCT, 见 6.4 节)实现交易发起者的身份隐私保护, 其中的保密交易 1.0 版基于 J. K. Liu, V. K. Wei, D. S. Wong 在 2004 年提出的可链接即时匿名群组(linkable spontaneous anonymous group, LSAG)签名方案[67], 该方案较为简洁. 下面以 LSAG 为例介绍可链接环签名.

### 4.7.1 LSAG 签名方案

1. 系统参数与密钥生成算法

(1) 初始化系统参数 $(p,\mathbb{G},g,H_0,H_1)$, 其中有限循环群 $\mathbb{G}$ 的生成元为 $g$, 阶为大素数 $p$, 哈希函数 $H_0:\{0,1\}^*\to\mathbb{Z}_p$, $H_1:\{0,1\}^*\to\mathbb{G}$.

(2) 每个环成员随机选取私钥 $x_i\in\mathbb{Z}_p^*$, 计算 $y_i=g^{x_i}$.

(3) 输出成员私钥 $x_i$ 和成员公钥 $y_i$.

2. 签名生成算法

输入签名者的私钥 $x_\pi$、对应的公钥 $y_\pi=g^{x_\pi}$、待签署的消息 $m$, 输出消息的可链接环签名 $\sigma$.

(1) 选取环成员公钥, 不妨令 $L=\{y_1,\cdots,y_n\}$ 是环公钥集合.

(2) 计算 $h=H_1(L)$ 和 $\tilde{y}=h^{x_\pi}$.

(3) 随机选取 $u\in\mathbb{Z}_p^*$, 计算 $c_{\pi+1}=H_0(L,\tilde{y},m,g^u,h^u)$.

(4) 对于 $i=\pi+1,\cdots,n,1,\cdots,\pi-1$, 随机选取 $s_i\in\mathbb{Z}_p^*$, 分别计算 $c_{i+1}=H_0(L,\tilde{y},$

$m, g^{s_i} y_i^{c_i}, h^{s_i} \tilde{y}^{c_i})$，其中 $i+1$ 在模 $n$ 下计算，即 $n+1=1 \bmod n$.

(5) 计算 $s_\pi \equiv u - x_\pi c_\pi \bmod p$.

(6) 输出可链接环签名 $\sigma = (c_1, s_1, \cdots, s_n, \tilde{y})$.

3. 签名验证算法

输入环成员公钥集合 $L=\{y_1,\cdots,y_n\}$、消息 $m$ 及其可链接环签名 $\sigma=(c_1,s_1,\cdots,s_n,\tilde{y})$，输出 1 或 0，分别表示接受或拒绝签名.

(1) 计算 $h = H_1(L)$.

(2) 对于 $i=1,\cdots,n$，计算 $z_i' = g^{s_i} y_i^{c_i}$，$z_i'' = h^{s_i} \tilde{y}^{c_i}$.

(3) 计算哈希值 $c_{i+1} = H_0(L, \tilde{y}, m, z_i', z_i'')$，其中 $i+1$ 在模 $n$ 下计算.

(4) 验证 $c_1 = H_0(L, \tilde{y}, m, z_n', z_n'')$. 若相等则输出 1；否则输出 0.

4. 签名链接算法

对于两个环签名与关联公钥集合 $L=\{y_1,\cdots,y_n\}$，其中环签名的输出结果分别为 $\sigma_L' = (c_1', s_1', \cdots, s_n', \tilde{y}')$ 和 $\sigma_L'' = (c_1'', s_1'', \cdots, s_n'', \tilde{y}'')$，签名验证者验证签名正确性，然后检测 $\tilde{y}' = \tilde{y}''$ 是否成立. 若相等，则确认两个签名来自相同的签名者；若不等，则确认两个签名来自不同的签名者.

### 4.7.2 LSAG 签名正确性分析

下面简要分析 LSAG 签名的正确性，即诚实的签名者产生的环签名一定会通过验证. 假定环签名公钥列表为 $L=\{y_1,\cdots,y_n\}$，环签名为 $\sigma=(c_1,s_1,\cdots,s_n,\tilde{y})$，其中某个 $s_\pi \equiv u - x_\pi c_\pi \bmod p$. 对于 $i=1,\cdots,n$，签名验证者首先分别计算辅助参数 $z_i' = g^{s_i} y_i^{c_i}$ 和 $z_i'' = h^{s_i} \tilde{y}^{c_i}$，然后计算哈希函数 $c_{i+1} = H_0(L, \tilde{y}, m, z_i', z_i'')$. 根据签名生成算法步骤(4)可知，一个诚实签名者生成的环签名进行一系列计算后将得到 $z_n' = g^{s_n} y_n^{c_n}$ 和 $z_n'' = h^{s_n} \tilde{y}^{c_n}$. 特别有 $s_\pi = u - x_\pi c_\pi$，则下列等式成立

$$
\begin{aligned}
z_\pi' &= g^{s_\pi} y_i^{c_\pi} = g^{u - x_\pi c_\pi} g^{x_\pi c_\pi} = g^u \\
z_\pi'' &= h^{s_\pi} \tilde{y}^{c_\pi} = h^{u - x_\pi c_\pi + x_\pi c_\pi} = h^u \\
c_{\pi+1} &= H_0(L, \tilde{y}, m, z_\pi', z_\pi'') = H_0(L, \tilde{y}, m, g^u, h^u)
\end{aligned}
$$

因此所有验证等式成立，验证算法将输出 1.

### 4.7.3 环签名在区块链中的应用

环签名具有完全匿名性、不可伪造性和自组织性三大特性[9]，上述 LSAG 增加了可链接性，更加适合区块链场景中的应用[28].

(1) 完全匿名性: 任何人只可以验证签名的有效性, 无法获取签名者的具体身份信息. 对于无链接性的环签名, 即使攻击者获得了环成员的私钥, 成功定位签名者身份的概率也是$1/n$, 其中$n$为环中成员的数量.

(2) 不可伪造性: 环中的成员即使合谋也不能伪造其他环成员的环签名, 攻击者即使获得一系列有效的环签名, 也不能伪造一个新的有效签名.

(3) 自组织性: 无需群管理员, 用户可以自由选择环成员集合, 不需要与其他环成员交互生成群密钥或环签名.

(4) 可链接性: 具有可链接性的环签名允许验证者区分两个有效的环签名是否是由同一个签名者生成的签名.

在基本的环签名基础上, 通过增加不同的安全能力, 研究人员相继提出了可链接环签名、可追溯环签名、门限环签名等不同的方案. 环签名的自组织性和高隐私性的特点特别适合区块链的隐私保护[103].

注意到 LSAG 环签名虽然具有可链接性, 但仍然不能直接用于区块链. 这是因为 LSAG 环签名用于链接的分量为$\tilde{y}=h^{x_\pi}=H_1(L)^{x_\pi}$, 只有当签名者两次选择了同一个环公钥集合的时候才会被链接. 在区块链环境下无法限制用户都选择相同的环公钥集合, 因此, 在门罗币的 CryptoNote 协议中将签名链接分量(密钥镜像)修改为$I=H_1(g^{x_\pi})^{x_\pi}$, 它由签名者的公钥和私钥单独控制, 同一个公钥地址只能生成一个链接分量, 防止恶意用户双花攻击. CryptoNote 由 N. van Saberhagen 提出[102], 保密交易功能在 2017 年 1 月 10 日门罗币区块高度为 1220516 时正式上线. 早期的环签名长度都与环成员数量线性相关, 目前已有多种环签名方案, 其长度与环成员数量呈对数复杂度关系, 由此可以在同样签名长度的情况下, 将签名者隐藏在更大的环成员集合中, 提供更好的隐私保护和可用性.

## 4.8 盲签名

1982 年, D. L. Chaum 提出了盲签名的概念[29], 盲签名允许使用者获得一个消息的签名, 而签名者既不知道该消息的内容, 也不知道该消息的签名. 由于盲签名者不能链接签名请求者和签名出示者, 因此盲签名可用于提供匿名服务, 如电子投票和电子现金. 盲签名方案通常包括以下三个关键步骤.

(1) 消息盲化: 签名请求者利用盲因子对待签署的信息进行盲化处理, 然后将盲化后的消息发送给签名者.

(2) 盲消息签名: 签名者对盲化后的消息进行签名, 因此签名者不知道签署的消息的实际内容.

(3) 恢复签名: 签名请求者执行脱盲程序, 除去盲因子, 得到实际消息的签名.

2016 年, E. Heilman 等在金融密码会议上提出了基于比特币的盲合约签署方案[52], 该方案基于 BLS 签名实现. 下面以其中使用的 BLS 盲签名方案实例介绍盲签名算法.

### 4.8.1 BLS 盲签名方案

1. 系统参数与密钥生成算法

(1) 生成系统参数$(e,\mathbb{G},\mathbb{G}_T,p,g,H)$, 其中双线性映射$e:\mathbb{G}\times\mathbb{G}\to\mathbb{G}_T$, $\mathbb{G}$和$\mathbb{G}_T$是有限循环乘法群, 阶为$p$, 生成元为$g$, $H$为全域哈希函数$H:\{0,1\}^*\to\mathbb{G}^*$.

(2) 随机选取$x\leftarrow\mathbb{Z}_p^*$, 计算$y=g^x$.

(3) 输出签名者的公私钥对$(x,y)$.

2. 消息盲化算法

对于待签署的消息$m$, 签名请求者执行下列程序.

(1) 随机选取$r\leftarrow\mathbb{Z}_p^*$, 计算$m'=H(m)g^r$.

(2) 发送盲化消息$m'$给签名者.

3. 签名生成算法

收到盲化消息$m'$, 输入私钥$x$, 签名者执行下列程序.

(1) 计算$\sigma'=(m')^x$.

(2) 返回盲化签名$\sigma'$给签名请求者.

4. 签名脱盲算法

收到盲化签名$\sigma'$, 签名请求者执行下列程序.

(1) 验证$e(\sigma',g)=e(m',y)$. 如等式不成立则中止程序.

(2) 计算$\sigma=\sigma'y^{-r}$.

(3) 输出脱盲后的最终签名$\sigma$.

5. 签名验签算法

收到消息$m$, 签名$\sigma$, 验证者执行下列程序.

(1) 计算$e(y,H(m))$与$e(g,\sigma)$.

(2) 如果$e(g,\sigma)=e(y,H(m))$, 输出 1; 否则输出 0.

### 4.8.2　BLS 盲签名正确性分析

下面分别对盲化消息 $m'$ 和原始消息 $m$ 的签名正确性进行分析.

(1) 对于诚实的签名请求者提交的盲化消息, 诚实的签名者返回盲化消息 $m'$ 的签名 $\sigma'$, 由于 $e(\sigma',g)=e((m')^x,g)=e(m',g^x)=e(m',y)$, 因此 $\sigma'$ 一定能通过验证.

(2) 对于诚实的签名请求者提交的盲化消息, 诚实的签名者返回盲化消息 $m'$ 的签名 $\sigma'$, 由于 $e(g,\sigma)=e(g,\sigma' y^{-r})=e(g,(m')^x(g^x)^{-r})=e(g,(H(m)g^r)^x g^{-rx})=e(g,H(m)^x)=e(g^x,H(m))=e(y,H(m))$, 因此经签名请求者脱盲后得到的最终签名 $\sigma$ 一定能通过验证.

### 4.8.3　盲签名在区块链中的应用

盲签名主要用于区块链中隐私保护, 尤其是在混币业务中切断数字货币转账之间的关系. 混币是区块链中增强隐私保护的常用手段, 它将一次交易的来源(即输入地址)隐藏到多个合法的输入地址组成的集合中, 并为转账输入地址确实属于该集合提供证明, 从而实现切断链上数据与某个交易单之间的直接联系的目的.

混币有中心化和去中心化两种实现机制. 在中心化混币机制中, 若 A 需要向 B 支付数字货币, 则 A 首先将对应金额支付给中心机构 C, 之后 B 再向 C 索取对应金额的数字货币. 若 C 的业务量足够大, 则单从区块链上记录的数据很难分析出 B 收到的数字货币具体来源于哪个地址. 目前已有多个中心化机构提供混币服务, 比如 Bitcoin Fog、Blockchain.info 等.

上述朴素的实现方案存在许多安全隐患. 首先, 混币机构 C 可能会拒绝将数字货币支付给 B, 因此为了保证交易参与者的诚实执行, 此类混币机制通常是基于智能合约完成的. 其次, A 对 B 的支付过程对 C 来说是完全透明的, 因此 C 知道所有资金流向. 最初实现中心化混币的 Mixcoin 并未考虑这一问题, 因此, 它不能抵御来自恶意混币机构的攻击, 难以阻止机构泄露或出售用户隐私. 为了使支付过程对混币机构匿名, 还需在此机制中加入盲签名技术. 而且, 为了达到隐藏支付者身份的目的, 混币通常需要进行多次交易或者保证参与混币的转账金额相等. 因此, 混币会产生额外的交易延迟和交易费用.

去中心化的混币方法可能由多方同步参与, 也可能不需要多方同步参与. 最早由 Gregory 提出的混币交易机制, 其核心思想便是将多个交易合并, 构造一个多输入-多输出的交易, 增加攻击者分析交易关系的难度, 属于多方同步参与的混币机制的代表. 此外还有 Dark Wallet、CoinShuffle 和 JoinMarket 等均运用了这一思想. 多方同步的混币方案需要混币用户自行协商执行, 可能存在潜在的安全隐患和不便. 第一, 混币过程中, 各个参与方可能知道其他输入/输出的关联关系.

第二，部分节点如果违规操作，将会导致混币失败，为攻击者提供了拒绝服务攻击的可能性. 第三，混币构造的多输入-多输出交易最后会公布到区块链上，用户无法否认曾参与混币的事实，隐私性降低. 第四，攻击者可能从交易金额的联系获知输入与输出的关系.

无须多方同步参与的去中心化混币方案并不要求所有参与混币的输入放在一个多输入-多输出的交易甚至一个区块中，而是将期望混币的真实的输入地址隐藏在一个地址集合中. 然后为该输入地址生成属于所在集合的成员关系证明，以及生成为了避免双重花费的唯一标识. 经过这样的处理后，从具体的交易单上无法看出是哪一个输入被使用，从而达到混币的目的，CryptoNote 协议就是此类型混币的典型代表.

## 4.9 后量子签名

经过三十多年的发展，公钥密码学已经成为数字基础设施中不可或缺的部分. 经典公钥密码学算法和协议的安全性依赖大整数分解和离散对数相关的困难性假设[13]. 1994 年，贝尔实验室的研究员 P. W. Shor 提出量子算法[95]，一种利用量子的物理性质进行计算的新技术，可以高效地解决大整数分解和离散对数问题，使得基于大整数分解和离散对数相关的困难性假设的公钥密码学不再安全[27].

在之后的二十余年，量子计算理论有了很大的发展[38]. 根据 NIST 报告，大规模的量子计算应用后[84]，广泛使用的 RSA、ECDSA、ECDH 和 DSA 等公钥密码学算法将不再安全[31]. 密码学家开始设计抗量子计算攻击的公钥密码算法[98]，这些密码算法主要基于格、编码、同源曲线和多变量、多项式等相关的计算困难性假设[37]. NIST 于 2016 年开始征集后量子标准密码算法，共收到 23 种数字签名和 59 种加密算法. 经过多轮遴选，2022 年 7 月 NIST 发布第三轮候选结果[78]，包括 CRYSTALS-Dilithium、Falcon 和 SPHINCS+三种签名算法.

CRYSTALS-Dilithium 是基于格和 Fiat-Shamir 变换的数字签名方案[60]. 方案使用环 $R_q := \mathbb{Z}_q[X]/(X^{256}+1)$，其中 $q$ 是大素数 $2^{23}-2^{13}+1$，方案的公钥是一个 Module-LWE 样例形式 $(\boldsymbol{A}, \boldsymbol{t} := \boldsymbol{A}\boldsymbol{s}_1 + \boldsymbol{s}_2)$，其中 $\boldsymbol{A}$ 是一个在环 $R_q$ 上的矩阵，$\boldsymbol{s}_1$ 和 $\boldsymbol{s}_2$ 是环 $R_q$ 中容错向量. 不同于基于格的签名算法通常使用截断的高斯分布来计算其误差向量中的系数，Dilithium 方案使用在 $\{-\eta, -\eta+1, \cdots, \eta\}$ 上的均匀分布，其中 $\eta$ 是一个小正整数. Dilithium 方案基于 V. Lyubashevsky 的带中止程序的 Fiat-Shamir 变换[73]，其中证明者计算一个由 $\boldsymbol{A}\boldsymbol{y}$ (随机选取的 $\boldsymbol{y}$)高阶位组合

计算的向量 $\boldsymbol{w}$，并发送给验证者. 验证者以小系数的随机挑战 $c \in R_q$ 响应. 证明者回复向量 $\boldsymbol{z} := \boldsymbol{y} + c\boldsymbol{s}_1$，问题是 $\boldsymbol{z}$ 可能会泄露 $\boldsymbol{s}_1$ 的信息. 因此必须添加一个抽样步骤，确保 $\boldsymbol{z}$ 具有适当规模的系数. 最终签名验证者接受通过验证的签名 $\boldsymbol{Az} \approx \boldsymbol{w} + c\boldsymbol{t}$.

CRYSTALS-Dilithium 签名基于判定性 Module-LWE 假设，公钥不会泄露任何关于密钥的信息，增加 SelfTargetMSIS 假设可以证明 CRYSTALS-Dilithium 在量子谕言机模型下不可伪造. CRYSTALS-Dilithium 的安全性证明可以参阅 2018 年 E. Kiltz 和 V. Lyubashevsky 在欧密会上的论文[60].

NTRU 是以美国数论研究组(Number Theory Research Unit, NTRU)命名的一种环上公钥密码体制. FALCON (fast Fourier lattice-based compact signatures over NTRU) 是一种基于格和“哈希签名”实例的数字签名，该方案基于格的带有原像抽样的陷门函数构造的哈希签名 GPV 架构，由 C. Gentry、C. Peikert 和 V. Vaikuntanathan 提出[47]. FALCON 为了在 NTRU 格上高效地实例化 GPV 架构，特别关注公钥和签名的紧凑性. 在 NTRU 格上的密钥实例是一组多项式 $f,g,F,G \in Z[x]/(x^n+1)$，满足 $fG - gF \equiv q$，公钥为 $h \equiv gf^{-1}$. 为了正确生成密钥，当下列基生成相同的格时，$h$ 是随机的，

$$\begin{bmatrix} 1 & h \\ o & q \end{bmatrix} \text{ 和 } \begin{bmatrix} f & g \\ F & G \end{bmatrix}$$

与 NTRU 格的实例化不同，FALCON 的陷门原像采样算法复杂，特别是它的实现需要使用浮点运算等，这导致安全实现很困难. FALCON 也有复杂的数据结构，比如 FALCON 树，使得 FALCON 的实现比其他格签名方案更具挑战性.

FALCON 的安全性基于 NTRU 格上短整数解(short integer solution, SIS)问题的困难性，其在量子谕言机模型下的不可伪造性证明可以参考 2011 年亚密会上 D. Boneh 等的论文[13].

SPHINCS+是 D. J. Bernstein 等提出的一种基于哈希函数的数字签名[8]. 方案结合了一次性签名、少数次签名(few-times signatures)、Merkle 树和超树，构建了一种适用于一般用途的数字签名方案，不需要用户跟踪签名之间的任何状态. SPHINCS+使用如 SHA256 这样的标准哈希函数，安全性仅基于底层对称密码原语的安全性. SPHINCS+是一种复杂的后量子签名方案，涉及许多不同参数. 每组参数决定了签名和验证过程的不同步骤的复杂性与最终签名大小之间的权衡，具体可查阅 2016 年欧密会论文[8]和官方网站①.

① https://sphincs.org/SPHINCS+，访问时间 2022 年 9 月 14 日.

# 参考文献

[1] Abe M, Kohlweiss M, Ohkubo M, et al. Fully structure-preserving signatures and shrinking commitments. Annual International Conference on the Theory and Applications of Cryptographic Techniques. Berlin, Heidelberg: Springer, 2015: 35-65.

[2] Ahn J H, Green M, Hohenberger S. Synchronized aggregate signatures: New definitions, constructions and applications. ACM Conference on Computer and Communications Security. New York: ACM Press, 2010: 473-484.

[3] Ateniese G, Camenisch J, Joye M, et al. A practical and provably secure coalition-resistant group signature scheme. Annual International Cryptology Conference. Berlin, Heidelberg: Springer, 2000: 255-270.

[4] Bagherzandi A, Cheon J H, Jarecki S. Multisignatures secure under the discrete logarithm assumption and a generalized forking lemma. ACM Conference on Computer and Communications Security. New York: ACM Press, 2008: 449-458.

[5] Bellare M, Neven G. Multi-signatures in the plain public-key model and a general forking lemma. ACM Conference on Computer and Communications Security. New York: ACM Press, 2006: 390-399.

[6] Bellare M, Rogaway P. Random oracles are practical: A paradigm for designing efficient protocols. ACM Conference on Computer and Communications Security. New York: ACM Press, 1993: 62-73.

[7] Bernstein D J, Duif N, Lange T, et al. High-speed high-security signatures. Journal of Cryptographic Engineering, 2012, 2(2): 77-89.

[8] Bernstein D J, Hopwood D, Hülsing A, et al. SPHINCS: Practical stateless Hash-based signatures. Annual International Conference on The Theory and Applications of Cryptographic Techniques. Berlin, Heidelberg: Springer, 2015: 368-397.

[9] Beullens W, Katsumata S, Pintore F. Calamari and Falafl: Logarithmic (linkable) ring signatures from isogenies and lattices. International Conference on the Theory and Application of Cryptology and Information Security. Berlin, Heidelberg: Springer, 2020: 464-492.

[10] Blocki J, Lee S. On the multi-user security of short Schnorr signatures with preprocessing. Annual International Conference on the Theory and Applications of Cryptographic Techniques. Cham: Springer, 2022: 614-643.

[11] Boldyreva A. Threshold Signatures, Multisignatures and blind signatures based on the gap-Diffie-Hellman-group signature scheme. International Workshop on Public Key Cryptography. Berlin, Heidelberg: Springer, 2003: 31-46.

[12] Boneh D, Boyen X, Shacham H. Short group signatures. Annual International Cryptology Conference. Berlin, Heidelberg: Springer, 2004: 41-55.

[13] Boneh D, Dagdelen Ö, Fischlin M, et al. Random oracles in a quantum world. International Conference on the Theory and Application of Cryptology and Information Security. Berlin, Heidelberg: Springer, 2011: 41-69.

[14] Boneh D, Drijvers M, Neven G. Compact multi-signatures for smaller blockchains. International Conference on the Theory and Application of Cryptology and Information Security. Berlin,

Heidelberg: Springer, 2018: 435-464.

[15] Boneh D, Gentry C, Lynn B, et al. Aggregate and verifiably encrypted signatures from bilinear maps. International Conference on the Theory and Applications of Cryptographic Techniques. Berlin, Heidelberg: Springer, 2003: 416-432.

[16] Boneh D, Lynn B, Shacham H. Short signatures from the Weil pairing. International Conference on the Theory and Application of Cryptology and Information Security. Berlin, Heidelberg: Springer, 2001: 514-532.

[17] Bootle J, Cerulli A, Chaidos P, et al. Foundations of fully dynamic group signatures. International Conference on Applied Cryptography and Network Security. Cham: Springer, 2016: 117-136.

[18] Brown D R L. Generic groups, collision resistance, and ECDSA. Designs, Codes and Cryptography, 2005, 35(1): 119-152.

[19] Cachin C, Kursawe K, Shoup V. Random oracles in constantinople: Practical asynchronous Byzantine agreement using cryptography. Journal of Cryptology, 2005, 18(3): 219-246.

[20] Camenisch J, Drijvers M, Lehmann A, et al. Short threshold dynamic group signatures. International Conference on Security and Cryptography for Networks. Cham: Springer, 2020: 401-423.

[21] Camenisch J, Lysyanskaya A. An efficient system for non-transferable anonymous credentials with optional anonymity revocation. International Conference on the Theory and Applications of Cryptographic Techniques. Berlin, Heidelberg: Springer, 2001: 93-118.

[22] Camenisch J, Lysyanskaya A. A signature scheme with efficient protocols. International Conference on Security in Communication Networks. Berlin, Heidelberg: Springer, 2002: 268-289.

[23] Camenisch J, Stadler M. Efficient group signature schemes for large groups: Extended abstract. Annual International Cryptology Conference. Berlin, Heidelberg: Springer, 1997: 410-424.

[24] Castagnos G, Catalano D, Laguillaumie F, et al. Two-party ECDSA from Hash proof systems and efficient instantiations. Advances in Cryptology. Cham: Springer, 2019: 191-221.

[25] Castagnos G, Catalano D, Laguillaumie F, et al. Bandwidth-efficient threshold EC-DSA. IACR International Conference on Practice and Theory of Public-Key Cryptography. Cham: Springer, 2020: 266-296.

[26] Castagnos G, Laguillaumie F. Linearly homomorphic encryption from DDH. Cryptology ePrint Archive, 2015.

[27] Catalano D, Fiore D, Warinschi B. Homomorphic signatures with efficient verification for polynomial functions. Annual Cryptology Conference. Berlin, Heidelberg: Springer, 2014: 371-389.

[28] Chatterjee R, Garg S, Hajiabadi M, et al. Compact ring signatures from learning with errors. Annual International Cryptology Conference. Berlin, Heidelberg: Springer, 2021: 282-312.

[29] Chaum D L. Blind signatures for untraceable payments. Advances in Cryptology. Boston: Springer, 1983: 199-203.

[30] Chaum D L, Heyst E. Group signatures. Annual International Conference on Theory and Application of Cryptographic Techniques. Berlin, Heidelberg: Springer, 1991: 257-265.

[31] Chen L, Chen L, Jordan S, et al. Report on post-quantum cryptography. Gaithersburg, MD, USA: US Department of Commerce, National Institute of Standards and Technology, 2016.
[32] Deng Y, Ma S, Zhang X. Promise Σ-protocol: How to construct efficient threshold ECDSA from encryptions based on class groups. International Conference on the Theory and Application of Cryptology and Information Security, 2021: 557-586.
[33] Desmedt Y, Frankel Y. Threshold cryptosystems. Conference on the Theory and Application of Cryptology. New York: Springer, 1989: 307-315.
[34] Desmedt Y. Society and group oriented cryptography: A new concept. Conference on the Theory and Application of Cryptographic Techniques. Berlin, Heidelberg: Springer, 1987: 120-127.
[35] Drijvers M, Edalatnejad K, Ford B, et al. On the security of two-round multi-signatures. IEEE Symposium on Security and Privacy (SP). Los Alamitos: IEEE Computer Society, 2019: 1084-1101.
[36] Drijvers M, Gorbunov S, Neven G, et al. Pixel: Multi-signatures for consensus. 29th USENIX Security Symposium. Berkeley, CA: USENIX Association, 2020: 2093-2110.
[37] Ducas L, Lyubashevsky V, Prest T. Efficient identity-based encryption over NTRU lattices. International Conference on the Theory and Application of Cryptology and Information Security. Berlin, Heidelberg: Springer, 2014: 22-41.
[38] Ducas L, Prest T. Fast fourier orthogonalization. ACM on International Symposium on Symbolic and Algebraic Computation. New York: ACM Press, 2016: 191-198.
[39] Diffie W, Hellman M E. New directions in cryptography. IEEE Transactions on Information Theory, 1976, 22: 644-654.
[40] Fersch M, Kiltz E, Poettering B. On the provable security of (EC) DSA signatures. ACM SIGSAC Conference on Computer and Communications Security. New York: ACM Press, 2016: 1651-1662.
[41] Fiat A, Shamir A. How to prove yourself: Practical solutions to identification and signature problems. Conference on the Theory and Application of Cryptographic Techniques. Berlin, Heidelberg: Springer, 1986: 186-194.
[42] Fuchsbauer G, Orrù M, Seurin Y. Aggregate cash systems: A cryptographic investigation of mimblewimble. Annual International Conference on the Theory and Applications of Cryptographic Techniques. Cham: Springer, 2019: 657-689.
[43] Galbraith S D, Gaudry P. Recent progress on the elliptic curve discrete logarithm problem. Designs, Codes and Cryptography, 2016, 78(1): 51-72.
[44] Garg S, Bhaskar R, Lokam S V. Improved bounds on security reductions for discrete log based signatures. Annual International Cryptology Conference. Berlin, Heidelberg: Springer, 2008: 93-107.
[45] Garillot F, Kondi Y, Mohassel P, et al. Threshold Schnorr with stateless deterministic signing from standard assumptions. Annual International Cryptology Conference. Cham: Springer, 2021: 127-156.
[46] Gennaro R, Goldfeder S. Fast multiparty threshold ECDSA with fast trustless setup. ACM SIGSAC Conference on Computer and Communications Security. New York: ACM Press, 2018: 1179-1194.

[47] Gentry C, Peikert C, Vaikuntanathan V. Trapdoors for hard lattices and new cryptographic constructions. Annual ACM Symposium on Theory of Computing, 2008: 197-206.
[48] Groth J, Shoup V. On the security of ECDSA with additive key derivation and presignatures. Annual International Conference on the Theory and Applications of Cryptographic Techniques. Cham: Springer, 2022: 365-396.
[49] Gueta G G, Abraham I, Grossman S, et al. SBFT: A scalable and decentralized trust infrastructure. Annual IEEE/IFIP International Conference on Dependable Systems and Networks. Los Alamitos: IEEE Computer Society, 2019: 568-580.
[50] Guo B, Lu Y, Lu Z, et al. Speeding Dumbo: pushing asynchronous BFT closer to practice. USENIX Security Symposium. Berkeley, CA: USENIX Association, 2022.
[51] Guo B, Lu Z, Tang Q, et al. Dumbo: faster asynchronous BFT protocols. ACM SIGSAC Conference on Computer and Communications Security. New York: ACM Press, 2020: 803-818.
[52] Heilman E, Baldimtsi F, Goldberg S. Blindly signed contracts: Anonymous on-blockchain and off-blockchain bitcoin transactions. International Conference on Financial Cryptography and Data Security. Cham: Springer, 2016: 43-60.
[53] Hohenberger S, Sahai A, Waters B. Full domain Hash from (leveled) multilinear maps and identity-based aggregate signatures. Annual Cryptology Conference. Cham: Springer, 2013: 494-512.
[54] Itakura K, Nakamura K. A public-key cryptosystem suitable for digital multisignatures. NEC Research & Development, 1983, (71): 1-8.
[55] Johnson D, Menezes A, Vanstone S. The elliptic curve digital signature algorithm (ECDSA). International Journal of Information Security, 2001, 1(1): 36-63.
[56] Josefsson S, Liusvaara I. Edwards-curve digital signature algorithm (EdDSA). 2017. https://www.rfc-editor.org/rfc/rfc8032.html.
[57] Katz J, Lindell Y. Introduction to Modern Cryptography. Boca Raton: CRC Press, 2020.
[58] Khalilov M C K, Levi A. A survey on anonymity and privacy in bitcoin-like digital cash systems. IEEE Communications Surveys & Tutorials, 2018, 20(3): 2543-2585.
[59] Kılınç Alper H, Burdges J. Two-round trip Schnorr multi-signatures via delinearized sitnesses. Annual International Cryptology Conference. Cham: Springer, 2021: 157-188.
[60] Kiltz E, Lyubashevsky V, Schaffner C. A concrete treatment of Fiat-Shamir signatures in the quantum random-oracle model. Annual International Conference on the Theory and Applications of Cryptographic Techniques. Cham: Springer, 2018: 552-586.
[61] Kogias E K, Jovanovic P, Gailly N, et al. Enhancing bitcoin security and performance with strong consistency via collective signing. USENIX Security Symposium. Berkeley, CA: USENIX Association, 2016: 279-296.
[62] Kokoris-Kogias E, Jovanovic P, Gasser L, et al. Omniledger: A secure, scale-out, decentralized ledger via sharding. IEEE Symposium on Security and Privacy. Los Alamitos: IEEE Computer Society, 2018: 583-598.
[63] Libert B, Joye M, Yung M. Born and raised distributively: Fully distributed non-interactive adaptively-secure threshold signatures with short shares. ACM symposium on Principles of

Distributed Computing. New York: ACM Press, 2014: 303-312.
[64] Libert B, Peters T, Yung M. Group signatures with almost-for-free revocation. Annual Cryptology Conference. Cham: Springer, 2012: 571-589.
[65] Libert B, Peters T, Yung M. Short group signatures via structure-preserving signatures: Standard model security from simple assumptions. Annual Cryptology Conference. Cham: Springer, 2015: 296-316.
[66] Lindell Y. Fast secure two-party ECDSA signing. Journal of Cryptology, 2021, 34: 44.
[67] Liu J K, Wei V K, Wong D S. Linkable spontaneous anonymous group signature for ad hoc groups. Information Security and Privacy, 2004: 3108.
[68] Lu S, Ostrovsky R, Sahai A, et al. Sequential aggregate signatures and multisignatures without random oracles. Advances in Cryptology, 2006: 4004.
[69] Lu Y, Lu Z, Tang Q, et al. Dumbo-MVBA: Optimal multi-valued validated asynchronous Byzantine agreement, revisited. 39th Symposium on Principles of Distributed Computing. New York: ACM Press, 2020: 129-138.
[70] Lysyanskaya A, Micali S, Reyzin L, et al. Sequential aggregate signatures from trapdoor permutations. International Conference on the Theory and Applications of Cryptographic Techniques. Cham: Springer, 2004: 74-90.
[71] Lysyanskaya A, Rivest R L, Sahai A, et al. Pseudonym systems. International Workshop on Selected Areas in Cryptography. Berlin, Heidelberg: Springer, 1999: 184-199.
[72] Lyubashevsky V. Fiat-shamir with aborts: Applications to lattice and factoring-based signatures. International Conference on the Theory and Application of Cryptology and Information Security. Berlin, Heidelberg: Springer, 2009: 598-616.
[73] Ma D. Practical forward secure sequential aggregate signatures. ACM Symposium on Information, Computer and Communications Security. New York: ACM Press, 2008: 341-352.
[74] Maxwell G, Poelstra A, Seurin Y, et al. Simple Schnorr multi-signatures with applications to bitcoin. Designs, Codes and Cryptography, 2019, 87(9): 2139-2164.
[75] Menezes A, van Oorschot P C, Vanstone S. Handbook of Applied Cryptography. Boca Raton: CRC Press, 2018.
[76] Micali S, Ohta K, Reyzin L. Accountable-subgroup multisignatures. ACM Conference on Computer and Communications Security. New York: ACM Press, 2001: 245-254.
[77] Moody D, Alagic G, Apon D C, et al. Status report on the second round of the NIST post-quantum cryptography standardization process. National Institute of Standards and Technology, 2020.
[78] Nechaev V I. Complexity of a determinate algorithm for the discrete logarithm. Mathematical Notes, 1994, 55(2): 165-172.
[79] Nick J, Poelstra A, Sanders G. Liquid: A bitcoin sidechain. Liquid white paper. 2020. URL https://blockstream. com/assets/downloads/pdf/liquid-whitepaper. pdf.
[80] Nick J, Ruffing T, Seurin Y, et al. MuSig-DN: Schnorr multi-signatures with verifiably deterministic nonces. ACM SIGSAC Conference on Computer and Communications Security. New York: ACM Press, 2020: 1717-1731.
[81] Nick J, Ruffing T, Seurin Y. Musig2: Simple two-round Schnorr multi-signatures. Annual

International Cryptology Conference. Cham: Springer, 2021: 189-221.
[82] Noether S. Ring signature confidential transactions for monero. Cryptology ePrint Archive, 2015.
[83] Perlner R A, Cooper D A. Quantum resistant public key cryptography: A survey. 8th Symposium on Identity and Trust on the Internet, 2009: 85-93.
[84] Pointcheval D, Sanders O. Reassessing security of randomizable signatures. Cryptographers' Track at the RSA Conference. Cham: Springer, 2018: 319-338.
[85] Pointcheval D, Stern J. Security proofs for signature schemes. International Conference on the Theory and Applications of Cryptographic Techniques. Berlin, Heidelberg: Springer, 1996: 387-398.
[86] Pointcheval D, Stern J. Security arguments for digital signatures and blind signatures. Journal of Cryptology, 2000, 13(3): 361-396.
[87] Ristenpart T, Yilek S. The power of proofs-of-possession: Securing multiparty signatures against rogue-key attacks. Annual International Conference on the Theory and Applications of Cryptographic Techniques. Berlin, Heidelberg: Springer, 2007, 228-245.
[88] Rivest R L, Shamir A, Adleman L. A method for obtaining digital signatures and public-key cryptosystems. Communications of the ACM, 1978, 21(2): 120-126.
[89] Rivest R L, Shamir A, Tauman Y. How to leak a secret. Advances in Cryptology 2248, 2001.
[90] Schnorr C P. Efficient identification and signatures for smart cards. Conference on the Theory and Application of Cryptology. New York: Springer, 1989: 239-252.
[91] Schnorr C P. Efficient signature generation by smart cards. Journal of Cryptology, 1991, 4(3): 161-174.
[92] Seurin Y. On the exact security of Schnorr-type signatures in the random oracle model. Annual International Conference on the Theory and Applications of Cryptographic Techniques. Berlin, Heidelberg: Springer, 2012: 554-571.
[93] Shamir A. How to share a secret. Communications of the ACM, 1979, 22(11): 612-613.
[94] Shor P W. Algorithms for quantum computation: Discrete logarithms and factoring. Annual Symposium on Foundations of Computer Science. Los Alamitos: IEEE Computer Society, 1994: 124-134.
[95] Shoup V. Lower bounds for discrete logarithms and related problems. International Conference on the Theory and Applications of Cryptographic Techniques. Berlin, Heidelberg: Springer, 1997: 256-266.
[96] Shoup V. Practical threshold signatures. International Conference on the Theory and Applications of Cryptographic Techniques. Berlin, Heidelberg: Springer, 2000: 207-220.
[97] Stehlé D, Steinfeld R. Making NTRU as secure as worst-case problems over ideal lattices. Annual International Conference on the Theory and Applications of Cryptographic Techniques. Berlin, Heidelberg: Springer, 2011: 27-47.
[98] Stinson D R. Cryptography: Theory and practice. Boca Raton: CRC Press, 2005.
[99] Syta E, Jovanovic P, Kogias E K, et al. Scalable bias-resistant distributed randomness. IEEE Symposium on Security and Privacy. Los Alamitos: IEEE Computer Society, 2017: 444-460.
[100] Syta E, Tamas I, Visher D, et al. Keeping authorities "honest or bust" with decentralized witness

cosigning. IEEE Symposium on Security and Privacy. Los Alamitos: IEEE Computer Society, 2016: 526-545.
[101] van Saberhagen N. CryptoNote v 2.0. 2013. http://cryptonote.org/whitepaper.pdf.
[102] Yuen T H, Esgin M F, Liu J K, et al. DualRing: Generic construction of ring signatures with efficient instantiations. Annual International Cryptology Conference. Cham: Springer, 2021: 251-281.
[103] 国家密码管理局. SM2 椭圆曲线公钥密码算法. 2010.

# 习　题

## 一、填空题

1. 数字签名一般应满足____________、____________、____________、____________和____________等要求.

2. 按照对消息处理方式的不同，分为__________和__________两类，其中__________签名按照消息和签名的对应关系分为__________和__________两类.

3. ECDSA 签名安全性依赖于__________，按照消息和签名的对应关系归类于__________签名.

4. 我国国家密码局 2010 年 10 月发布了基于__________的__________数字签名. 其中使用__________编码签名者身份信息可辨别标识.

5. 多重签名是群体对__________________消息的签名，聚合签名是群体对__________________消息的签名.

## 二、简答题

1. 简述 ECDSA 签名的交易延展性攻击.
2. 简述门限签名和多重签名的区别.
3. 简述门限签名在异步共识中的作用.
4. 比较群签名和环签名的区别.
5. 简述 RSA 签名在区块链中应用面临的问题.

# 第 5 章　区块链中的基本密码协议

密码协议在区块链中有着广泛的应用. 在基本的密码原语基础之上, 密码协议提供灵活的功能组件以适应区块链的应用需求, 为区块链复杂多样的应用场景提供安全与隐私保障. 本章介绍基础的密码协议, 包括密钥协商、秘密承诺、秘密分享、分布式密钥生成、可验证伪随机函数、公平交换、零知识证明和安全多方计算等, 这些密码协议在区块链项目中有着较多应用, 为区块链系统和应用提供特定的安全功能.

## 5.1　密 钥 协 商

密钥协商(key agreement)是指用户通过公开网络建立一个仅有双方知道的会话密钥(session key). 第一个也是最著名的公钥密码协议, 是由 W. Diffie 和 M. E. Hellman 在 1976 年提出的 Diffie-Hellman 密钥协商协议, 它也是第一个公钥密码学协议. 密钥协商协议的目的是通信双方能够在不安全的网络环境下安全地得到一个共享的会话密钥, 后续双方可用于对消息加密和解密. Diffie-Hellman 密钥协商协议本身不直接对消息进行加密和解密, 仅仅为双方提供一个临时的共享会话密钥, 以 Diffie-Hellman 密钥协商协议为基础, ElGamal 公钥密码体制可以直接对消息进行加解密[31].

Diffie-Hellman 密钥协商协议的安全性基于离散对数困难问题. 如图 5.1 所示, Diffie-Hellman 密钥协商的公共系统参数包含 $p$ 和 $g$, 其中 $p$ 是大素数, $g$ 是 $\mathbb{Z}_p^*$ 中一个阶为 $p-1$ 的生成元.

(1) Alice 随机选取整数 $x \in \mathbb{Z}_p^*$, 计算并发送 $X \equiv g^x \bmod p$ 给 Bob.

(2) Bob 随机选取整数 $y \in \mathbb{Z}_p^*$, 计算并发送 $Y \equiv g^y \bmod p$ 给 Alice.

(3) Alice 收到 $Y$ 后计算 $K$: $K \equiv Y^x \bmod p$.

(4) Bob 收到 $X$ 后计算 $K$: $K \equiv X^y \bmod p$.

经过上述交互过程, Alice 和 Bob 可以获得共享密钥 $K$, 其中 $K = g^{xy} \bmod p$. 任何被动窃听者不能计算得到 $K$ 值, 除非攻击者能够攻破离散对数困难性假设, 从 $X$ 或 $Y$ 中获取 $x$ 或 $y$, 因此 Alice 和 Bob 可以将 $K$ 用作会话密钥.

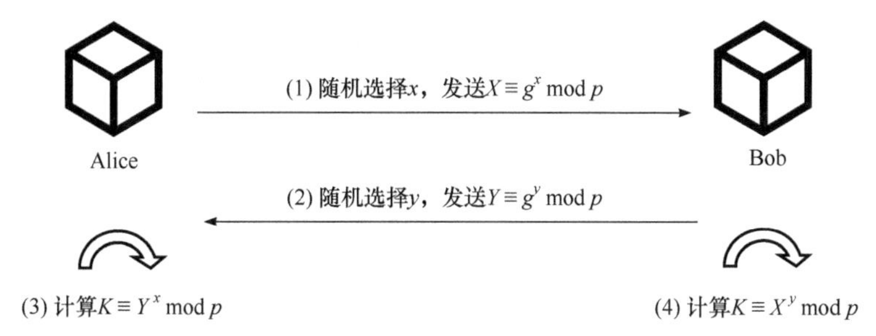

图 5.1 Diffie-Hellman 密钥协商过程

### 5.1.1 中间人攻击

Diffie-Hellman 密钥协商不能抵抗中间人攻击. 如图 5.2 所示, Alice 和 Bob 认为在他们之间建立了共享密钥, 实际上是攻击者 Carol 分别与他们建立了共享密钥, 因此 Carol 可以获取 Alice 和 Bob 后续的通信内容. Carol 的攻击如下.

(1) 攻击者 Carol 分别模拟 Alice 和 Bob, 生成两个随机私钥 $z_A$ 和 $z_B$，计算对应的公钥 $Z_A\equiv g^{z_A} \bmod p$， $Z_B\equiv g^{z_B} \bmod p$.

(2) Alice 将 $X$ 发送给 Bob, Carol 在中间截获 $X$.

(3) Carol 假冒 Alice 将 $Z_A$ 发送给 Bob, 同时计算 $K_2\equiv X^{z_B} \bmod p$.

(4) Bob 收到 $Z_A$ 后, 不知有诈, 计算 $K_1\equiv (Z_A)^y \bmod p$.

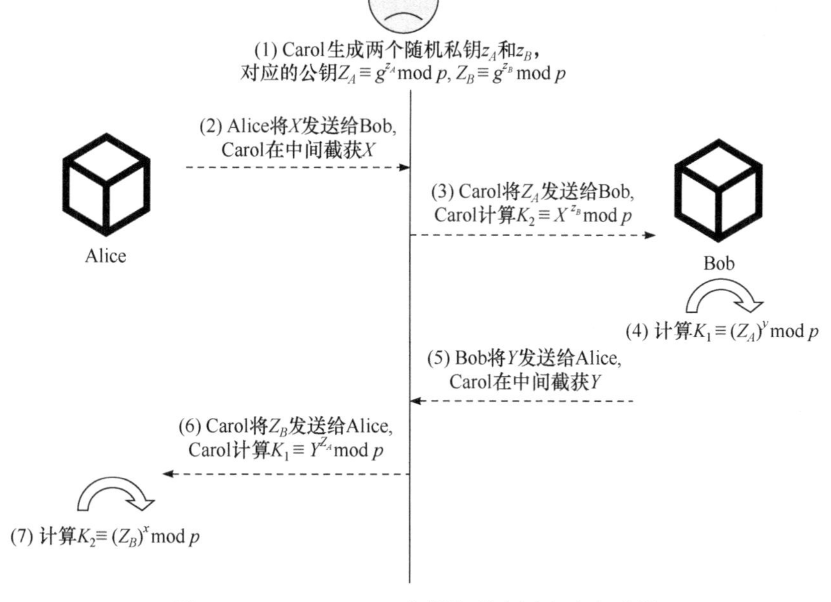

图 5.2 Diffie-Hellman 密钥协商中间人攻击过程

(5) Bob 将 $Y$ 发送给 Alice, Carol 在中间截获 $Y$.

(6) Carol 假冒 Bob 将 $Z_B$ 发送给 Alice, Carol 计算 $K_1 \equiv Y^{z_A} \bmod p$.

(7) Alice 收到 $Z_B$ 后, 不知有诈, 计算 $K_2 \equiv (Z_B)^x \bmod p$.

在上述攻击下, Alice 和 Bob 认为他们已经共享密钥, 但实际情况是 Alice 和 Carol 共享密钥 $K_2$, Bob 和 Carol 共享密钥 $K_1$. Alice 和 Bob 使用他们认为的共享密钥进行通信, Carol 可以用 Alice 和 Bob 之前的共享密钥获取保密信息, 并且 Alice 和 Bob 不能察觉异常, 具体方式如下.

(1) Alice 发出一份加密交易消息 $E_{K_2}(K_2, M)$.

(2) Carol 截获加密消息 $E_{K_2}(K_2, M)$, 使用 $K_2$ 解密获取消息 $M$.

(3) Carol 伪造消息 $M'$ 并替换原消息 $M$, 使用与 Bob 共享密钥 $K_1$ 对其加密, 得到 $E_{K_1}(K_1, M')$ 并发送给 Bob.

(4) Bob 用共享密钥 $K_1$ 解密 $E_{K_1}(K_1, M)$, 获得 Alice 发出经 Carol 转发的消息 $M'$.

简单实现的 Diffie-Hellman 密钥协商协议难以抵御中间人攻击. 由于对通信的参与方没有进行认证, 参与方无法验证是否正在与对方进行通信. 一般而言, 可以通过数字签名和数字证书的辅助身份认证等方式避免中间人攻击.

### 5.1.2　认证密钥协商

认证密钥协商(authenticated key agreement)要求每一方都能验证对方的身份, 这样攻击者就无法在会话中冒充诚实的参与方[34]. 在很多认证密钥协商中, 要求每个参与方预先有一对静态的私钥和公钥[158], 使用公钥基础设施或基于公开身份的基础设施证明静态公钥属于对应的所有者[21]. 在协议执行期间, 每一方都会生成一个临时公私钥对, 并将临时公钥发送给另一方[130]. 这些密钥与会话的其他信息一起创建共享会话状态并输入密钥派生函数, 获得公共会话密钥[20].

如果没有高效的攻击者能够从公开交互的消息中提取有关会话密钥的任何信息[140], 则这样的协议是安全的[59]. 在实践中, 认证密钥协商协议通常需要具有完美前向保密(perfect forward secrecy)特性[95], 即攻击者获得了各方静态密钥的情况下, 在完成一个会话过程后不能获得新的会话密钥[76].

认证密钥协商的一个主要方法是在协议认证过程时使用一些密码学原语(例如数字签名或 MAC)显式地验证相关方之间交换的消息, 这通常会导致相对于基本密钥协商协议的额外计算和通信开销[139]. 这类协议主要包括 IKE[115]、SIGMA[128]、SSL、TLS[76,127]和我国商用密钥协商标准 SM2(第 3 部分)等协议. 另一类是利用困难问题假设[3](离散对数假设、RSA 假设、理想格和容错学习等)隐式地[142]进行认证密钥协商[37], 这类协议以 MTI 和 MQV 为代表, 包括 HMQV[129]、OAKE[178]和 CRYSTALS-Kyber 等协议.

### 5.1.3 门罗币隐藏地址

区块链系统中通常将公钥作为用户收付款的钱包地址, 使得公钥成为区块链用户身份的重要标识. 如图 5.3 所示, 比特币地址一旦被公布, 就会成为交易的明确标识符, 所有人都可以向该地址发起交易或转入比特币. 收集链上的所有交易信息, 可以将地址标识符联系在一起, 并可与收款人的假名捆绑. 如果接收者想收到"不被绑定"的交易, 他需要通过私密通道将他的收款地址发送给付款人. 若他想参与不同交易, 并希望这些交易无法被关联为同一参与者, 则需要每次生成不同的地址, 且永远不要公布这些地址作为自己的假名.

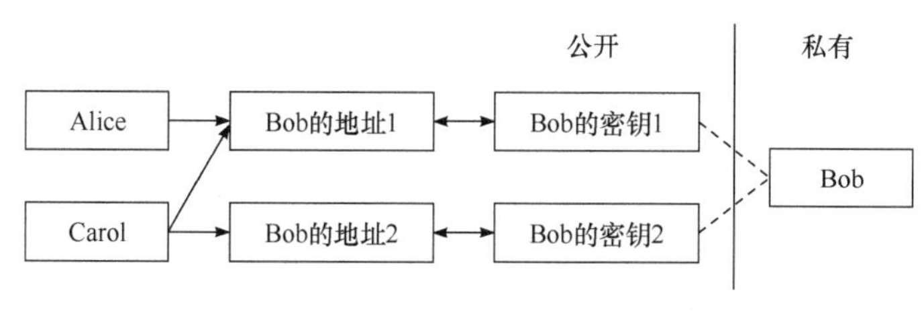


图 5.3 比特币密钥和交易模型

2013 年, E. Androulaki 等尝试通过比特币交易地址聚类分析实现身份去匿名化[4]. 他们的实验结果表明, 即使用户在属于自己的不同的地址之间转账, 以实现身份隐私保护. 使用基于行为的聚类分析技术能够构建 40%的实验参与者的身份资料, 构建的身份资料的准确度达 80%.

由于以比特币为代表的区块链身份存在易被关联的风险, 研究者提出了针对区块链的隐私保护增强的方法. 如图 5.4 所示, 在门罗币区块链中, 允许用户发布一个地址, 但除了本人和付款人, 其他人并不能将门罗币上的交易地址与用户发布的地址关联. 与比特币相比, 其主要优势在于代表每个交易的输出地址的公钥默认是"一次性"的, 除非交易发起者对同一收款人的每笔交易使用相同的数据. 因此在设计上不存在"地址重用"的问题, 没有外部观察者可以确定是否有交易被发送到一个特定的地址或将两个地址联系在一起.

门罗币"一次性"地址算法公共参数包括大素数 $q$ 、阶为 $p$ 的生成元 $g$ 和密码学哈希函数 $H_s:\{0,1\}^* \to \mathbb{F}_q$. 以 Bob 通过公开自己的标准地址用于收款为例, Alice 和其他任何人都可以通过随机化 Bob 的收款地址, 然后向各自随机化的地址发起交易, 目的是为收款人提供身份隐私保护[151], 具体方式如下.

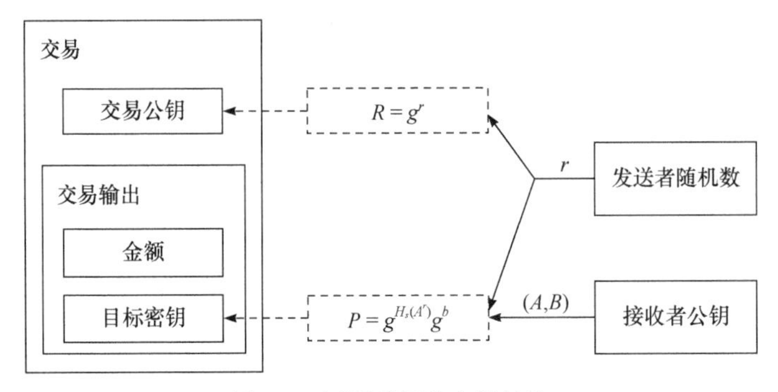


图 5.4　门罗币标准交易结构

(1) Bob 公开自己的标准地址 $(A,B)$, 其中 $A=g^a$, $B=g^b$.

(2) Alice 想发起一笔交易给 Bob, 从 Bob 的标准地址中获取 Bob 的公钥 $(A,B)$.

(3) Alice 随机选取 $r\in[1,p-1]$, 并计算一次性地址 $P=g^{H_s(A^r)}g^b$.

(4) Alice 将 $P$ 作为交易输出的目的地址, 并且在交易中保存 $R=g^r$.

(5) Alice 发出交易.

(6) 检查自公开标准地址后的链上交易中的 $R$, 利用 Diffie-Hellman 密钥协商协议, 注意 $A^r=g^{ar}$, Bob 使用自己的私钥 $(a,b)$ 计算出 $P'=g^{H_s(R^a)}g^b$.

(7) 检查链上对应交易的输出地址是否满足 $P'=P$. 如果是, 则表明该交易是给 Bob 公开自己的标准地址 $(A,B)$ 的交易.

(8) Bob 计算 $P$ 对应的私钥 $x=H_s(A^r)+b$, 满足 $P=g^x$.

(9)　Bob 后续可以使用私钥 $x$ 花费这笔交易.

最终 Bob 通过一次性公钥地址收到一笔交易, 观察者不能从一次性公钥地址关联 Bob 收到的交易或 Bob 的标准地址. 步骤(6)中, Bob 仅使用自己的私有信息 $(a,B)$ 即可发现属于自己的交易. 私有信息 $(a,B)$ 被称作追踪密钥(tracking key), 可以托管至第三方(Carol). Bob 可以委托 Carol 检查新的交易, 并且 Bob 不需要相信 Carol, 因为 Carol 不能在没有 Bob 的完整私钥 $(a,b)$ 的情况下恢复一次性私钥 $P$. 通过这种方法, Bob 可以在带宽或计算能力受限的情况下(手机、硬钱包)检查交易. 如果 Alice 想要证明他给 Bob 的地址发送了一笔交易, Alice 可以公开 $r$, 或者使用零知识证明证明她知道 $r$.

如图 5.5 所示, 如果 Bob 想拥有一个审计兼容的地址, 所有转入的交易都可以链接, 他可以公布他的跟踪密钥, 或者公开一个截断地址(truncated address). 截断地址包括部分公钥分量 $B$, 而协议要求的其余部分则由其用 $H_s(g^b)$ 和 $g^{H_s}(g^b)$ 计算得到. 在这两种情况下, 每个人都能“识别”Bob 的所有传入交易, 但是如果没有对应的密钥, 则不能花费其中的资金.

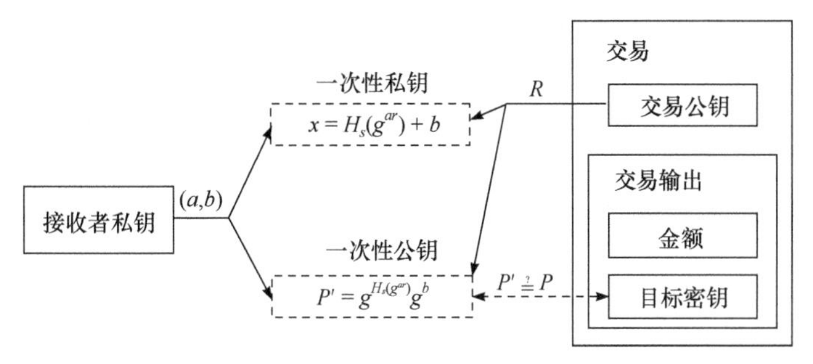


图 5.5 门罗币标准交易结构

# 5.2 秘密承诺

秘密承诺(commitment)方案是一种两方协议, 包括承诺者和接受者两个参与方, 其中承诺者持有秘密消息. 非正式地, 秘密承诺可以被看作密封信封的数字化模拟. 一个承诺方案主要包括承诺和打开两个阶段. 在承诺阶段, 承诺者以持有的秘密信息为输入, 生成承诺值和盲化因子, 再将承诺值发送给验证者, 其中盲化因子可能为空; 在打开阶段, 承诺者将秘密值和盲化因子都提供给验证者, 验证者可以验证打开的承诺值是否是对秘密值的承诺. 承诺方案通常考虑隐藏性和绑定性两种安全性质.

隐藏性(hiding)是指在不提供陷门信息的情况下, 承诺值不会泄露秘密值的信息. 根据攻击者计算能力的差异, 隐藏性可以分为计算隐藏性(computational hiding)和统计隐藏性(statistical hiding). 前者表示对计算能力有限的攻击者可保持隐藏性, 后者表示对计算能力无限的攻击者仍然可保持隐藏性.

绑定性(binding)是指承诺者在打开承诺时, 无法对同一个承诺值提供两组不同的秘密和盲化因子, 并使每一组打开的秘密和盲化因子都能通过验证. 与隐藏性类似, 绑定性也可分为计算绑定性(computational binding)和统计绑定性(statistical binding).

根据隐藏性和绑定性的分类, 一个承诺方案是计算隐藏且计算绑定的, 也可能是计算隐藏且统计绑定的, 还可能是统计隐藏且计算绑定的, 但是不可能同时拥有统计隐藏性和统计绑定性.

陷门承诺(trapdoor commitment)和水银承诺(mercurial commitment)[54]是基本秘密承诺的变体. 陷门承诺方案也称为变色龙承诺(chameleon commitment), 它有额外的公钥和对应的私钥(也称为陷门), 掌握陷门的参与方在一定程度上不受绑定性约束, 而对那些只知道公钥的参与方陷门承诺和常规承诺表现出同样的性质.

水银承诺由 M. Chase 等在 2005 年美密会上提出[56], 是陷门承诺的一种特殊方案. 按照打开方式的不同, 水银承诺进一步分为硬承诺和软承诺[132]. 在承诺阶段, 承诺者可以决定是创建硬承诺还是软承诺. 硬承诺类似于常规承诺, 针对特定消息创建, 并且只能对特定消息打开. 软承诺则在创建时“无消息”输入, 之后却可以进行软打开为任何消息.

秘密承诺是诸多密码学协议的基础组件. 在区块链系统常用的秘密承诺包括哈希承诺、Pedersen 承诺、多项式承诺和向量承诺等.

### 5.2.1 哈希承诺

哈希承诺(Hash commitment)将秘密值的哈希函数输出作为承诺. 哈希承诺通常使用标准的哈希函数 $H$. 在承诺阶段, 对待承诺的秘密消息 $m$, 选取随机数 $r$, 计算 $c = H(m \| H(r))$ 并公开 $c$ 作为承诺值. 打开承诺时, 承诺者提供承诺的秘密消息 $m'$ 和用作盲化因子的随机数 $r'$. 承诺接收方可以计算并比较 $H(m' \| H(r'))$ 是否与承诺值 $c$ 相等. 如果相等则接受打开的承诺, 否则拒绝. 由于哈希函数的抗碰撞性, 承诺者很难找到一组不同于 $(m,r)$的$(m',r')$, 使得它们的哈希输出相同, 因此哈希承诺具有计算绑定性. 由于哈希函数求逆困难且盲因子 $r$ 是随机的, 因此哈希承诺是统计隐藏的. 哈希承诺易于实现且非常高效, 但计算哈希承诺的代数结构复杂, 难以在此基础上设计更复杂的协议. 区块链中, 基于哈希承诺的哈希锁定(Hash locking)在闪电网络和跨链原子交易中用作对指定证据的固定, 直到约定时间后打开并验证.

### 5.2.2 Pedersen 承诺

T. P. Pedersen 基于离散对数问题的困难性提出了 Pedersen 承诺. 公共的系统参数包括素数阶 $p$ 的群 $G$、两个独立生成元 $g$ 和 $h$, 即没有人知道 $\log_g h$[97]. 在承诺阶段, 对待承诺的秘密消息 $m \in \mathbb{Z}_p$, 选取随机数 $r \in \mathbb{Z}_p$, 计算承诺值 $c = g^m h^r$. 打开承诺时, 承诺者提供承诺的秘密消息 $m'$ 和用到的随机盲因子 $r'$. 承诺接收方计算并比较 $g^{m'} h^{r'}$ 是否与先前收到的承诺值 $c$ 相等. 很容易证明, Pedersen 承诺具有计算绑定性和统计隐藏性, 作为练习请读者尝试完成证明. Pedersen 承诺具有良好的代数结构, 有利于在此基础上设计复杂的密码协议[107]. Pedersen 承诺在分布式密钥生成、可验证秘密分享、零知识证明、累进器等密码协议中有着广泛的应用.

Pedersen 承诺方案除了具有统计隐藏计算绑定性之外, 还额外满足一种叫作加同态的性质, 因而被称作同态承诺方案. 秘密承诺的加同态性质是指对于两个承诺值 $c_1$ 和 $c_2$, 对应的秘密值和盲因子分别为 $(m_1, r_1)$ 和 $(m_2, r_2)$, 那么可以公开计算一个新的承诺$c_1 * c_2$，其对应的秘密值和盲因子分别为$(m_1 + m_2, r_1 + r_2)$，其中$*$表示承诺值$c_1$和$c_2$所在的群的群运算. 利用加同态性质，可以在不知晓被承诺的秘密值的情况下生成新的承诺值. 这一性质在区块链系统中保护交易金额隐私时很有用，例如用 Pedersen 承诺表示账户金额，在不知道交易金额的情况下，利用加同态性质，矿工从账户扣除转出的金额或者添加转入的金额. 为了证明交易金额在规定范围内，例如转出的资金必须不超过账户中的资金，门罗币使用以 Pedersen 承诺为基础的 Bulletproof 零知识证明协议完成证明，在保护转账金额隐私的情况下确保交易是合法的.

### 5.2.3 多项式承诺

多项式承诺(polynomial commitment)允许承诺者用一个简短的字符串承诺一个多项式，验证人可以通过这个字符串验证承诺者声称的多项式承诺的正确性. 最初的多项式承诺由 A. Kate、G. M. Zaverucha 和 I. Goldberg 在 2010 年提出，被称为 KZG 承诺[114]. KZG 承诺在支持双线性对的椭圆曲线上实现，其安全性基于 $t$-强 DH 假设($t$-strong Diffie-Hellman assumption). KZG 承诺的承诺值大小和承诺的多项式的阶呈线性关系，并且 KZG 承诺具有恒定大小，打开承诺开销也是恒定大小. KZG 承诺包括以下算法.

(1) 系统参数与密钥生成算法，由可信第三方运行，包括以下步骤.

① 初始化系统参数$\mathcal{G} = (p, e, \mathbb{G}, \mathbb{G}_T, g)$，其中$p$为大素数，群$\mathbb{G}$和$\mathbb{G}_T$阶为$p$，双线性映射$e: \mathbb{G} \times \mathbb{G} \to \mathbb{G}_T$，$g$为群$\mathbb{G}$中随机选取的生成元.

② 随机选取$\alpha \in \mathbb{Z}_p^*$，计算$t$元组$(g_1, \cdots, g_t) = (g^{\alpha}, \cdots, g^{\alpha^t})$.

③ 删除$\alpha$.

④ 输出公钥$PK = (\mathcal{G}, g_0, g_1, \cdots, g_t)$，记$g_0 = g$.

(2) 承诺算法，由承诺者运行. 多项式$\phi(x) = \sum_{i=0}^{k} a_i x^i \in \mathbb{Z}_p[X]$，多项式阶$k \leqslant t$，计算承诺$C = g^{\phi(\alpha)} \in \mathbb{G}$. 输出$\phi(x)$对应的多项式承诺$C$.

(3) 承诺打开算法，由承诺者运行. 公开已承诺的多项式$\phi(x) = \sum_{i=0}^{k} a_i x^i$，即公开向量$(a_0, a_1, \cdots, a_k)$.

(4) 承诺验证算法，由承诺接收方运行. 验证$C = \prod_{i=0}^{k} g_i^{a_i}$是否成立. 如果相等则输出 1；否则输出 0.

(5) 承诺证明算法，由承诺者运行. 计算$\psi_s(x) = \dfrac{\phi(x) - \phi(s)}{x - s}$和$\omega_s = g^{\psi_s(\alpha)}$，输出证明$(s, \phi(s), \omega_s)$.

(6) 承诺证明验证算法，由承诺接收方运行. 验证$\phi(s)$是否为所承诺多项式

在 $x=s$ 处的值, 为此, 验证等式 $e(C,g)=e(\omega_s, g^{\alpha}/g^{s})e(g,g)^{\phi(s)}$ 是否成立. 若成立则输出 1, 承诺验证通过, 否则输出 0, 验证不通过.

注意到 $\phi(\alpha)=\psi_s(\alpha)(\alpha-s)+\phi(s)$, 很容易验证 KZG 承诺证明的下述关系.

$$\begin{aligned} e(\omega_s, g^{\alpha}/g^{s})e(g,g)^{\phi(s)} &= e\left(g^{\psi_s(\alpha)}, g^{\alpha-s}\right)e(g,g)^{\phi(s)} \\ &= e(g,g)^{\psi_s(\alpha)(\alpha-s)+\phi(s)} \\ &= e(g,g)^{\phi(\alpha)} \\ &= e(C,g) \end{aligned}$$

这意味着诚实的 KZG 承诺者可以在不打开已承诺多项式的情况下, 向第三方证明某个值是否是所承诺多项式在某点的取值.

根据上述 KZG 承诺可以发现, 承诺过程需要可信第三方从 $\mathbb{Z}_p^*$ 中随机选取 $\alpha$. 因此, 如何降低对第三方的信任依赖是 KZG 承诺的一个改进方向. 由于 KZG 承诺的系统参数规模与多项式的阶相关, 承诺的通信复杂性和打开承诺的开销为常数, 并支持不打开承诺的情况下的多项式在给定点的计算与验证, 在分布式密钥生成(CHURP、COBRA)和零知识证明(Sonic[138]、PLONK[84])等多项式相关密码学协议中有重要应用.

### 5.2.4 向量承诺

向量承诺(vector commitment)由 D. Catalano 和 D. Fiore 在 2013 年提出[55]. 向量承诺允许承诺者对一个 $q$ 元组 $(m_1,\cdots,m_q)$ 进行承诺. 支持选择性打开承诺, 即可在向量任意位置打开承诺的 $m_i$, 并证明 $m_i$ 在所承诺向量 $(m_1,\cdots,m_q)$ 的第 $i$ 个位置[33]. 在秘密承诺的隐藏性和绑定性安全基础上, 向量承诺还需要满足位置绑定的安全性要求, 即攻击者不能在位置 $i$ 打开一个与承诺 $m_i$ 不同的 $m_i'$, 并让 $m_i'$ 通过验证. 另外, 向量承诺要求承诺值和承诺打开字符串的序列与向量长度 $q$ 无关. 下面在双线性对上基于 CDH 假设给出向量承诺实例, 包括 6 个算法.

(1) 系统参数生成算法.

① 设置整数 $q$ 为向量中元素个数;

② 设置阶为素数 $p$ 的群 $\mathbb{G}$ 和 $\mathbb{G}_T$, 支持双线性映射 $e:\mathbb{G}\times\mathbb{G}\to\mathbb{G}_T$;

③ 设置 $g\in\mathbb{G}$ 是一个随机生成元;

④ 随机选取 $z_1,\cdots,z_q\in\mathbb{Z}_p$, 对于所有 $i=1,\cdots,q$, 计算 $h_i=g^{z_i}$;

⑤ 对于所有 $i,j=1,\cdots,q$, $i\neq j$, 计算 $h_{i,j}=g^{z_i z_j}$;

⑥ 输出公共系统参数 $(q,p,\mathbb{G},\mathbb{G}_T,e,g,\{h_i\}_{i\in[q]},\{h_{i,j}\}_{i,j\in[q],i\neq j})$.

(2) 承诺算法.

① 对于待承诺向量$(m_1,\cdots,m_q)$，计算承诺$C=h_1^{m_1}h_2^{m_2}\cdots h_q^{m_q}$；

② 输出向量的承诺$C$.

(3) 承诺打开算法.

① 计算$M_i=\prod_{j=1,j\neq i}^{q}h_{i,j}^{m_j}=\left(\prod_{j=1,j\neq i}^{q}h_j^{m_j}\right)^{z_i}$；

② 公开$(i,m_i,M_i)$.

(4) 承诺验证算法.

① 计算并验证$e(C/h_i^{m_i},h_i)=e(M_i,g)$的相等性；

② 如果上述等式成立则输出 1，否则输出 0.

(5) 承诺更新算法.

当承诺者希望用新的$m_i'$更新最初承诺的$m_i$时，可以执行以下更新算法.

① 计算更新承诺$C'=Ch_i^{m_i'-m_i}$；

② 保存$U=(m,m',i)$；输出$C'$.

(6) 更新证明算法.

当承诺者希望打开$m_j$时，不需要重新计算承诺在该位置的打开证明，而是可以使用更新消息来计算更新的承诺$C'$和新的证据$M_j'$.承诺者拥有证明$M_j$,证明对于承诺$C$的$j$处信息来说是有效的. 分别讨论以下两种情况.

① 当$i\neq j$时，计算更新的承诺对应证明$M_j'=M_j(h_i^{m_i'-m_i})^{z_j}=M_jh_{j,i}^{m'-m}$,输出$(j,m_j,M_j')$；

② 当$i=j$时，更新的证明仍然是$M_j$,因此输出$(j,m_j,M_j)$.

向量承诺可以看作一种特殊的累进器，对一组整数输出相对于数组短小的承诺，同时能够打开特定数组元素，并允许验证者验证该元素是否属于这个集合[43]. 向量承诺的一个特殊之处在于集合内的数是提前排好顺序的. 子向量承诺(subvector commitment)支持计算一个证据，高效地证明向量是被承诺向量的子向量[165]；可聚合子向量承诺(aggregatable subvector commitment)可以将多个证明聚合为一个较小子向量证明[168]. 2020 年，S. Gorbunov 等提出 Pointproofs，支持跨多个向量承诺的非交互式证明聚合[102].

基于可聚合子向量承诺可以构建无状态的数字货币. 以太坊社区正在讨论使用向量承诺实现无状态以太坊，矿工和用户都不需要存储完整的分类账状态. 这种由用户的账户余额组成的状态在所有用户之间使用一个具有认证的数据结构的分割，这样一来矿工只存储分类账状态的简明摘要，每个用户存储他们的账户余额. 用户在交易中附上他们有足够余额的证明，矿工可以验证用户发送的交易.

矿工仍然可以提出新的交易区块, 新区块发布时, 用户可以很容易地同步或更新他们的证明.

## 5.3 秘密分享

秘密分享(secret sharing)的概念由 A. Shamir[164]和 G. R. Blakley[31]在 1979 年独立提出. 一个秘密分享方案将秘密分成多个份额(share), 并将这些份额分发给不同的人持有; 这些份额持有者中的某些特定子集使用份额可以重构最初的秘密[47]. 秘密分享在分布式密钥生成、门限密码体制、拜占庭共识协议[156]、安全多方计算[58]、访问控制、属性基加密和不经意传输等密码协议和安全协议中有着广泛的应用.

一般地, 一个 $(t,n)$ 秘密分享体制由一个秘密分发者 $D$ 和 $n$ 个参与者 $P_1,P_2,\cdots,P_n$ 构成, 包含秘密分发和秘密重构两个过程.

(1) 秘密分发: 秘密分发者 $D$ 在 $n$ 个参与者中分享秘密 $s$, 每个参与者 $P_i$ 获得一个份额 $s_i, i\in\{1,\cdots,n\}$.

(2) 秘密重构: 任意不少于 $t$ 个的参与者一起合作, 以各自的秘密份额 $s_i$ 为输入, 可重构原秘密 $s$. 可将这种关系记为 $(s_1,\cdots,s_n)\overset{(t,n)}{\leftrightarrow}s$.

一个安全的 $(t,n)$ 秘密分享体制需要满足机密性(secrecy)和完整性(integrity).

(1) 机密性: 任意少于 $t$ 个的参与者无法合作计算得到关于原秘密 $s$ 的任何信息.

(2) 完整性: 任意 $t$ 个或超过 $t$ 个的参与者通过提供自己的秘密份额, 能够协作恢复出原秘密 $s$.

### 5.3.1 Shamir 秘密分享

A. Shamir 利用拉格朗日插值多项式构造了一种秘密分享构造, 包括以下几个步骤.

(1) 参数初始化: $n$ 个参与者 $P_1,P_2,\cdots,P_n$, $t$ 为门限值, $\mathbb{Z}_p$ 包含 $q$ 阶乘法子群, 其中 $q>n$.

(2) 份额分发: 对待分享的秘密 $s$, 秘密分发者 $D$ 随机选取一个 $t-1$ 阶多项式 $F(x)\in\mathbb{Z}_p[x]$, 满足 $F(0)=s$. $D$ 计算 $s_i=F(i)$, 将 $(i,\ s_i)$发送份额持有者 $P_i$, $i\in\{1,\cdots,n\}$.

(3) 秘密重构: 假设希望重构该秘密 $F(0)=s$ 的参与者为 $P_i$, 其中 $i\in A=\{1,2,\cdots,n\}$, $|A|\geqslant t$. 计算拉格朗日系数 $\lambda_i=\prod_{j\in A,j\neq i}\dfrac{j}{j-i}$, 然后通过计算

$s=\sum_{i\in A}\lambda_i s_i$ 可恢复原秘密 $s$.

若 $F(x)$ 是经过点 $(i,\ s_i)$, $i\in A$, 且阶为 $t-1$ 的唯一多项式, 根据拉格朗日插值公式可以得到该多项式 $F(x)=\sum_{i\in A}s_i\prod_{j\in A,j\neq i}\frac{x-j}{i-j}\bmod p$, 取 $x=0$ 即可重构 $F(0)=s$, 其中秘密重构使用的拉格朗日系数 $\prod_{j\in A,j\neq i}\frac{x-j}{j-i}$ 与秘密份额无关, 可提前计算.

结合秘密承诺、零知识证明等密码学技术, 在 Shamir 秘密分享的基础上, 学者们提出了秘密分享的多种变体以满足不同的系统假设和功能需求. 下面介绍区块链中常见的可验证秘密分享、公开验证秘密分享和先应式秘密分享方案.

### 5.3.2 可验证秘密分享

在 Shamir 秘密分享方案中, 隐含假定了秘密分发者和所有参与者都是诚实的. 这一假设在开放的网络环境中很难成立, 需要考虑分发者或参与者作恶的情况. 为了解决这一问题, B. Chor 等在 1985 年提出了可验证秘密分享[61](verifiable secret sharing, VSS), 在常规秘密分享的基础上增加了一个验证算法. 在秘密分发阶段, 通过验证算法, 秘密分享者对收到的秘密份额可以进行验证. 在秘密重构阶段, 对其他秘密分享者提供的秘密份额也可以进行验证[73].

P. Feldman 于 1987 年提出了 $(t,n)$ 门限 VSS(Feldman VSS)协议[82]. 该协议基于 Shamir 秘密分享, 秘密分发者 $D$ 使用承诺方案对待分享的秘密多项式的系数进行承诺;根据事先公开的承诺值, 秘密份额持有者 $P_i$ 可以验证收到的份额是否在被承诺的多项式上. 由于其效率较高, 在门限密码体制、分布式密钥生成、安全多方计算等密码协议中得到了广泛的应用. T. P. Pedersen 于 1991 年在美密会上提出了非交互式可验证秘密分享方案(简称为 Pedersen VSS)[155]. Pedersen VSS 使用 Pedersen 承诺对多项式进行承诺. Feldman 可验证秘密分享包括下列步骤.

(1) 参数初始化: 假设 $n$ 个参与者 $P_1,P_2,\cdots,P_n$, $t$ 为门限值. 假设阶为大素数 $q$ 的 $\mathbb{G}$ 是 $\mathbb{Z}_p^*$ 的子群, $q>n$, 随机选取 $\mathbb{G}$ 的生成元 $g$.

(2) 秘密份额分发: 假设待分享的秘密为 $s\in\mathbb{Z}_p$. 秘密分发者 $D$ 选择 $t-1$ 阶的随机多项式 $F(x)=a_0+a_1x+\cdots+a_{t-1}x^{t-1}\in\mathbb{Z}_q[x]$, 其中 $a_0=s$. 秘密分发者 $D$ 首先计算系数承诺 $c_j=g^{a_j}$, 其中 $j\in\{0,1,\cdots,t-1\}$, 然后向参与者广播系数承诺 $c_j=g^{a_j}$. 最后秘密分发者将参与者在多项式对应的取值份额 $s_i=F(i)$ 秘密地发送给参与者 $P_i$, 其中 $i\in\{1,\cdots,n\}$.

(3) 秘密份额验证: 收到份额 $s_i = F(i)$, 持有者 $P_i$ 验证 $g^{s_i} = \prod_{j=0}^{t-1} c_j^{i^j}$ 是否相等. 如果相等, 则表明收到的份额是正确的;否则拒绝收到的份额.

(4) 秘密重构: 假设希望重构该秘密 $s$ 的 $t$ 个份额持有者为 $P_i$, $i \in \{1,\cdots,n\}$. 当 $P_i$ 收到 $P_j$ 的份额 $F(j)$ 时, 通过步骤(3)验证份额的正确性. 如果正确则收入集合 $A$, 不正确则丢弃. 当 $|A| \geqslant t$ 时, 计算 $\lambda_i = \prod_{j \in A, j \neq i} \frac{j}{j-i}$, 然后通过计算 $s = \sum_{i \in A} \lambda_i s_i$ 可恢复原秘密 $s$.

可验证秘密分享可用 5.2 节中的多项式承诺或向量承诺进行优化, 其安全性依赖于承诺的绑定性和隐藏性, 能够有效抵御恶意参与者. 运行开放环境下的区块链系统中可能存在拜占庭攻击者[50], 因此可验证秘密分享在区块链中有重要应用. 一个重要应用是分布式生成随机数, 例如在 Randshare 和 Randpiper[30]等区块链相关协议中可验证秘密分享协议与 BFT 共识协议结合, 用于生成无偏置的随机数.

前述秘密分享协议默认网络是同步的, 即在已知的时间延迟后, 协议各方发出的消息都会被所有其他方收到. 在异步环境假设下, C. Cachin 等在 2002 年 ACM CCS 会议上提出了第一个实用的异步可验证秘密分享协议[42]. 方案使用二元多项式秘密分享, 参与者间经过两轮异步消息通信, 最终在 $O(n^4)$ 通信复杂度的开销下可以成功地完成秘密分享. 在此基础上, C. Cachin 等在异步环境中实现了第一个标准模型下实用的可验证多值拜占庭协议(MVBA). 可验证秘密分享方案的进展常伴随分布式密钥生成方案的提出, 分布式密钥生成相关工作可参阅 5.4 节.

### 5.3.3 公开验证秘密分享

在大多数可验证秘密分享构造方案中, 只有份额持有者才能验证他自己收到的秘密份额的正确性. 这使得可验证秘密分享的应用在一定程度上受到了限制. M. Stadler 在 1996 年提出了可公开验证的秘密分享(public verifiable secret sharing, PVSS)方案[166], 方案允许系统中任何人(不仅仅是分享者)都可以检验秘密份额的正确性.

M. Stadler 给出了 PVSS 的一种非形式化的模型, 同时还给出了两个 PVSS 协议, 一个基于离散对数的可验证加密, 另一个基于模合数的 $e$ 次根的可验证加密, 这两个协议通信和计算代价都较大. E. Fujisaki 和 T. Okamoto 于 1998 年利用高效的承诺方案和基于改进的 RSA 假设[83], 提出了一种效率相对较高的 PVSS 方案. 基于以上工作, B. Schoenmakers 提出了一种改进的模型[161], 要求每一分享者在恢复算法中不仅提供其秘密份额, 而且需要提供用于证明秘密份额正确性的密文相等性零知识证明. 这种模型下构造出的 PVSS 方案更加简洁、安全和高效, 其安全性所依赖的困难问题是离散对数问题和 Diffie-Hellman 判定问题.

I. Cascudo 和 B. David 于 2017 年提出 SCRAPE 协议[52], 使用基于双线性映射 DDH 假设, 给出了一种无须零知识证明的公开验证秘密分享. SCRAPE 公开验证秘密分享的具体过程如下.

(1) 参数初始化.

① 初始化阶为素数 $q$ 的群 $\mathbb{G}$ 和 $\mathbb{G}_T$, 其上定义了双线性映射 $e: \mathbb{G}\times\mathbb{G}\to\mathbb{G}_T$, $g$ 和 $h$ 为群 $\mathbb{G}$ 的两个独立的生成元.

② 秘密份额持有者 $P_i, i\in\{1,\cdots,n\}$, 随机选取私钥 $k_i\in\mathbb{Z}_q$, 计算公钥 $K_i=h^{k_i}$ 并公开.

(2) 份额分发.

① 秘密分发者 $D$ 随机选取 $s\in\mathbb{Z}_q$, 计算 $S=e(h,h)^s$ 为待分享的秘密.

② 随机选取 $t-1$ 阶多项式 $F(x)=a_0+a_1x+\cdots+a_{t-1}x^{t-1}\in\mathbb{Z}_q[x]$, 其中 $F(0)=a_0=s$.

③ 计算份额持有者 $P_i$ 的秘密份额 $s_i=F(i)$, 并使用 $P_i$ 的公钥计算加密份额 $S_i=K_i^{s_i}$ 和份额承诺 $V_i=g^{s_i}$. $D$ 广播公开份额 $(S_1,\cdots,S_n)$ 和份额承诺证据 $(V_1,\cdots,V_n)$, 公开 $(S_1,\cdots,S_n,V_1,\cdots,V_n)$.

(3) 份额验证: 任何观察到系统参数和公开协议脚本的验证者都可以计算并验证 $e(S_i,g)=e(K_i,V_i)$, $i\in\{1,\cdots,n\}$. 如果所有等式都成立, 则表明分发者是诚实的; 否则分发者不是诚实的.

(4) 秘密重构: 假设希望重构该秘密 $S$ 的份额持有者为 $P_i, i\in\{1,\cdots,n\}$.

① 份额持有者 $P_i$ 计算并公开 $\overline{S}_i=S_i^{1/k_i}=h^{s_i}$.

② 当收到 $P_i$ 公开的 $\overline{S}_i$ 时, 计算并验证 $e(K_i,\overline{S}_i)=e(S_i,h)$. 如果相等, 则将对应的索引 $i$ 添加到集合 $A$; 否则丢弃收到的数据并广播警报.

③ 当 $|A|\geqslant t$ 时, 计算拉格朗日系数 $\lambda_i=\prod_{j\in A,j\neq i}\frac{j}{j-i}$, 计算 $S=e\left(\sum_{i\in A}\overline{S}_i^{\lambda_i},h\right)$, 恢复出秘密 $S$.

PVSS 公开可验证的特性使得其在区块链分布式环境下的随机信标协议中有重要应用. Ouroboros[117]、SCRAPE[52]、RandHerd 和 RandHound[167]、HyRand[160]、ALBATROSS[53]、SPURT[72]等利用 PVSS 分布式生成可验证的随机数, 用于随机选择出块或者选举委员会节点. 2021 年欧密会上, K. Gurkan 等[106]基于 SCRAPE 公开验证秘密分享的可聚合属性提出了可聚合的分布式密钥协商协议.

### 5.3.4　先应式秘密分享

Shamir 秘密分享机密性的前提是攻击者在秘密分享整个过程中不能腐化超过阈值的参与者[152]. 实际应用中特别是长期持有秘密的场景下, 攻击者可能动态地腐化份额持有者, 进而获得超过门限的份额并恢复出秘密[103]. 针对这一问题, A. Herzberg 等在 1995 年美密会上提出了先应式秘密分享(proactive secret sharing, PSS)的概念[110]. 先应式秘密分享利用秘密分享多项式线性可加性, 周期性地刷新秘密份额而保持秘密不变[77]. 先应式秘密分享将秘密分享过程分为不同的时间段, 对应的秘密多项式记作 $F_0(x),F_1(x),\cdots$. 下面以 $F_0(x),F_1(x)$ 阶段为例, 介绍先应式秘密分享的过程.

(1) 参数初始化: 参与者 $P_i$, 其中 $i\in\{1,\cdots,n\}$, $t$ 为门限值. 阶为大素数 $q$ 的 $\mathbb{G}$ 是 $\mathbb{Z}_p^*$ 的子群, 随机选取 $\mathbb{G}$ 的生成元 $g$.

(2) 份额分发: 分享的秘密为 $s$.

① 秘密分发者 $D$ 随机选取 $t-1$ 阶多项式 $F_0(x)=a_{0,0}+a_{0,1}x+\cdots+a_{0,t-1}x^{t-1}\in\mathbb{Z}_q[x]$, 满足 $F_0(0)=a_{0,0}=s$.

② 秘密分发者 $D$ 计算秘密系数的承诺 $C_{0,j}=g^{a_{0,j}}$, 其中 $j\in\{0,1,\cdots,t-1\}$.

③ 秘密分发者 $D$ 广播承诺 $(C_{0,0},C_{0,1},\cdots,C_{0,t-1})$.

④ 秘密分发者 $D$ 秘密地将份额 $s_i=F_0(i)$ 发送给份额持有者 $P_i$, $i\in\{1,\cdots,n\}$.

⑤ 份额持有者 $P_i$ 计算并验证 $g^{s_i}=\prod_{j=0}^{t-1}(C_{0,j})^{i^j}$. 如果相等, 则接受 $s_i$; 否则拒绝并广播警报.

(3) 刷新初始化:

① 每个份额持有者 $P_i$ 随机选取 $t-1$ 阶多项式 $F_{1,i}(x)=a_{1,i,1}x+\cdots+a_{1,i,t-1}x^{t-1}\in\mathbb{Z}_q[x]$, 满足 $F_{1,i}(0)=0$.

② 份额持有者 $P_i$ 计算秘密系数的承诺 $C_{1,i,j}=g^{a_{1,i,j}}$, 其中 $j\in\{1,\cdots,t-1\}$.

③ 份额持有者 $P_i$ 承诺 $(C_{1,i,1},\cdots,C_{1,i,t-1})$.

④ 份额持有者 $P_i$ 将秘密份额 $s_{i,k}=F_{1,i}(k)$ 秘密地发送给 $P_k$, $k\in\{1,\cdots,n\}$.

(4) 份额验证: 份额持有者 $P_i$ 从份额持有者 $P_k$ 处收到 $n$ 个(包括自己)秘密份额 $s_{k,i}=F_{1,k}(i)$, $k\in\{1,\cdots,n\}$.

① 份额持有者 $P_i$ 计算并验证 $g^{s_{k,i}}=\prod_{j=1}^{t-1}(C_{1,k,j})^{i^j}$. 如果相等, 则接受 $s_{k,i}$; 否则拒绝并广播警报.

② 将验证通过的份额持有者的索引添加至集合 $B$.

③ 最终公布集合 $B$ 并拥有来自相同发出者 $P_k$ 的来源集合 $B$.

(5) 份额刷新: 份额持有者 $P_i$ 刷新份额 $s_i = F_0(i) + \sum_{k\in B} F_{1,k}(i)$. 对应的秘密多项式更新为 $F_1(x) = F_0(x) + \sum_{k\in B} F_{1,k}(x)$, 根据承诺的同态特性, 秘密多项式 $F_1(x)$ 的承诺更新为 $C_{F_1(x)} = C_{F_0(x)} \prod_{k\in B} C_{F_{1,k}(x)}$. 经过刷新后, 原秘密 $s$ 可以用更新后的秘密份额利用 Shamir 秘密分享同样的方式重构秘密.

上述方案中, 经过刷新后, 秘密多项式变为了 $F_1(0) = F_0(0) + \sum_{k\in B} F_{1,k}(0)$, 每个份额持有者的份额发生了变化, 增加了攻击者的攻击难度. 由于份额持有者 $P_i$ 刷新阶段生成的多项式 $F_1(0) = 0$, 并由多项式的承诺进行保证, 因此秘密保持不变[79].

先应式秘密分享的过程也可以用于对特定份额持有者的份额恢复(share recovery). 假设份额持有者 $P_r$ 丢失了份额 $s_r$, 当收到 $P_r$ 的份额恢复求助消息后, 其余份额持有者 $P_i$ 可生成多项式 $f_{r,i}(x) = s' + b_{r,i,1}x + \cdots + b_{r,i,t-1}x^{t-1} \in \mathbb{Z}_q[x]$, 其中 $f_{r,i}(r) = 0$, $s'$ 在 $\mathbb{Z}_q^*$ 中随机选取, 即 $s' \neq 0$. 除 $P_r$ 外其余份额持有者 $P_i$ 执行上述先应式秘密分享过程后, 每个份额持有者 $P_i$ 秘密地给 $P_r$ 发送份额 $s_i = F_0(i) + \sum_{k\in B} f_{r,k}(i)$. 当 $P_r$ 收到满足门限的份额后可以通过拉格朗日插值公式重构出 $F_r(x) = F_0(x) + \sum_{k\in B} f_{r,k}(x)$, 进而得到自己的份额 $F_0(r) + \sum_{k\in B} f_{r,k}(r)$, 这是因为 $\sum_{k\in B} f_{r,k}(x)$ 在 $r$ 处取值为 0, 因此 $P_r$ 可以重构 $s_r = F_0(r) + \sum_{k\in B} f_{r,k}(r) = F_0(r)$. 又由于 $\sum_{k\in B} f_{r,k}(x)$ 在 0 处是随机的, $F_r(0) = F_0(0) + \sum_{k\in B} f_{r,k}(0)$ 和 $F_0(0) = s$ 是相互独立的, 丢失了份额的 $P_r$ 仅能恢复出自己的份额而无法重构秘密 $s$.

不允许恢复秘密的情况下恢复自己的秘密份额是 PSS 应用中的一个重要问题[14]. 后续一些工作通过二元多项式和多秘密分享的方式降低秘密恢复的复杂度[13]. 2019 年 ACM CCS 会议上, S. Basu 等[15]提出使用分布式伪随机函数[146]对秘密份额盲化, 然后在重构过程中脱盲, 将秘密份额恢复的通信复杂度从多数协议的 $O(n^2)$ 降低为 $O(n)$.

先应式秘密份额在应用中的一个挑战是确保诚实节点对于刷新份额集合 $B$ 的来源达成一致. 2008 年, D. A. Schultz 等提出移动先应式秘密分享(mobile proactive secret sharing, MPSS)方式[162], 使用 PBFT 共识确保诚实节点对份额集合 $B$ 达成一致[163]. 该方案同时支持成员的动态变化, 份额的刷新与秘密份额的恢复同时进行, 在保证新成员不能恢复秘密的同时, 新旧成员(假设共有 $2(t-1)$ 个攻击者)勾结也不能恢复秘密.

在区块链资产托管、共识委员会选举等场景中[25], 动态秘密分享可以发挥重要的作用[182]. 2019 年 ACM CCS 会议上, S. K. D. Maram 等提出 CHURP[180], 使用

$(t,2t)$ 二元多项式实现在动态委员会中的秘密分享. 在委员会换届、份额交接阶段(handoff)使用 $2t$ 门限维度多项式份额, 防止新旧委员会勾结恢复秘密. 方案将 MPSS 通信复杂度由 $O(n^4)$ 降低为 $O(n^3)$ . 2022 年, 在电气与电子工程师学会安全与隐私(Institute of Electrical and Electronics Engineers Symposium on Security and Privacy, IEEE S&P)会议上, R. Vassantlal 等提出 COBRA 方案[170], 将共识内容解耦为私有和公开部分, 新旧委员会共同运行 BFT 共识分布式生成多项式, 实现隐私保护的 BFT 共识服务, 防止攻击者攻击一个共识节点进而获得共识的所有信息.

## 5.4 分布式密钥生成

分布式密钥生成(distributed key generation, DKG), 是以门限密码体制为代表的分布式密码协议的重要组成部分, 在面向群体的密码学中起着非常重要的作用. DKG 允许多个参与者合作生成一个密码系统的公钥和私钥, 其中公钥以公开形式输出, 私钥由参与者按照某种接入结构(access structure)分享. 这一被分享的私钥以后可以用于面向群体的密码系统中, 如门限签名或门限加密等. 在多数 DKG 方案中, 分布式密钥的产生不依赖任何可信的第三方.

T. P. Pedersen 于 1991 年首次提出分布式密钥生成方案[154]. 该方案后来被多次修改, 是诸多门限密码体制及其应用的关键组件. Pedersen 分布式密钥生成协议的基本思想是并行执行 $n$ 次 Feldman 可验证秘密分享, 每一参与者 $P_i$ 模拟秘密分发者, 随机选择秘密多项式, 要求多项式在零点取值为 $s_i$ , 然后将多项式在所有参与者中可验证地分享, 最终的私钥 $s$ 为 $s=\sum_{i=1}^{n}s_i$, 最终的公钥为 $y=g^s=\prod_{i=1}^{n}g^{s_i}$.

1999 年欧密会上, R. Gennaro 等指出[85], 在 Pedersen DKG 方案中, 不诚实的参与者在收到其他参与者的秘密份额后, 通过对参与者发出投诉(complaints), 可以让系统撤销被投诉参与者的秘密份额, 从而偏置密钥的分布. 为了解决这一问题, R. Gennaro 等提出 GJKR DKG 方案, 使用基于 Pedersen 承诺的 VSS 确定最终集合后再使用 Feldman VSS 计算最终密钥, 过程如下.

(1) 参数初始化: 参与者 $P_i$ ,其中 $i\in\{1,\cdots,n\}$, $t$ 为门限值. 阶为大素数 $q$ 的 $\mathbb{G}$ 是 $\mathbb{Z}_p^*$ 的子群, 随机选取 $\mathbb{G}$ 的生成元 $g$ 和 $h$.

(2) 份额分发: 每个参与者 $P_i$ 随机生成两个 $t-1$ 阶的多项式 $F_i(x)=a_{i,0}+a_{i,1}x+\cdots+a_{i,t-1}x^{t-1}\in\mathbb{Z}_q[x]$ 和 $F_i'(x)=b_{i,0}+b_{i,1}x+\cdots+b_{i,t-1}x^{t-1}\in\mathbb{Z}_q[x]$, 其中多项式 $F_i(x)$ 满足 $F_i(0)=a_{i,0}=s_i$. $P_i$ 计算承诺 $C_{i,j}=g^{a_{i,j}}h^{b_{i,j}}$, 其中 $j\in\{0,1,\cdots,t-1\}$. 对

$k \in \{1,\cdots,n\}$, $P_i$ 计算秘密份额 $s_{i,k} = F_i(k)$ 和 $s'_{i,k} = F'_i(k)$, 发送($s_{i,k}, s'_{i,k}$)给参与者 $P_k$.

(3) 份额验证: 每个参与者 $P_k$ 验证从参与者 $P_i$ 处收到的份额($s_{i,k}, s'_{i,k}$). 对于每个 $i \in \{1,\cdots,n\}$, $P_k$ 验证 $g^{s_{i,k}} h^{s'_{i,k}} = \prod_{j=0}^{t-1} (C_{i,j})^{k^j}$ 是否成立. 若成立则将 $P_i$ 的索引 $i$ 添加到集合 $A$. 若 $P_i$ 发送的份额未通过验证, 广播对于 $P_i$ 的投诉.

(4) 投诉处理: 当 $P_i$ 收到关于自己的投诉后, 广播满足验证条件的($s_{i,k}, s'_{i,k}$). 如果收到超过 $t-1$ 个关于 $P_i$ 的投诉, 或者被投诉的 $P_i$ 回复投诉时广播的($s_{i,k}, s'_{i,k}$)值不满足 $g^{s_{i,k}} h^{s'_{i,k}} = \prod_{j=0}^{t} {C_{i,j}}^{k^j}$, 将 $P_i$ 标记为不合格, 并将 $i$ 从集合 $A$ 中移除.

(5) 密钥生成: 最终的密钥 $s$ 为 $s = \sum_{k \in A} s_k$, 但任何参与者都不能计算得到.

① 集合 $A$ 中 $P_i$ 计算关于最终密钥 $s$ 的份额 $x_i = \sum_{k \in A} s_{k,i}$ 和辅助值 $x'_i = \sum_{k \in A} s'_{k,i}$.

② 对 $j \in \{0,1,\cdots,t-1\}$, 参与者 $P_i$ 计算并广播 $\bar{C}_{i,j} = g^{a_{i,j}}$.

③ 在集合 $A$ 中的参与者 $P_k$ 验证收到的承诺值是否满足 $g^{s_{i,k}} = \prod_{j=0}^{t-1} (\bar{C}_{i,j})^{k^j}$. 若 $P_i$ 的承诺不成立, 则 $P_k$ 广播对于 $P_i$ 包含($s_{i,k}, s'_{i,k}$)的投诉.

④ 当收到对 $P_i$ 的投诉成立时, 那么其他参与者执行可验证秘密分享, 重构得到 $s_i$, $F_i(x)$, $C_{i,j}$, $j \in \{0,1,\cdots,t-1\}$.

⑤集合 $A$ 中成员 $P_i$ 设置自己公钥份额 $y_i = \bar{C}_{i,0} = g^{z_i}$, 计算得到群公钥 $y = \prod_{i \in A} y_i$.

在开放网络环境下应用分布式密钥生成的挑战在于确保诚实节点间对组合成密钥的集合 $A$ 达成一致性[86]. 研究工作中常使用共识协议来确定集合 $A$. 上述 GJKR DKG 方案在同步网络模型中可结合 BFT 共识协议确定集合 $A$. A. Kate 和 I. Goldberg 提出使用对称二元多项式[113], 实现参与者间秘密恢复的 HybridVSS 方案, 在半同步网络模型下完成分布式密钥协商, 需要 $O(n^3)$ 的通信开销.

由于 FLP 定理的约束, 在异步网络假设下不存在确定性的共识协议, 因此通常需要公共掷币协议以实现概率性共识, 从而绕开 FLP 定理. 公共掷币协议通常需要用到门限签名, 门限签名往往依赖分布式密钥生成, 而分布式密钥生成在异步网络中需要先对诚实节点集合 $A$ 达成共识, 这就陷入了循环设计的困境. 2020 年 ACM CCS 会议上, E. Kokoris-Kogias 等提出了第一个异步分布式密钥生成协议[119]. 基于 $(t,2t)$ 二元多项式, 作者首先构建了高门限可验证秘密分享(HAVSS), 实现具有 $t+1 \leqslant f \leqslant 2t+1$ 重构门限的异步可验证秘密分享协议; 然后在 HAVSS 基础上, 作者实现最终完美抛币(EPCC), 从而完成异步二元共识(ABA), 最终实现异步分布式密钥生成. 在后续的研究中, 2021 年金融密码学与数据安全会议上, N. Alhaddad 等提出 HAVEN 方案[2], 使用二元同阶多项式, 将 HAVSS 通信复杂度从 $O(n^4)$ 降低到了 $O(n^3)$. 2022 年 IEEE S&P 会议上, 通过并行 $n$ 个异步可完成秘密分享(ACSS), S. Das 将中间密钥份额作为公共掷币输入, 结合可靠广播(RBC)和二元拜占庭共识(ABA), 实现了 $O(n^2)$ 复杂度的异步 DKG 协议[74].

作为一种大规模分布式计算系统, 区块链尤其是公有链, 其运行不依靠可信第三方, 因此区块链中节点可以通过 DKG 分布式产生密钥, 克服单点故障以及单个节点不可信任的问题. K. Gurkan 等基于 Gossip 网络和改进 Scrape 公开验证秘密分享, 提出可聚合的公开验证的密钥协商协议[106]. 在区块链应用中, Annchain 使用 DKG 和可验证随机数一起, 保障在公开网络环境下公平选举出 Sequencer 的潜在节点, 进行不定期的轮换. DKG 是门限密码体制的重要组件, 在区块链中使用门限密码方案时往往也会用到 DKG, 如 CALYPSO[120]、DFINITY[108]、Honey Badger 等. 也有基于以太坊智能合约构造新的 DKG 的方法, 如 EVM 上 DKG, 感兴趣的读者可以参阅相关资料.

## 5.5　可验证伪随机函数

可验证伪随机函数概念源自伪随机谕言机(pseudorandom oracles). 1986 年, O. Goldreich、S. Goldwasser 和 S. Micali 三位学者提出伪随机谕言机[98]. 在伪随机谕言机中输入一个初始种子 $s$, 可以将长度为 $l$ 比特的随机序列映射为长度为 $n$ 比特的伪随机序列, 并且 $n$ 比特的伪随机序列与 $n$ 比特的真随机序列在多项式时间内不可区分. 由此可见, 伪随机谕言机是不可验证的: 在不知道初始种子 $s$ (或者其他额外消息)的情况下, 一旦收到输出字符串, 任何人无法将其与独立选择的相同长度的随机字符串区分开来.

1999 年, S. Micali、M. Rabin 和 S. Vadhan 在伪随机谕言机的基础上[143], 同时实现了不可预测性和可验证性, 提出可验证随机函数(verifiable random function, VRF). 可验证随机函数给定输入 $z$, 计算输出 $y = f_s(z)$ 以及证明 $y$ 正确性的证据.

可以将 VRF 看成一个带验证条件的随机谕言机 $\mathcal{O}$: 每次对 $\mathcal{O}$ 发起询问 $x$, 它都会返回一个随机数 Value, 返回的值均匀分布在值域范围内; 对于相同的询问 $x$ 一定会返回相同的应答 Value; 可验证随机函数比随机谕言机多了一个非交互证据 $\pi$, 可以用来验证返回的随机数的正确性[136]. 下面介绍基于椭圆曲线上 DDH 假设的 VRF①方案.

① https://datatracker.ietf.org/doc/html/draft-irtf-cfrg-vrf-03#section-5, 访问时间，2023 年 1 月 17 日.

(1) 系统参数与密钥初始化: 输出系统参数和密钥.

① 输入安全参数, 生成系统参数$(q,\mathbb{G},g,H_1,H_2)$, 其中$q$是大素数, 群$\mathbb{G}$阶为$q$, $g$是群$\mathbb{G}$的生成元, $H_1,H_2$为密码学哈希函数$H_1:\{0,1\}^* \to \mathbb{G}$和$H_2:\{0,1\}^* \to \mathbb{Z}_q$.

② 随机选取$x \in \mathbb{Z}_q^*$, 计算$y = g^x$.

③ 公开公钥$y$, 秘密保存私钥$x$.

(2) 随机数和证据生成: 输入为随机种子$s$, 输出随机数和证据.

① 计算群元素$h = H_1(s)$, 计算$\gamma = h^x$.

② 随机选取$k \in \mathbb{Z}_q^*$, 计算$c = H_2(g,h,g^x,h^s,g^k,h^k)$.

③ 计算$t = k - cx \bmod q$.

④ 输出随机数$\text{Value} = H_2(h^x)$, 输出证据 $\pi = (r,c,t)$.

(3) 证据验证: 给定公钥$PK = g^x$, 根据证据 $\pi = (r,c,t)$验证输入$s$的 VRF 输出$\text{Value} = H_2(h^x)$是否正确.

① 计算$u = (g^x)^c g^t$, 计算$h = H_1(s)$和$v = (\gamma)^c h^t$.

② 验证$c = H_2(g,H_1(s),g^x,\gamma,u,v) = H_2(g,H_1(s),g^x,\gamma,(g^x)^c g^t, v = (\gamma)^c h^t)$.

③ 验证$\text{Value} = H_2(h^x)$.

④ 若②与③相等性验证均成立, 接受 Value; 否则拒绝.

注意如果②中的验证成立, 根据哈希函数抗碰撞性, 有$u = g^k$且$v = h^k$, 意味着$\gamma$是按给定方式产生的, 从而 Value 也将得到验证, 即诚实的 VRF 计算者输出的 Value 和$\pi$一定会被接受.

VRF 可作为密码学工具用于 POS 和 BFT 等共识中每轮的领导者或委员会选举, 也可以用于区块链分片的节点分配与领导选举过程. 首先每个节点使用各自私钥作为 VRF 的输入, 获得输出随机数和证据, 其他节点可以验证所生成随机数的正确性. 然后通过系统预设的算法和VRF输出的随机数计算出领导者或委员会成员的索引. 例如, 可以使用各自私钥对 VRF 的输出和其他公共参数, 如当前轮数等, 进行签名, 通过比较签名值是否小于事先规定的目标值, 节点可以私下判断其是否被选中为本轮的领导者或委员会成员, 并在需要时履行系统赋予的领导者或委员会成员职责并附上证据. 由于 VRF 的输出是可验证的, 从而防止恶意节点对结果的篡改和伪造. 公共掷币类似协议的输出可能被恶意成员先知道, 并由此导致恶意成员勾结或诚实成员被孤立(如日蚀攻击). 与此不同, VRF 协议的输出一开始只有私钥持有者知道, 使用VRF协议成功选出的领导者和委员会成员需要履职时才附上被选中的证据, 此时攻击者将收到VRF选出的领导者和委员会成员履职的数据即履职的资格证明, 因为选出的领导者或委员会成员已经在履职了,这时候攻击者要试图对被选中的领导者或委员会成员发起攻击已经来不及了. 另外, VRF 在输入确定的情况下其输出也是确定的, 在使用 VRF 生成随机数过程中, 各个节点在本地就可以得到抽签结果, 无须与其他节点交互, 降低了通信复杂度.

目前, 不少知名区块链系统使用 VRF 分布式生成随机数, 如 Algorand[96]、DFINITY[108]和 Ouroboros Praos[75]等. Algorand 使用可验证伪随机函数 $\mathrm{VRF}_{sk}(x)$, 输入用户私钥 $sk$ 和字符串 $x$, 输出$(\mathrm{hash}, \pi)$, hash 的长度为 hashlen 比特, 其中 hashlen 由 $sk$ 和 $x$ 决定. 如果不知道私钥 $sk$, 则无法区分 hash 和一个等长的真随机数. 收到证据$\pi$, 如果还知道公钥 $pk$, 则能够验证输出的 hash 和输入 $x$ 是否对应. 在 Ouroboros Praos 中, 参与者通过 VRF 生成可验证随机数, 如果其数值低于目标值, 则被选中为合法的出块者. 出块者在广播区块时, 将 VRF 产生的随机数和相应的证明一起在全网广播, 网络中其他节点可以通过验证 VRF 随机数的正确性确认出块者的合法性. 在 DFINITY 中, 将门限签名值作为 VRF 的输入, 执行哈希函数运算可得到本轮的随机数. 使用 $\langle \mathrm{value}, \pi \rangle \leftarrow \mathrm{VRF}_{sk}\ (\mathrm{seed} \| \mathrm{role})$, 其中 $sk$ 是用户的私钥, 伪随机数 value 代表用户可以生成子用户的个数.

在区块链中, VRF 主要用于各种公平选举或抽签. 基于 VRF 的抽签算法具有良好的密码学性质, 在抽签过程中参与者不需要与其他人通信, 直接在本地运行相应密码学算法即可得到抽签结果, 抽签协议的输入 $x$ 是参与者周知的, 针对同一个 $x$ 的输出 value 是固定的, 因此无法通过多次尝试来改变抽签结果; 某个节点收到其他节点的抽签信息之后, 可以用附带的证据验证收到随机数 value 的正确性, 保证它的确是由对应私钥的拥有者按预设的方式计算出来的, 因此这个抽签结果是无法伪造的. 在 Algorand 中, VRF 主要用来得出一个伪随机数, 抽签的部分主要由一个二项分布函数负责. 通过适当配置二项分布的参数, 可以很方便地控制中签所需权益(stake)的数量, 适配不同的抽签场景.

## 5.6 公 平 交 换

生产和交换是人类重要的日常活动. 随着人类活动范围日益扩大, 经常会出现互不信任的双方或多方有交换的需求[81]. 一个典型场景是 Alice 拥有 Bob 想要的东西, Bob 拥有 Alice 想要的东西, 他们互不信任, 但希望交换彼此物品, 要么都得到对方的物品, 要么都得不到, 这样的交换活动称为公平交换(fair exchange)[8].

1998 年, N. Asokan 等给出了公平交换的公平性定义[7]. 如果在交换结束后, 每个参与者都收到了自己期望的物品, 或者双方都没有收到任何关于对方物品的额外信息, 那么交换就是公平的. 进一步公平性可分为强公平性和弱公平性. 强公平性指在交换过程结束时, 要么每一方都得到了自己所期望的物品, 要么任何一方都没有得到期望的物品[145]. 也就是说即使交换过程中有一方不遵守约定, 他们也可以在不借助额外仲裁方的情况下解决纠纷避免损失[147]. 弱公平性是指在交换中如果有一方违反约定, 那么另一方可以采集相应证据, 向仲裁方申请解决纠纷, 使得双方都得到期望的物品, 或者诚实方得到等价补偿, 抑或不诚实方得到等价惩罚[6]. 此后 H. Pania 和 S. Micali 相继证明了公平交换协议的强公平性不可能定理, 即在没有可信第三方参与的情况下, 不存在能够容忍恶意参与方的具有强公平性的公平交换协议. H. Pania 将公平交换协议归约到参与方间的共识, 恶意参与方制造人为异步网络, 根据 FLP 不可能定理, 证明了公平交换协议的强公平性不可能定理. 与此相对, 引入可信第三方等同于设定同步网络, 因此可以容忍恶意参与方的存在.

在区块链出现之前, 已经有一些相对成熟的公平交换协议应用于电子商务中. 这些协议称为传统的公平交换协议, 主要分为无第三方的公平交换协议和基于可信第三方的公平交换协议. 无第三方的交换协议包括逐步交换协议和并发签名协议; 基于可信第三方(trusted third party, TTP)的公平交换协议依据可信第三方的介入程度分为内联(inline)、在线(online)、离线(offline)三种子类协议.

区块链出现之后, 区块链与公平交换的结合主要包括两个方面. 一方面, 一些研究工作尝试用区块链与其中的智能合约取代可信第三方; 另一方面, 公平交换作为密码学基础协议, 在区块链的原子交换(atomic swaps)、支付通道(payment channel)、策略支付(contingent payment)和数字金库(vaults)中有着广泛应用. 2.2.6 节介绍的闪电网络可以看作公平交换在区块链中的具体应用, 因此下面介绍基于区块链和智能合约的公平交换协议 FairSwap.

区块链特别是智能合约可公开验证的特性为无可信第三方的公平交换提供了新的解决思路. 在 2018 年 ACM CCS 会议上, S. Dziembowski、L. Eckey 和 S. Faust 提出使用智能合约的公平交换协议 FairSwap[78]. 协议允许发送方 $S$ 以固定价格 $p$ 向接收方 $R$ 出售数字商品 $x$, 即一方用数字货币交换另一方的数字商品. 如果接收方 $R$ 只有在收到正确的商品(或交易) $x$ 后才需要付款, 那么该公平交换协议就被称为是安全的. FairSwap 通过智能合约保证交换的公平性, 其中智能合约提供裁定的功能, 用于解决出现分歧的情况. 公平交换协议 FairSwap 的高效性体现在其能最小化智能合约的运行成本, 且避免了使用零知识证明等昂贵的密码学工具.

FairSwap 协议首先定义了谓词验证函数 $\phi(x)$. 举例来说, 如果发送的文件是接收方想要的一部电影, 那么 $\phi(x)=1$. 当发送方 $S$ 发送商品数据 $x$ 给接收方 $R$ 且

满足 $\phi(x)=1$ 时，如何确保发送方 $S$ 能够获得对应的支付 $p$，这是 FairSwap 协议重点需要解决的问题. 类似地，如何确保接收方 $R$ 只有在 $\phi(x)=1$ 时支付 $p$，也是需要解决的问题. 实践中，对于文件 $x$ 的谓词验证函数 $\phi(x)$ 可能开销巨大，FairSwap 协议使用电路构造 $\phi(x)$ 并且将电路计算分散至发送方和接收方计算. 简洁起见，此处简略描述谓词验证函数 $\phi(x)$，重点关注 FairSwap 公平交换中发送方和接收方数据一致性的保证机制.

FairSwap 协议需要用到哈希函数(3.1 节)、Merkle 树(3.4 节)、秘密承诺(5.2 节)和选择明文攻击下不可区分(indistinguishable under chosen plaintext attack, IND-CPA)对称加密方案 $z=\text{Enc}(k,x)$. 具体算法包括 Merkle 树根哈希算法、Merkle 树证明算法、Merkle 树证明验证算法、编码算法、提取算法和分歧仲裁算法. 下面简要概述各算法的工作原理和作用.

(1) Merkle 树根哈希(Merkle root Hash)算法：其工作原理如图 5.6 所示. 发送方 $S$ 将待售卖的数字商品 $x$ 划分成等长二进制数据段 $(x_1,\cdots,x_n)$，利用 Merkle 树构造方法将数据段构造成一个 Merkle 树，其中叶子节点为 $(x_1,\cdots,x_n)$，非叶子节点标记为 $(y_1,\cdots,y_m)$，数字商品 $x$ 的 Merkle 树根哈希值为 $y_m$，也记为 $r_x$. Merkle 树生成算法的目的是利用 Merkle 树根哈希值的不可篡改性，将根哈希值作为对数字商品的承诺.

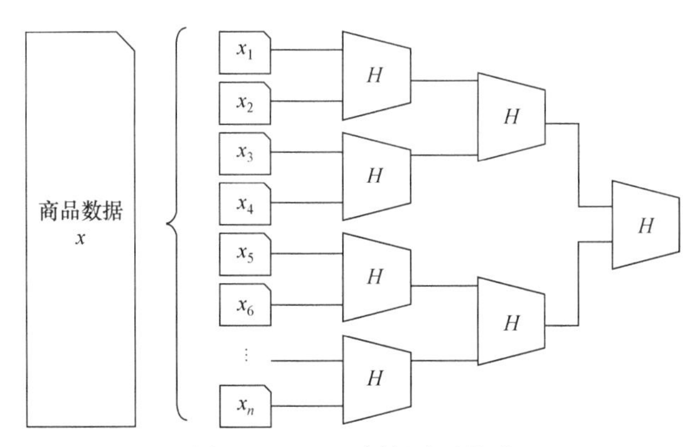


图 5.6　Merkle 树根哈希算法

(2) Merkle 树证明生成(Merkle tree proof)算法：接收方 $R$ 解密得到数字商品 $(c_1,\cdots,c_{\{n+m\}})$，生成 Merkle 树，生成 $c_i$ 的根哈希值为 $c_{\{n+m\}}$，生成 Merkle 树上 $c_i$ 到根哈希值的 $c_{\{n+m\}}$ 上的路径证据 $\rho$.

(3) Merkle 树证明验证(Merkle tree proof verification)算法：使用 Merkle 树路径证据 $\rho$，判定 $c_i$ 是否在根哈希值为 $r_x$ 的 Merkle 树上.

(4) 编码(encode)算法：其工作原理如图 5.7 所示. 发送方 $S$ 利用私钥 $k$ 将

Merkle 树上所有节点，包括叶子节点和非叶子节点$(x_1,\cdots,x_n,y_1,\cdots y_m)$，分别通过对称加密算法 Enc 加密得到密文$(z_1,\cdots,z_n,z_{n+1},\cdots,z_{n+m})$，记为 $Z$. 发送方 $S$ 将密文 $Z$ 在链下发送给接收方 $R$.

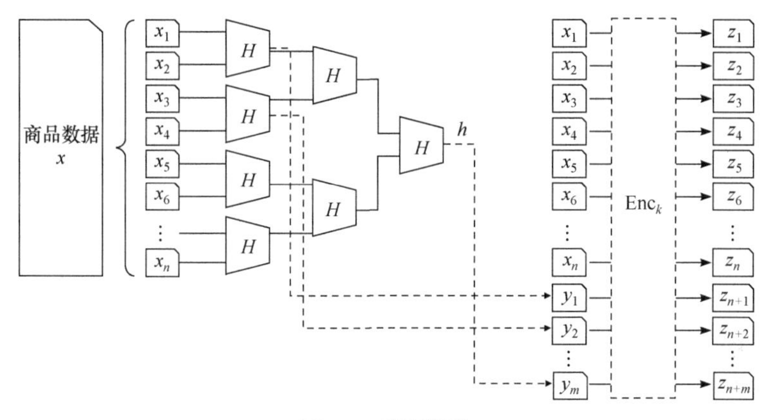


图 5.7　编码算法

(5) 提取(extract)算法：接收方 $R$ 获得密文 $Z$ 和密钥 $k$ 后，解密得到$(c_1,\cdots,c_{\{n+m\}})$，恢复出数字商品 $x$. 然后调用 Merkle 树根哈希算法，构造密文 $Z$ 的 Merkle 树，验证$(c_1,\cdots,c_{\{n+m\}})$是否符合自己的需求. 如果恢复的 $c_i$ 对应的 $z_i$ 不符合需要，则对密文 $Z$ 的 Merkle 树调用 Merkle 树证明生成算法，生成 $z_i$ 的 Merkle 树路径，获得 $z_i$ 不正确的证据 $\pi$.

(6) 分歧仲裁(judge)算法：通过智能合约对双方行为进行仲裁. 收到接收方 $R$ 的申诉(complain)后，智能合约利用接收方 $R$ 提交的关于 $z_i$ 不正确证据 $\pi$ 和存储的文件 Merkle 树根哈希值 $r_z$ (合约中保存密文 $Z$ 的 Merkle 树根)，判断申诉的正确性. 智能合约首先验证 $z_i$ 和证据 $\pi$ 中的 Merkle 树路径是否是密文 $Z$ 的对应位置元素. 如果不是则拒绝申诉；如果是则继续. 然后利用密钥 $k$ 解密，调用 Merkle 树证明验证算法，验证 $z_i$ 和证据 $\pi$ 是否符合根哈希值为 $r_z$ 的 Merkle 树. 如果满足则申诉失败；否则申诉成功.

如图 5.8 所示，FairSwap 公平交换中包括初始化、协商、披露、接收/申诉和完成五个阶段. 下面对这五个阶段分别进行介绍.

(1) 初始化阶段.

发送方生成随机密钥 $k$，计算密钥承诺值 $c=\text{commit}(k,d)$ 以及陷门 $d$. 输入数字商品 $x$ 以及私钥 $k$，调用编码算法加密生成密文 $Z$. 然后将交易 id、密文 $Z$ 和对密钥的承诺值 $c$ 发送给接收方，同时将交易 id、承诺值 $c$、交易金额 $p$ 和密文 $Z$ 的 Merkle 树根值 $r_z$ 发送到智能合约中.

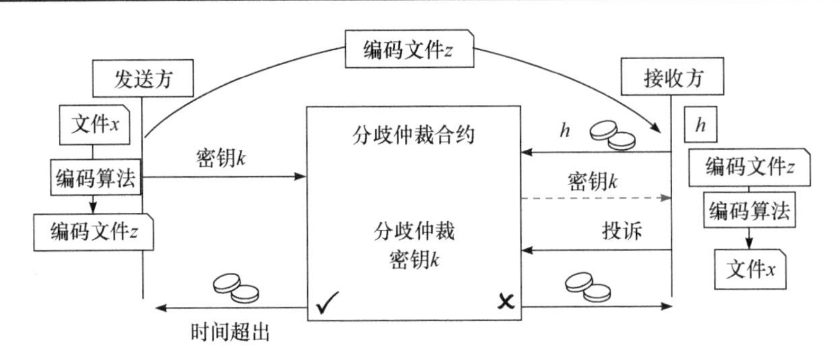


图 5.8　FairSwap 公平交换协议

(2) 协商阶段.

接收方检查他收到的交易 id、密文 $Z$ 和承诺值 $c$, 根据收到的密文 $Z$ 调用 Merkle 树构造算法, 计算根哈希值 $z_{n+m}$.查看智能合约, 如果包含了对应的交易 id 信息, 接收方发送“同意”、交易 id 和交易金额 $p$ 至合约中. 此时合约被激活.

(3) 披露阶段.

当查看对应交易 id 合约已激活, 发送方向合约发送披露信息, 包括交易 id、承诺陷门 $d$ 和私钥 $k$. 如果合约未被激活, 则协议终止.

(4) 接收/申诉阶段.

接收方从合约中收到交易 id、承诺陷门 $d$ 和私钥 $k$ 后, 运行提取算法, 获取数字商品 $x$. 如果未收到相关消息, 则协议终止. 根据提取算法, 验证数字商品 $x$. 如果验证通过, 则发送协议“完成”消息到合约中, 合约将交易金额 $p$ 发送至发送方; 如果验证未通过, 则将申诉信息发送至合约中. 合约执行分歧裁定算法, 如果申诉验证通过, 则将交易金额返还给接收方.

(5) 完成阶段.

如果上述过程顺利执行, 但第四阶段接收方一直未回复, 发送方可以向合约发送冻结交易申请. 最终合约触发金额支付, 将交易金额 $p$ 发送至发送方账户.

FairSwap 方案的公平性依赖于链上执行的智能合约. 该智能合约将充当外部法官的角色, 即使在发生分歧时也能确保完成交换. 相较于已有的基于数字货币的公平交换协议, FairSwap 有以下优势. 首先, 协议对接收方和发送方都非常高效, 除了计算谓词验证函数 $\phi(x)$, 各方只需计算 $\mathcal{O}(m)$ 次哈希. 同时未使用如零知识证明等开销高昂的密码工具. 这些优势使得 FairSwap 在用户处理大宗商品时特别有吸引力. 基于零知识证明的公平交换协议可以完成类似的功能, 但通常需要用零知识证明的方式确保发送方拥有数据商品 $x$. 虽然这种方式可以减轻对仲裁合约计算开销的依赖, 但是它给发送方和验证方带来了额外计算开销, 相关设计可查阅 M. Campanelli 等在 2017 年 ACM CCS 会议上发表的基于零知识证明的策略支付方案.

## 5.7 零知识证明

零知识证明(zero-knowledge proof)由 O. Goldreich、S. Micali 和 C. Rackoff 在 1986 年提出. 零知识证明是包括示证者和验证者的两方密码协议, 其中示证者持有秘密信息[32]. 示证者所要证明的关系通常表示为一种 NP 关系[5]$L$, 对于某一断言 $x$, 示证者知道对应的证据 $w$, 使得 $x \in L$ 可以被公开验证[101]. 零知识证明协议通常考虑完备性、可靠性和零知识性三个性质[29].

(1) 完备性: 如果 $x \in L$, $w$ 是其证据, 示证者和验证者均诚实地运行协议, 则验证者总会接受示证者提供的证明.

(2) 可靠性: 对于 $x \notin L$, 恶意的示证者仅能以可忽略的概率使验证者接受证明.

(3) 零知识性: 验证者无法通过示证者提供的证明获取除 $x \in L$ 之外的任何信息.

零知识证明协议提出后受到密码学界的积极关注, 对零知识证明的研究促进了密码学和计算理论的发展[66]. 由于篇幅限制, 本部分简要综述零知识证明相关理论研究, 希望了解详细工作的读者可查阅相关文献. O. Goldreich 对零知识证明的早期二十年的发展进行了综述[100]. 综述包括两个部分, 第一部分首先介绍了零知识证明的相关定义, 包括交互式证明与论证[118]、计算不可区分和单向函数, 然后给出了零知识证明的定义及变种, 如(期望)概率多项式时间、全局和黑盒模拟、诚实(半诚实)验证者零知识、计算与统计零知识等, 最后分析了零知识证明的可构造性和适用性. 第二部分讨论了零知识证明的可组合性、知识证明[144]、非交互式证明等变种协议. F. Li 和 B. McMillin[131]详细介绍包括三染色问题、图同构问题、哈密顿回路问题、背包问题、可满足性问题等具体 NP 问题的零知识证明[10]. A. Mohr 讨论了非交互式零知识证明在密码学中的应用, 并重点研究了如何将 Fiat-Shamir 认证协议应用于零知识证明协议.

2013 年, R. Gennaro 等[87]首次提出了二次算术程序(quadratic arithmetic program, QAP)和线性概率可验证证明(linear-probabilistic checkable proof, Linear-PCP). 基于此的零知识证明协议通信复杂度为常数个群元素, 验证复杂度仅与陈述的公共输入/输出规模呈线性关系, 为零知识证明的实用化作出了重要贡献. 在此基础上, 简洁非交互式零知识论证(zero-knowledge succinct non-interactive argument of knowledge, zk-SNARK)的研究得到学术界和工业界高度重视.

2020 年, A. Nitulescu 对 zk-SNARK 的研究进展进行了综述[150]. 作者给出了详细定义及其通用构造, 并且将 zk-SNARK 分为基于概率可验证证明(PCP)、二次算术程序、线性交互式证明(linear interactive proof, LIP)和多项式交互式谕言证明(polynomial interactive oracle proof, PIOP)的零知识证明, 给出了每个分类的构造原理并总结了经典方案.

零知识证明的优秀性质使其在区块链信任建立、隐私保护等方面有着广泛应用[40]. 在区块链应用中, 零知识证明协议的功能划分主要包括身份证明和成员关系证明.

(1) 身份证明(proof of identity)协议: 示证者通过此类协议证明自己知道某个表示身份的承诺值对应的秘密信息[45]. 我们可以将标识示证者身份的公钥视为其对某个秘密的承诺值, 知晓承诺值对应的秘密信息意味着该公钥确实属于示证者, 因此此类协议被称为身份证明协议[71]. 在区块链系统中, 身份证明协议通常被用于证明己方拥有对某个数字货币的所有权. 非交互身份证明协议在功能上可以由数字签名完成[175].

(2) 成员关系证明(proof of membership)协议: 示证者不再证明其所知晓的秘密消息对应到某个具体的承诺值, 而是证明该承诺值(或秘密消息)属于某个公开的集合[44]. 一个典型的区块链数字货币应用场景是, 付款人不在交易单中明确自己所花费的数字货币, 而是列出多个数字货币, 再通过成员关系证明自己拥有并花费其中的某个数字货币的权利. 通过上述方式, 交易单上不再明确体现输入/输出地址与付款人的关联性[12], 大大提高了从交易关系图聚类账户地址的难度[141]. 此外, 有一类特殊的成员关系证明, 其中示证者证明其承诺值对应的秘密在一个连续的公开范围内, 这一类证明通常被称为范围证明(proof of range). 在区块链系统中, 范围证明主要用于在保护隐私的交易中证明某个参数如数字货币的数量在合法范围内, 譬如付款的额度必须大于或等于 0.

区块链系统中, 用户的证明通常需要向全网广播, 并存储在区块链上供所有节点验证[63]. 减小证明尺寸和降低通信轮次对于零知识证明在区块链系统中落地应用至关重要. 因此, 在区块链应用中重点关注零知识证明的简洁性和非交互性[153]. 简洁性是指证据的通信复杂度与所证明断言的陈述规模为亚线性关系, 非交互性是指示证者只需向验证者发送一轮消息即可完成证明[176]. 非交互式零知识证明的实现包括公共参考字符串模型[60](common reference string model, CRS)和随机谕言模型(random oracle model, ROM)两种. 简洁零知识证明协议在区块链中有两个代表性的应用 Zcash(Groth16)[159]和 Monero(Bulletproofs)[39], 分别是两个区块链数字货币系统的核心协议, 需要用到多种复杂的密码学子协议, 因此将在第 6 章具体介绍.

本章主要介绍面向特定关系的基本零知识证明, 这些协议通常作为其他协议的一部分, 丰富其他协议的性质. 例如, 在 5.3.2 节介绍可验证秘密分享的基础上, 增加离散对数相等性的零知识证明, 使得秘密份额的正确性可被所有人公开验证, 从而得到可公开验证的秘密分享. 区块链中此类协议通常是 Sigma 协议的高效实例, 如离散对数知识证明和离散对数相等性证明. 最后介绍 Fiat-Shamir 启发式变换, 在随机谕言模型下, 它可以将 Sigma 协议安全高效地转化为非交互式零知识证明.

### 5.7.1 Sigma 协议

如图 5.9 所示, Sigma($\Sigma$)协议是一种交互式协议[70]. 对于 NP 关系 $L$, 示证者输入 $(x,y)$, 验证者输入 $y$, 其中 $(x,y)\in L$. Sigma 协议包括以下三次特定消息交互.

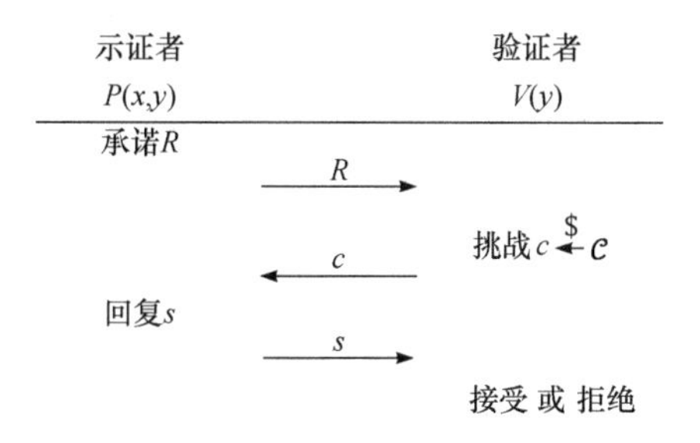


图 5.9 Sigma 协议

(1) 示证者首先向验证者发送一个临时承诺消息 $R$.

(2) 验证者从一个有限的挑战空间 $\mathcal{C}$ 中生成一个随机挑战消息 $c$, 并发送给示证者.

(3) 示证者生成一个回复 $s$ 发送给验证者.

经过上述三次交互, 最终验证者根据 $y$ 和 $(R,c,s)$ 计算一个确定性函数 $V$, 输出接受或拒绝. 下面以离散对数知识证明和离散对数相等性证明为例介绍 Sigma 协议.

### 5.7.2 离散对数知识证明

在离散对数知识证明中, 示证者向验证者证明其拥有关于某个群元素的离散对数的知识. 一些基于离散对数的数字签名可看作离散对数知识证明的一种应用, 被称作知识签名. 下面以 Schnorr 协议为例, 介绍 Sigma 协议的离散对数知识证明实例.

令 $q$ 为素数, 有限循环群 $\mathbb{G}$ 的阶为 $q$, 生成元为 $g$, 公开群元素 $y=g^x$. 示证者向验证者证明, 在固定生成元 $g$ 下, 其知晓秘密值 $x$ 的知识, 即 $x=\log_g y$.

(1) 示证者随机选取 $r\in\mathbb{Z}_q$, 计算关于 $r$ 的承诺 $R=g^r$ 并发送给验证者.

(2) 验证者随机选取 $c\in\mathbb{Z}_q$, 并发送给示证者.

(3) 示证者计算 $s=cx+r \bmod q$, 并发送给验证者.

(4) 验证者验证 $g^s = y^c R$ 是否成立. 如果相等则接受证明; 否则拒绝.

上述 Schnorr 协议允许示证者在不暴露 $x$ 的情况下证明 $y = g^x$ 的离散对数知识, 方案满足完美完备性、特殊可靠性和诚实验证者零知识性三个性质.

(1) 完美完备性: 如果 $s = cx + r \bmod q$, 那么 $g^s = g^{cx+r} = (g^x)^c g^r = y^c R$.

(2) 特殊可靠性: 对于相同的承诺 $R$ 和对应的不同的挑战消息 $c_1$和$c_2$, 验证者可以从两个协议脚本(transcripts) $(R, c_1, \sigma_1)$ 和 $(R, c_2, \sigma_2)$ 中提取秘密消息 $x$. 由于存在 $s_1 = c_1 x + r \bmod q$, 且 $s_2 = c_2 x + r \bmod q$, $c_1 \neq c_2$, 所以验证者可以计算得到 $x = (s_2 - s_1)(c_2 - c_1)^{-1} \bmod q$.

(3) 诚实验证者零知识性: 诚实验证者零知识性考虑基于模拟器证明的零知识性, 该模拟器在不知道秘密的情况下可以计算相同分布的协议脚本. 对于 $\mathbb{Z}_q$ 中随机选取的 $c$, 为了模拟示证者的承诺脚本 $R$, 模拟器可以在 $\mathbb{Z}_q$ 中随机选取 $s$, 然后计算符合验证要求的承诺 $R = g^s y^{-c}$. 假定 Sim 是一个模拟器, 给定公共输入 $(q, \mathbb{G}, g, y)$ 和验证者的代码. Sim 为验证者算法选择一个均匀随机的纸带并运行它, 将随机纸带放在随机输入消息 $R \in \mathbb{G}$ 上. 一旦验证者输出一个挑战 $c$, 模拟器 Sim 重新启动协议, 为验证算法提供相同的随机纸带, 并对均匀随机的 $s$ 设置输入消息 $R = g^s y^{-c}$. 显然上述方式产生的 $R$ 的分布与诚实执行协议时的分布完全相同. 验证者输出挑战 $c$ 后, Sim 以随机选择的 $s$ 作答. 由于 Sim 在模拟时已经设置 $R = g^s y^{-c}$, Sim 的回答 $s$ 和模拟的 $R$, 满足 $g^s = y^c R$ 相等性验证, 模拟回复的分布与诚实运行协议产生的回复分布完全相同.

### 5.7.3　离散对数相等性证明

离散对数相等性证明可以看作两个离散对数知识证明实例的聚合. 示证者向验证者证明其知道两个离散对数, 并且相等. 令 $q$ 为素数, 有限循环群 $\mathbb{G}$ 的阶为 $q$, 两个生成元为 $g$ 和 $h$, 公开两个群元素 $y = g^x$ 和 $z = h^x$. 示证者向验证者 $y$ 和 $z$ 的离散对数 $\log_g y = x = \log_h z$.

(1) 示证者随机选取 $r \in \mathbb{Z}_q$, 计算承诺值 $R = (R_1, R_2) = (g^r, h^r)$ 并发送给验证者.

(2) 验证者随机选取 $c \in \mathbb{Z}_q$ 作为挑战值并发送给示证者.

(3) 示证者计算 $s = cx + r$ 并发送给验证者. 验证者可计算并验证 $h^s = y^c R_2$和$g^s = z^c R_1$是否均成立.

离散对数相等性证明的完备性和零知识性与离散对数知识证明类似. 下面重点关切两个离散对数是否相等. 总是存在合适的 $x_1$ 和 $x_2$, 满足 $y = g^{x_1}$, $z = h^{x_2}$. 示

证者计算了 $R_1 = g^{r_1}$ 和 $R_2 = h^{r_2}$，其中 $x_1, x_2, r_1, r_2 \in \mathbb{Z}_q$. 那么，根据验证要求，必然有 $r_1 + cx_1 = r_2 + cx_2 \bmod q$. 如果 $x_1 \neq x_2$，则必然有 $c = (r_2 - r_1)/(x_2 - x_1) \bmod q$. 注意到 $c$ 是验证者独立选取的，这种情况发生概率 $1/q$ 是可以忽略的.

### 5.7.4 Fiat-Shamir 启发式转换

Fiat-Shamir 转换是一种将 Sigma 协议启发式转变为非交互式零知识证明的方法，在随机谕言机模型中是安全的. Fiat-Shamir 转换加强了 Sigma 协议中承诺和挑战消息之间的因果关系，挑战消息是通过将(部分)公共信息(包括待证明的断言)和承诺消息输入随机谕言机(安全哈希函数)计算得到[22]. 这种方式下，挑战值可以被认为和交互式 Sigma 协议一样是随机选取的. 在离散对数知识证明中，挑战值 $c$ 可由 $c = H(g, y, R)$ 计算. 示证者将 $(s, c)$ 一次性发送给验证者，验证者通过验证 $c = H(g, y, g^s y^{-c})$ 实现非交互式零知识证明.

公共参考字符串是另一种实现非交互式零知识证明的方法. 在公共参考字符串模型中，安全性可以不再依赖随机谕言机，但方案需要可信启动，即可信第三方按照正确的方式生成公共参考字符串，挑战消息根据公共参考字符串生成.

## 5.8 安全多方计算

安全多方计算(secure multi-party computation, SMPC)源自 1982 年姚期智先生提出的百万富翁问题[179]. 两个百万富翁想知道谁更富有，但是不想透露有关彼此财富的任何其他信息. 姚期智先生将问题作了进一步抽象. 假设有 $n$ 个参与方想要计算一个函数 $f(x_1, x_2, x_3, \cdots, x_n)$，参与方 $p_i$ 知道 $x_i$ 但不知道其他参与方的输入，安全多方计算需要在满足上述假设的情况下让 $n$ 个参与方计算出函数 $f$ 的输出. 为此，姚期智先生提出了混淆电路(garbled circuit, GC), GC 已成为解决安全多方计算问题的一项基础性技术.

安全多方计算提供了一种机制，一组数据所有者通过该机制可以计算其私有数据的多元函数，协议执行仅泄露了参与者私有数据的函数值[125]. 安全多方计算可以看作一种用密码学方法模拟一个可信第三方的功能[94]，这个第三方会接受私有输入并计算一个函数，然后将结果返回给互不信任的参与方[27].

安全多方计算允许参与者以他们各自的私密输入计算约定的函数而不泄露额外的私密信息[64]. 一种情况是所给出的安全多方计算协议是通用的，即一旦有了约定函数，该安全多方计算协议即可实例化完成该约定函数的安全计算. 为了完成完整的计算，还需一种通用的编译器将高级程序语言编写的待计算函数转化为安全多方计算的范式[109]. 2004 年, D. Malkhi 提出了第一个通用的安全两方计算编译器 Fairplay[137], Fairplay 的功能是将一种称作安全函数定义语言(secure function definition language, SFDL)的高级程序语言编译作为混淆电路的形式, 并可以由两个参与方安全地计算. 虽然 Fairplay 协议中电路门数规模大, 协议执行效率低, 但是证明了将高级语言编译成混淆电路并支持通用计算的可能性. 在此之后, 一系列研究遵循了将高级编程语言转换为混淆电路的思路, 并不断优化. 2008 年, A. Ben-David 等使用 D. Beaver、S. Micali 和 P. Rogaway 提出的 BMR 混淆电路协议[17], 将协议 Fairplay 扩展为支持多个参与方的协议 FairplayMP[23]. 2009 年, I. Damgård 等[67]提出了支持自动化并行原语操作(如加法、乘法)的异步协议 VIFF (virtual ideal functionality framework). 2010 年, M. Burkhart 等按照这一思路设计了面向网络流量监控的专用安全多方协议 SEPIA[41].

安全多方计算的另一种情形是参与方事先约定了待计算的函数. 通用安全多方计算功能强大, 但效率通常较低, 成本高昂, 在一些场景难以实施[172]. 对于事先明确的待计算函数, 可以设计专门的安全多方计算协议, 针对待计算函数的特点进行安全与效率优化. 广受关注的专用安全多方计算协议包括私有集合求交[121](private set intersection)和联邦学习(federated learning)等, 它们有望较通用安全多方计算协议更早实用化.

### 5.8.1 安全多方计算模型

为了正式声明和证明协议是安全的, 需要对多方计算的安全性进行定义[80]. 不同协议的设计给出了安全多方计算的不同安全定义, Y. Lindell 在 2020 年综述文章[135]中总结了安全多方计算隐私性、正确性、输入独立性、输出可获得性和公平性等 5 种安全特性.

(1) 隐私性: 任何参与方都不应了解其规定输出以外的任何信息.

(2) 正确性: 任何参与方收到的输出都是正确的.

(3) 输入独立性: 攻击者选取的输入必须独立于诚实方的输入.

(4) 输出可获得性: 攻击者不能够阻止诚实方收到其他诚实方的输出.

(5) 公平性: 当且仅当诚实方收到输出时, 腐化方才能够收到输出.

上面的列表并不构成安全多方计算的安全定义, 而是一组适用于安全多方计算协议的安全要求, 其中特性(3)～(5)更是一种假设或前提. 使用列表作为安全性定义不是一种好的方式, 可能遗漏重要的安全定义. 定义应该足够简单和精确, 这样才容易知道所给出的定义是否可以覆盖所有可能的对抗性攻击. 目前的研究中, 安全多方计算的标准定义通过“现实-理想范式”(real-ideal paradigm)形式化其安全性要求.

安全多方计算的目标是让协议参与者在事先约定好函数后, 可以得到此函数在各自私有输入下的正确输出, 同时不会泄露任何额外信息[123]. 现实-理想范式中定义了一个满足所有安全要求的明确"理想世界", 通过论述现实世界与理想世界的关系来定义安全性. 在理想世界中, 各个参与方秘密地将自己的私有输入发送给一个完全可信的第三方, 可信第三方计算参与方约定的函数, 然后将计算结果安全返回给各个参与方. 由于第三方是完全可信的, 因此他会将正确的结果安全地返回给各个参与方, 他也不会泄露参与方给他的私密输入.

我们可以想象一个存在于理想世界的攻击者, 他将在理想世界中发起攻击, 攻击者可以控制一个或多个参与方, 但是不可能控制理想第三方. 理想世界简单清晰的定义使我们易于理解攻击者对理想世界造成的影响. 攻击者无法获得可信第三方返回的消息之外的任何信息, 因此我们有理由相信在理想世界通过完全可信第三方的安全多方计算是安全的. 虽然很容易理解理想世界的定义, 但要求完全可信的第三方存在使得理想世界是一个"想象"的世界.

我们不可能在现实世界实现一个理想世界的协议, 但理想世界的协议可以作为判断在现实世界设计和部署的实际协议的安全性的基准. 具体地说, 如果攻击者不能区分理想协议脚本和实际协议脚本, 即攻击者不能区分是在现实世界中的协议交互还是在理想世界的协议交互, 那么在现实世界中的实际协议就和理想世界中的理想协议一样安全, 由此即定义实际协议的安全性. 在现实世界, 所有参与方通过协议相互通信, 不存在可信第三方, 攻击者可以攻陷参与方, 在协议开始前, 被腐化的参与方和原始攻击者参与方是等价的. 攻陷的参与方可以遵循协议规则执行协议, 也可以偏离协议规则执行协议. 攻击者实施攻击后, 其在现实世界中达到的攻击效果预期与在理想世界中达到的攻击效果相同, 则可以认为现实世界中的协议是安全的. 换句话说, 协议的目标是在给定假设的条件下, 使其在现实世界中提供的安全性与理想世界中提供的安全性等价.

安全多方计算协议设计时需要协议调用其他理想函数. 如设计一个协议$\pi$, 需要安全实现功能函数 $f$, 在协议$\pi$中还需要调用另一个功能函数 $g$. 协议中理想世界只包含函数$f$, 现实世界包含函数 $g$, 那么在分析协议$\pi$时就面临混合(hybrid)世界, 可以使用通用可组合框架(universal composability, UC)进行分析[51]. 通用可组合框架由 R. Canetti 等在 2001 年提出[49], 2014 年, R. Canetti 等在通用可组合框架中引入随机谕言机[48]并在2015年提出了通用可组合框架的简化变体[46], 感兴趣的读者可查阅相关文献.

在形式化定义和分析安全系统时, 除了明确安全目标, 还需要明确攻击者模型或攻击模型. 根据攻击者可获得资源和行为能力, 常见的攻击者可以分为半诚实攻击者(semi-honest adversary)、恶意攻击者(malicious adversary)和隐蔽攻击者(covert adversary). 根据攻击者获得资源和行为能力的方式, 攻击者腐化的策略分为静态腐化(static corruption)、自适应腐化(adaptive corruption)和先应式安全(proactive security). 在攻击者控制(腐化)协议中参与方子集的情况下, 安全多方计算协议应当仍然能够实现其安全目标.

(1) 半诚实攻击者: 在半诚实的攻击者模型中, 被腐化的参与方仍然会正确遵循协议规范. 但是攻击者获得被腐化的参与方的内部状态, 包括收到的所有消息的记录, 并试图用它来获得其他未被腐化的参与方的秘密信息. 这是一个相当弱的攻击者模型, 但具有这种安全级别的协议确实可以保证不会无意中泄露秘密数据. 半诚实的攻击者也被称为“诚实但好奇”的攻击者或“被动”的攻击者.

(2) 恶意攻击者: 在这种对抗模型中, 被腐化的参与方根据攻击者的指示, 可以任意偏离协议规范. 一般来说, 在存在恶意攻击者的情况下提供安全性是首选, 因为它确保任何对抗性攻击都无法成功. 恶意攻击者也被称为“主动”的攻击者.

(3) 隐蔽攻击者: 这种类型的攻击者可能存在恶意行为, 试图破坏协议. 但如果攻击者确实尝试了攻击, 那么它将以某个特定的概率被检测到, 该概率可以针对实际协议进行调整. 与恶意攻击者不同, 如果未检测到攻击者, 那么攻击者可能会成功作弊[9].

为了简化攻击者相互串谋的情况, 通常假定有一个攻击者可以腐化其他参与者, 使得被腐化的参与者成为上述类型的攻击者. 腐化策略指攻击者何时以及如何腐化参与者的问题. 下面解释前面述及的三种策略.

(1) 静态腐化: 在静态腐化模型中, 攻击者控制的参与方的子集在协议开始之前是固定的, 该子集之外的诚实参与方始终诚实地执行协议.

(2) 自适应腐化: 在自适应腐化模型中, 攻击者不是拥有一组固定的腐化参与方, 而是在协议过程中拥有腐化参与方的能力. 选择腐化哪个参与方以及何时腐化可以由攻击者任意决定. 因此, 攻击者自然可以根据已获得的所有信息, 适应性地选择最有利的腐化时间和腐化对象.

(3) 先应式安全: 在此模型中, 各参与方仅可在特定时间段内被腐化. 因此, 诚实的参与方可能会在整个计算过程中被腐化(自适应腐化), 但被腐化的参与方也可能变得诚实. 先应式攻击者模型主要考虑外部攻击者的威胁, 他们可能破坏正在执行安全多方计算的参与方的设备. 当发现漏洞时, 系统会清理漏洞, 攻击者会失去对某些设备的控制, 参与方再次诚实. 先应式安全保障的前提是, 攻击者只能从它腐化的参与方的本地状态中了解协议执行的内容. 这样的敌手有时也被称为移动攻击者.

安全多方计算通常需要更基础的密码学技术, 主要包括混淆电路、不经意传输、同态加密和秘密分享等, 是众多安全多方计算协议的关键组件. 秘密分享已在 5.3 节详细介绍, 因此下面介绍混淆电路、不经意传输和同态加密的概念和实例.

### 5.8.2 混淆电路

1. 姚氏混淆电路

姚期智先生在提出安全多方计算问题时给出了一种基于姚氏混淆电路的解决方案，之后很多协议均在姚氏混淆电路的基础上构造. 姚氏混淆电路将两方计算函数 $f(x_1,x_2)$ 表示为包含所有 $x_1,x_2$ 输入和对应输出 $f(x_1,x_2)$ 组合的查找表 $T$, 根据查找表对应的条目 $T_{x_1,x_2}$ 来得到 $f(x_1,x_2)$ 的输出.

混淆电路能够实现对电路计算的中间值和输入值隐藏. 在姚氏混淆电路协议中, 有两个参与方, 分别是混淆者(garbler)和计算者(evaluator), 混淆者的任务是将电路的结构进行混淆, 计算者的任务是完成混淆电路的计算[69]. 输入的 $x_1$和$x_2$称为导线值(wirevalue), 混淆者 $P_1$ 为输入 $x_1,x_2$ 的定义域中每种取值分别选择一个加密密钥 $k_1,k_2$, 称为导线标签(wire label), 同时使用两个密钥加密查找表对应条目 $\mathrm{ENC}_{k_1,k_2}(T_{x_1,x_2})$, 然后发送给 $P_2$. $P_1$将$k_1$ 直接发给 $P_2$, $P_1$ 使用不经意传输(5.8.3 节)将 $k_2$ 发送给 $P_2$. $P_2$ 使用密钥解密查找表 $T$, 如果解密结果不为随机串, 得到 $f(x_1,x_2)$ 的计算输出[18]. 下面根据 Y. Lindell 和 B. Pinkas 对于姚氏混淆电路的安全性证明中的协议描述, 介绍姚氏混淆电路.

布尔电路门的输入导线(wire)的标签为 $\omega_1$ 和 $\omega_2$, 输出导线为 $\omega_3$. 混淆者 $p_1$ 对于输入和输出的所有可能情况生成六个密钥$k_1^1$, $k_1^0$, $k_2^1$, $k_2^0$, $k_3^1$, $k_3^0$. 如图5.10所示, 对于一个或门(OR gate) $g$, $\omega_1$ 的输入为 1 时, 加密密钥为 $k_1^1$; 输入为 0 时, 加密密钥为 $k_1^0$. 输入导线 $\omega_2$ 类似. 输入 (1,1), (1,0)和(0,1) 的输出的加密密钥为 $k_3^1$, 输入 (0,0) 的输出的加密密钥为 $k_3^0$. 那么如图 5.10 的方式所示, $P_1$ 对 $k_3^1$ 和 $k_3^0$ 加密

$$\left(E_{k_1^0}(E_{k_2^0}(k_3^0)), E_{k_1^0}(E_{k_2^1}(k_3^1)), E_{k_1^1}(E_{k_2^0}(k_3^1)), E_{k_1^1}(E_{k_2^1}(k_3^1))\right)$$

进行随机置换后并将混淆表(garbled table)发送给计算者. 将混淆者 $P_1$ 的输入对应的密钥 $k_1^\alpha$ 直接发送给计算者, 其中 $\alpha \in \{0,1\}$. 混淆者 $P_1$ 的密钥 $k_2^\beta$ 通过 2 选 1 的 OT 协议发送给计算者 $P_2$, 其中 $\beta \in \{0,1\}$. 最终 $P_2$ 可以获得输出导线为 $\omega_3$ 的密钥 $k_3^{g(\alpha,\beta)}$ 并得到计算输出. 执行过程中, 计算者只能获得 $k_3^{g(\alpha,\beta)}$, 不能知道计算中间值 $\alpha$, $\beta$ 和 $g(\alpha,\beta)$ 的具体取值.

采用类似上述或门的计算方法, 可以对整个电路进行计算操作. 但是计算者 $P_2$ 对于每个门的解密过程需要尝试混淆表的四种可能. 1990 年, D. Beaver 等提出了标识-置换(point-and-permute)技术, 将密钥的一部分设置为置换比特, 作为查找表 $T$ 的置换标识, $k_i^b$ 中置换比特与 $b$ 无关, 这样既不泄露信息又在解密时仅需解密对应置换比特的密文. 通常置换标识附加在密钥之后, 使密钥满

足长度要求.

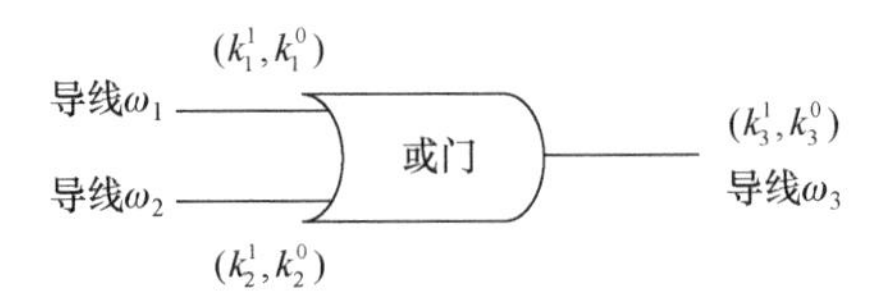


| 导线$\omega_1$ | 导线$\omega_2$ | 导线$\omega_3$ | 混淆运算表 |
|---|---|---|---|
| $k_1^0$ | $k_2^0$ | $k_3^0$ | $E_{k_1^0}(E_{k_2^0} k_3^0)$ |
| $k_1^0$ | $k_2^1$ | $k_3^1$ | $E_{k_1^0}(E_{k_2^1} k_3^1)$ |
| $k_1^1$ | $k_2^0$ | $k_3^1$ | $E_{k_1^1}(E_{k_2^0} k_3^1)$ |
| $k_1^1$ | $k_2^1$ | $k_3^1$ | $E_{k_1^1}(E_{k_2^1} k_3^1)$ |

图 5.10　OR 门混淆电路表的生成

上面描述了姚氏电路一个电路门的计算. 混淆电路由混淆门和“输出解密表”(output decryption tables)组成. 这些表将输出导线上的随机值映射为它们对应的实际值, 可以通过将密钥与输出解密表中的值进行比较来确定实际输出. 最终可以按照电路的拓扑顺序计算整个电路的输出结果[35].

2. 混淆电路变体

姚氏电路实现了两方布尔电路的常数轮计算, 后续研究者在此基础上进行了进一步的研究[36]. 下面对姚氏电路的变体协议 GMW、BGW、BMR、GESS 进行简要介绍, 感兴趣的读者可查阅具体论文.

1987 年, O. Goldreich、S. Micali 和 A. Wigderson 提出了 GMW 协议[99], 支持布尔电路或算术电路的多方计算. 首先考察两方 GMW 协议, 输入导线的标签为 $\omega_1$ 和 $\omega_2$, 对于输入 $x_1$, $P_1$ 随机生成一个比特的 $r_1$, 并将秘密份额设置为 $x_1 \oplus r_1$. 类似地, $P_2$ 随机生成 $r_2$, 秘密份额设置为 $x_2 \oplus r_2$. $P_1$ 和 $P_2$ 之间互相发送 $r_1$ 和 $r_2$. 对于输入导线 $\omega_1$, $P_1$ 拥有 $s_1 = x_1 \oplus r_1$ 份额, $P_2$ 拥有 $r_1$ 份额; 对于输入导线 $\omega_2$, $P_1$ 拥有 $r_2$ 份额, $P_2$ 拥有 $s_2 = x_2 \oplus r_2$ 份额. 上述过程中, 相当于对输入执行加法秘密分享协议. 如果非门(NOT gate)计算, 计算者翻转自己拥有的秘密份额. 如果是或门(XOR gate)计算, 两个参与方分别对秘密份额异或计算. $P_1$ 计算 $s_3^1 = s_1 \oplus r_2$; $P_2$ 计算 $s_3^2 = r_1 \oplus s_2$. 那么最终或门的输出导线为 $s_3 = s_3^1 \oplus s_3^2 = (s_1 \oplus r_2) \oplus (r_1 \oplus s_2) = x_1 \oplus x_2$. 对于与门, $P_1$ 对 $P_2$ 的所有可能输入准备对应的秘密份额, 并执行 4 选 1 的 OT 协议将秘密份额发送给 $P_2$. $P_1$ 随机生成一个比特 $r \in \{0,1\}$ 并计算四行 OT 秘密输入表 $T_g = r \oplus (s_1 \oplus \alpha) \wedge (r_1 \oplus \beta)$, 其中 $\alpha, \beta \in \{0,1\}$. $P_2$ 将自己的两个秘密份额作为 OT 的选择项, 选择对应的行. 最终 $P_1$ 将 $r$ 作为与门的输出份额, $P_2$ 将计算的结果作为输出的份额. 上述与、或、非门计算完成后, 参与方彼此披露拥有的输出导

线份额, 并计算最终结果.

GMR 协议容易推广至多个参与方, 每个参与方为协议中其他参与方生成一个比特 $r_i$ 并将 $r_i$ 发送给 $P_i$. 对于非、或门, 与两方类似. 对于与门, $\omega_3 = \omega_1 \wedge \omega_2 = (s_1 \oplus \cdots \oplus s_n) \wedge (r_1 \oplus \cdots \oplus r_n)$, 对于每一个参与方 $P_i$, $P_j$ 执行上述两方协议完成 $s_i \oplus r_j$ 的计算, 剩余份额 $P_j$ 可以独立计算, 最终得到 $\omega_3$ 的秘密份额.

1988 年, M. Ben-Or、S. Goldwasser 和 A. Wigdeson 提出了 BGW 协议[28], 支持多方参与实现布尔电路或算术电路的电路深度轮计算. D. L. Chaum 等也同时提出了类似的协议[57]. BGW 协议基于 Shamir 秘密分享(5.3.1 节)实现. 下面以算术电路为例介绍 BGW 协议, 输入导线的标签为 $\omega_1$ 和 $\omega_2$, 输出为 $\omega_3$, 对于输入 $x_1$ 和 $x_2$, 每个参与者拥有对应的秘密份额, 记作 $x_1^i$ 和 $x_2^i$, 对应的秘密多项式分别是阶为 $t$ 的 $f_1$ 和 $f_2$. 对于加法门, 由于秘密分享的线性可加性, 参与者由 $x_1^i + x_2^i$ 即可获得加法门 $\omega_3$ 计算的有效份额. 对于乘法门, 若对应份额直接相乘则新多项式 $f_3 = f_1 f_2$ 的阶为 $2t$. 因此, 每个参与方需要降阶, 每个参与者 $P_i$ 将自己的 $f_3$ 多项式的秘密份额 $x_3^i$ 生成 $t$ 阶秘密分享多项式, 然后将对应份额发送给其他参与方. 参与方即可本地计算新的秘密份额且阶为 $t$. 完成所有算术电路门的计算后, 最终可通过拉格朗日重构输出值.

1990 年, D. Beaver、S. Micali 和 P. Rogaway 提出了 BMR 协议[17], 将姚氏电路推广到多个参与方, 支持执行轮次为常数轮的布尔电路计算. 由于姚氏电路中混淆方和任一计算方合谋可以得到电路计算的中间值, 因此 BMR 协议中采用分布式混淆电路. 各个参与方并行独立生成所有导线密钥和电路所有门的混淆表, 因此任何参与方都无法独立地获得混淆电路的所有信息. 协议采用各参与方生成导线的密钥的子密钥, 再将子密钥串联起来, 得到最终的导线密钥, 进而生成混淆表. 同时, 为了防范参与方根据提供的子密钥判断具体的混淆表的行, 每个参与方需要为每一根导线增加一个翻转比特, 所有翻转比特进行异或决定明文值对应的密钥.

2005 年, V. Kolesnikov 提出了门计算秘密分享(gate evaluation secret sharing, GESS)技术, 并实现了一种布尔方程(Boolean formula)求值的两方协议. GESS 的思想与秘密分享十分类似, 每个布尔计算门的输出是秘密分享方案中被分享的秘密值. 秘密值被分享到输入导线上, 参与方通过输入秘密份额值, 逐个门计算出电路的输出值.

GESS 方案中输入为 $x_{00}$, $x_{01}$, $x_{10}$ 和 $x_{11}$ 四种情况. 首先生成两个字符串 $r_0$ 和 $r_1$, 两个字符串导线 $\omega_1$ 上的秘密份额分别为 $s_{10}$ 和 $s_{11}$. 导线 $\omega_2$ 上的秘密份额 $s_{20}$ 包含两个数据块, 第一个数据块是 $s_{00} \oplus r_0$, 第二个数据块是 $s_{10} \oplus r_1$. 类似地, $\omega_2$ 上的秘密份额 $s_{21}$ 包含两个数据块, 第一个数据块是 $s_{01} \oplus r_0$, 第二个数据块是

$s_{11} \oplus r_1$. 上述构造中秘密份额 $s_{20}$ 第一个数据块与 $s_{10} = r_0$ 组合时重构 $s_{00}$，第二个数据块与 $s_{11} = r_1$ 组合时重构 $s_{10}$. 为了实现组合的对应, 第一条导线附加 1 比特标识符, 表示第二条导线两个数据块的顺序.

3. 混淆电路优化方案

混淆电路的准备阶段需要生成大量的随机比特串作为标签, 在计算阶段计算者需要对混淆表逐行进行分析, 因此, 混淆电路具有较大的计算开销. 后续研究致力于混淆电路的优化, 提出了混淆行消减(garbled row reduction)、无通信代价的异或(free-XOR)与半门技术等.

1999 年, M. Naor 等提出混淆行消减方案[147], 通过适当选择输出导线的密钥, 让混淆表中一行密文全为 0.

V. Kolesnikov 和 T. Schneider 在 2008 年提出无通信代价的异或方式[122]. 首先选定一个公共的全局唯一的秘密 $R$, 输入导线的密钥 $k_i^0$ 和 $k_i^1$ 满足 $k_i^0 \oplus k_i^1 = R$. 这种方式下异或门计算就变得简单, 输出导线为 $\omega_3^0 = \langle k_1^0 \oplus k_2^0 \rangle$，$\omega_3^1 = \langle k_1^0 \oplus k_2^0 \oplus R \rangle$, 提高了计算效率. M. Ball 等将类似的想法应用于算术电路中[11], 优化了加法门和数乘门的计算.

2015 年, S. Zahur 等在无通信代价的异或基础上提出了半门方法[181], 减少了与门的密文数量. 对于 $\omega_3 = \omega_1 \wedge \omega_2$，首先利用无通信代价的异或技术, 导线的密钥 $k_i^0$ 和 $k_i^1$ 满足 $k_i^0 \oplus k_i^1 = R$. 混淆者随机选择一个比特 $r$, 那么 $\omega_3 = \omega_{31} \wedge \omega_{32} = (\omega_1 \wedge r) \oplus (\omega_1 \wedge (r \oplus \omega_2))$. 对于 $\omega_1 \wedge r$，混淆者知道，$r$ 可以生成 $k_{31}^0$ 和 $k_{31}^0 \oplus rR$; 对于 $\omega_1 \wedge (r \oplus \omega_2)$，混淆者可公布 $k_2^{0 \oplus r}$ 和 $k_2^{r \oplus 1}$ 给计算者. 计算者可得到对应 $r \oplus \omega_2$ 的值, 因此可产生两个密文 $k_{32}^0$ 和 $k_{32}^0 \oplus k_2^0$. 再与实际输入的 $k_2^b$ 进行异或得到 $k_{32}^b$. 半门方案使用四个密文计算 $\omega_{31}$ 和 $\omega_{32}$，再进行异或操作完成与门操作, 大大提高了与门的加密和计算速度.

混淆电路的另一种优化思路是采用预处理的方式, 在参与方输入未知的情况下, 参与方之间生成具有关联性的随机变量. Beaver 三元组(乘法三元组)是其中代表性的工作. Beaver 三元组中 $a$ 和 $b$ 是随机数，$c = ab$. 以上述 BGW 协议中乘法门的优化为例, 参与者分别拥有 $a$, $b$ 和 $c$ 的秘密分享份额, 记作 $[a]_i$、$[b]_i$ 和 $[c]_i$, 希望计算 $\omega_3 = \omega_1\omega_2$. 各参与方本地计算 $c = \omega_1 - [a]_i$ 和 $d = \omega_2 - [b]_i$ 并公开, 这里 $[a]_i$，$[b]_i$ 防止了输入的泄露. 注意到 $\omega_3 = \omega_1\omega_2 = (\omega_1 - [a]_i + [a]_i)(\omega_1 - [b]_i + [b]_i) = dc + d[b]_i + [a]_i c + [a]_i[b]_i$，由于 $c$ 和 $d$ 已公开, $[a]_i[b]_i = [c]_i$, 因此参与方可本地计算输出秘密份额.

4. 混淆电路安全性

在半诚实攻击者模型下，基于模拟(simulation)的证明方法，Y. Lindell 和 B. Pinkas 证明了姚氏安全两方计算协议的安全性[134]. 由于恶意攻击者可能以任意的恶意行为随意偏离协议，例如，姚期智先生提出的安全两方计算协议中没有对混淆电路构造的正确性进行验证，恶意的混淆者可能构造错误的混淆表，影响计算的隐私性和正确性等安全属性[174]. 基于分割-选择(cut-and-choose)方法，2007 年，Y. Lindell 和 B. Pinkas 提出了恶意攻击者模型下的安全两方计算协议[133]，具有较高的效率.

如图 5.11 所示，首先，混淆者根据原始电路，生成 $s$ 个混淆电路脚本，并对混淆表中真值与标签的对应关系做出承诺. 其次，计算者随机选择 $s/2$ 的混淆电路脚本，要求混淆者打开承诺，对这一半的混淆电路脚本构造的正确性进行检查. 最后，如果计算者的检查全部通过，可以说明剩下的混淆电路脚本有大概率是构造正确的. 未用于检查的混淆电路脚本将用于计算者的计算，得到电路输出. 近年来，基于姚期智先生提出的混淆电路技术，利用分割-选择方法，不少安全计算协议在常数轮内实现了在恶意模型下安全两方计算协议的安全. 由于参与方需要构造多个电路脚本，使用分割-选择方法势必对安全多方计算协议的实现效率产生影响.

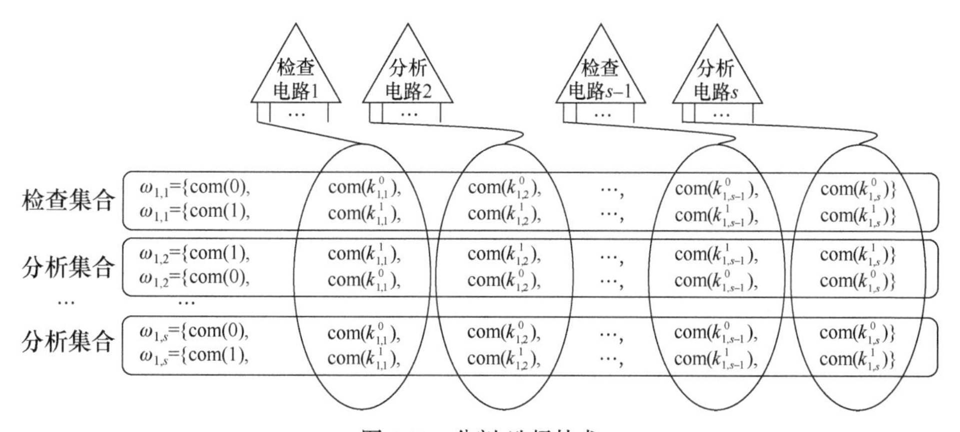


图 5.11 分割-选择技术

除了分割-选择方法之外，零知识证明也是一种将半诚实模型下安全协议转化成恶意敌手模型下安全协议的重要方法. 在此方式中，零知识证明被用作执行每一步的附加协议，证明参与方正确执行了协议. 在 GMW 编译器中，输入是任意一个可抵御半诚实攻击者的 SMPC 协议，编译器会生成一个功能函数完全相同的新协议，能够抵抗恶意攻击者的攻击. R. Bendlin 等提出 BDOZ 可认证秘密分享[24]，利用一次性消息认证码证实各个参与方的秘密份额. I.

Damgård 等提出 SPDZ 可认证秘密分享[68], 在 BDOZ 可验证秘密分享基础上进一步优化, 设置了一个全局消息认证码密钥, 参与方分别持有消息认证码密钥的加法份额, 将存储复杂度降为常数级. X. Wang 等提出可认证混淆电路[173], 结合可认证秘密分享和 Beaver 三元组技术, 为每根导线随机生成 BDOZ 可认证秘密分享的标识比特份额, 为每个与门生成满足 BDOZ 可认证秘密分享的 Beaver 三元组. 在混淆者作恶的时候, 这种方法可以确保计算者总能计算出标识比特.

### 5.8.3 不经意传输

不经意传输(oblivious transfer, OT)是一种基本的两方密码协议[112]. Alice 拥有 $n$ 个秘密, Bob 希望获得其中 $k$ 个秘密. 协议结束后, Bob 得到自己选择的 $k$ 个秘密但对其他秘密一无所知, Alice 不知道 Bob 得到了哪 $k$ 个秘密[124]. 不经意传输是实现安全多方计算协议的一种基础性密码原语[16]. 如图 5.12 所示, 2 选 1 的 OT 协议实现接收方从发送方的两个秘密中选择一个. 假设发送方持有 $\alpha_0$, $\alpha_1$ 两个比特串, 接收方持有一个比特 $b\in\{0,1\}$, 在经过交互之后, 接收方只获得发送方的一个输入 $\alpha_b$, 而发送方不知道任何关于接收方的输入的信息[81]. OT 技术在安全多方计算中广泛使用, 例如在上述基于混淆电路的安全多方计算中[116], 可以让计算者获得对应其输入的密钥, 再结合收到的混淆者的输入对应密钥, 计算者可以对混淆电路进行计算.

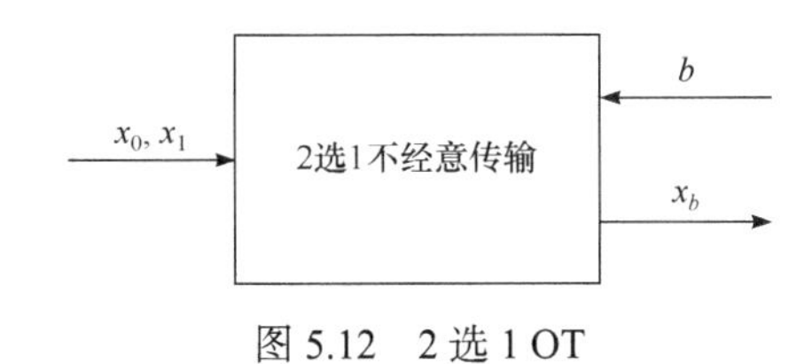


图 5.12 2 选 1 OT

下面介绍 D. Evans、V. Kolesnikov 和 M. Rosulek 给出的基于公钥加密的不经意传输. 发送方 $P_1$ 的输入为秘密值 $x_0, x_1\in\{0,1\}^n$, 接收方 $P_2$ 的输入为选择比特 $\sigma\in\{0,1\}$. 协议执行包括以下三步.

(1) 接收方 $P_2$ 生成公私钥对 $(sk, pk)$, 并在公钥空间中随机采用另一个公钥 $pk'$. 若 $\sigma=0$, 将 $(pk, pk')$ 发送给 $P_1$. 若 $\sigma=1$, 将 $(pk', pk)$ 发送给 $P_1$.

(2) $P_1$ 根据两个公钥 $(pk_0, pk_1)$, 分别计算密文 $(c_0, c_1)=(\mathrm{ENC}_{pk_0}(x_0),$ $\mathrm{ENC}_{pk_1}(x_1))$, 并发送给 $P_2$.

(3) $P_2$ 收到密文 $(c_0, c_1)$ 后使用 $sk$ 解密 $c_\sigma$.

上述方案在半诚实攻击者模型下是安全的, 发送方无法获取公钥对应的私钥, 因此发送方无法以超过 $1/2$ 的概率预测接收方拥有哪个公钥对应的私钥. 但协议无法抵御恶意攻击者, 恶意接收方可以生成两个公私钥对, 并将两个公钥发送给发送方, 从而可以解密两个密文. 考虑完全模拟安全性, 即两个参与方分别被恶意攻击者腐化时均能实现模拟, Y. Lindell 和 B. Pinkas 将分割-选择方法运用到不经意传输的构造.

下面对不经意传输的研究进行简要概述. G. Brassard、C. Crépeau 和 M. Santha 给出 $n$ 选 1 OT 方案[38]. 通过调用 $n$ 次 2 选 1 的不经意传输协议, 实现将发送方的输入增加至 $n$ 个秘密, 并进一步改进为 $\log_2 n$ 次 2 选 1 的 OT 调用. 针对隐私数据检索应用, Y. Gertner 等在 2000 年提出了一种分布式 $n$ 选 1 OT 方案. 2004 年, W. G. Tzeng 基于 DDH 假设实现能够抵抗恶意接收者的 $n$ 选 1 OT 方案. 2007 年, J. Camenisch 等分别基于特殊的盲签名和 Boneh-Boyen 签名实现两种 $n$ 选 1 OT 方案, 并支持 $k$ 个数据依次接收.

$n$ 选 $k$ 的 OT 概念由 M. Bellare 和 S. Micali 在 1989 年提出[19]. 构造 $n$ 选 $k$ 的 OT 最直接的方式是通过多次使用 2 选 1 的 OT, 但是会严重影响到实现效率. 1999 年, M. Naor 和 B. Pinkas 在 2 选 1 不经意传输协议的基础上, 提出了 $n$ 选 $k$ 的不经意传输协议并支持不经意多项式计算[148]. 2001 年, M. Naor 和 B. Pinkas 提出了通用的 $n$ 选 $k$ 不经意传输协议[149], 是后续相关研究的重要基础. W. G. Tzeng[169]后续提出了在恶意攻击者模型和隐蔽攻击者模型下 $n$ 选 $k$ 不经意传输的通用构造, 该构造采用一种特殊的平滑投影哈希函数, 应用分割-选择来保证满足完全模拟安全性. F. Guo、Y. Mu 和 W. Susilo 提出子集成员加密的密码学概念[105], 用子集成员加密给出了一种 $n$ 选 $k$ 的 OT 协议, 该协议需两轮, 在半诚实攻击者模型下安全.

1996 年, D. Beaver 提出 OT 扩展(OT extension, OTE)协议, 参与双方需多次执行 OT 协议时, 只需要执行将少量(根据安全参数大小)的 OT 实例与对称密钥原语(如伪随机数生成器、伪随机函数等)结合, 即可完成多次 OT 密码学协议[171]. D. Beaver 协议基于混淆电路实现了伪随机数生成器, 协议效率较低, 无法实际应用. 2003 年, Y. Ishai、J. Kilian 和 K. Nissim 等[111]使用随机谕言机对基础 OT 协议交换的短种子信息进行扩展, 提出了一种半诚实敌手模型下高效的 OTE 协议, 记为 IKNP 协议.

IKNP 协议发送方有 $m$ 对消息 $(x_j^0, x_j^i) \in \{0,1\}^\ell$, 其中 $1 \leqslant j \leqslant m$. 接收方对于 $m$ 对消息有选择比特向量 $\boldsymbol{r} = (r_1, \cdots, r_m)$. 协议的公共参数包括安全参数 $\kappa$ $(m > \kappa)$、哈希函数 $H: \{m\}^k \to \{0,1\}^\ell$、伪随机数生成器 $G: \{0,1\}^k \to \{0,1\}^m$ 和一个理想的执行 $\kappa$ 次关于 $\kappa$ 比特字符串的 2 选 1 的 OT 原语 $\mathrm{OT}_\kappa^\kappa$.

IKNP 协议主要包括基础 OT、OT 扩展和输出三个阶段. 下面对协议进行简要介绍.

(1) 基础 OT 阶段.

① 发送方初始化随机向量 $\boldsymbol{s}=(s_1,\cdots,s_k)\in\{0,1\}^k$，接收方选择 $\kappa$ 对长度为 $\kappa$ 的种子 $c_i^0$ 和 $c_i^1$.

② 发送方和接收方执行 $\mathrm{OT}_\kappa^\kappa$ 原语，发送方作为 $\mathrm{OT}_\kappa^\kappa$ 原语的接收方输入 $\boldsymbol{s}$，接收方作为 $\mathrm{OT}_\kappa^\kappa$ 原语的发送方输入 $(c_i^0,c_i^1)$，$1\leqslant i\leqslant\kappa$.

③ 接收方生成矩阵 $\boldsymbol{T}$ 和 $\boldsymbol{U}$. 对于 $1\leqslant i\leqslant\kappa$, 伪随机数生成器生成 $\boldsymbol{t}^i=G(\boldsymbol{c}_i^0)$. $\boldsymbol{T}=[\boldsymbol{t}^1|\cdots|\boldsymbol{t}^\kappa]$ 为 $m\times k$ 的比特矩阵，$\boldsymbol{t}^i$ 为第 $i$ 列，$\boldsymbol{t}_j$ 表示第 $j$ 列，$1\leqslant j\leqslant m$. $\boldsymbol{T}=[\boldsymbol{u}^1|\cdots|\boldsymbol{u}^\kappa]=[\boldsymbol{t}^1\oplus r|\cdots|\boldsymbol{t}^\kappa\oplus r]$ 表示根据矩阵 $\boldsymbol{T}$ 生成的 $m\times k$ 的比特矩阵，其中 $\boldsymbol{u}^i$ 为第 $i$ 列.

(2) OT 扩展阶段.

① 接收方通过伪随机数生成器计算生成 $\boldsymbol{t}^i=G(\boldsymbol{c}_i^0)$ 和 $\boldsymbol{u}^i=\boldsymbol{t}^i\oplus G(\boldsymbol{c}_i^0)\oplus\boldsymbol{r}$，发送 $\boldsymbol{u}^i$ 给发送方, 其中 $1\leqslant i\leqslant\kappa$.

② 对于所有 $1\leqslant i\leqslant\kappa$，发送方定义 $\boldsymbol{q}^i=(s_i\cdot\boldsymbol{u}^i)\oplus G(\boldsymbol{c}_i^0)$，此时，$\boldsymbol{q}^i=s_i\cdot\boldsymbol{r}\oplus\boldsymbol{t}^i$ 并且 $\boldsymbol{q}_j=(r_i\cdot\boldsymbol{s})\oplus\boldsymbol{t}_j$.

(3) 输出阶段.

①发送方发送 $(y_j^0,y_j^i)$，$1\leqslant j\leqslant m$, 其中 $y_j^0=x_j^0\oplus H(j,\boldsymbol{q}_j)$，$y_j^1=x_j^1\oplus H(j,\boldsymbol{q}_j\oplus\boldsymbol{s})$.

② 接收方对于 $1\leqslant j\leqslant m$ 计算 $x_j^1=y_j^1\oplus H(j,\boldsymbol{t}_j)$，接收方输出 $(x_j^{r_1},\cdots,x_j^{r_m})$.

在恶意敌手模型下, IKNP 协议主要考虑接收方计算 $\boldsymbol{u}^i$ 时使用不同 $\boldsymbol{r}$ 发送给发送方, 进而提取发送方选择的向量 $\boldsymbol{s}$, 从而解密秘密消息. 因此常基于分割-选择方法检测 $\boldsymbol{r}$ 一致性.

后续学术界对于 IKNP 协议进行了进一步优化, IKNP 类协议基于伪随机数生成器实现扩展, 具有线性计算复杂度和通信复杂度. OT 扩展协议的另一类构造方式基于伪随机相关生成器(pseudorandom correlation generators, PCG)，利用带噪声学习奇偶校验(learning parity with noise, LPN)问题中噪声的稀疏性实现扩展, 具有亚线性通信复杂度和线性计算复杂度, 计算速度慢于 IKNP 类.

2022 年, V. K. Yadav、N. Andola 和 S. Verma 对于 OT 的研究工作进行了详细综述[177], 高莹等对 OT 的分类和一些常见的变体进行了总结[183], 同时半诚实敌手和恶意敌手模型下分别对 OT 和 OTE 协议进行了梳理, 感兴趣的读者可参阅原文献.

### 5.8.4 同态加密

同态加密(homomorphic encryption, HE)提供了一种替代混淆电路进行安全计算函数的方法. 同态加密最早由 R. L. Rivest、L. Adleman 和 M. L. Dertouzos 在 1978 年首次提出[157], 当时称作秘密同态(privacy homomorphism), 它的目标是允许任何计算者在不提前解密的情况下对加密数据进行操作. 计算者可以直接对密文进行操作[68], 得到想要计算的结果, 起到隐私保护的作用[65]. 同态加密的概念提出以后, 一直被密码学界誉为“密码学圣杯”, 很多研究者开始致力于同态加密的研究. 根据允许对加密数据进行操作的次数, 现有同态加密方案都可以分为三类.

(1) 部分同态加密(partially homomorphic encryption, PHE)只允许一种类型的操作无限次. 代表性研究包括乘法同态的 RSA 加密和 ElGamal 加密等及加法同态的 Paillier 加密方案等.

(2) 略同态加密(somewhat homomorphic encryption, SWHE)允许某些类型操作有限次数. 基于子群判定性问题(subgroup decision problem), D. Boneh, E. J. Goh 和 K. Nissim 于 2005 年提出的 BGN 方案支持任意次加法和一次乘法的同态运算[36].

(3) 全同态加密(fully homomorphic encryption, FHE)允许不限类型、不限次数的同态运算.

同态加密概念引入三十年后, C. Gentry 提出了第一个具体的全同态加密方案, 是有关同态加密研究的突破性进展[91]. C. Gentry 提出的方案不仅给出了具体的全同态加密方案, 还给出了一种全同态加密方案的通用框架[93]. 在 C. Gentry 的工作之后, 许多研究人员尝试设计更加安全实用的全同态加密方案. C. Gentry 的方案是从基于理想格的类同态加密方案开始的. 类同态加密方案对某些运算只能进行有限数量的同态操作[92]. 达到某个阈值之后, 解密函数无法从密文中正确恢复消息. 必须减少密文中的噪声量才能将有噪声的密文转换为正确的密文[89]. C. Gentry 使用了压缩(squashing)和自举(bootstrapping)方法, 以便对密文执行更多同态操作. 这个过程可以一次又一次地重复, 从而支持在密文上不限次数的同态操作, 使类同态加密方案成为全同态加密[90].

近年来, 众多学者对全同态加密方案进行了三次大的改进, 优化了时间复杂度. 第一代改进版基于理想格和整数的最大公约数问题实现. 第二代改进版基于容错学习(learning with errors, LWE)和环容错学习(ring learning with error, RLWE)问题实现, 研究了减少模数、重复线性化和减缓噪声增长等技术. 第三代改进版基于 LWE 和近似特征值问题, 如 C. Gentry, A. Sahai, B.Waters 提出的 GSW 方案[184]. LWE 问题中的输入是矩阵 $\boldsymbol{a}$ 和向量 $\boldsymbol{b}$, $\boldsymbol{b}=\langle \boldsymbol{a},\boldsymbol{s}\rangle+\boldsymbol{e}$, 其中 $\boldsymbol{a}\in\mathbb{Z}_q^{m\times n}$ 和 $\boldsymbol{s}\in\mathbb{Z}_q^n$ 是

服从均匀分布的随机选择, 搅动变量 $\boldsymbol{e}$ 在 $\mathbb{Z}_q^m$ 中服从范数比较小的分布, 判定版本的 LWE 问题是指, 给定矩阵 $\boldsymbol{a}$, 区分 LME 实例中的 $\boldsymbol{b}$ 和在 $\mathbb{Z}_q^m$ 均匀随机选择的向量 $\boldsymbol{b}$. 计算版本的 LME 要求恢复 $\boldsymbol{s}$.

下面简要介绍 GSW 方案的思路.

(1) 参数与密钥生成算法: LWE 问题的样本为 $\langle \boldsymbol{a}, \boldsymbol{b} = \langle \boldsymbol{a}, \boldsymbol{s} \rangle + \boldsymbol{e} \rangle$, 公钥为 $\boldsymbol{A} = (\boldsymbol{a}, \boldsymbol{b})$, 私钥为 $\boldsymbol{s}' = (-\boldsymbol{s}, 1)$, 那么存在 $\boldsymbol{s}'\boldsymbol{A} = \boldsymbol{e} \approx \boldsymbol{0}$.

(2) 消息加密算法: 消息 $m \in \mathbb{F}_2$ 加密后的密文为 $\boldsymbol{C} = \boldsymbol{A}\boldsymbol{R} + m\boldsymbol{G}$, 其中 $\boldsymbol{R}$ 是 $\mathbb{F}_2$ 域上的随机矩阵, $\boldsymbol{G}$ 表示块对角矩阵.

(3) 消息解密算法: 解密计算 $\boldsymbol{s}'\boldsymbol{C} = \boldsymbol{s}'\boldsymbol{A}\boldsymbol{R} + m\boldsymbol{s}'\boldsymbol{G}$, 当 $\boldsymbol{s}'\boldsymbol{A} \approx 0$ 且 $\boldsymbol{R}$ 较小时, 则有 $\boldsymbol{s}'\boldsymbol{A}\boldsymbol{R} \approx \boldsymbol{0}$. 因此 $\boldsymbol{s}'\boldsymbol{C} \approx m\boldsymbol{s}'\boldsymbol{G}$, 可根据私钥 $\boldsymbol{s}'$ 获得明文.

GSW 方案的加法同态性方面, 对于使用相同密钥加密的两个密文 $\boldsymbol{C}_1 = \boldsymbol{A}\boldsymbol{R}_1 + m_1\boldsymbol{G}$ 和 $\boldsymbol{C}_2 = \boldsymbol{A}\boldsymbol{R}_2 + m_2\boldsymbol{G}$, 可以发现满足以下关系.

$$\boldsymbol{s}'(\boldsymbol{C}_1 + \boldsymbol{C}_2) = \boldsymbol{s}'\boldsymbol{A}\boldsymbol{R}_1 + m_1\boldsymbol{s}'\boldsymbol{G} + \boldsymbol{s}'\boldsymbol{A}\boldsymbol{R}_2 + m_2\boldsymbol{s}'\boldsymbol{G} \approx (m_1 + m_2)\boldsymbol{s}'\boldsymbol{G}$$

GSW 方案的乘法同态性方面, 对于密文乘法, 定义非对称乘法规则如下

$$\boldsymbol{s}'\boldsymbol{C}^* = \boldsymbol{s}'\left(\boldsymbol{C}_1\boldsymbol{G}^{-1}(\boldsymbol{C}_2)\right) \approx m_1\boldsymbol{s}'\boldsymbol{G} \cdot m_2 = (m_1 \cdot m_2)\boldsymbol{s}'\boldsymbol{G}$$

因此 $\boldsymbol{C}_1\boldsymbol{G}^{-1}(\boldsymbol{C}_2)$ 的结果为对应明文 $m_1$ 和 $m_2$ 乘积的密文.

A. Acar、H. Aksu 和 A. S. Uluagac 等在 2018 年对同态加密进行了综述[1], 感兴趣读者可以查阅. 在开源实现方面, 全同态库的公开实现主要包括 HElib、libScarab、FHEW、TFHE 和 SEAL 等.

### 5.8.5　安全多方计算与区块链

区块链与安全多方计算相互影响, 区块链公开验证、可追溯等特点可有效提升安全多方计算公平性, 同时减少数据交互通信开销和存储开销等. 安全多方计算也可以为区块链提供隐私保护, 为区块链解决应用中数据安全、智能合约隐私等问题.

安全多方计算技术对提升智能合约的安全性有重要意义. 一种典型的应用场景如下, 首先将智能合约的代码转换为安全多方计算可以处理的函数; 各参与方通过交易单的方式将合约所需要的输入按安全多方计算协议提供的方法处理后广播; 区块链系统的记账节点收到所有的输入后按照安全多方计算协议提供的方法输出结果, 并记录到区块链中. 以上应用可以保护各方输入和合约本身, 支持互不信任的各方完成合约.

C. Gentry、S. Halevi 和 H. Krawczyk 等[88]提出 YOSO(you only speak once)模型, 节点拥有私有数据并被选中执行安全多方计算子任务[26]. 如果足够多地选定

玩家是诚实的，则安全多方计算是安全的. 为了防止攻击者腐化，这些参与方的选择是不可预测的. 每个安全多方计算子任务包括计算和发送一条消息，之后它们删除与它们相关的私有状态. A. Kosba、A. Miller 和 E. Shi 等提出的 Hawk 方案[126]是一种可以支持私有数据的区块链架构. 它使用受信任的管理器处理私有数据，并使用受信任的硬件实现. 可信环境可以通过安全多方计算实现. G. Zyskind 和 O. Nathan 提出的 Enigma 系统使用安全多方计算协议实现对区块链上私有数据的支持，并使用链下安全多方计算协议对共享数据进行计算.

在区块链和安全多方计算的相互作用研究方面，有研究者提出使用区块链实现安全多方计算的公平性或将安全多方计算直接连接到金融系统中. A. R. Choudhuri、V. Goyal 和 A. Jain 利用区块链融合安全多方计算模型[62]，解决了安全多方计算并发可组合性等问题. 2021 年，V. Goyal、E. Masserova 和 B. Parno 等提出使用区块链实现非交互式安全多方计算[104]. 每个提供输入但不希望接收输出的 SMPC 参与者可以在第一轮之后下线，参与者不需要相互通信.

## 参 考 文 献


[1] Acar A, Aksu H, Uluagac A S, et al. A survey on homomorphic encryption schemes: Theory and implementation. ACM Computing Surveys, 2018, 51(4): 1-35.

[2] Alhaddad N, Varia M, Zhang H. High-threshold AVSS with optimal communication complexity. International Conference on Financial Cryptography and Data Security. Berlin, Heidelberg: Springer, 2021: 479-498.

[3] Alkim E, Ducas L, Pöppelmann T, et al. Post-quantum key exchange: A new hope. USENIX Security Symposium. Bekeley, CA: USENIX Association, 2016: 327-343.

[4] Androulaki E, Karame G O, Roeschlin M, et al. Evaluating user privacy in bitcoin. International Conference on Financial Cryptography and Data Security. Berlin, Heidelberg: Springer, 2013: 34-51.

[5] Arora S, Safra S. Probabilistic checking of proofs: A new characterization of NP. Journal of the ACM, 1998, 45(1): 70-122.

[6] Asokan N, Schunter M, Waidner M. Optimistic protocols for fair exchange. ACM Conference on Computer and Communications Security. New York: ACM Press, 1997: 7-17.

[7] Asokan N, Shoup V, Waidner M. Asynchronous protocols for optimistic fair exchange. IEEE Symposium on Security and Privacy. Los Alamitos: IEEE Computer Society, 1998: 86-99.

[8] Asokan N. Fairness in electronic commerce. PhD Thesis. Waterloo: University of Waterloo, 1988.

[9] Aumann Y, Lindell Y. Security against covert adversaries: Efficient protocols for realistic adversaries. Journal of Cryptology, 2010, 23(2): 281-343.

[10] Babai L, Fortnow L, Levin L A, et al. Checking computations in polylogarithmic time. Annual ACM Symposium on Theory of Computing. New York: ACM Press, 1991: 21-32.

[11] Ball M, Malkin T, Rosulek M. Garbling gadgets for boolean and arithmetic circuits. ACM SIGSAC Conference on Computer and Communications Security. New York: ACM Press, 2016: 565-577.

[12] Barber S, Boyen X, Shi E, et al. Bitter to better: Tow to make bitcoin a better currency. International Conference on Financial Cryptography and Data Security. Berlin, Heidelberg: Springer, 2012: 399-414.

[13] Baron J, Defrawy K E, Lampkins J, et al. Communication-optimal proactive secret sharing for dynamic groups. International Conference on Applied Cryptography and Network Security. Cham: Springer, 2015: 23-41.

[14] Baron J, El Defrawy K, Lampkins J, et al. How to withstand mobile virus attacks, revisited. ACM Symposium on Principles of Distributed Computing. New York: ACM Press, 2014: 293-302.

[15] Basu S, Tomescu A, Abraham I, et al. Efficient verifiable secret sharing with share recovery in BFT protocols. ACM SIGSAC Conference on Computer and Communications Security. New York: ACM Press, 2019: 2387-2402.

[16] Beaver D. Correlated pseudorandomness and the complexity of private computations. Annual ACM Symposium on Theory of Computing. New York: ACM Press, 1996: 479-488.

[17] Beaver D, Micali S, Rogaway P. The round complexity of secure protocols. Annual ACM Symposium on Theory of Computing. New York: ACM Press, 1990: 503-513.

[18] Bellare M, Hoang V T, Keelveedhi S, et al. Efficient garbling from a fixed-key blockcipher. IEEE Symposium on Security and Privacy. Los Alamitos: IEEE Computer Society, 2013: 478-492.

[19] Bellare M, Micali S. Non-interactive oblivious transfer and applications. Conference on the Theory and Application of Cryptology. New York: Springer, 1989: 547-557.

[20] Bellare M, Pointcheval D, Rogaway P. Authenticated key exchange secure against dictionary attacks. International Conference on the Theory and Applications of Cryptographic Techniques. Berlin, Heidelberg: Springer, 2000: 139-155.

[21] Bellare M, Rogaway P. Entity authentication and key distribution. Annual International Cryptology Conference. Berlin, Heidelberg: Springer, 1993: 232-249.

[22] Bellare M, Rogaway P. Random oracles are practical: A paradigm for designing efficient protocols. ACM Conference on Computer and Communications Security. New York: ACM Press, 1993: 62-73.

[23] Ben-David A, Nisan N, Pinkas B. FairplayMP: A system for secure multi-party computation. ACM Conference on Computer and Communications Security. New York: ACM Press, 2008: 257-266.

[24] Bendlin R, Damgård I, Orlandi C, et al. Semi-homomorphic encryption and multiparty computation. Annual International Conference on the Theory and Applications of Cryptographic Techniques. Berlin, Heidelberg: Springer, 2011: 169-188.

[25] Benhamouda F, Gentry C, Gorbunov S, et al. Can a public blockchain keep a secret? Theory of Cryptography Conference. Cham: Springer, 2020: 260-290.

[26] Benhamouda F, Halevi S, Krawczyk H, et al. Threshold cryptography as a service (in the multiserver and YOSO models). ACM SIGSAC Conference on Computer and Communications Security. New York: ACM Press, 2022: 323-336.

[27] Ben-Or M, Canetti R, Goldreich O. Asynchronous secure computation. Annual ACM Symposium on Theory of Computing. New York: ACM Press, 1993: 52-61.

[28] Ben-Or M, Goldwasser S, Wigderson A. Completeness theorems for non-cryptographic fault-tolerant distributed computations. Annual Symposium on the Theory of Computing. Cham:

Springer, 1988: 1-10.

[29] Ben-Sasson E, Chiesa A, Tromer E, et al. Succinct non-interactive zero knowledge for a von neumann architecture. USENIX Security Symposium. Berkeley, CA: USENIX Association, 2014: 781-796.

[30] Bhat A, Shrestha N, Luo Z, et al. Randpiper-reconfiguration-friendly random beacons with quadratic communication. ACM SIGSAC Conference on Computer and Communications Security. New York: ACM Press, 2021: 3502-3524.

[31] Blakley G R. Safeguarding cryptographic keys. AFIPS National Computer Conference. Los Alamitos: IEEE Computer Society, 1979: 313-317.

[32] Blum M, Feldman P, Micali S. Non-interactive zero-knowledge and its applications. Annual ACM Symposium on Theory of Computing. New York: ACM Press, 1988: 103-112.

[33] Boneh D, Drake J, Fisch B, et al. Efficient polynomial commitment schemes for multiple points and polynomials. Cryptology ePrint Archive Paper 2020/081. 2020. https://eprint.iacr.org/2020/081. 访问日期 2022 年 9 月 20 日.

[34] Boneh D, Franklin M. Efficient generation of shared RSA keys. Annual International Cryptology Conference. Berlin, Heidelberg: Springer, 1997: 425-439.

[35] Boneh D, Gentry C, Gorbunov S, et al. Fully key-homomorphic encryption, arithmetic circuit ABE and compact garbled circuits. Annual International Conference on the Theory and Applications of Cryptographic Techniques. Berlin, Heidelberg: Springer, 2014: 533-556.

[36] Boneh D, Goh E J, Nissim K. Evaluating 2-DNF formulas on ciphertexts. Theory of Cryptography Conference. Berlin, Heidelberg: Springer, 2005: 325-341.

[37] Bos J W, Costello C, Naehrig M, et al. Post-quantum key exchange for the TLS protocol from the ring learning with errors problem. IEEE Symposium on Security and Privacy. Los Alamitos: IEEE Computer Society, 2015: 553-570.

[38] Brassard G, Crépeau C, Santha M. Oblivious transfers and intersecting codes. IEEE Transactions on Information Theory, 1996, 42(6): 1769-1780.

[39] Bünz B, Bootle J, Boneh D, et al. Bulletproofs: Short proofs for confidential transactions and more. IEEE Symposium on Security and Privacy. Los Alamitos: IEEE Computer Society, 2018: 315-334.

[40] Bünz B, Fisch B, Szepieniec A. Transparent SNARKs from DARK compilers. Annual International Conference on the Theory and Applications of Cryptographic Techniques. Cham: Springer, 2020: 677-706.

[41] Burkhart M, Strasser M, Many D, et al. SEPIA: Privacy-preserving aggregation of multi-domain network events and statistics. USENIX Security Symposium. Berkeley, CA: USENIX Association, 2010: 1-15.

[42] Cachin C, Kursawe K, Lysyanskaya A, et al. Asynchronous verifiable secret sharing and proactive cryptosystems. ACM Conference on Computer and Communications Security. New York: ACM Press, 2002: 88-97.

[43] Campanelli M, Fiore D, Greco N, et al. Incrementally aggregatable vector commitments and applications to verifiable decentralized storage. International Conference on the Theory and Application of Cryptology and Information Security. Cham: Springer, 2020: 3-35.

[44] Campanelli M, Fiore D, Han S, et al. Succinct zero-knowledge batch proofs for set accumulators. ACM SIGSAC Conference on Computer and Communications Security. New York: ACM Press, 2022: 455-469.
[45] Campanelli M, Gennaro R, Goldfeder S, et al. Zero-knowledge contingent payments revisited: attacks and payments for services. ACM SIGSAC Conference on Computer and Communications Security. New York: ACM Press, 2017: 229-243.
[46] Canetti R, Cohen A, Lindell Y. A simpler variant of universally composable security for standard multiparty computation. Annual Cryptology Conference. Berlin, Heidelberg: Springer, 2015: 3-22.
[47] Canetti R, Herzberg A. Maintaining security in the presence of transient faults. Annual International Cryptology Conference. Berlin, Heidelberg: Springer, 1994: 425-438.
[48] Canetti R, Jain A, Scafuro A. Practical UC security with a global random oracle. ACM SIGSAC Conference on Computer and Communications Security. New York: ACM Press, 2014: 597-608.
[49] Canetti R, Krawczyk H. Analysis of key-exchange protocols and their use for building secure channels. International Conference on the Theory and Applications of Cryptographic Techniques. Berlin, Heidelberg: Springer, 2001: 453-474.
[50] Canetti R, Rabin T. Fast asynchronous Byzantine agreement with optimal resilience. Annual ACM Symposium on Theory of Computing, 1993: 42-51.
[51] Canetti R. Universally composable security: A new paradigm for cryptographic protocols. IEEE Symposium on Foundations of Computer Science. Los Alamitos: IEEE Computer Society, 2001: 136-145.
[52] Cascudo I, David B. SCRAPE: Scalable randomness attested by public entities. International Conference on Applied Cryptography and Network Security. Cham: Springer, 2017: 537-556.
[53] Cascudo I, David B. Albatross: Publicly attestable batched randomness based on secret sharing. International Conference on the Theory and Application of Cryptology and Information Security. Cham: Springer, 2020: 311-341.
[54] Catalano D, Dodis Y, Visconti I. Mercurial commitments: Minimal assumptions and efficient constructions. Theory of Cryptography Conference. Berlin, Heidelberg: Springer, 2006: 120-144.
[55] Catalano D, Fiore D. Vector commitments and their Applications. International Workshop on Public Key Cryptography. Berlin, Heidelberg: Springer, 2013: 55-72.
[56] Chase M, Healy A, Lysyanskaya A, et al. Mercurial commitments with applications to zero-knowledge sets. Annual International Conference on the Theory and Applications of Cryptographic Techniques. Berlin, Heidelberg: Springer, 2005: 422-439.
[57] Chaum D L, Crépeau C, Damgård I. Multiparty unconditionally secure protocols. Annual ACM Symposium on Theory of Computing. New York: ACM Press, 1988: 11-19.
[58] Chen H, Cramer R. Algebraic geometric secret sharing schemes and secure multi-party computations over small fields. Annual International Cryptology Conference. Berlin, Heidelberg: Springer, 2006: 521-536.
[59] Yao C. How to generate and exchange secrets. Annual Symposium on Foundations of Computer Science. Los Alamitos: IEEE Computer Society, 1986: 162-167.
[60] Chiesa A, Hu Y, Maller M, et al. Marlin: Preprocessing zkSNARKs with universal and updatable

SRS. Annual International Conference on the Theory and Applications of Cryptographic Techniques. Cham: Springer, 2020: 738-768.

[61] Chor B, Goldwasser S, Micali S, et al. Verifiable secret sharing and achieving simultaneity in the presence of faults. Annual Symposium on Foundations of Computer Science. Los Alamitos: IEEE Computer Society, 1985: 383-395.

[62] Choudhuri A R, Goyal V, Jain A. Founding secure computation on blockchains. Annual International Conference on the Theory and Applications of Cryptographic Techniques. Cham: Springer, 2019: 351-380.

[63] Conti M, Kumar E S, Lal C, et al. A survey on security and privacy issues of bitcoin. IEEE Communications Surveys & Tutorials, 2018, 20(4): 3416-3452.

[64] Cramer R, Damgård I, Maurer U. General secure multi-party computation from any linear secret-sharing scheme. International Conference on the Theory and Applications of Cryptographic Techniques. Berlin, Heidelberg: Springer, 2000: 316-334.

[65] Cramer R, Damgård I, Nielsen J B. Multiparty computation from threshold homomorphic encryption. International Conference on the Theory and Applications of Cryptographic Techniques. Berlin, Heidelberg: Springer, 2001: 280-300.

[66] Cramer R, Damgård I, Schoenmakers B. Proofs of partial knowledge and simplified design of witness hiding protocols. Annual International Cryptology Conference. Berlin, Heidelberg: Springer, 1994: 174-187.

[67] Damgård I, Geisler M, Krøigaard M, et al. Asynchronous multiparty computation: Theory and implementation. International Workshop on Public Key Cryptography. Berlin, Heidelberg: Springer, 2009: 160-179.

[68] Damgård I, Pastro V, Smart N, et al. Multiparty computation from somewhat homomorphic encryption. Annual Cryptology Conference. Berlin, Heidelberg: Springer, 2012: 643-662.

[69] Damgård I, Zakarias S. Constant-overhead secure computation of Boolean circuits using preprocessing. Theory of Cryptography Conference. Berlin, Heidelberg: Springer, 2013: 621-641.

[70] Damgård I. On Σ Protocols. 2002. http://www.daimi.au.dk/~ivan/Sigma.pdf. 引用日期 2022 年 9 月 20 日.

[71] Danezis G, Fournet C, Kohlweiss M, et al. Pinocchio coin: Building zerocoin from a succinct pairing-based proof system. ACM workshop on Language Support for Privacy-Enhancing Technologies. New York: ACM Press, 2013: 27-30.

[72] Das S, Krishnan V, Isaac I M, et al. Spurt: Scalable distributed randomness beacon with transparent setup. IEEE Symposium on Security and Privacy. Los Alamitos: IEEE Computer Society, 2022: 2502-2517.

[73] Das S, Xiang Z, Ren L. Asynchronous data dissemination and its applications. ACM SIGSAC Conference on Computer and Communications Security, 2021: 2705-2721.

[74] Das S, Yurek T, Xiang Z, et al. Practical asynchronous distributed key generation. IEEE Symposium on Security and Privacy. Los Alamitos: IEEE Computer Society, 2022: 2518-2534.

[75] David B, Gaži P, Kiayias A, et al. Ouroboros praos: An adaptively-secure, semi-synchronous proof-of-stake blockchain. Annual International Conference on the Theory and Applications of

Cryptographic Techniques. Cham: Springer, 2018: 66-98.
[76] Dierks T, Rescorla E. The transport layer security (TLS) Protocol Version 1.2. RFC 5246, 2008: 1-104.
[77] Dolev S, Eldefrawy K, Lampkins J, et al. Proactive secret sharing with a dishonest majority. International Conference on Security and Cryptography for Networks. Cham: Springer, 2008: 529-548.
[78] Dziembowski S, Eckey L, Faust S. Fairswap: How to fairly exchange digital goods. ACM SIGSAC Conference on Computer and Communications Security. New York: ACM Press, 2018: 967-984.
[79] Eldefrawy K, Lepoint T, Leroux A. Communication-efficient proactive secret sharing for dynamic groups with dishonest majorities. International Conference on Applied Cryptography and Network Security. Cham: Springer, 2020: 3-23.
[80] Evans D, Kolesnikov V, Rosulek M. A pragmatic introduction to secure multi-party computation. Foundations and Trends® in Privacy and Security, 2018: 2(2/3): 70-246.
[81] Even S, Goldreich O, Lempel A. A randomized protocol for signing contracts. Communications of the ACM, 1985, 28(6): 637-647.
[82] Feldman P. A practical scheme for non-interactive verifiable secret sharing. Annual Symposium on Foundations of Computer Science. Los Alamitos: IEEE Computer Society, 1987: 427-438.
[83] Fujisaki E, Okamoto T. A practical and provably secure scheme for publicly verifiable secret sharing and its applications. International Conference on the Theory and Applications of Cryptographic Techniques. Berlin, Heidelberg: Springer, 1998: 32-46.
[84] Gabizon A, Williamson Z J, Ciobotaru O. Plonk: Permutations over lagrange-bases for oecumenical noninteractive arguments of knowledge. Cryptology ePrint Archive, 2019: https://eprint.iacr.org/2019/953. 访问日期 2022 年 9 月 20 日.
[85] Gennaro R, Jarecki S, Krawczyk H, et al. Secure distributed key generation for discrete-log based cryptosystems. International Conference on the Theory and Applications of Cryptographic Techniques. Berlin, Heidelberg: Springer, 1999: 295-310.
[86] Gennaro R, Jarecki S, Krawczyk H, et al. Secure distributed key generation for discrete-log based cryptosystems. Journal of Cryptology, 2007, 20(1): 51-83.
[87] Gennaro R, Gentry C, Parno B, et al. Quadratic span programs and succinct NIZKs without PCPs. Annual International Conference on the Theory and Applications of Cryptographic Techniques. Berlin, Heidelberg: Springer, 2013: 626-645.
[88] Gentry C, Halevi S, Krawczyk H, et al. YOSO: You Only Speak Once. Annual International Cryptology Conference. Cham: Springer, 2021: 64-93.
[89] Gentry C, Halevi S, Peikert C, et al. Ring switching in BGV-style homomorphic encryption. International Conference on Security and Cryptography for Networks. Berlin, Heidelberg: Springer, 2012: 19-37.
[90] Gentry C, Halevi S. Implementing gentry's fully-homomorphic encryption scheme. Annual International Conference on the Theory and Applications of Cryptographic Techniques. Berlin, Heidelberg: Springer, 2011: 129-148.
[91] Gentry C. Fully homomorphic encryption using ideal lattices. Annual ACM Symposium on Theory of Computing. New York: ACM Press, 2009: 169-178.

[92] Gentry C. Toward basing fully homomorphic encryption on worst-case hardness. Annual Cryptology Conference. Berlin, Heidelberg: Springer, 2010: 116-137.

[93] Gentry C. A fully homomorphic encryption scheme. Ph.D. Dissertation. California: United State Stanford University, 2009.

[94] Gertner Y, Ishai Y, Kushilevitz E, et al. Protecting data privacy in private information retrieval schemes. Annual ACM Symposium on Theory of Computing. New York: ACM Press, 1998: 151-160.

[95] Giesen F, Kohlar F, Stebila D. On the security of TLS renegotiation. ACM SIGSAC Conference on Computer and Communications Security. New York: ACM Press, 2013: 387-398.

[96] Gilad Y, Hemo R, Micali S, et al. Algorand: Scaling Byzantine agreements for cryptocurrencies. Symposium on Operating Systems Principles, 2017: 51-68.

[97] Goldberg S, Naor M, Papadopoulos D, et al. NSEC5 from elliptic curves: Provably preventing DNSSEC zone enumeration with shorter responses. Cryptology ePrint Archive, 2016. https://eprint.iacr.org/2016/083.pdf. 引用日期 2022 年 9 月 20 日.

[98] Goldreich O, Goldwasser S, Micali S. How to construct random functions. Journal of the ACM, 1986, 33(4): 792-807.

[99] Goldreich O, Micali S, Wigderson A. How to play any mental game, or a completeness theorem for protocols with honest majority. Annual ACM Symposium on Theory of Computing, New York: ACM Press, 1987: 218-229.

[100] Goldreich O. Zero-knowledge twenty years after its invention. Cryptology ePrint Archive, 2002. https://eprint.iacr.org/2002/186.pdf. 引用日期 2022 年 9 月 20 日.

[101] Goldwasser S, Micali S, Rackoff C. The knowledge complexity of interactive proof-systems. Annual ACM Symposium on Theory of Computing. New York: ACM Press, 1985: 291-304.

[102] Gorbunov S, Reyzin L, Wee H, et al. Pointproofs: Aggregating proofs for multiple vector commitments. ACM SIGSAC Conference on Computer and Communications Security. New York: ACM Press, 2020: 2007-2023.

[103] Goyal V, Kothapalli A, Masserova E, et al. Storing and retrieving secrets on a blockchain. IACR International Conference on Public-Key Cryptography. Cham: Springer, 2022: 252-282.

[104] Goyal V, Masserova E, Parno B, et al. Blockchains enable non-interactive MPC. Theory of Cryptography Conference. Cham: Springer, 2021: 162-193.

[105] Guo F, Mu Y, Susilo W. Subset membership encryption and its applications to oblivious transfer. IEEE Transactions on Information Forensics and Security, 2014, 9(7): 1098-1107.

[106] Gurkan K, Jovanovic P, Maller M, et al. Aggregatable distributed key generation. Annual International Conference on the Theory and Applications of Cryptographic Techniques. Cham: Springer, 2021: 147-176.

[107] Halevi S, Micali S. Practical and provably-secure commitment schemes from collision-free Hashing. Annual International Cryptology Conference. Berlin, Heidelberg: Springer, 1996: 201-215.

[108] Hanke T, Movahedi M, Williams D. DFINITY technology overview series, consensus system. 2018. arXiv:1805.04548.

[109] Hastings M, Hemenway B, Noble D, et al. Sok: General purpose compilers for secure multi-party computation. IEEE Symposium on Security and Privacy. Los Alamitos: IEEE Computer Society,

2019: 1220-1237.

[110] Herzberg A, Jarecki S, Krawczyk H, et al. Proactive secret sharing or: How to cope with perpetual leakage. Annual International Cryptology Conference. Berlin, Heidelberg: Springer, 1995: 339-352.

[111] Ishai Y, Kilian J, Nissim K, et al. Extending oblivious transfers efficiently. Annual International Cryptology Conference. Berlin, Heidelberg: Springer, 2003: 145-161.

[112] Ishai Y, Prabhakaran M, Sahai A. Founding cryptography on oblivious transfer-efficiently. Annual International Cryptology Conference. Berlin, Heidelberg: Springer, 2008: 572-591.

[113] Kate A, Goldberg I. Distributed key generation for the internet. IEEE International Conference on Distributed Computing Systems. Los Alamitos: IEEE Computer Society, 2009: 119-128.

[114] Kate A, Zaverucha G M, Goldberg I. Constant-size commitments to polynomials and their applications. International Conference on the Theory and Application of Cryptology and Information Security. Berlin, Heidelberg: Springer, 2010: 177-194.

[115] Kaufman C, Hoffman P, Nir Y, et al. Internet key exchange protocol version 2 (IKEv2). RFC 5996, 2014: 1-142.

[116] Keller M, Scholl P. Efficient, oblivious data structures for MPC. International Conference on the Theory and Application of Cryptology and Information Security. Berlin, Heidelberg: Springer, 2014: 506-525.

[117] Kiayias A, Russell A, David B, et al. Ouroboros: A provably secure proof-of-stake blockchain protocol. Annual International Cryptology Conference. Cham: Springer, 2017: 357-388.

[118] Kilian J. A note on efficient zero-knowledge proofs and arguments. Annual ACM Symposium on Theory of Computing. New York: ACM Press, 1992: 723-732.

[119] Kokoris-Kogias E, Malkhi D, Spiegelman A. Asynchronous distributed key generation for computationally-secure randomness, consensus, and threshold signatures. ACM SIGSAC Conference on Computer and Communications Security. New York: ACM Press, 2020: 1751-1767.

[120] Kokoris-Kogias E, Alp E C, Gasser L, et al. CALYPSO: Private data management for decentralized ledgers. Proceedings of the VLDB Endowment, 2020, 14(4): 586-599.

[121] Kolesnikov V, Kumaresan R, Rosulek M, et al. Efficient batched oblivious PRF with applications to private set intersection. ACM SIGSAC Conference on Computer and Communications Security. New York: ACM Press, 2016: 818-829.

[122] Kolesnikov V, Schneider T. Improved garbled circuit: Free XOR gates and applications. International Colloquium on Automata, Languages, and Programming. Berlin, Heidelberg: Springer, 2008: 486-498.

[123] Kolesnikov V. Gate evaluation secret sharing and secure one-round two-party computation. International Conference on the Theory and Application of Cryptology and Information Security. Berlin, Heidelberg: Springer, 2005: 136-155.

[124] Kolesnikov V. Truly efficient string oblivious transfer using resettable tamper-proof tokens. Theory of Cryptography Conference. Berlin, Heidelberg: Springer, 2010: 327-342.

[125] Kolesnikov V, Kumaresan R. Improved secure two-party computation via information-theoretic garbled circuits. Security and Cryptography for Networks International Conference. Berlin,

Heidelberg: Springer, 2011: 205-221.

[126] Kosba A, Miller A, Shi E, et al. Hawk: The blockchain model of cryptography and privacy-preserving smart contracts. IEEE Symposium on Security and Privacy. Los Alamitos: IEEE Computer Society, 2016: 839-858.

[127] Krawczyk H, Paterson K G, Wee H. On the security of the TLS protocol: A systematic analysis. Annual Cryptology Conference. Berlin, Heidelberg: Springer, 2013: 429-448.

[128] Krawczyk H. SIGMA: The 'SIGn-and-MAc'approach to authenticated Diffie-Hellman and its use in the IKE protocols. Annual International Cryptology Conference. Berlin, Heidelberg: Springer, 2003: 400-425.

[129] Krawczyk H. HMQV: A high-performance secure Diffie-Hellman protocol. Annual International Cryptology Conference. Berlin, Heidelberg: Springer, 2005: 546-566.

[130] LaMacchia B, Lauter K, Mityagin A. Stronger security of authenticated key exchange. International Conference on Provable Security. Berlin, Heidelberg: Springer, 2007: 1-16.

[131] Li F, McMillin B. A Survey on zero-knowledge proofs. Advances in Computers. Amsterdam: Elsevier, 2014: 25-69.

[132] Libert B, Yung M. Concise mercurial vector commitments and independent zero-knowledge sets with short proofs. Theory of Cryptography Conference. Berlin, Heidelberg: Springer, 2010: 499-517.

[133] Lindell Y, Pinkas B. An efficient protocol for secure two-party computation in the presence of malicious adversaries. Annual International Conference on the Theory and Applications of Cryptographic Techniques. Berlin, Heidelberg: Springer, 2007: 52-78.

[134] Lindell Y, Pinkas B. A proof of security of Yao's protocol for two-party computation. Journal of Cryptology, 2009, 22(2): 161-188.

[135] Lindell Y. Secure multiparty computation. Communications of the ACM, 2020, 64(1): 86-96.

[136] Lysyanskaya A. Unique signatures and verifiable random functions from the DH-DDH Separation. Annual International Cryptology Conference. Berlin, Heidelberg: Springer, 2002: 597-612.

[137] Malkhi D, Nisan N, Pinkas B, et al. Fairplay-secure two-party computation system. USENIX Security Symposium. Berkeley, CA: USENIX Association, 2004: 4-9.

[138] Maller M, Bowe S, Kohlweiss M, et al. Sonic: zero-knowledge SNARKs from linear-size universal and updatable structured reference strings. ACM SIGSAC Conference on Computer and Communications Security. New York: ACM Press, 2019: 2111-2128.

[139] Matsumoto T, Takashima Y, Imai H. On seeking smart public-key-distribution systems. IEICE Transactions, 1986, 69(2): 99-106.

[140] Mavrogiannopoulos N, Vercauteren F, Velichkov V, et al. A cross-protocol attack on the TLS protocol. ACM Conference on Computer and Communications Security. New York: ACM Press, 2012: 62-72.

[141] Meiklejohn S, Pomarole M, Jordan G, et al. A fistful of bitcoins: characterizing payments among men with no names. Conference on Internet Measurement Conference. New York: ACM Press, 2013: 127-140.

[142] Menezes A. Some new key agreement protocols providing implicit authentication. Workshop on

Selected Areas in Cryptography, 1997: 22-32.

[143] Micali S, Rabin M, Vadhan S. Verifiable random functions. Annual Symposium on Foundations of Computer Science. Los Alamitos: IEEE Computer Society, 1999: 120-130.

[144] Micali S. CS proofs. Annual Symposium on Foundations of Computer Science. Los Alamitos: IEEE Computer Society, 1994: 436-453.

[145] Micali S. Simple and fast optimistic protocols for fair electronic exchange. Annual Symposium on Principles of Distributed Computing. New York: ACM Press, 2003: 12-19.

[146] Naor M, Pinkas B, Reingold O. Distributed pseudo-random functions and KDCs. International Conference on the Theory and Applications of Cryptographic Techniques. Berlin, Heidelberg: Springer, 1999: 327-346.

[147] Naor M, Pinkas B, Sumner R. Privacy preserving auctions and mechanism design. ACM Conference on Electronic Commerce. New York: ACM Press, 1999: 129-139.

[148] Naor M, Pinkas B. Oblivious transfer and polynomial evaluation. Annual ACM Symposium on Theory of Computing. New York: ACM Press, 1999: 245-254.

[149] Naor M, Pinkas B. Efficient oblivious transfer protocols. ACM-SIAM Symposium on Discrete Algorithms. New York: ACM Press, 2001: 448-457.

[150] Nitulescu A. zk-SNARKs: A gentle introduction. 2020.

[151] Noether S. Ring signature confidential transactions for monero. Cryptology ePrint Archive, 2015.

[152] Ostrovsky R, Yung M. How to withstand mobile virus attacks. Annual ACM Symposium on Principles of Distributed Computing. New York: ACM Press, 1991: 51-59.

[153] Parno B, Howell J, Gentry C, et al. Pinocchio: Nearly practical verifiable computation. Communications of the ACM. Los Alamitos: IEEE Computer Society, 2016, 59(2): 103-112.

[154] Pedersen T P. A threshold cryptosystem without a trusted party. Workshop on the Theory and Application of of Cryptographic Techniques. Berlin, Heidelberg: Springer, 1991: 522-526.

[155] Pedersen T P. Non-interactive and information-theoretic secure verifiable secret sharing. Annual International Cryptology Conference. Berlin, Heidelberg: Springer, 1991: 129-140.

[156] Rabin M O. Randomized Byzantine generals. Annual Symposium on Foundations of Computer Science. Los Alamitos: IEEE Computer Society, 1983: 403-409.

[157] Rivest R L, Adleman L, Dertouzos M L. On data banks and privacy homomorphisms. Foundations of Secure Computation, 1978: 4(11): 169-180.

[158] Rivest R L, Shamir A. How to expose an eavesdropper. Communications of the ACM, 1984, 27(4): 393-394.

[159] Sasson E B, Chiesa A, Garman C, et al. Zerocash: Decentralized anonymous payments from bitcoin. 2014 IEEE Symposium on Security and Privacy. Los Alamitos: IEEE Computer Society, 2014, 459-474.

[160] Schindler P, Judmayer A, Stifter N, et al. Hydrand: Efficient continuous distributed randomness. IEEE Symposium on Security and Privacy. Los Alamitos: IEEE Computer Society, 2020: 73-89.

[161] Schoenmakers B. A simple publicly verifiable secret sharing scheme and its application to electronic voting. Annual International Cryptology Conference. Berlin, Heidelberg: Springer, 1999: 148-164.

[162] Schultz D A, Liskov B, Liskov M. Mobile proactive secret sharing. ACM Symposium on Principles of Distributed Computing. New York: ACM Press, 2008: 458-490.

[163] Schultz D A, Liskov B, Liskov M. MPSS: Mobile proactive secret sharing. ACM Transactions on Information and System Security, 2010, 13(4): 1-32.

[164] Shamir A. How to share a secret. Communications of the ACM, 1979, 22(11): 612-613.

[165] Srinivasan S, Chepurnoy A, Papamanthou C, et al. Hyperproofs: Aggregating and maintaining proofs in vector commitments. USENIX Security Symposium. Berkeley, CA: USENIX Association, 2022: 3001-3018.

[166] Stadler M. Publicly verifiable secret sharing. International Conference on the Theory and Applications of Cryptographic Techniques. Berlin, Heidelberg: Springer, 1996: 190-199.

[167] Syta E, Jovanovic P, Kogias E K, et al. Scalable bias-resistant distributed randomness. 2017 IEEE Symposium on Security and Privacy. Los Alamitos: IEEE Computer Society, 2017: 444-460.

[168] Tomescu A, Abraham I, Buterin V, et al. Aggregatable subvector commitments for stateless cryptocurrencies. International Conference on Security and Cryptography for Networks. Cham: Springer, 2020: 45-64.

[169] Tzeng W G. Efficient 1-out-of-n oblivious transfer schemes with universally usable parameters. IEEE Transactions on Computers, 2004, 53(2): 232-240.

[170] Vassantlal R, Alchieri E, Ferreira B, et al. COBRA: Dynamic proactive secret sharing for confidential BFT services. IEEE Symposium on Security and Privacy. Los Alamitos: IEEE Computer Society, 2022: 1335-1353.

[171] Wang X S, Huang Y, Chan T H H, et al. SCORAM: Oblivious RAM for secure computation. ACM SIGSAC Conference on Computer and Communications Security. New York: ACM Press, 2014: 191-202.

[172] Wang X S, Huang Y, Zhao Y, et al. Efficient genome-wide, privacy-preserving similar patient query based on private edit distance. ACM SIGSAC Conference on Computer and Communications Security. New York: ACM Press, 2015: 492-503.

[173] Wang X, Ranellucci S, Katz J. Authenticated garbling and efficient maliciously secure two-party computation. ACM SIGSAC Conference on Computer and Communications Security. New York: ACM Press, 2017: 21-37.

[174] Wang X, Ranellucci S, Katz J. Global-scale secure multiparty computation. ACM SIGSAC Conference on Computer and Communications Security. New York: ACM Press, 2017: 39-56.

[175] Wijaya D A, Liu J K, Steinfeld R, et al. Anonymizing bitcoin transaction. International Conference on Information Security Practice and Experience. Cham: Springer, 2016: 271-283.

[176] Xie T, Zhang J, Zhang Y, et al. Libra: Succinct zero-knowledge proofs with optimal prover computation. Annual International Cryptology Conference. Cham: Springer, 2019: 733-764.

[177] Yadav V K, Andola N, Verma S, et al. A survey of oblivious transfer protocol. ACM Computing Surveys, 2022, 54(10s): 1-37.

[178] Yao A C C, Zhao Y. OAKE: A new family of implicitly authenticated Diffie-Hellman protocols. ACM SIGSAC Conference on Computer and Communications Security. New York: ACM Press, 2013: 1113-1128.

[179] Yao A C. Protocols for secure computations. Annual Symposium on Foundations of Computer Science. Los Alamitos: IEEE Computer Society, 1982: 160-164.
[180] Maram S K D, Zhang F, Wang L, et al. CHURP: Dynamic-committee proactive secret sharing. ACM SIGSAC Conference on Computer and Communications Security. New York: ACM, 2019: 2369-2386.
[181] Zahur S, Rosulek M, Evans D. Two halves make a whole. Annual International Conference on the Theory and Applications of Cryptographic Techniques. Berlin, Heidelberg: Springer, 2015: 220-250.
[182] Zhou L, Schneider F B, van Renesse R. APSS: Proactive secret sharing in asynchronous systems. ACM Transactions on Information and System Security, 2005, 8(3): 259-286.
[183] 高莹, 李寒雨, 王玮, 等. 不经意传输协议研究综述. 软件学报, 2023, 34(4): 1879-1906.
[184] Gentry C, Sahai A, Waters B. Homomorphic encryption from learning with errors: Conceptually-simpler, asymptotically-faster, attribute-based. Annual Cryptology Conference, Berlin, Heidelberg: Springer, 2013: 75-92.

# 习　　题

## 一、填空题

1. Diffie-Hellman 密钥协商的安全性基于__________, __________可以防止 Diffie-Hellman 密钥协商中间人攻击.

2. 门罗币一次性隐藏地址中生成元为 $g$, 哈希函数为 $H_s$, 接收方公钥为 $(A,B)$, 随机数为 $r$, 一次性地址为__________.

3. 承诺方案通常考虑__________和__________两种安全性质. Pedersen 承诺形式为__________.

4. 秘密分享满足__________和__________特性, Shamir 秘密分享恢复秘密时份额的数量需要满足__________.

5. 安全多方计算中多个参与方想要计算一个函数 $f$, 参与方知道________, 但不知道__________, 姚期智提出安全多方计算问题时的解决方案是________. 安全多方计算常见的敌手攻击主要包括__________、__________和__________.

## 二、简答题

1. 简述 Diffie-Hellman 密钥协商中间人攻击过程.
2. 比较伪随机谕言机和可验证随机函数的区别.
3. 简述 Sigma 协议的消息交互过程和 Fiat-Shamir 转换方法.
4. 写出一个 2 选 1 不经意传输协议流程.
5. 尝试写一个离散对数不等性证明过程 Sigma 流程.

# 第 6 章　区块链中的高级密码协议

区块链技术受到广泛关注后，带来了新的密码学需求. 相关工作致力于拓展密码学研究领域，丰富密码学高级协议，提升区块链系统能力. 本章主要介绍区块链中的高级密码协议，包括可验证延迟函数、Fabric MSP 成员关系服务提供商机制、Identity Mixer 匿名认证体系、环保密交易(ring confidential transactions, Ring CT)协议、zk-SNARK 协议、Bulletproofs 协议、MimbleWimble 协议和时空证明等. 这些高级协议通常是一些区块链系统中的核心组件，支撑区块链的上层应用.

## 6.1　可验证延迟函数

可验证延迟函数(verifiable delay function, VDF)由 D. Boneh 等在 2018 年提出[17]. 可验证延迟函数的提出受时间锁谜题(time-lock puzzle)启发，函数的计算需要至少一段已知的时间，即使在使用可获得数量的并行计算的情况下，也无法显著计算加速. 可验证延迟函数具有计算结果唯一性、计算时间稳定性和可验证性等性质，这些性质使其成为良好的随机源和时间相关协议的关键组件[38].

### 6.1.1　可验证延迟函数基本概念

可验证延迟函数 $f:\mathcal{X}\to\mathcal{Y}$ 的运算需要经过指定时间才能得到输出结果，即使在并行运算下也不能加速. 对于每一个输入 $x\in\mathcal{X}$，$f$ 都有唯一的输出 $y\in\mathcal{Y}$，且该输出结果可以被公开、快速地验证. 可验证延迟函数主要包括初始化、计算和验证三个算法，如图 6.1 所示.

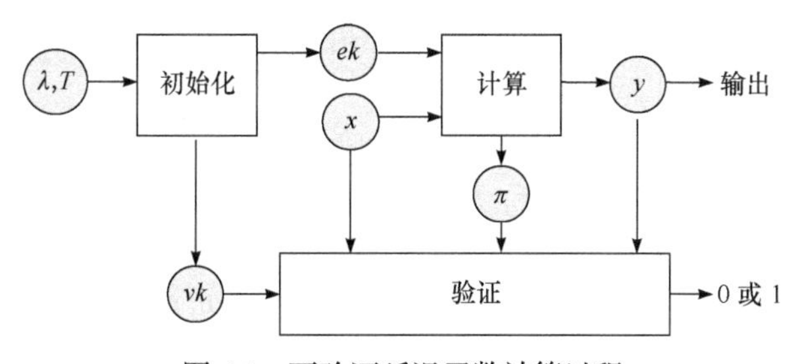


图 6.1　可验证延迟函数计算过程

(1) 初始化 $\text{Setup}(\lambda,T)\to pp$: 给定安全参数 $\lambda$ 和时间参数 $T$, 输出公共参数 $pp$. 公共参数包括一个计算密钥 $ek$ 和验证密钥 $vk$.

(2) 计算 $\text{Eval}(ek,x)\to(y,\pi)$: 给定输入 $x\in\mathcal{X}$ 和计算密钥 $ek$, 输出函数计算结果 $y\in\mathcal{Y}$ 和计算证明 $\pi$.

(3) 验证 $\text{Verify}(vk,x,y,\pi)\to\{1,0\}$: 根据计算证明 $\pi$, 当且仅当 $y$ 是 $x$ 的正确的 VDF 输出结果时, 验证算法输出 1; 否则输出 0.

可验证延迟函数要求计算算法需执行指定时间 $T$, 并且验证算法通常需要快于执行算法. 可验证延迟函数中指定时间 $T$ 是指每个单一处理器计算可验证延迟函数的总时间. 需要说明的是, 可验证延迟函数的并行计算是具有规模限制的, D. Boneh 给出的假设中, 敌手要求最多使用 $\text{poly}(\lambda)$ 个处理器.

D. Boneh 等在后续论文中给出了可验证延迟函数定时运算性、运算串行性和结果唯一性三个性质的非正式定义[19].

(1) 定时计算性 ($\epsilon$-evaluation time): 对于任意的输入 $x\in\mathcal{X}$ 和任意的由 $\text{Setup}(\lambda,T)$ 生成的公开参数 $pp$, 计算算法的运行时间至多为 $(1+\epsilon)T$.

(2) 运算串行性(sequentiality): 对于某个至多使用 $\text{poly}(\lambda)$ 个处理器的并行算法 $A$, $A$ 不能在时间 $T$ 之内完成 VDF 的运算. 特别地, 对于任意的输入 $x\in\mathcal{X}$ 和公开参数 $pp$, 如果 $(y,\pi)\leftarrow\text{Eval}(ek,x)$, 则概率 $\Pr[A(pp,x)=y]$ 是可忽略的.

(3) 结果唯一性(uniqueness): 对于一个输入 $x\in\mathcal{X}$, 有且仅有一个 $y\in\mathcal{Y}$ 满足验证. 给定公开参数, 假设存在一个高效算法 $A$. $A$ 输出 $(x,y,\pi)$ 可满足 $\text{Verify}(pp,x,y,\pi)=1$, 那么概率 $\Pr[\text{Eval}(pp,x)\neq y]$ 是可忽略的.

在可验证延迟函数基本定义基础上, 还有一些变体, 包括可解码可验证延迟函数、增量可验证延迟函数、陷门可验证延迟函数、弱可验证延迟函数和紧致可验证延迟函数.

(1) 可解码可验证延迟函数(decodable VDF): 对于任何可验证延迟函数方案, 在不需要更多的证明信息情况下, 如果能从输出值 $y$ 逆向得到一个随机输入 $x$, 则称为可解码可验证延迟函数.

(2) 增量可验证延迟函数(incremental VDF): 一组公共参数支持多个计算时间参数 $T$. 用于计算 $y$ 的步骤数在证明 $\pi$ 中指定, 而不是在初始化算法中固定, 这类 VDF 称为增量可验证延迟函数.

(3) 陷门可验证延迟函数(trapdoor VDF): 在知道陷门的情况下, 可以快速地计算出验证延迟函数的输出值, 称为陷门可验证延迟函数.

(4) 弱可验证延迟函数(weak VDF): 函数计算中最多使用多项式量级的并行处理器, 才能在时间参数 $T$ 计算出最终结果, 称为弱可验证延迟函数.

(5) 紧致可验证延迟函数(tight VDF): 函数计算的时间开销(包括算法计算开销和证明生成开销)为 $O(T+1)$, 称为紧致可验证延迟函数.

可验证延迟函数的构造可以基于阶未知的群中元素连续平方运算构造，也可以利用基于超奇异同源曲线以及双线性对等方法构造[42]. 在各种构造方式中，B. Wesolowski 构造的可验证延迟函数验证速度快、证明短，验证时间和证明长度都保持在常数级别. 下面以 B. Wesolowski 方案为例，具体介绍陷门可验证延迟函数构造.

### 6.1.2 陷门可验证延迟函数构造

B. Wesolowski 的 VDF 采用的是连续平方的计算方式[76]，根据 $y=g^{2^T}$ 逐步计算，最终得出输出值. 在此类计算中，每一轮的输出将作为下一轮的输入，进行递归运算，因而无法通过并行加速的方式快速计算出函数输出.

在输入过程中，注意到 $x^{2^T}$ 与 $(x^a)^{2^T}$ 之间存在一种同态性，即对于时间为 $T$ 的 VDF，其输入是 $x$，得到其输出 $y$ 之后，对于另一个时间为 $T$，输入为 $x^a$ 的 VDF，一旦拥有第一个 VDF 的计算结果，将不再需要遵循可验证延迟函数的计算步骤逐步计算，而只需要按照数学等价变换的方式处理，将 $(x^a)^{2^T}$ 变成 $(x^{2^T})^a$，只需要一步运算便可得到结果. 因此，在输入过程中，将输入的 $x$ 首先经过哈希运算 $g=H(x)$，再用 $g$ 替换 $x$ 输入到 VDF 中.

1. 常规证明生成

B. Wesolowski 方案的思路是首先产生公共随机数 $\ell$，计算 $y=g^{2^t}$，计算 $\pi=g^{\lfloor 2^t/\ell \rfloor}$ 作为证据，利用证据 $\pi$ 可以进行快速验证. 利用如下方式进行常规计算，生成证明 $\pi=g^{\lfloor 2^t/\ell \rfloor}$. 最终输出的递归的结果 $\pi$ 便是需要的证明.

---

令 $\pi=1, r=1$，重复 $t$ 次:

$$b=| 2r/\ell | \in \{0,1\}$$

$$r=(2r \bmod \ell) \in \{0,1,\cdots,\ell-1\}$$

$$\pi=\pi^2 g^b$$

---

2. 证明快捷生成

上述的常规证明生成算法需要的乘法操作较多，需要至少 $2t$ 次乘法操作. B. Wesolowski 给出了更快速的证明生成办法.

(1) 计算该 VDF 的主要难点在于证明 $\pi=g^{\lfloor 2^t/\ell \rfloor}$ 的计算，在不知道陷门的情况下，需要保存 VDF 计算过程中的中间量 $g^{2^{ik}}$，并利用这些中间量生成证明. 第一步通过下面的等式计算，对 $\lfloor 2^t/\ell \rfloor$ 进行拆解，其中 $I_b=\{i \mid b_i=b\}$.

$$\lfloor 2^t / \ell \rfloor = \sum_i b_i 2^{ki} = \sum_{b=0}^{2^k-1} b\left(\sum_{i\in I_b} 2^{ki}\right)$$

(2) 将$\lfloor 2^t/\ell \rfloor$分解为$2^k$进制的数, 所以$b_i < 2^k$. 把一个数字转换成二进制, 根据进制数的幂进行分类, 随后根据其系数进行分块, 最终按照$b$系数的大小将公式整理. 对于任意$i$, 可以求得系数$b_i$.

$$b_i = \left\lfloor \frac{\left\lfloor \dfrac{2^t}{\ell} - \dfrac{2^t}{\ell 2^{k(i+1)}} \right\rfloor \times 2^{k(i+1)}}{2^{ki}} \right\rfloor = \left\lfloor \frac{2^k (2^{t-k(i+1)} \bmod \ell)}{\ell} \right\rfloor$$

(3) 对于$b_i$, 减去可以被整除的比此项幂大的所有的项数, 再除以$2^{ki}$后得到系数, 随后进行整理并最终得到$g$的系数幂次.

$$g^{\lfloor 2^t/\ell \rfloor} = \prod_{b=0}^{2^k-1}\left(\prod_{I_b} g^{2^{ki}}\right)^b$$

(4) 利用此方法减少了操作次数, 变成$\dfrac{t}{k} + k2^k$次运算. 再选取常数$\gamma$, 并计算$I_{b,j} = \{i \mid i \equiv j \bmod \gamma, b_i = b\}$, 把$i$用$\gamma$归类, 通过系数叠加变化更改幂次空间.

$$g^{\lfloor 2^t/\ell \rfloor} = \prod_{b=0}^{2^k-1}\left(\prod_{j=0}^{\gamma-1}\prod_{i\in I_{b,j}} g^{2^{ki}}\right)^b = \prod_{j=0}^{\gamma-1}\left(\prod_{b=0}^{2^k-1}\left(\prod_{i\in I_{b,j}} g^{2^{k(i-j)}}\right)^b\right)^{2^{kj}}$$

$$y_{b,j} = \prod_{i\in I_{b,j}} g^{2^{k(i-j)}}$$

$$\prod_{b=0}^{2^k-1}\left(y_{b,j}\right)^b = \prod_{b_1=0}^{2^{k_1}-1}\left(\prod_{b_0=0}^{2^{k_0}-1} y_{b_1 2^{k_0}+b_0,j}\right)^{b_1 2^{k_0}} \prod_{b_0=0}^{2^{k_0}-1}\left(\prod_{b_1=0}^{2^{k_1}-1} y_{b_1 2^{k_0}+b_0,j}\right)^{b_0}$$

其中$k_1 = \lfloor k/2 \rfloor$, $k_0 = k - k_1$. 利用这种方法, 可以有效降低所需乘法操作数量, 由$2t$次下降到$\dfrac{t}{k} + \gamma 2^{k+1}$次, 并且只需要存储$k\gamma$个元素. B. Wesolowski 的证明快速生成方法可以降低存储空间, 减少计算步骤, 提升证明生成的效率.

3. 快速验证

VDF 作为非交互式的协议, 计算验证过程中需要一个安全的随机数$\ell$.对输入以及产生的结果的二进制形式, 我们利用哈希函数处理$H_{\text{prime}}(\text{bin}(g)\,\|\,\text{bin}(y))$, 生成伪随机数$\ell$, 其中$H_{\text{prime}}$的输出空间为包含前$2^{2k}$个素数的集合, $\text{bin}(x)$将$x$转换为二进制字符串.

证明者将 VDF 计算结果$(\pi, y)$发送给验证者, 验证者通过哈希运算计算$\ell$之后，再进行下列计算验证等式是否成立，从而验证 VDF 的计算结果是否正确.

$$\ell = H_{\text{prime}}(\text{bin}(g) \| \text{bin}(y))$$

$$y = \pi^{\ell} g^{2^t \bmod \ell}$$

VDF 验证时只需要判断等式 $y = \pi^{\ell} g^{2^t \bmod \ell}$ 是否成立，即可判断计算是否正确. 验证过程只需要执行 $O(\log(\ell) + \log(r) + 1)$ 次乘法运算.

由于验证时间较短且性能稳定, B. Wesolowski 的 VDF 适用于对时间精确度要求较高的应用，例如可验证去中心化时钟系统等. 同时又由于证明较短，B. Wesolowski 的 VDF 较其他 VDF 更适合大规模去中心化网络应用，较短的证明可以有效降低网络通信的带宽负载.

### 6.1.3 可验证延迟函数在区块链中的应用

可验证延迟函数作为一种高级密码学原语，其本质为强制用户在固定时间内持续进行一种运算操作. 在时间结束后，可以快速验证此次操作的正确性. 得益于对时间约束的特殊属性，其在区块链的以下几个方面有较多应用.

(1) 随机信标(randomness beacon)：可验证延迟函数可用于增强区块链上公共可验证随机数的安全性. 在基于 POW 共识的区块链中，如果使用挖矿输出直接作为随机数使用，具有更多算力的攻击者有很大机会在其他诚实节点之前预测出随机数的结果，那么攻击者可以通过不广播自己挖出的区块，从而降低自己不想要的随机数出现的概率[68].

使用可验证延迟函数可以阻止这种攻击，将可验证延迟函数的时间参数设置得足够长(例如生成 6 个区块的时间)，并将当前最新的区块头数据作为可验证延迟函数的输入，将 VDF 计算的输出结果作为随机数，那么至少在 6 个区块以后攻击者才能知道随机数的值.

(2) 资源高效区块链(resource-efficient blockchain)：工作量证明机制带来了大量的计算资源开销. 权益证明、空间证明和存储证明机制等资源高效的共识替代方案受到了无成本模拟攻击的影响(如长程攻击). 利用 VDF 为此类区块链的出块打上逻辑时戳，由于 VDF 的“时空”特性，防止恶意节点对从历史区块追上来是一种可能的实现手段.

(3) 时空证明(proof of space time)：陷门可验证延迟函数可用于构造时空证明(6.8 节)，提高区块链上数据存在性证明的效率. 将可验证延迟函数与数据可恢复证明结合，利用可验证延迟函数的“时空”特性，可以证明在规定时间存储了数据. 利用 VDF 快速公开验证的特性，在保障挑战数据和存储内容的正确性的同时提升系统效率.

(4) 时间戳(timestamp)：可验证延迟函数相当于一种时间流逝的证明，对于给定的可验证延迟函数，该可验证延迟函数至少需要多久才能得出结果是一个公共知识. 因此, 只需要在(基于权益证明共识的)区块链上包含可验证延迟函数的输入与输出, 即可证明给定区块的历史, 提供可验证时间戳的功能, 可作为抵抗权益证明长程攻击的技术手段[1].

在现有区块链系统中, 以太坊团队在以太坊 2.0 中引入 VDF, 结合链上随机数服务然道(RANDAO)和 VDF 生成随机数[69], 提出使用 VDF 延迟随机数的披露, 在信标链上随机选取区块出块者. 一种名为启亚网络(Chia Network)的区块链系统采用了空间证明(proof of space)共识机制, 用占用的存储空间代替 PoW 共识机制中消耗的计算资源, 使用 VDF 的输出作为随机数和时间证明, 以此实现空间证明共识机制中的动态挑战[39]. Harmony 的分布式随机数生成(distributed randomness generation, DRG)方案[55]中使用 VDF 与 VRF 产生具有线性通信复杂性的随机性, 并延迟所产生的随机数的披露, 防止恶意领导者通过从验证者最初产生的随机数的子集中获取最初产生的 VRF 随机数来偏置随机性.

除了上述在区块链系统中的探索性应用, VDF 在指数证明、随机数延迟生成、固定时间验证、副本证明以及去中心化时钟等各方面都有潜在作用, 在目前密码学及区块链文献中, 不少研究工作提到其与 VDF 结合有望得到更好的效果.

## 6.2 Fabric MSP 成员关系服务提供商机制

公钥基础设施(public key infrastructure, PKI)为公钥证书的生成、分发、控制、验证和销毁提供框架和服务. 公钥基础设施是一种为网络节点建立可信的数字身份, 为系统建立访问控制的基础方法. 联盟链致力于传统商业应用场景, 保留区块链核心设计, 建立了准入机制和成员管理机制以解决区块链监管问题. 基于 PKI, 联盟链 Hyperledger Fabric 提出成员关系服务提供商(membership service provider, MSP)机制, 为系统中所有成员建立数字身份和通道(channel)访问控制策略.

### 6.2.1 MSP 基本概念

Fabric 成员关系服务提供商机制基于公钥基础设施实现, 包括证书、认证中心、分层 PKI 和证书撤销等组件. 下面结合 PKI 技术, 介绍 MSP 中的相关基本概念.

1. 证书

成员关系服务提供商机制遵循公钥基础设施框架, 证书(certificate)是包含与证书持有者相关的身份属性的凭证, 是 Fabric 中权限管理的基础[46]. Fabric 使用 X.509 标准证书, 允许在其数据结构中对一些用于身份标识的信息进行编码[70]. X.509 是国际电信联盟(ITU)推出的数字证书标准, 如表 6.1 所示, X.509 的证书第 3 版(RFC 2459)在前两版的基础上进一步扩展, 其中第 2 版和第 3 版在第 1 版基础上的扩展是可选的.

**表 6.1 X.509 证书格式**

| 证书域 | 字段 | 描述 | 所在版本 |
|---|---|---|---|
| 待签名证书(TBSCertificate) | 版本(Version) | 本证书使用的版本(0/1/2 代表版本 1/2/3) | V1/V2/V3 |
| | 证书序号(Certificate Serial Number) | CA 分配给证书的序号 | V1/V2/V3 |
| | 签名算法标识符(Signature) | CA 签发证书使用的算法(标识、参数) | V1/V2/V3 |
| | 签发者名(Issuer Name) | 签发证书的实体标识 | V1/V2/V3 |
| | 有效期(Validity Period) | 证书有效的时间范围(之前/之后) | V1/V2/V3 |
| | 主体名(Subject Name) | 标识证书所指实体(公钥) | V1/V2/V3 |
| | 主体公钥信息(Subject Public Key) | 包含公钥和公钥对应签名的算法标识 | V1/V2/V3 |
| | 签发者唯一标识符(Issuer Unique Identifier) | 多个 CA 使用相同签发者名时标识 CA | V2/V3 |
| | 主体唯一标识符(Subject Unique Identifier) | 多个主体使用相同签发者名时标识主体 | V2/V3 |
| | 机构密钥标识符(Authority Key Identifier) | 签发机构有多个密钥对的具体标识 | V3 |
| | 主体密钥标识符(Subject Key Identifier) | 证书主体有多个密钥对的具体标识 | V3 |
| | 密钥用法(Key Usage) | 证书公钥的应用范围 | V3 |
| | 私钥使用期限(Private Key Usage Period) | 定义证书对应的私钥使用期限 | V3 |
| | 证书策略(Certificate Policies) | 证书签发机构对证书指定策略和可选信息 | V3 |
| | 证书映射(Policy Mappings) | 证书主体和证书签发机构相同时使用 | V3 |
| | 主体替换名(Subject Alternative Name) | 证书主体定义一个或多个替换名 | V3 |
| | 签发者替换名(Issuer Alternative Name) | 定义证书签发者的一个或多个替换名 | V3 |
| | 主体目录属性(Subject Directory Attributes) | 证书主体其他信息 | V3 |
| | 基本限制(Basic Constraints) | 标识证书的主体是否是 CA 以及通过该 CA 的证书链路径可有多长 | V3 |
| | 名称限制(Name Constraints) | 名称空间，后续证书链需在规定空间内 | V3 |
| | 策略限制(Policy Constraints) | 用于禁止策略映射或要求路径中的每个证书包含可接受的策略标识符 | V3 |
| | 扩展密钥用法(Extended Key Usage Field) | 补充或替代密钥用法 | V3 |
| 签名算法(Signature Algorithm) | 算法标识符(Algorithm Identifier) | 标识 CA 签署证书时使用的密码学算法 | |
| 签名值(Signature Value) | | 待签名证书域使用 ASN.1 编码后的签名值 | |

2. 认证中心

证书认证机构(certificate authority, CA)是 PKI 的核心组成部分，负责身份认证、证书签发、证书更新、证书状态追踪和证书撤销. CA 需要对新证书申请和证书撤销申请的用户实体进行资格审查，通常由所谓的注册机构(registration authority, RA)完成, RA 是 CA 的一部分, 可看作对外与用户实体交互的接口. 根据 RA 审查结果, CA 签发或撤销证书. MSP 中 Fabric CA 是内置的证书颁发机构组件, 支持为网络成员、组织及其用户实体签发、更新和撤销证书.

3. 分层 PKI

在分层(hierarchical)公钥基础设施中, CA 的认证功能被进一步分解为根 CA(root CA)和中间 CA(intermediate CA). 根 CA 是信任根, 根 CA 的证书是自签名(self-signed certificate)证书, 可为其他节点授权认证功能. 经过根 CA 认证后的节点可为其他用户实体签发证书, 这些节点称为中间 CA. 中间 CA 可以再向其他节点授权认证功能, 形成分层公钥基础设施. 这种方式更适合实际场景如公司、团体层级岗位设置.

在分层公钥基础设施中, 终端实体的验证采用证书链(certificate chain)的方式. 如图 6.2 所示, 证书链是以终端用户实体证书开头的有序证书列表, 包括一个或多个证书签发机构证书, 并以终端实体证书的根 CA 证书结尾, 其中链上的每个证书都由中间 CA 签发. 通过检查链上的每个证书是否由受信任的 CA 签发, 最终用户证书的接收者验证证书链中的签名, 确定是否应该信任最终实体证书.

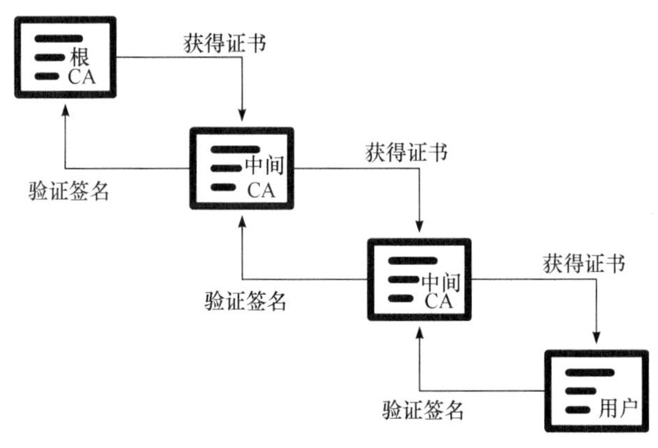


图 6.2　证书链

4. 证书撤销

证书中虽规定了证书的使用期限, 但由于某些现实原因可能在有效期内提前撤销证书的有效性. 证书撤销机制主要有周期性发布机制和在线查询机制两种方法. 对前一种机制, 由 CA 周期性发布证书撤销列表(certificates revoked list, CRL). 在预定有效期到期之前, 已颁发 CA 吊销从而不应再受信任的数字证书列表, 称为证书撤销列表. 需要注意的是, 证书撤销列表不包含有效期外的证书. 在验证证书的有效性时, 不仅需要检查证书相关内容(属性、身份和签名等)的正确性,还需要检查证书是否在证书撤销列表中. X. 509 证书第 2 版使用 CRL, 第 3 版中对证书撤销列表进行了修订[57].

如表 6.2 所示, CRL 中撤销证书条目为重复项, 包含了所有撤销的证书条目. 检查证书是否被撤销时, 需要检索 CRL 中的用户证书的证书号, 并进行比对. CRL 不仅支持证书撤销原因的标识, 还支持证书撤销前私钥出错时间的标识. 同时, CRL 也支持暂扣, 在规定时间内失效且标识暂扣时间.

**表 6.2 证书撤销列表格式**

<table>
<tr><th>证书域</th><th colspan="3">字段</th><th>描述</th><th>备注</th></tr>
<tr><td rowspan="16">待签名证书<br>(TBSCertificate)</td><td colspan="3">版本(Version)</td><td>CRL 使用的版本号(如有, 必须为 1, 代表 v2)</td><td></td></tr>
<tr><td colspan="3">签名(Signature)</td><td>CA 签发 CRL 使用的算法(标识、参数)</td><td></td></tr>
<tr><td colspan="3">签发者(Issuer)</td><td>签发 CRL 的实体标识</td><td></td></tr>
<tr><td colspan="3">此次更新时间(This Update)</td><td>签发本 CRL 的时间</td><td></td></tr>
<tr><td colspan="3">下次更新时间(Next Update)</td><td>签发下一个 CRL 的时间</td><td></td></tr>
<tr><td rowspan="6">撤销证书<br>(Revoked Certificates)</td><td colspan="2">用户证书(User Certificate)</td><td>撤销证书的证书号</td><td rowspan="6">重复</td></tr>
<tr><td colspan="2">撤销日期(Revocation Date)</td><td>撤销证书的时间</td></tr>
<tr><td rowspan="4">CRL 条目扩展(CRL Entry Extensions)</td><td>原因代码(Reason Code)</td><td>证书被撤销的原因</td></tr>
<tr><td>暂扣代码<br>(Hold Instruction Code)</td><td>证书暂时失效及其原因</td></tr>
<tr><td>证书签发者<br>(Certificate Issuer)</td><td>标识证书签发者和间接 CRL</td></tr>
<tr><td>失效日期(Invalidity Date)</td><td>证书对应私钥失效的已知或疑似时间</td></tr>
<tr><td rowspan="5">CRL 扩展<br>(CRL Extensions)</td><td colspan="2">机构密钥标识符(Authority Key Identifier)</td><td>签发机构有多个密钥对的具体标识</td><td rowspan="5">可选</td></tr>
<tr><td colspan="2">签发者替换名(Issuer Alternative Name)</td><td>定义证书签发者的一个或多个替换名</td></tr>
<tr><td colspan="2">CRL 序号(CRL Number)</td><td>CRL 的递增序列号</td></tr>
<tr><td colspan="2">差异 CRL 标识(Delta CRL Indicator)</td><td>自基准 CRL 发布依赖的增量 CRL 信息</td></tr>
<tr><td colspan="2">签发分布点(Issuing Distribution Point)</td><td>CRL 分布点(拆分为多个 CRL 发布)</td></tr>
<tr><td>签名算法<br>(Signature Algorithm)</td><td colspan="3">算法标识符(Algorithm Identifier)</td><td>标识 CA 签署 CRL 时使用的密码学算法</td><td></td></tr>
<tr><td>签名值<br>(Signature Value)</td><td colspan="3"></td><td>待签名证书域使用 ASN.1 编码后的签名值</td><td></td></tr>
</table>

随着系统的应用时间推移, 每撤销一个证书就产生一个完整的且会变得越来

越大的 CRL. 为了解决这一问题, CRL 采用了差异 CRL、间接 CRL 和签发分布点的方法.

(1) 差异 CRL: CA 首先发布一个基准 CRL, 间隔一段(delta)时间后, 发布自基准 CRL 发布后的撤销的证书.

(2) 间接 CRL: 汇总多个 CA 发布的 CRL, 然后发布一个合并的 CRL.

(3) 签发分布点: 当 CRL 很大时, 将其分解为多个小的 CRL, 并发布在不同区域.

在线查询机制主要包括 RFC 6960 提出的在线证书状态协议(online certificate status protocol, OCSP)和 RFC 5055 提出的基于服务器的证书验证协议(server-based certificate validation protocol, SCVP). 在线证书状态协议由用户实体与 CA 提供的认证响应器(authorized responders)交互, 查询特定证书是否有效. 响应器查询证书状态目录, 并回复证书的状态, 包括有效、已撤销和未知等状态. 在线证书状态协议只能查询指定证书的有效性, 基于服务器的证书验证协议在此基础上, 还可以查询证书链的正确性和证书撤销相关信息. 感兴趣的读者可查阅上述标准文件.

### 6.2.2 MSP 结构

MSP 主要包括本地 MSP(local MSP)和通道 MSP(channel MSP). 本地 MSP 保存在节点本地, 每个成员都必须有一个本地 MSP, 它定义客户端和节点的身份及具体权限(管理或参与), 通道可对成员进行身份验证.

通道 MSP 保存在通道配置中, 定义了通道的管理权和参与权. 通道中的记账节点和排序节点共用通道 MSP 视图, 能够对通道参与者进行身份验证. 如果希望加入通道, 那么需要在通道配置中添加包含成员信任链的 MSP. 否则将被拒绝.

本地 MSP 为文件系统结构, 而通道 MSP 在通道配置中描述. 如图 6.3 所示, MSP 具体文件结构主要包括根 CA 证书、中间 CA 证书、私钥库、签名证书、TLS 根 CA 证书、TLS 中间 CA 证书、操作证书和通道 MSP 独有的撤销证书.

(1) 根 CA 证书(root CA certificate): 根 CA 证书包含此 MSP 代表的组织所信任的根 CA 自签名证书列表. MSP 文件夹中必须至少有一个根 CA 证书, 是 MSP 身份的代表. 从根 CA 派生出的证书才会被认为是该 MSP 所代表的组织的成员, 从根 CA 证书到最终用户证书形成一个完整的证书信任链.

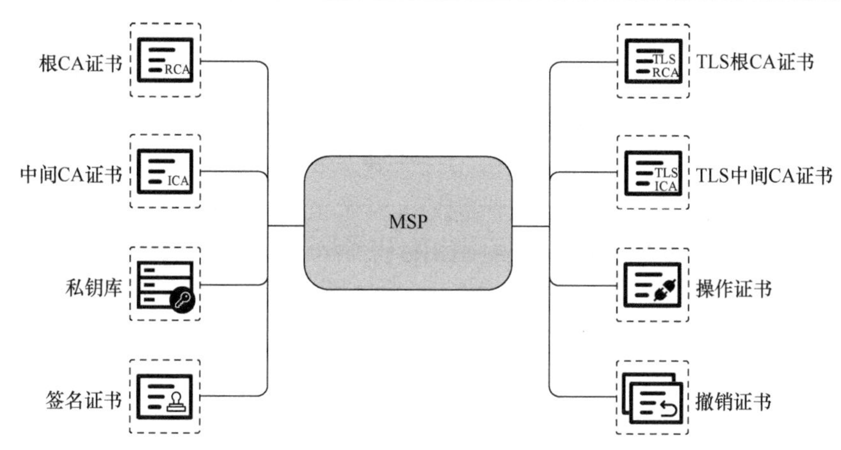


图 6.3　MSP 成员关系服务组成

(2) 中间 CA 证书(intermediate CA certificate): 中间证书列表包含此组织信任的中间 CA 的证书. 每个证书都必须由 MSP 中的根 CA 签署, 或者由中间 CA 签署, 即通过信任链可以追溯到该 MSP 的根 CA. 中间 CA 更详细地划分组织中的成员, 使得管理成员关系的方式更为灵活. 在一个没有任何中间 CA 的网络中, 该文件夹可以为空. 与根 CA 证书一样, 该部分定义了 CA, 且证书必须从该 CA 颁发, 才能被视为组织成员.

(3) 私钥库(keystore for private key): 该部分为记账、排序节点或客户端节点的签名私钥. 作为认证阶段的一部分, 该部分对本地 MSP 是必需的, 并且只有对此节点有管理权限的用户才能访问.

通道 MSP 不包括此部分, 通道 MSP 只提供身份验证功能, 而不具有签名能力.

(4) 签名证书(sign certificate): 该部分保存记账、排序节点或客户端节点由 CA 发行的节点证书. 该证书代表了节点的身份, 与这个证书相对应的私钥可以用于生成签名, 并且该签名可以被任何拥有这个证书的人验证. 此文件夹对于本地 MSP 是强制性的, 且必须包含一个公钥. 只有对此节点有管理权限的用户才能访问.

与私钥库类似, 通道 MSP 也不包含此部分, 通道 MSP 仅提供身份验证功能, 而不具有签名能力.

(5) TLS 根 CA 证书(TLS root CA certificate): TLS 根 CA 证书中包含所在组织安全传输层(transport layer security, TLS)协议通信[127] 所信任的根 CA 的自签名 X.509 证书列表. TLS 通信主要为记账节点需要, 它连接到排序节点以便接收账本更新. MSP TLS 信息涉及网络内的节点, 节点必须至少有一个 TLS 根 CA 证书.

(6) TLS 中间 CA 证书(TLS intermediate CA certificate): TLS 中间 CA 证书包含一个受该 MSP 所代表的组织信任的中间 CA 证书列表. 此外, 与中间 CA 类似,

TLS 中间 CA 也可以为空.

(7) 操作证书(operations certificate): 此部分包含与 Fabric 运维服务 API 通信所需的证书, 支持外部日志管理、运维指标获取等服务.

(8) 撤销证书(revoked certificate): 如果一个参与者的身份被撤销, 那么该身份的识别信息就会被储存在这个部分. X.509 证书中的标识符是主体密钥标识符(Subject Key Identifier, SKI)和机构密钥标识符(Authority Key Identifier, AKI)的字符串对. 无论何时使用证书, 都会检查这些标识符, 以确保证书未被撤销.

上述结构中, 通道 MSP 不包含私钥库、签名证书部分, 撤销证书是通道 MSP 特有的部分.

Fabric V1.4.3 之后弃用了标识成员组织身份的组织单位(organizational units)属性和定义组织管理员的管理员身份证书(admin certificate). 在本地 MSP 的配置文件中, 通过启用"Node OUs"字段, 定义角色(客户端、记账节点、管理员节点、排序节点), 以此方式配置 Fabric 中的身份分类.

### 6.2.3　MSP 证书签发、验证与撤销

基于 PKI 框架、X.509 证书和 MSP 结构, Fabric CA 实现系统中成员身份管理, Fabric CA 的主要工作包括证书签发、证书验证和证书撤销. 实际部署中配置方式可查阅 Fabric CA 配置文档①.

1. 证书签发

Fabric CA 使用"客户端-服务器"架构. 系统用户实体的所有证书相关请求, 通过 Fabric CA 客户端或 Fabric SDK 与 Fabric CA 服务器交互.

系统初始化时首先启动 Fabric CA 服务器. Fabric CA 服务器可配置证书签名请求文件的具体属性内容, 包括通用名、组织名、组织单元等. Fabric CA 服务器初始化后可自动生成 CA 证书和 CA 密钥, 同时支持配置. 收到用户实体的证书签名请求后, Fabric CA 服务器使用轻量目录访问协议(lightweight directory access protocol, LDAP)服务, 在注册前验证用户的实体身份和检索用于授权的标识属性值. 若身份验证通过, Fabric CA 服务器对证书签名, 如表 6.1 中, Fabric CA 服务器使用 CA 密钥, 对待签名的证书域签名后, 将签名结果存入签名值域. 目前, FabricCA 可使用的签名算法包括 prime256v1 曲线上 ECDSA 签名和 SHA 256 哈希算法, 或 secp384r1 曲线上 ECDSA 签名和 SHA384 哈希算法.

Fabric CA 服务器默认只有一个 CA, 支持配置多级 CA. Fabric CA 服务器在配置文件中增加中间 CA 后, 中间 CA 必须向上一级 CA 登记注册.

---

① https://hyperledger-fabric-ca.readthedocs.io/en/latest/index.html, Fabric CA 配置文档, 访问时间 2022 年 12 月.

Fabric 中支持用户实体申请 Identity Mixer(Idemix,详见 6.3 节)凭证, Identity Mixer 是一种密码协议套件, 用于保护身份验证和已认证属性的隐私. 协议允许客户在没有 CA 参与的情况下与验证者进行身份验证, 并有选择地仅披露验证者需要的属性, 防止链接参与者在不同交易中的身份. 用户实体请求 Idemix 时, 首先通过专用 API 向 Fabric CA 服务器发送空属性的证书请求, CA 服务器回复一个随机数和 Idemix 公钥. 然后用户实体使用随机数和公钥创建证书请求获取证书. Idemix 证书与 X.509 证书兼容, 目前, Fabric 中的记账节点和排序节点仅支持使用 X.509 证书.

2. 证书验证

通道 MSP 的验证是 MSP 中证书验证的重要场景. 通道 MSP 定义了该通道的管理权和参与权. 通道中的记账节点和排序节点均拥有通道的 MSP 信息, 因此能够正确地对通道参与者进行身份验证. 若希望加入通道, 则需要在通道 MSP 配置中添加证书链. 否则, 交易申请将被拒绝.

证书的验证主要包括证书有效性和签名正确性的验证. 具体来说, 证书有效性验证主要包括验证证书是否已被撤销和判断证书内数据是否符合要求(使用期限、限制等). 对证书的签名验证主要包括以下几个步骤.

(1) 证书的待签名证书(TBSCertificate)域输入哈希算法, 获得证书摘要. 哈希算法根据证书中算法签名标识确定.

(2) 用户实体使用 CA 公钥验证证书中签名值域, 输入哈希算法, 获得证书摘要.

(3) 用户实体比较(1)中和(2)中证书是否一致, 一致则确认证书由 CA 认证.

证书链的验证中则需要使用上级证书的公钥对证书的签名进行验证, 按照证书链依次验证, 最终验证根 CA 的自签名证书的正确性.

3. 证书撤销

在 X.509 普通证书中, CA 撤销最终用户的证书, 将证书信息包含在撤销证书列表中. 验证者检查用户的证书是否在撤销证书列表中, 如果是, 那么授权失败. 通道 MSP 中保存撤销证书列表, 用于保存该通道中已撤销的证书信息.

对于 Idemix 证书的撤销, 撤销证据同样保存在撤销证书列表中, 撤销证书列表提供给用户. 用户根据撤销证书列表, 生成其证书未被撤销的证明. 用户将此证明交给验证者, 验证者根据撤销证书列表验证该证明是否正确.

### 6.2.4 MSP 在区块链中的应用

MSP 账户体系应用于区块链 Hyperledger Fabric 超级账本中, 起到成员身份管理的重要作用. 在其他基于 Fabric 的区块链项目中, 同样也利用 MSP 对成员身份进行管理, 保障区块链网络的有序运行.

## 6.3　Identity Mixer 匿名认证体系

Identity Mixer 是由 IBM 公司提出的一种身份认证体系, 支持匿名凭证. 系统的主要目标是支持用户的身份验证, 同时通过最大限度地减少在交互中暴露用户信息, 保护用户的隐私. Identity Mixer 与 PKI 框架兼容, 均由证书发布机构为用户颁发证书, 再由用户持有该证书, 向服务提供者证明其具备访问权限. 与 PKI 框架不同的是, Identity Mixer 具备支持假名机制、证书灵活等特性.

(1) 假名机制: 用户可以用同一个私钥生成多个不同的公钥(假名), 然后在不同的认证场景中使用不同的假名, 避免服务提供方将多次认证行为联系起来.

(2) 证书灵活: 用户可以将从证书发布机构获得的证书转换为与假名绑定的有效凭证, 该凭证包括的属性可以是证书中所有属性的任意子集, 且可以使用 CA 的公钥验证其真伪.

Identity Mixer 的上述两个特性分别保证了多次认证行为的不可链接性和属性泄露的最小化, 该技术尤其适合在区块链这种开放透明的环境下使用[33].

### 6.3.1　Identity Mixer 基本概念

Identity Mixer 是一个基于 X.509 证书和密码算法的密码协议套件, 其核心是零知识证明, 交易时不用透露交易者的身份, 交易之间难以关联, 防止针对某个用户追溯其交易历史. 用户无须暴露私有数据以及任何有用的信息, 但可以证明自己拥有这些私有数据, 任何看到证明副本的参与者都能够进行验证.

Identity Mixer 协议中包含三个角色, 即用户(user)、发行者(issuer)、验证者(verifier). 如图 6.4 所示, 用户通过 Identity Mixer 生成一个证明, 表明自己拥有某个属性; 发行者验证用户的隶属属性, 对其颁发证书; 验证者即 Fabric MSP, 验证用户的证明. 发行者以数字证书的形式发布一组用户属性, 称此证书为凭证(credential), 用户随后会生成零知识证明, 以证明自己拥有这个凭证, 并且可以选择性公开自己愿意公开的属性, 不会向验证者、发行者或任何人透露任何额外信息.

Identity Mixer 依赖于 CL 签名(详见 4.2.6 节)方案. 相较于常规的签名方案, CL 签名支持消息-签名对持有的高效零知识证明. 该零知识证明协议允许签名持有人向他人表明, 存在一个在公钥下合法的消息签名对, 其中消息中包含某些公开的属性; 同时, 不泄露除此消息签名对以外的任何信息[30]. 在 Identity Mixer 方案中, 证书是颁发者对用户的密钥和属性值的 CL 签名. 为了将凭证转换为可验证的凭证, 用户生成零知识证明, 表明他持有一个合法的消息签名对, 其中消息包括其公开的属性值，并且所包含的密钥是假名(公钥)对应的私钥[35]. 该假名是用户密钥生成的一次性公钥，而且用户用同一密钥可以生成数量足够多的一次性公钥. 这些一次性公钥之间是不可区分的，即不能知道它们是同一密钥生成的还是不同密钥生成的一次性公钥. 用户只能为用自己密钥生成的公钥提供零知识证明，由此保证 Identity Mixer 的认证功能[29].

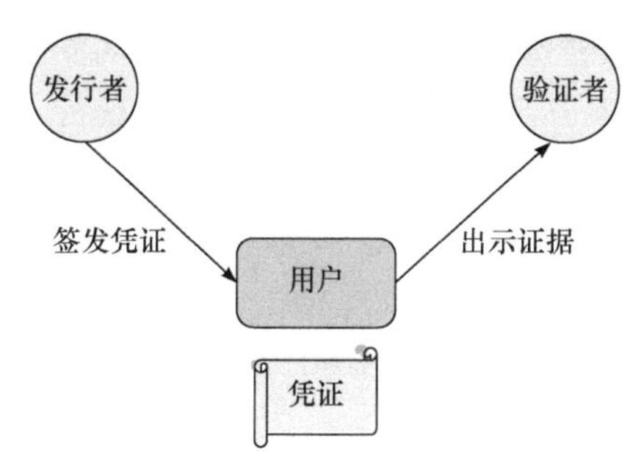


图 6.4 Identity Mixer 过程

Identity Mixer 系统支持对认证过程的监管[16]. 为创建可监管的凭证，用户在监管者的公钥下加密标识凭证属性，以便只有监管者才能解密它. 具体地，Identity Mixer 使用可验证的加密，允许用户证明加密的属性值与其所持凭证中的属性值相同，同时不会泄露该值. 监管者可以检查和验证此加密证明，从而确信如果需要，他可以通过解密凭证中的对应域，发现实际持有凭证的用户.

### 6.3.2 Identity Mixer 协议

Fabric 团队在 CL 签名的基础上，为了实现一种匿名身份认证，可以对多个承诺值进行签名[31]，为了不向验证者出示被承诺的信息，需要提供对已承诺值的知识证明[32].

1. CL 签名

首先简要回顾基本的 CL 签名方案，然后介绍对向量消息的 CL 签名方案.

(1) 基本的 CL 签名.

① 系统参数与密钥生成算法.

初始化双线性映射参数 $(q,\mathbb{G},\mathbb{G}_T,g,e)$，其中 $g$ 是阶为素数 $q$ 的循环群 $\mathbb{G}$ 的生成元，双线性映射 $e:\mathbb{G}\times\mathbb{G}\to\mathbb{G}_T$. 随机选取 $x\leftarrow\mathbb{Z}_q$和$y\leftarrow\mathbb{Z}_q$，计算 $X$=$g^x$, $Y$=$g^y$. 设置私钥 $SK$=$(x,y)$，公钥 $PK$=$(q,\mathbb{G},\mathbb{G}_T,g,e,X,Y)$.

② 常规消息的签名生成算法.

对于消息 $m$，随机选取 $a\in\mathbb{G}$，计算并输出消息 $m$ 的签名 $\sigma=(a,a^y,a^{x+mxy})$.

③ 常规消息的签名验证算法.

输入消息 $m$ 的签名 $\sigma=(\sigma_1,\sigma_2,\sigma_3)$, 公钥 $PK=(q,\mathbb{G},\mathbb{G}_T,g,e,X,Y)$. 计算并验证下列等式, 如果两个等式都成立, 则输出 1, 否则输出 0.

$$e(\sigma_1,Y)=e(g,\sigma_2)$$

$$e(X,\sigma_1)e(X,\sigma_2)^m=e(g,\sigma_3)$$

CL 签名是一种可以随机化的签名. 在标准的签名安全性定义中, 如果已经知道对某消息的签名, 攻击者再生成一个对该消息的签名, 这时得到的签名并不算攻击者成功的伪造. 这个性质在一些场景下非常有用[34]. CL 签名就具有此性质, 得到 CL 签名, 很容易对其进行随机化, 从而生成该消息的另外一个 CL 签名. 具体地, 给定消息 $m$ 的 CL 签名 $\sigma=(a,a^y,a^{x+mxy})=(\sigma_1,\sigma_2,\sigma_3)$, 选取随机数 $r\in\mathbb{Z}_q^*$, 可以生成三元组 $\sigma'=(\sigma_1^r,\sigma_2^r,\sigma_3^r)=(a^r,a^{ry},a^{r(x+mxy)})=(\overline{a},\overline{a}^y,\overline{a}^{x+mxy})$, 其中 $\overline{a}=a^r$, 显然 $\sigma'$ 也是消息 $m$ 的有效 CL 签名.

(2) 对向量消息的 CL 签名方案.

① 系统参数与密钥生成算法.

初始化双线性映射参数 $(q,\mathbb{G},\mathbb{G}_T,g,e)$, 其中 $g$ 是阶为素数 $q$ 的循环群 $\mathbb{G}$ 的生成元, 双线性映射 $e:\mathbb{G}\times\mathbb{G}\to\mathbb{G}_T$. 随机选取 $x,y,z_i\leftarrow\mathbb{Z}_q$, 计算 $X=g^x$, $Y=g^y$, $Z_i=g^{z_i}$. 设置私钥 $SK=(x,y,z_i)$, 公钥 $PK=(q,\mathbb{G},\mathbb{G}_T,g,e,X,Y,Z_i)$, 其中 $i\in\{1,\cdots,\ell\}$.

② 对向量消息的签名生成算法.

对于多消息块 $(m_0,m_1,\cdots,m_\ell)$, 随机选取 $a\in\mathbb{G}$, 计算 $A_i=a^{z_i}$, $b=a^y$, $B_i=(A_i)^y$, $c=a^{x+xym_0}\prod_{i=1}^{\ell}A_i^{xym_i}$. 输出 CL 签名对多个消息块的签名 $\sigma=(a,A_i,b,B_i,c)$, 其中 $1\leqslant i\leqslant\ell$.

③对向量消息的签名验证算法.

在验证向量消息的 CL 签名时, 首先通过 $e(a,Z_i)=e(g,A_i)$ 验证 $A_i$ 计算的正确性, 然后通过 $e(a,Y)=e(g,b)$ 和 $e(A_i,Y)=e(g,B_i)$ 验证 $b$ 和 $B_i$ 的正确性, 最后通过 $e(X,a)e(g,b)^{m_0}\prod_{i=1}^{\ell}e(X,B_i)^{m_i}=e(g,c)$ 验证 $c$ 的计算是否正常.

2. Identity Mixer 签名方案

在上述 CL 签名对承诺值和多个消息块的签名基础上, Identity Mixer 中 CL 签名可以实现对多个承诺消息的 CL 签名.

(1) 如上述向量消息 CL 签名方案, 发行者的私钥 $SK=(x,y,z_i)$, 公钥 $PK=(q,\mathbb{G},\mathbb{G}_T,g,e,X,Y,Z_i)$, 其中 $i\in(1,\cdots,\ell)$.

(2) 签名请求者待签名的多个消息块$(m_0,m_1,\cdots,m_\ell)$的承诺为$M=g^{m_0}\prod_{i=1}^{\ell}Z_i^{m_i}$.

(3) 用户首先给出承诺消息的零知识证明，可以通过Sigma协议实现，并利用Fait-Shamir变换转换为非交互式证明.

$$ZK\left\{m_0,m_1,\cdots,m_\ell \middle| M=g^{m_0}\prod_{i=1}^{\ell}Z_i^{m_i}\right\}$$

(4) 发行者选取随机数$\alpha\in\mathbb{Z}_q$，$a=g^{\alpha}$. 对于$1\leqslant i\leqslant\ell$，令$A_i=a^{z_i}$，然后设置$b=a^y$，并且对于$1\leqslant i\leqslant\ell$，令$B_i=A_i^y$，最后计算$c=a^xM^{\alpha xy}$. 最终发行者输出签名$\sigma=(a,\{A_i\},b,\{B_i\},c)$.

3. Identity Mixer 签名盲化

收到发行者签署的 CL 签名$\sigma=(a,\{A_i\},b,\{B_i\},c)$，选取随机数$r\in\mathbb{Z}_q^*$，计算$\bar{a}=a^r$，$\bar{b}=b^r$，$\bar{c}=c^r$，$\bar{A}_i=A_i^r$和$\bar{B}_i=B_i^r$，其中$1\leqslant i\leqslant\ell$. 输出经过盲化处理后的 CL 签名$\bar{\sigma}=(\bar{a},\{\bar{A}_i\},\bar{b},\{\bar{B}_i\},\bar{c})$. 这里的盲化处理可以公开进行，任何知道签名的用户都可以对该签名进行盲化处理，不需要知道签名所用私钥或签名对应秘密消息相关的信息.

4. Identity Mixer 签名验证

验证者收到$\sigma=(a,\{A_i\},b,\{B_i\},c)$，计算$v_x=e(X,a)$，$v_{xy}=e(X,b)$和$v_s=e(X,c)$，并且对于$1\leqslant i\leqslant\ell$，验证$v_{(xy,i)}=e(X,B_i^r)$. 用户和验证者本地计算这些值后，执行以下零知识证明 Sigma 协议，并通过 Fait-Shamir 实现非交互式证明.

$$ZK\left\{(m_0,m_1,\cdots,m_\ell,r)\middle|(v_s)^r=v_x(v_{xy})^{m_0}\prod_{i=1}^{\ell}(v_{(xy,i)})^{m_i}\right\}$$

如果上述证明正确，且$e(a,Z_i)=e(g,A_i)$，$e(a,Y)=e(g,b)$和$e(A_i,Y)=e(g,B_i)$均成立，验证者接受签名. 这里，验证者并不关心签名是否是经过盲化处理的签名.

5. Identity Mixer 证书监管

请求 Identity Mixer 证书时，用户向发行者发送凭证$C$，包含标识身份的Name和一系列属性attr. 发行者执行上述签名生成过程，向用户签发证书. 用户获得证书后，使用可验证加密算法，用监管者的公钥对自己的身份Name加密，即通过用户的证据向验证者表明，监管者可以根据提供的协议记录解密并获得用户身份Name. 当交易异常时，监管者可以解密获得用户的身份Name，实现身份追踪和监管.

### 6.3.3 Identity Mixer 在区块链中的应用

上述签名盲化和验证过程实际是对签名消息的零知识证明, 用户向验证者证明拥有发行者对身份 Name 和属性的签名, 并知道盲化签名时的内部随机状态 $r \in \mathbb{Z}_q^*$. 上面展示了对所有消息块盲化的过程, 实际应用中签名者可根据场景需要, 选择性盲化部分属性, 披露部分属性的签名.

目前, Identity Mixer 主要在著名的联盟链 Hyperledger Fabric 中应用. 基于 Identity Mixer 技术, 在提供身份认证功能的同时, Fabric 能够根据应用需要保密参与各方的敏感信息, 并支持验证和监管需求.

## 6.4 环保密交易 RingCT 协议

区块链 UTXO 模型采用"公钥即地址"设计. 发起交易时, 用户的公钥及对应的数字签名表示发起交易的资格与凭证, 因此发送方身份与链上可见的公钥和签名绑定. 公钥作为一种看起来随机的假名, 一定程度上可以保护用户隐私. 然而研究表明, 暴露的公钥和交易历史关联分析, 可以将公钥与用户关联, 即哪些公钥很可能由同一用户持有. 针对这一问题, 人们开始尝试使用特殊功能的数字签名, 试图在不暴露用户公钥情况下, 交易的签名仍然能够得到验证, 并防止双重花费攻击.

以可链接环签名为基础的环保密交易 RingCT 支持发送方身份、交易金额的隐私保护. 环保密交易协议是门罗币的核心协议, 门罗币也是目前提供匿名转账功能的代表性区块链系统之一. 在 RingCT 基础上, 学术界不断优化协议, 相继提出 RingCT 2.0 版本和 3.0 版本.

### 6.4.1 环保密交易基本概念

环保密交易(ring confidential transactions, RingCT)是门罗币隐藏交易双方身份和交易金额的协议. 基本的 RingCT 使用分层可链接自发匿名群签名(multilayered linkable spontaneous anonymous group signatures, MLSAG), 支持可验证、隐私保护的转账交易.

目前, RingCT 有三个版本. RingCT 1.0 使用分层可链接自发匿名群签名 MLSAG, 实现发送方身份、收款方和交易信息的隐藏. RingCT 2.0 利用单向域累进器(accumulator with one-way domain)和知识签名(signature of knowledge)等技术, 使签名大小与账户组数无关, 显著节省空间. RingCT 3.0 使用不需要可信启动的高效环签名方案和成员关系证明, 构建了一种简洁高效的环保密交易协议.

### 6.4.2 环保密交易 1.0 版

RingCT 1.0 由 S. Noether 在 2016 年发布，是门罗币的底层协议. RingCT 1.0 中关键技术包括分层可链接自发匿名群签名，源于可聚合 Schnorr 非链接环签名，实现转账金额的范围证明，保护发送方身份和交易金额隐私；RingCT 1.0 还结合了一次性隐藏地址(5.1 节)，提供收款方的身份隐私保护，构成了门罗币的完整协议.

1. 分层可链接自发匿名群签名

在可链接自发匿名群签名(linkable spontaneous anonymous group signature, LSAG)的基础上, RingCT 1.0 提出分层可链接自发匿名群签名，再结合 Pedersen 承诺与范围证明，实现对交易双方身份及交易金额的隐藏与绑定.

RingCT 1.0 使用密钥向量及签名矩阵. MLSAG 签名的目的是证明，在所有的潜在签名者中，其中一个签名者知道他整个密钥向量的秘密密钥. 同时为了防止双花攻击，签名者的公钥和私钥只能出现一次. 如果签名者在另一个 MLSAG 签名中使用了其密钥向量中的任何一个签名密钥，那么两个环将被链接，进而检测到双花攻击[8].

(1) 系统初始化.

输入安全参数$\lambda$，生成$(q,\mathbb{G},g,H_{\mathbb{G}},H_q)$，其中 $g$ 是阶为素数 $q$ 的循环群 $\mathbb{G}$ 的生成元，$H_{\mathbb{G}}:\{0,1\}^*\to\mathbb{G}$和$H_q:\{0,1\}^*\to\mathbb{Z}_q$ 为两个密码学哈希函数；生成秘密序号 $i=1,2,\cdots,n$，标识有 $n$ 个环成员；生成 $j=1,2,\cdots,m$，用密钥向量代替单个密钥，使得每个成员有 $m$ 个密钥，组成密钥矩阵，矩阵的元素是 $P_{i,j}$；$\pi\in\{1,2,\cdots,n\}$ 表示签名者在环上的秘密序号索引，生成每个用户的公私钥向量对 $(P_{\pi,j},x_{\pi,j})$，其中 $P_{\pi,j}=g^{x_{\pi,j}}$，$j=1,2,\cdots,m$. 计算密钥镜像 $I_j=H_{\mathbb{G}}(P_{\pi,j})^{x_{\pi,j}}$.

(2) 签名算法.

对于待签署的消息 $M$，随机选取 $\alpha_{\pi,j},s_{i,j}\in\mathbb{Z}_q,j\in\{1,\cdots,m\},i\in\{1,\cdots,n\},i\neq\pi$. 首先签名者计算

$$L_{\pi,j}=g^{\alpha_{\pi,j}}$$

$$R_{\pi,j}=H_{\mathbb{G}}(P_{\pi,j})^{\alpha_{\pi,j}}$$

$$c_{\pi+1}=H_q(M,L_{\pi,1},L_{\pi,2},\cdots,L_{\pi,m},R_{\pi,m})$$

接着对于所有的 $j \bmod n$ 经过如下计算

$$L_{\pi+1,j} = g^{s_{\pi+1,j}} P_{\pi+1,j}^{c_{\pi+1}}$$

$$R_{\pi+1,j} = H_{\mathbb{G}}(P_{\pi,j})^{s_{\pi+1,j}} I_j^{c_{\pi+1}}$$

$$c_{\pi+2} = H_q(M, L_{\pi+1,1}, L_{\pi+1,2}, \cdots, L_{\pi+1,m}, R_{\pi+1,m})$$

$$\cdots$$

$$L_{i-1,j} = g^{s_{i-1,j}} P_{i-1,j}^{c_{i-1}}$$

$$R_{i-1,j} = H_{\mathbb{G}}(P_{i-1,j})^{s_{\pi+1,j}} I_j^{c_{\pi+1}} R_{\pi+1,j} = s_{i-1,j} H_{\mathbb{G}}(P_{i-1,j}) + c_{i-1} I_j$$

$$c_{\pi} = H_q(M, L_{\pi-1,1}, L_{\pi-1,2}, \cdots, L_{\pi-1,m}, R_{\pi-1,m})$$

然后令 $\alpha_{\pi,j} = s_{\pi,j} + c_{\pi,j} x_{\pi,j} \bmod q$ , 经过化简得到签名用户的随机数.

$$L_{\pi,j} = g^{s_{\pi,j}} P_{\pi,j}^{c_{\pi}}$$

$$R_{\pi,j} = H_{\mathbb{G}}(P_{\pi,j})^{s_{\pi,j}} I_j^{c_{\pi}}$$

输出消息 $M$ 的环签名 $\sigma=(I_1,\cdots,I_m,c_1,s_{1,1},\cdots,s_{1,m},\cdots,s_{n,1},\cdots,s_{n,m})$ .

(3) 验证签名算法.

验证者收到消息 $M$ 的签名 $\sigma=(I_1,\cdots,I_m,c_1,s_{1,1},\cdots,s_{1,m},\cdots,s_{n,1},\cdots,s_{n,m})$ 后，利用如下公式循环计算每个 $L_{i,j}$, $R_{i,j}$, $c_i$ 的值.

$$L_{i,j} = g^{s_{i,j}} P_{i,j}^{c_i}$$

$$R_{i,j} = H_{\mathbb{G}}(P_{i,j})^{s_{i,j}} I_j^{c_i}$$

$$c_{i+1} = H_q(M, L_{i,1}, L_{i,2}, \cdots, L_{i,m}, R_{i,m})$$

验证 $c_{n+1} = c_1$ 是否成立. 如果成立则接受签名；否则拒绝.

(4) 链接算法.

签名中如果包含相同的密钥镜像 $I_j = H_{\mathbb{G}}(P_{\pi,j})^{x_{\pi,j}}$ , 则表明某个公钥和对应的私钥被重复使用, 用于上述算法产生环签名. 在门罗币的环境下, 这意味着发生双花攻击, 可以直接拒绝该签名.

MLSAG 签名满足不可伪造性(unforgeability)、可链接性(linkability)、签名者身份模糊(signer ambiguity)等性质. 签名者在不知道密钥向量所有 $m$ 个密钥的情况下完成签名的概率是可以忽略不计的. 在区块链实际应用中, 为了避免双花攻击, 还需拒绝已经出现过 $I_j$ 的签名.

### 2. 门罗币 RingCT

在上面的方案中, 并未对消息 $M$ 做解释. 在区块链的应用中, 待签署的是用户输入地址账户及金额与输出地址及金额. 用户的账户地址与金额直接采用 $y_i$ 类似的方式, 则得到早期的门罗币设计. 但交易金额的特征会泄露账户地址与账户所有人之间的关系，因此需要进一步隐藏金额. 门罗币的 RingCT 对早期的保密交易 CT(详细介绍见 6.7.2 节保密交易协议)做了精心的修改. 为了隐藏金额，门罗币的 RingCT 采用了 Pedersen 承诺，不是让被承诺的值总和为 0，而是承诺签名者证明知道其中一个私钥. 对于门罗币的环签名，并不是让网络检查整个交易的输入金额 $C_{in,i}$ 的和等于输出金额 $C_{out,j}$ 的和，而是变成在公钥 $g^z$ 和私钥 $z$ 下对 0 的承诺，对承诺的签名则证明签字者也就是付款人知道私钥 $z$. 具体举例说明如下.

$$C_{in} = g^x h^a$$

$$C_{out,1} = g^{y_1} h^{b_1}$$

$$C_{out,2} = g^{y_2} h^{b_2}$$

分别是一个输入金额和两个输出金额的承诺，转账金额要求输入金额之和等于输出金额之和，即 $a = b_1 + b_2$，再令 $z = x - y_1 - y_2$，可以得到

$$\frac{C_{in}}{\prod_{i=1}^{2} C_{out,i}} = \frac{g^{x_c} h^{a_c}}{g^{y_1} h^{b_1} g^{y_2} h^{b_2}} = g^{x_c - y_1 - y_2} h^{a_c - b_1 - b_2} = g^z$$

这里的 $z$ 只有承诺者知道，因此 $C_{in} / \prod_{i=1}^{2} C_{out,i}$ 可以充当临时公钥，并与承诺者的现有资金和计划转出资金的承诺绑定在一起，用这个 $z$ 充当临时私钥签名则可以发起交易. 但是这样会泄露具体交易输入与交易发起者的关系，为了隐藏这种关系，交易发起者可以将其他人的账户地址和承诺金额做上述类似的处理，做成一个列表，将自己的账户地址和承诺的金额隐藏在其中，生成一个包含所有输入承诺加对应公钥减去所有输出的环签名.

$$\left\{ \frac{P_1 C_{in,1}}{\prod_j C_{out,j}}, \cdots, \frac{P_\pi C_{in,\pi}}{\prod_j C_{out,j}}, \cdots, \right\}$$

由于签名者知道其中的一个私钥 $z + x_\pi$，所以上述方程可构造一个 MLSAG 签名环. 与 MLSAG 不同，如此构造用户临时公钥的情况下，生成的有效环签名在表明签名者知道其中至少一个公钥的情况下，还表明输入交易的金额之和等于输出交易的金额之和.

在门罗币 RingCT 具体实现中，$\{(P_{i,j}, C_{i,j})\}$ 为全部的公钥承诺对的集合，$\{(P_{\pi,1}, C_{\pi,1}), \cdots, (P_{\pi,m}, C_{\pi,m})\}$ 对应的是私钥 $x_{\pi,j}$，$m$ 个账户组合实现环签名，其中 $P_{\pi,j}$ 是实际的转账，且共有 $m$ 个输入，即 Ring CT 支持比特币类似的多输入的交易. 在自有的 $\{(P_{\pi,1}, C_{\pi,1}), \cdots, (P_{\pi,m}, C_{\pi,m})\}$ 基础上，交易发起者选定集合 $\{(P_{i,1}, C_{i,1}), \cdots, (P_{i,m}, C_{i,m})\}$，$i = 1, \cdots, n$，作为 MLSAG 环签名的输入，需要验证公钥在之前的交易中未被链接.

交易输出为多个地址和承诺值$(Q_k, C_{\text{out},k})$，这样$\dfrac{\prod_{j=1}^{m} C_{\pi,j}}{\prod_k C_{\text{out},k}}$是对 0 的承诺. 将签名矩阵记为$\mathfrak{R}$, 其中矩阵的最后一列为依据上述修改后的环保密交易构造, 因此可对$\mathfrak{R}$执行 MLSAG 签名.

$$\mathfrak{R} = \begin{bmatrix} P_{1,1} & \cdots & P_{1,m} & \dfrac{\prod\limits_{j=1}^{m} P_{1,j} \prod\limits_{j=1}^{m} C_{1,j}}{\prod\limits_{k} C_{\text{out},k}} \\ \vdots & & \vdots & \vdots \\ P_{n,1} & \cdots & P_{n,m} & \dfrac{\prod\limits_{j=1}^{m} P_{n,j} \prod\limits_{j=1}^{m} C_{n,j}}{\prod\limits_{k} C_{\text{out},k}} \end{bmatrix}$$

3. 范围证明

数字货币金额是定义在有限域上的, 攻击者可以在满足输入等于输出的情况下, 通过输出溢出(输出大于有限域的阶)来产生巨额自由数字货币. 譬如有限域的阶是 11, 输入是 1, 输出是 5 和 7, 虽然满足$(5+7) \bmod 11 = 1$,但发生溢出, 即 5 加 7 和为 12, 大于 11, 故凭空多了 11 个单位的数字货币. 或者输出金额为负, 那么攻击者可以产生更多的数字货币. 因此, 在区块链与数字货币应用中, 利用范围证明, 检测并阻止输入/输出溢出十分必要.

在门罗币的 RingCT 范围证明中, 首先将金额$b$以二进制形式表示, 具体表示为$b = b_0 2^0 + b_1 2^1 + \cdots + b_T 2^T$, 范围证明就等价转化为对每个$i$证明$b_i \in \{0,1\}$. 对每个$b_i$作 Pedersen 承诺$C_i = g^{r_i} h^{b_i}$, 对$b_i \in \{0,1\}$, 可以将承诺拆成临时公钥$g^{r_i}$和$g^{r_i} h$, 由于$g$和$h$是群的独立生成元, 承诺者仅知道其中一个的私钥$r_i$, 因此可以生成二选一的环签名并提交给验证者(矿工)验证正确性. 注意这里不需要可链接性, 在门罗币中使用的是基于 Schnorr 签名的非链接环签名.

### 6.4.3　环保密交易 2.0 版

在之前可链接的环签名和承诺方案的基础上, RingCT 2.0 由 S.F. Sun 等在 2017 年计算机安全研究欧洲研讨会(European Symposium on Research in Computer Security, ESORICS)会议上提出[73], 是一种高效的 RingCT 协议. 该协议基于 Pedersen 承诺、单向域累进器和累进器相关的知识签名, 实现了 RingCT 1.0 中可链接环签名的功能. 与 RingCT 1.0 协议相比, RingCT 2.0 协议显著节省空间, 即事务大小与广义环中包含的输入账户的组数无关, 而 RingCT 1.0 随着组数线性增长,因此在同样的区块大小限制下, RingCT 2.0 允许每个块处理更多的交易.

1. 单向域累进器

累进器是一种基本的密码学原语, 它将多个值累进为一个值[20]. 对于每一个累进值, 都可以证明其被累进存入了累进器[6]. 沿用 RingCT 1.0 的方式, 将账户组安排在一个矩阵中, 每一列对应一个用户的密钥组[66]. 为了减少交易处理产生的协议副本的大小, 将同一行中的公钥累积为一个值[12], 付款人证明其在每一行使用一个账户. RingCT 2.0 中使用 DDH 群通用累进器, 该累进器由 M. H. Au 等在 2009 年 RSA 大会密码学人员分会 CT-RSA 上提出[7]. 协议具体包括初始化、计算、见证三个步骤, 具体如下.

(1) 初始化 $\mathrm{ACC.Gen}(1^{\lambda})$.

输入安全参数 $\lambda$, 输出双线性映射参数 $(q,\mathbb{G},\mathbb{G}_T,g,e)$, 其中 $g$ 是 $\mathbb{G}$ 生成元, 双线性映射 $e:\mathbb{G}\times\mathbb{G}\to\mathbb{G}_T$, 有限循环群 $\mathbb{G}$ 和 $\mathbb{G}_T$ 的阶为素数 $q$. 累进函数 $g\circ f:\mathbb{Z}_q^*\times\mathbb{Z}_q^*\to\mathbb{G}$, 其中 $f:\mathbb{Z}_q^*\times\mathbb{Z}_q^*\mapsto\mathbb{Z}_q^*$, 对于从 $\mathbb{Z}_q^*$ 中任意选取 $\alpha\in\mathbb{Z}_q^*$, $f:(x,u)\to u(x+\alpha)$($u$ 始终为 $\mathbb{Z}_q^*$ 的标识元素), $g:\mathbb{Z}_q^*\to\mathbb{G}$, 具体地, $g:x\mapsto g^x$. 累进元素在 $\mathbb{G}_p$ 中, $\mathbb{G}_p$ 生成元为 $h$, 阶为素数 $p$, 那么 $\mathbb{G}_p\subset\mathbb{Z}_q^*$. 最终初始化算法输出一个公开参数的描述 $\mathbf{desc}=(\mathbb{G},\mathbb{G}_T,e,g,g^{\alpha},g^{\alpha^2},\cdots,g^{\alpha^n},g\circ f,g,f,n)$, 其中 $n$ 为最多可累进的元素数量. 根据上述初始化过程可知, 方案需要可信启动.

(2) 计算 $\mathrm{ACC.Eval}(\mathbf{desc},X)$.

对于待累进的域元素集合 $X\subset\mathbb{G}_p$, 计算 $X$ 的累进值 $g\circ f(1,X)$, 利用公开参数 $(A_0,A_1,\cdots,A_n)=(g,g^{\alpha},g^{\alpha^2},\cdots,g^{\alpha^n})$, 计算 $A=g\circ f(1,X)=\prod_{i=0}^{n}(g^{\alpha^i})^{u_i}$, 其中 $u_i$ 为多项式 $f(\alpha)=\prod_{x\in X}(x+\alpha)=\prod_{i=0}^{n}(u_i\alpha^i)$ 系数.

(3) 见证 $\mathrm{ACC.Wit}(\mathbf{desc},x_s,X,A)$.

其作用是判断成员关系 $x_s\in X$ 是否成立. 将累进器判定准则定义为 $\Omega(w,x,A)=1$ 当且仅当 $e(w,g^xA_1)=e(A,g)$. 此处称 $w$ 是元素 $x_s\in X=\{x_1,\cdots,x_n\}$ 的见证, 即 $s\in[n]$, $w_s=g\circ f(1,X\backslash\{x_s\})=\prod_{i=0}^{n-1}(g^{\alpha^i})^{u_{i,s}}$, 其中 $u_{i,s}$ 为多项式 $f_s(\alpha)=\prod_{i=1,i\neq s}^{n}(x_i+\alpha)=\prod_{i=0}^{n-1}(u_i\alpha^i)$ 的系数.

注意, 累进域元素集合 $X\subset\mathbb{G}_p$ 和验证 $x_s\in X$ 利用公开参数即可完成[59], 因此在累进器可信启动后, 任何人都可以将一个整数 $X$ 集合累进为一个值 $A$, 并在之后提供见证 $w$ 表明某个元素 $x_s\in X$, 也可以通过零知识证明知道用 $w$ 的方式证明某个元素 $x_s\in X$.

累进的域元素生成元为 $h$, 单向关系记为 $\mathbf{R}\doteq\{(y,x)\in\mathbb{Z}_q\times\mathbb{G}_p:x=h^y\}$. 可以

证明累进器方案在 $\mathbb{G}$ 中 $n$-SDH 假设下是安全的，对形式化证明感兴趣的读者可以参阅原文献.

2. 知识签名

知识签名(signatures of knowledge, SoK)是一种三步知识证明协议(PoKs)，是 Sigam 协议的具体实现，并通过 Fait-Shamir 启发式设置对待签署消息和承诺的哈希值作为 Sigam 协议的挑战值，实现非交互的证明并将签名的消息嵌入.

知识签名一般由三个算法过程 (Gen,Sign,Verf) 表示，Gen 生成系统参数与密钥，Sign 输入消息并输出一个持有私钥的证明 $\pi$ 作为对消息的签名，Verf 根据证明 $\pi$ 并结合消息与输出对签名进行验证结论. 令 $g_0,g_1,g_2$ 为上述有限循环群 $\mathbb{G}$ 独立生成元，$h_0,h_1,h_2,h_3,u$ 为 $\mathbb{G}_p\subset\mathbb{Z}_q^*$ 的独立生成元，$(B_0,B_1,\ldots,B_n)=(g_0,g_0^{\alpha},\ g_0^{\alpha 2},\cdots,g_0^{\alpha^n})$，其中 $\alpha\in\mathbb{Z}_q^*$ 由可信方随机选取. 方案包括以下知识签名.

(1) $\mathrm{PoK}_1$: 即不泄露 $x_k,z_k,\gamma$ 的任何信息的情况下，证明 $z_k=h_0^{x_k}u^{\gamma}$ 和 $s_k=h_3^{x_k}$ .

$$\mathrm{PoK}_1\{x_k,r_k,z_k,\gamma,t\mid C_k=g_0^{z_k}g_1^{r_k}\wedge z_k=h_0^{x_k}u^{\gamma}\wedge s_k=h_3^{x_k}\wedge D=h_1^{\gamma}h_2^{t}\}$$

$\mathrm{PoK}_1$ 实际执行中可进一步拆分为两个子协议 $\mathrm{PoK}_{1,1}$ 和 $\mathrm{PoK}_{1,2}$. 其中，$\mathrm{PoK}_{1,1}$ 是标准的 Schnorr 协议，$\mathrm{PoK}_{1,2}$ 通过双离散对数零知识证明实现，方案由 J. Camenisch 和 M. Stadler 在 1997 年美密会上提出，感兴趣读者可查阅相关文献.

$$\mathrm{PoK}_{1,1}\{r_k,z_k\mid C_k=g_0^{z_k}g_1^{r_k}\}$$

$$\mathrm{PoK}_{1,2}\{x_k,r_k,\gamma,t\mid C_k=g_0^{h_0^{x_k}u^{\gamma}}g_1^{r_k}\wedge s_k={h_3}^{x_k}\wedge D=h_1^{\gamma}h_2^{t}\}$$

(2) $\mathrm{PoK}_2$: 证明承诺在 $C_k$ 中 $z_k$ 确实是被累进到 $v_k$ 中，即不泄露 $w_k$ 的情况下，证明 $\Omega(w_k,z_k,v_k)=1$，该功能可以表示为下述知识证明.

$$\mathrm{PoK}_2\{w_k,z_k,v_k\mid e(w_k,g_0^{z_k}g_0^{\alpha})=e(v_k,g_0)\wedge C_k=g_0^{z_k}g_1^{r_k}\}$$

证明者可从 $\mathbb{Z}_q$ 中随机选取 $\tau_1$ 和 $\tau_2$，计算 $w_{k,1}=g_0^{\tau_1}g_0^{\tau_2}$，$w_{k,2}=w_k g_1^{\tau_1}$，然后完成如下知识证明，

$$\mathrm{PoK}_2'\left\{\tau_1,\tau_2,z_k,\delta_1,\delta_2,r_k\middle| w_{k,1}=g_0^{\tau_1}g_1^{\tau_2}\wedge w_{k,1}^{z_k}=g_0^{\delta_1}g_0^{\delta_2}\wedge C_k\right.$$
$$\left.=g_0^{z_k}g_1^{r_k}\wedge\frac{e(w_{k,2},g_0^{\alpha})}{e(v_k,g_0)}=e(w_{k,2},g_0)^{-z_k}e(g_1,g_0)^{\delta_1}e(g_1,g_0^{\alpha})^{\tau_1}\right\}$$

其中 $\delta_1=\tau_1 z_k$，$\delta_2=\tau_2 z_k$. 结合 $\mathrm{PoK}_1$ 和 $\mathrm{PoK}_2$，RingCT 2.0 对消息 $m$ 的知识签名表示如下.

$$\pi=\mathrm{SoK}\{x_k,r_k,z_k,\gamma|e(w_k,g_0^{z_k}g_0^{\alpha})=e(v_k,g_0)\wedge z_k=h_0^{x_k}u^{\gamma}\wedge s_k=h_3^{xk}\}(m)$$

3. RingCT 2.0

RingCT 2.0 将交易相关密钥排列成一个矩阵, 其中每个交易者对应一列. 为了降低交易中签名产生的数据规模, 协议中累进的公钥由 $pk_{in,i}^{(k)}$ 改为 $pk_{in,i}^{(k)}u^s$, 保证每次交易的总金额被记录保存, 发送方计算额外的对应输入/输出的公钥 $\widetilde{pk}_i$, 整个矩阵变为如下的形式.

$$\begin{pmatrix} pk_{in,1}^{(1)}u^1 & \cdots & pk_{in,s}^{(1)}u^s & \cdots & pk_{in,n}^{(1)}u^n \\ \vdots & \ddots & \vdots & \ddots & \vdots \\ pk_{in,1}^{(k)}u^1 & \cdots & pk_{in,s}^{(k)}u^s & \cdots & pk_{in,n}^{(k)}u^n \\ \vdots & \ddots & \vdots & \ddots & \vdots \\ pk_{in,1}^{(m)}u^1 & \cdots & pk_{in,s}^{(m)}u^s & \cdots & pk_{in,n}^{(m)}u^n \\ \widetilde{pk}_1u^1 & \cdots & \widetilde{pk}_su^s & \cdots & \widetilde{pk}_nu^n \end{pmatrix} \begin{matrix} \Rightarrow \\ \vdots \\ \Rightarrow \\ \vdots \\ \Rightarrow \\ \Rightarrow \end{matrix} \begin{pmatrix} v_1 \\ \vdots \\ v_k \\ \vdots \\ v_m \\ v_{m+1} \end{pmatrix}$$

(1) 初始化.

输入安全参数 $\lambda$、在单向域 $\mathbb{G}$ 阶为 $p$ 的累进器 $f$, 累进器算法生成描述 $\mathbf{desc}=(\mathbb{G},\mathbb{G}_T,e,g,g^{\alpha},g^{\alpha^2},\cdots,g^{\alpha^n},g\circ f)$ 和知识签名参数 $\mathbf{par}$. $\mathbb{G}$ 中随机选取生成元 $h_0,h_1,\tilde{h},u$, 输出公共参数 $pp=(\mathbf{desc},\mathbf{par},h_0,h_1,\tilde{h},u)$.

(2) 密钥生成.

输入公共参数 $pp$, 生成公私钥对 $(pk,sk)$ 满足 $(x,y=h_0^x)\in\mathbb{Z}_q\times\mathbb{G}_q$. 门罗币中 $pk$ 为一次性隐蔽地址.

(3) 铸币.

输入地址 $pk$ 和金额 $a\in\mathbb{Z}_p$, 算法为公钥地址 $pk$ 铸币. 选取随机数 $r\in\mathbb{Z}_p$ 作为秘密隐藏因子, 计算承诺 $c=h_0^rh_1^a$, $a$ 是 $pk$ 账户的余额, 返回 $(cn,ck)=(c,(r,a))$. 新的币 $cn$ 和 $pk$ 一起组成了新的地址 $act=(pk,cn)$, 对应的私钥是 $(sk,ck)$.

(4) 转账交易.

交易输入地址集合 $A_s$ 及其私钥集合 $K_s$、交易字符串 $m\in\{0,1\}^*$, 以及任意一个包含 $A_s$ 的集合 $A$, 交易输出地址集合 $R$. 算法输出关于 $A_s$ 的知识签名证据 $\pi$ 和对应的序列号 $S$. $n$ 个输入地址的集合 $A=\{(pk_{in,i}^{(k)},cn_{in,i}^{(k)})\}_{i\in[n],k\in[m]}$, 其中交易者的地址集合为 $A_s=\{(pk_{in,s}^{(k)},cn_{in,s}^{(k)})\}_{k\in[m]}$, 对应私钥 $K_S=\{ask_s^{(k)}=(sk_{in,i}^{(k)},(r_{in,i}^{(k)},a_{in,i}^{(k)}))\}_{k\in[m]}$, 交易输出地址 $R=\{pk_{out,j}\}_{j\in[t]}$. 交易包括以下几个步骤.

①对于所有输出地址 $pk_{out,j}\in R$, 取 $a_{out,j}\in\mathbb{Z}_q$, 那么输出和输入余额满足

$\sum_{k=1}^{m} a_{in,s}^{(k)} = \sum_{j=1}^{t} a_{out,j}$. 然后随机选取 $r_{out,j} \in \mathbb{Z}_q$, 铸币 $cn_{out,j} = c_{out,j} = h_0^{r_{out,j}} h_1^{a_{out,j}}$. 集合 $A_R$ 增加输出地址 $act_{out,j} = (pk_{out,j}, cn_{out,j})$, 秘密地将新铸币的密钥 $ck_{out,j} = (r_{out,j}, a_{out,j})$ 发送给地址 $pk_{out,j}$ 持有者即收款人.

②对于所有 $i \in \{1,\cdots,n\}$, 计算私钥 $\widetilde{sk_s} = \sum_{k=1}^{m} sk_{in,s}^{(k)} + \sum_{k=1}^{m} r_{in,s}^{(k)} - \sum_{j=1}^{t} r_{out,j}$ 和对应公钥 $\widetilde{pk_s} = \prod_{k=1}^{m} pk_{in,i}^{(k)} \prod_{k=1}^{m} cn_{in,i}^{(k)} \Big/ \prod_{j=1}^{t} cn_{out,j}$. 显然有 $\widetilde{pk_s} = h_0^{\widetilde{sk_s}}$, 这是因为 $\sum_{k=1}^{m} a_{in,s}^{(k)} = \sum_{j=1}^{t} a_{out,j}$. 记 $\widetilde{pk_s} = y_i^{(m+1)}$, $\widetilde{sk_s} = x_s^{(m+1)}$.

③生成发送至 $tx$ 交易的一系列硬币 $A_s$ 的证据 $\pi$, 其中包含交易字符串 $\boldsymbol{m}$, 输入地址 $A$, 输出地址 $A_R$. 对于 $k \in [m]$, 记 $sk_{in,s}^{(k)} = x_s^{(k)}$, 对于 $i \in [n]$, 记 $pk_{in,i}^{(k)} = y_i^{(k)}$.

第一步, 对于所有 $k \in [m+1]$, 计算累进值 $v_k = \text{ACC.Eval}(\mathbf{desc}, \{y_i^{(k)} u^i\})$ 和对应的 $y_s^{(k)} \cdot u^s$ 已经累进至 $v_k$ 的见证 $w_s^{(k)} = \text{ACC.Wit}(\mathbf{desc}, \{y_i^{(k)} u^i \mid i \neq s\})$. 然后对于所有的 $k \in [m]$ 计算 $s_k = \tilde{h}^{x_s^{(k)}}$, 记作 $z_s^{(k)} = y_s^{(k)} u^s$.

第二步, 按照以下方式, 生成交易 $tx$ 的知识签名证据 $\pi$.

$$
\begin{aligned}
\text{SoK}\{&(w_k, z_k, x_k)_{k=1}^{m+1}, \gamma \mid f(w_{m+1}, z_{m+1}) = v_{m+1} \wedge z_{m+1} \\
&= h_0^{x_{m+1}} u^{\gamma} \wedge f(w_1, z_1) = v_1 \wedge z_1 = h_0^{x_1} u^{\gamma} \wedge s_1 \\
&= \tilde{h}^{x_1} \wedge \cdots f(w_m, z_m) = v_m \wedge z_m = h_0^{x_m} u^{\gamma} \wedge s_m = \tilde{h}^{x_m}\}(tx)
\end{aligned}
$$

最终, 返回 $(tx, \pi, S)$ 并提交给交易验证者验证, 其中 $S = \{s_1, s_2, \cdots, s_m\}$, 序列号 $s_k$ 由地址密钥 $sk_{in,s}^{(k)}$ 唯一确定, 并用来防止双花攻击, 其中 $k \in [m]$.

(5) 验证: 交易验证者(矿工)收到 $(tx, \pi, S)$ 后, 验证来自交易输入地址 $A$ 和一组序列号 $s_i$ 及字符串 $\boldsymbol{m}$ 是否被用于交易 $tx$ (输出地址为 $R$).

①使用 $A = \{(pk_{in,i}^{(k)}, cn_{in,i}^{(k)})\}_{i\in[n],k\in[m]}$ 和 $A_R = \{(pk_{out,j}, cn_{out,j})\}_{j\in(t)}$ 计算所有 $i \in [n]$ 的公钥 $\widetilde{pk_s} = \prod_{k=1}^{m} pk_{in,i}^{(k)} \prod_{k=1}^{m} cn_{in,i}^{(k)} \Big/ \prod_{j=1}^{t} cn_{out,j}$. 对于所有 $k \in [m]$ 执行累进器计算函数 $v_k = \text{ACC.Eval}(\mathbf{desc}, \{y_i^{(k)} u^i\})$, 并且计算 $v_{m+1} = \text{ACC.Eval}(\mathbf{desc}, \{\widetilde{pk_s} u^i\})$.

②通过累进值 $(v_1, \cdots, v_{m+1})$ 、序列号 $S = (s_1, \cdots, s_m)$ 、交易 $tx$ 和证据 $\pi$, 执行知识签名验证算法, 验证 $\text{Verf}(tx, (v_1, \cdots, v_{m+1}), (s_1, \cdots, s_m), \pi) = 1$ 是否正确. 正确则接受交易, 否则拒绝交易.

RingCT 2.0 协议基于 Pedersen 承诺、单向域累进器和相关知识签名, 使得其大小与广义环中包含的输入账户的组数无关, 而 RingCT 1.0 协议的大小与组数呈线性增长, 提高 Monero 在多输入账户时的整体效率.

RingCT 2.0 与原来的 RingCT 1.0 相比有一个明显的缺点, 即累进器需要可信的启动. 这个问题与 Zcash 类似, 可以通过安全多方计算与门限密码技术部分解决[3].

### 6.4.4 环保密交易 3.0 版

2020 年, T. H. Yuen 等在金融密码学与数据安全会议上提出了区块链环保密交易协议 RingCT 3.0[78]. RingCT 3.0 给出了一种高效的环签名方案, 可以实现隐私保护, 不需要可信启动. 对于一个典型的环大小为 1024 个成员的输入事务, RingCT 3.0 协议的环签名长度比 Monero 中使用的原始 RingCT 1.0 协议的环签名长度减少了 98%. 因此, RingCT 3.0 支持更大的环, 可以提供更好的匿名保护.

RingCT 3.0 协议依赖于新设计的环签名方案, 它无需可信启动. RingCT 3.0 环签名的核心是在群上构造 $n$ 个公钥的集合成员关系证明, 其证明大小为 $O(\log n)$.

1. 集合成员关系证明

RingCT 3.0 中使用向量相关运算, 对于标量 $c\in\mathbb{Z}_p$ 和一个向量 $\boldsymbol{a}=(a_1,\cdots,a_n)\in\mathbb{Z}_p^n$, 记 $\boldsymbol{b}=c\boldsymbol{a}$ 为向量, 表示 $b_i=c\,a_i$, $i\in[1,n]$. 令两个向量 $\boldsymbol{a}$ 和 $\boldsymbol{b}$ 的内积为 $\langle \boldsymbol{a},\boldsymbol{b}\rangle=\sum_{i=1}^n a_ib_i$, 两个向量的阿达马积为 $\boldsymbol{a}\circ\boldsymbol{b}=(a_1b_1,\cdots,a_nb_n)$. 标记 $\boldsymbol{k}^n$ 为 $k\in\mathbb{Z}_p$ 的前 $n$ 次幂组成的向量, 即 $\boldsymbol{k}^n=(1,k,k^2,\cdots,k^n)\in\mathbb{Z}_p^n$. 令 $\boldsymbol{g}=(\boldsymbol{g}_1,\cdots,\boldsymbol{g}_n)\in\mathbb{G}^n$ 是生成元向量, $\boldsymbol{a}=(a_1,\cdots,a_n)\in\mathbb{Z}_p^n$, 那么 $\boldsymbol{C}=\boldsymbol{g}^{\boldsymbol{a}}=\prod_{i=1}^n g_i^{a_i}$.

首先介绍 RingCT 3.0 协议的基本思想. 它从一组公钥的集合成员关系证明开始, 在没有可信启动的情况下, 给出了群上公钥的第一个集合成员关系证明. 一个公钥集合 $\boldsymbol{Y}=(Y_1,\cdots,Y_n)$, 一个二进制向量 $\boldsymbol{b_L}=(b_1,\cdots,b_n)$, 记 $\boldsymbol{Y}^{\boldsymbol{b_L}}=\prod_{i=1}^n Y_i^{b_i}$. 对于每一个公钥 $Y_i\in\boldsymbol{Y}$, 对应私钥为 $x_i=\log_g Y_i$. 通过群生成元 $h$ 和随机数 $\beta\in\mathbb{Z}_p$, 构造 Pedersen 承诺为 $C=h^\beta Y_i$. 当 $\boldsymbol{b_L}$ 仅在 $i$ 时为 1, 则有 $C=h^\beta Y_i=h^\beta\boldsymbol{Y}^{\boldsymbol{b_L}}$.

定义 $\boldsymbol{b_R}=\boldsymbol{b_L}-\boldsymbol{1}^n$, 其中 $\boldsymbol{1}^n$=(1,⋯,1), 向量长度为 $n$ 比特. 方案使用零知识证明的方法证明 $\boldsymbol{b_L}\circ\boldsymbol{b_R}=\boldsymbol{0}^n$, $\boldsymbol{b_L}-\boldsymbol{b_R}=\boldsymbol{1}^n$ 且 $\langle\boldsymbol{b_L},\boldsymbol{1}^n\rangle=1$. 即证明 $\boldsymbol{b_L}$ 是汉明重量(一串符号中非零符号的个数)为 1 的二进制向量. 由于零知识证明隐藏了 $\boldsymbol{b_L}$ 的知识, 所以隐藏了承诺公钥的位置索引 $i$, 也就是验证者不知道只有哪一个位置的 $b_i$ 为 1.

为了实现长度为 $n$ 的 $\boldsymbol{b_L}$ 的高效集合成员关系证明, 利用 Bulletproofs (详见 6.6 节)中的内积证据, 将证明的大小减小到 $\log n$. 构造的一个重要修改是确保对公钥 $Y$ 的 Pedersen 承诺 $C$ 的安全性, 使用哈希函数 $h=H(\boldsymbol{Y})$, 因此不知道公钥 $Y$ 和 $h$ 之间的离散对数关系.

2. RingCT 3.0 中可链接环签名

RingCT 3.0 尝试使用集合成员关系证明直接构造可链接环签名. 签名者给出的零知识证明, 表明其知道 ①一个属于 $n$ 个公钥承诺的集合中某一个承诺 $C=h^{\beta}Y_i$; ②与承诺的公钥对应的私钥. RingCT 1.0 中使用密钥镜像 $I_j=H_{\mathbb{G}}(P_{\pi,j})^{x_{\pi,j}}$ 实现可链接性, 防止双花攻击. RingCT 3.0 使用密钥镜像 $Y_i g_i^d$ 绑定集合 $\boldsymbol{Y}$ 中的用户, $Y_i$ 为用户的公钥, $g_i$ 为系统参数, $d$ 是环中所有公钥的哈希值. 对于用户标识 $Y_i g_i^d$, 因为加入了 $d$, 所以 $g_i$ 的部分不能被 $Y_i$ 抵消. 这样即使敌手知道其他用户的私钥, 不同用户之间的离散对数表示关系仍然是未知的, 这是由于 $g$ 相对于 $g_i$ 的离散对数是未知的.

构造 $M$ 个多输入的 RingCT, 利用 Bulletproofs 零知识证明技术, 可以进一步压缩 RingCT 3.0, 使用 $\boldsymbol{b_L}$ 的前 $n$ 比特来表示第一个可链接环签名, 使用 $\boldsymbol{b_L}$ 的后 $n$ 比特来表示第二个可链接环签名. 以此类推, 对于 $M$ 个输入, 将会产生 $nM$ 比特的 $\boldsymbol{b_L}$. 利用内积证据, 可以证明 $\boldsymbol{b_L}$ 的正确性, 并且 $\boldsymbol{b_L}$ 的尺寸为 $O(\log nM)$. 但是, 仍然需要 $M$ 个群元素来展示 $M$ 个密钥镜像的正确性, 因此 RingCT 3.0 证明证据大小为 $O(M+\log nM)$.

RingCT 3.0 中的环签名主要包括初始化、密钥生成、签名生成和签名验证算法, 以下是算法的具体过程.

(1) 系统参数初始化算法.

输入安全参数 $\mathbf{1}^{\lambda}$; 输出环的最多成员数 $N$, 阶为素数 $p$ 的有限循环群 $\mathbb{G}$, $g,h_i\in\mathbb{G}$ 为群的独立生成元, $\boldsymbol{h}=(h_1,\cdots,h_N)\in\mathbb{G}^N$, 哈希函数 $H_1,H_2,H_3,H_4:\{0,1\}^*\to\mathbb{Z}_p$ 和哈希函数 $H_6:\{0,1\}^*\to\mathbb{G}$.

(2) 密钥生成算法.

每个用户随机选取私钥 $sk\in\mathbb{Z}_p$, 公钥为 $Y=g^{sk}$.

(3) 签名生成算法.

输入环签名成员规模 $n\leqslant N$, 环签名成员公钥向量 $\boldsymbol{Y}=(Y_1,Y_2,\cdots,Y_n)$, 签名者索引为 $i^*\in[1,n]$. 环签名者的私钥为 $sk^*$, 待签名的消息为 $\boldsymbol{m}$, 执行以下两个阶段的计算.

① 准备签名索引阶段.

生成一个二进制向量 $\boldsymbol{b_L}=(b_1,\cdots,b_n)$. 当 $i=i^*$ 时, $b_i=1$; 否则 $b_i=0$. 设置 $\boldsymbol{b_R}=\boldsymbol{b_L}-\mathbf{1}^n$.

② 签名生成阶段.

主要包括以下两组承诺和挑战, 以及一个应答. 第一组承诺和挑战如下.

**承诺 1**: 设 $h=H_6(\boldsymbol{Y})$, 随机选取 $\alpha,\beta,\rho,r_{\alpha},r_{sk}\in\mathbb{Z}_p$, $\boldsymbol{s_L},\boldsymbol{s_R}\in\mathbb{Z}_p^n$, 计算 $A_1=h^{\alpha}\boldsymbol{Y}^{\boldsymbol{b_L}}=h^{\alpha}Y_{i^*}$, $A_2=h^{\beta}\boldsymbol{h}^{\boldsymbol{b_R}}$, $S_1=h^{r_{\alpha}}g^{r_{sk}}$, $S_2=h^{\rho}\boldsymbol{Y}^{\boldsymbol{s_L}}\boldsymbol{h}^{\boldsymbol{s_R}}$.

**挑战 1**: 记字符串 $str=\{\boldsymbol{Y}\,\|\,B\,\|\,A\,\|\,S_1\,\|\,S_2\}$, 计算 $y=H_2(str)$, $z=H_3(str)$ 和

$w = H_4(str)$.

第二组承诺和挑战如下.

**承诺 2**: 对于变量 $X$, 构造两个一阶多项式 $l(X) = \boldsymbol{b_L} - z\,\boldsymbol{1}^n + \boldsymbol{s_L}\,X$ 和 $r(X) = \boldsymbol{y}^n \circ (w\,\boldsymbol{b_R} + wz\,\boldsymbol{1}^n + \boldsymbol{s_R}\,X) - z^2\boldsymbol{1}^n$. $t(X) = \langle l(X), r(X)\rangle$ 是一个二阶多项式, 可以将 $t(X)$ 写为 $t(X) = t_0 + t_1X + t_2X^2$, $t_0, t_1, t_2$ 可以通过 $(\boldsymbol{b_L}, \boldsymbol{b_R}, \boldsymbol{s_L}, \boldsymbol{s_R}, w, y, z)$ 计算, 其中 $t_0$ 的计算如下式.

$$\begin{aligned} t_0 &= w\langle \boldsymbol{b_L}, \boldsymbol{b_R} \circ \boldsymbol{y}^n\rangle + zw\langle \boldsymbol{b_L} - \boldsymbol{b_R}, \boldsymbol{y}^n\rangle + z^2\langle \boldsymbol{b_L}, \boldsymbol{1}^n\rangle - wz^2\langle \boldsymbol{1}^n, \boldsymbol{y}^n\rangle - z^3\langle \boldsymbol{1}^n, \boldsymbol{1}^n\rangle \\ &= z^2 + w(z - z^2)\langle \boldsymbol{1}^n, \boldsymbol{y}^n\rangle - z^3\langle \boldsymbol{1}^n, \boldsymbol{1}^n\rangle \end{aligned}$$

随机选取 $\tau_1, \tau_2 \in \mathbb{Z}_p$, 计算 $T_1 = g^{t_1}h^{\tau_1}$, $T_2 = g^{t_2}h^{\tau_2}$.

**挑战 2**: 计算 $x = H_1(w, y, z, T_1, T_2, \boldsymbol{m})$.

为了完成签名, 应答方式如下.

计算 $\tau_x = \tau_1\,x + \tau_1\,x^2$, $\mu = \alpha + \beta\,w + \rho\,x$, $z_\alpha = r_\alpha + \alpha\,x$, $z_{sk} = r_{sk} + sk\,x$, $\boldsymbol{l} = l(X) = \boldsymbol{b_L} - z\,\boldsymbol{1}^n + \boldsymbol{s_L}\,X$, $\boldsymbol{r} = r(x) = y^n\ (w \cdot \boldsymbol{b_R} + wz \cdot \boldsymbol{1}^n + \boldsymbol{s_R} \cdot x) + z^2\boldsymbol{1}^n$ 和 $t = \langle \boldsymbol{l}, \boldsymbol{r}\rangle$ .

最终输出 $A_1$ 和 $\sigma = (A_2, S_1, S_2, T_1, T_2, \tau_x, \mu, z_\alpha, z_{sk}, \boldsymbol{l}, \boldsymbol{r}, t)$.

(4) 签名验证算法.

输入公钥向量 $\boldsymbol{Y}$, $A_1$ 和 $\sigma = (A_2, S_1, S_2, T_1, T_2, \tau_x, \mu, z_\alpha, z_{sk}, \boldsymbol{l}, \boldsymbol{r}, t)$, 字符串 $str = \{\boldsymbol{Y} \| B \| A \| S_1 \| S_2\}$. 计算 $h = H_6(\boldsymbol{Y})$, $y = H_2(str)$, $z = H_3(str)$, $w = H_4(str)$. $x = H_1(w, y, z, T_1, T_2)$, 定义 $\boldsymbol{h}' = (h'_1, \cdots, h'_n) \in \mathbb{G}^n$, 对于 $i \in [1, n]$, $h'_i = h_i^{y^{-i+1}}$, 验证下列等式是否相等

$$t = \langle \boldsymbol{l}, \boldsymbol{r}\rangle$$

$$g^t h^{\tau_x} = g^{z^2 + w(z - z^2)\langle \boldsymbol{1}^n, \boldsymbol{y}^n\rangle - z^3\langle \boldsymbol{1}^n, \boldsymbol{1}^n\rangle} T_1^x T_2^{x^2}$$

$$h^\mu \boldsymbol{Y}^{\boldsymbol{l}} \boldsymbol{h}'^{\boldsymbol{r}} = A_1\ A_2^w\ S_2^x\ \boldsymbol{Y}^{-z\,\boldsymbol{1}^n}\ h'^{wz \cdot y^n + z^2\,\boldsymbol{1}^n}$$

$$h^{z_\alpha} g^{z_{sk}} = S_1 A_1^x$$

当且仅当所有验证都成立时, 输出 1; 否则输出 0.

3. RingCT 3.0 协议

RingCT 3.0 协议中还需要对 Pedersen 承诺的范围证明. 范围证明包括 $\mathrm{RP} = (\mathrm{RSetup}, \mathrm{RProof}, \mathrm{RVerify})$ , $\mathrm{PoK}\{a, k \mid C = h_c^a g_c^k \wedge a \in [R_{\min}, R_{\max}]\}$ . 相应的零知识证明可以使用 Bulletproof 实现.

RingCT 3.0 协议主要包括初始化、密钥生成、铸造新币、账户生成、转账交易和验证. 具体过程如下.

(1) 初始化.

输入安全参数 $\mathbf{1}^{\lambda}$, 输出环的成员最大值为 $n_{\max}$, 群 $\mathbb{G}$ 阶为素数 $p$, 群的独立生成元 $g_c, h_c, g, u \in \mathbb{G}$, $\boldsymbol{g} = (g_1, \cdots, g_{n_{\max}}) \in \mathbb{G}^{Nn_{\max}}$, $\boldsymbol{h} = (h_1, \cdots, h_{n_{\max}}) \in \mathbb{G}^{Nn_{\max}}$, 哈希函数 $H_1, H_2, H_4, H_5 : \{0,1\}^* \to \mathbb{Z}_p$, $H_3 : \mathbb{G} \to \mathbb{Z}_p$, $H_6 : \{0,1\}^* \to \mathbb{G}$, 并执行范围证明的初始化算法 RSetup .

(2) 密钥生成.

密钥生成主要包括长期密钥、一次性公钥和一次性私钥三种.

①长期密钥: 用户选择长期私钥 $ltsk \doteq (x_1, x_2) \in \mathbb{Z}_p^2$, 对应公钥 $ltpk \doteq (g^{x_1}, g^{x_2})$.

② 一次性公钥: 输入长期公钥 $ltpk$=$(g^{x_1}, g^{x_2})$, 随机选取 $r_{ot} \in \mathbb{Z}_p$, 计算一次性公钥 $pk = g^{x_1} g^{H_6(R_{ot}^{x_2})}$, 输出一次性公钥 $pk$ 和辅助值 $R_{ot} = g^{r_{ot}}$ .

③一次性私钥: 输入一次性公钥 $pk$ 、辅助值 $R_{ot} = g^{r_{ot}}$ 和长期私钥 $ltsk$= $(x_1, x_2)$ . 检查 $pk = g^{x_1} \cdot g^{H_6(R_{ot}^{x_2})}$ 是否成立, 如果成立输出一次性私钥 $sk = x_1 + H_6(R_{ot}^{x_2})$ .

(3) 铸造新币.

输入一次性公钥 $pk$ 和交易金额 $a \in \mathbb{Z}_p$, 随机选取 $k \in \mathbb{Z}_p$, 铸造新的币 $C = g_c^k h_c^{\mathrm{a}}$, 返回新币 $C$ 和新币对应的私钥 $ck = \kappa$ .

(4) 账户生成.

输入用户一次性公私钥对 $(sk, pk)$、币 $C$、币对应的私钥 $ck = \kappa$ 和交易金额 $a$. 这里 $(pk, C)$ 表示交易的输出. 检查 $C = g_c^k h_c^a$ 是否成立. 如果成立, 则输出一个账户 $act = (pk, C)$ 和对应的私钥 $ask$=$(sk_k, ck, a)$ .

(5) 转账交易.

输入转账者的 $M$ 个交易输入账户 $\mathbb{A}_s$ 和账户私钥 $\{ask_k = (sk_k, \kappa_{in,k}, a_{in,k})_{k\in[1,M]}\}$, $nM$ 个输入账户 $\mathbb{A}_{in} \supset \mathbb{A}_s$ , 以及 $N$ 个输出账户 $\{a_{out,j}\}_{j\in[1,N]}$ 对应 $N$ 个接收者的公钥 $\{pk_{out,j}\}_{j\in[1,N]}$ 和交易消息 $\boldsymbol{m}$, 其中 $n < n_{\max}$ 是环的大小. 首先验证账户中的余额, 如果 $\sum_{k=1}^{M} a_{in,k} \neq \sum_{k=1}^{N} a_{out,j}$ , 则意味着交易金额不合法, 终止协议.

将输入账户 $\mathbb{A}_{in}$ 排列成 $M \times n$ 的矩阵, 每一行中只包含交易输入 $\mathbb{A}_s$ 中的一个账户. 标记 $\mathbb{A}_s$ 中的第 $k$ 个元素在矩阵的第 $k$ 行的列索引为 $\mathrm{ind}_k$ .

转账交易协议可以被分为金额输入/输出平衡和支持发送方匿名性的环签名两部分. 金额输入/输出平衡算法包括以下几个步骤.

①生成一次性公钥: 发送方调用上述一次性公钥算法, 将长期公钥转换为一次性公钥, 辅助信息附加在交易消息 $\boldsymbol{m}$ 之后.

②生成输出币: 首先对于所有 $j \in [1, N]$, 交易金额 $a_{out,j}$ 执行铸币算法得到 $(C_{out,j}, \kappa_{out,j})$. 设 $\mathbb{A}_{out,j} = \{(pk_{out,j}, C_{out,j})\}_{j\in[1,N]}$ 为 $N$ 个输出账户. 发送者将金额

$a_{out,j}$ 和币的密钥 $\kappa_{out,j}$ 秘密地发送给每一个 $pk_{out,j}$ 的私钥持有者. 记 $\mathbb{C}\kappa_{out}$ 为币密钥的集合.

③生成范围证明: 对于所有 $j\in[1,N]$ 的金额 $a_{out,j}$, 执行 RProof 范围证明. 记 $\pi_{range}$ 为所有 $j$ 的 RProof 证据.

④准备平衡证据: 记支付给 $act_k^{(\mathrm{ind}_k)}$ 的币为 $C_{in,k}^{(\mathrm{ind}_k)}$, $C_{in,k}^{(\mathrm{ind}_k)}$ 的密钥为 $(\kappa_{in,k},a_{in,k})$, 如果输入金额等于输出金额, 那么 $\prod_{k=1}^{M}C_{in,k}^{(\mathrm{ind}_k)}\Big/\prod_{j=1}^{N}C_{out,j}=g_c^{\sum_{k=1}^{M}\kappa_{in,k}-\sum_{j=1}^{N}\kappa_{out,j}}$. 记作 $\Delta=\sum_{k=1}^{M}\kappa_{in,k}-\sum_{j=1}^{N}\kappa_{out,j}$.

发送方对于 $\mathbb{A}_{in}$ 的每行生成一个环签名, 对于 $i\in[1,n]$, 记 $act_k^{(i)}=(C_{in,k}^{(i)},pk_{in,k}^{(i)})$, 签名者的索引为 $\mathrm{ind}_k$. 环签名算法包含以下几个步骤.

① 生成一次性私钥: 发送方调用一次性私钥算法将长期私钥转换为一次性私钥.

② 生成密钥镜像: $act_k^{(\mathrm{ind}_k)}$ 的账户私钥为 $(sk_k,ck,a)$, 计算密钥镜像 $U_k=u^{1/sk_k}$.

③ 环信息: 级联字符串 $str=\left\{act_k^{(1)}\|\cdots\|act_k^{(n)}\right\}_{k\in[1,M]}$. 证明者计算以下哈希函数 $d_0=H_2(0,str)$, $d_1=H_2(1,str)$ 和 $d_2=H_2(2,str)$. 对于所有 $k\in[1,M]$, 设公钥集合为以下形式.

$$\boldsymbol{Y}_k=\left((pk_{in,k}^{(1)})^{d_0^{k-1}}(C_{in,k}^{(1)})^{d_1}g_1^{d_2},\cdots,(pk_{in,k}^{(n)})^{d_0^{k-1}}(C_{in,k}^{(n)})^{d_1}g_n^{d_2}\right)$$

$$Y=\boldsymbol{Y}_1\|\cdots\|\boldsymbol{Y}_M$$

④准备签名者索引: 对于 $k\in[1,M]$, 发送方生成二进制向量 $\boldsymbol{b}_{\boldsymbol{L},k}=(b_{k,1},\cdots,b_{k,n})$, 其中当 $i=\mathrm{ind}_k$ 时 $b_{k,i}=1$, 否则 $b_{k,i}=0$. 定义 $\boldsymbol{b}_{\boldsymbol{L}}=\boldsymbol{b}_{\boldsymbol{L},1}\|\cdots\|\boldsymbol{b}_{\boldsymbol{L},M}$ 并且 $\boldsymbol{b}_{\boldsymbol{R}}=\boldsymbol{b}_{\boldsymbol{L}}-\boldsymbol{1}^n$.

⑤生成签名: 和上述环签名过程一样包括两次承诺和挑战以及最终的回复.

**承诺 1**: 设 $h=H_3(\boldsymbol{Y})$, 随机选取 $\alpha_1,\alpha_2,\beta,\rho,r_{\alpha_1},r_{\alpha_2},r_{sk_1},\cdots,r_{sk_M},r_\delta\in\mathbb{Z}_p$, $\boldsymbol{s}_{\boldsymbol{L}}$, $\boldsymbol{s}_{\boldsymbol{R}}\in\mathbb{Z}_p^{nM}$, 计算

$$B_1=h^{\alpha_1}\prod_{k=1}^{M}\left(pk_{in,k}^{(\mathrm{ind}_k)}\right)^{d_0^{k-1}}\left(C_{in,k}^{(\mathrm{ind}_k)}\right)^{d_1}g_{\mathrm{ind}_k}^{d_2}=h^{\alpha_1}\boldsymbol{Y}^{\boldsymbol{b}_{\boldsymbol{L}}}$$

$$B_2=h^{\alpha_2}\prod_{k=1}^{M}g_{\mathrm{ind}_k}$$

$$A=h^{\beta}\boldsymbol{h}^{\boldsymbol{b}_{\boldsymbol{R}}}$$

$$S_1=h^{r_\alpha-d_2r_{\alpha_2}}g^{\sum_{k=1}^{M}r_{sk,k}d_0^{k-1}}g_c^{d_1r\Delta}$$

$$S_2=h^{\rho}\boldsymbol{Y}^{\boldsymbol{s}_{\boldsymbol{L}}}\boldsymbol{h}^{\boldsymbol{s}_{\boldsymbol{R}}}$$

$$S_3=\prod_{k=1}^{m}U_k^{r_{sk,k}d_0^{k-1}}$$

**挑战 1**: 记级联字符串 $str=\{\boldsymbol{Y}\|B_1\|B_2\|A\|S_1\|S_2\|S_3\|U_1\|\cdots\|U_M\}$, 计算

$y=H_4(1,str)$，$z=H_4(2,str)$和$w=H_4(3,str)$.

**承诺 2**: 对于变量 $X$,构造两个一阶多项式

$$l(X)=\boldsymbol{b_L}-z\,\boldsymbol{1}^{nM}+\boldsymbol{s_L}\,X$$

$$r(X)=\boldsymbol{y}^{nM}\circ(w\,\boldsymbol{b_R}+wz\,\boldsymbol{1}^{nM}+\boldsymbol{s_R}\,X)+\sum_{k=1}^{M}z^{1+k}\langle\,\boldsymbol{b_L},\boldsymbol{0}^{(k-1)n}\,\|\,\boldsymbol{1}^n\,\|\,\boldsymbol{0}^{(M-k)n}\rangle$$

得到二阶多项式$t(X)=\langle\,l(X),r(X)\rangle$, 可以将$t(X)$写为$t(X)=t_0+t_1X+t_2X^2$, 其中$t_0,t_1,t_2$可以通过$(\boldsymbol{b_L},\boldsymbol{b_R},\boldsymbol{s_L},\boldsymbol{s_R},w,y,z)$计算. 特别地, $t_0$可以如下计算.

$$\begin{aligned}t_0&=w\langle\,\boldsymbol{b_L},\boldsymbol{b_R}\circ\boldsymbol{y}^{nM}\rangle+zw\langle\,\boldsymbol{b_L}-\boldsymbol{b_R},\boldsymbol{y}^{nM}\rangle+\sum_{k=1}^{M}z^{1+k}\langle\,\boldsymbol{b_L},\boldsymbol{0}^{(k-1)n}\,\|\,\boldsymbol{1}^n\,\|\,\boldsymbol{0}^{(M-k)n}\rangle\\&\quad-wz^2\langle\boldsymbol{1}^{nM},\boldsymbol{y}^{nM}\rangle-\sum_{k=1}^{M}z^{2+k}\langle\,\boldsymbol{b_L},\boldsymbol{0}^{(k-1)n}\,\|\,\boldsymbol{1}^n\,\|\,\boldsymbol{0}^{(M-k)n}\rangle\\&=\sum_{k=1}^{M}z^{1+k}+w(z-z^2)\langle\boldsymbol{1}^{nM},\boldsymbol{y}^{nM}\rangle-\sum_{k=1}^{M}nz^{2+k}\end{aligned}$$

随机选取$\tau_1,\tau_2\in\mathbb{Z}_p$, 计算$T_1=g^{t_1}h^{\tau_1}$, $T_2=g^{t_2}h^{\tau_2}$.

**挑战 2**: 计算$x=H_5(w,y,z,T_1,T_2,\boldsymbol{m})$.

**回复**: 计算$\tau_x=\tau_1x+\tau_1x^2$, $\mu=\alpha_1+\beta w+\rho x$, $z_{\alpha_1}=r_{\alpha_1}+\alpha_1x$, $z_{\alpha_2}=r_{\alpha_2}+\alpha_2x$, $z_{sk,k}=r_{sk,k}+sk_kx$, $z_\Delta=r_\Delta+\Delta x$, $t=\langle\,\boldsymbol{l},\boldsymbol{r}\rangle$, 其中 $k\in[1,M]$, $\boldsymbol{l}=l(X)=\boldsymbol{b_L}-z\boldsymbol{1}^{nM}+\boldsymbol{s_L}x$, $\boldsymbol{r}=r(x)=y^{nM}\circ(w\boldsymbol{b_R}+wz\boldsymbol{1}^{nM}+\boldsymbol{s_R}x)+\sum_{k=1}^{M}z^{1+k}(\boldsymbol{0}^{(k-1)n}\,\|\,\boldsymbol{1}^n\,\|\,\boldsymbol{0}^{(M-k)n})$.

输出环签名$\sigma_{ring}=(B_1,B_2,A,S_1,S_2,S_3,T_1,T_2,\tau_x,\mu,z_{\alpha_1},z_{\alpha_2},z_{sk,1},\cdots,z_{sk,M},z_\Delta,\boldsymbol{l},\boldsymbol{r},t)$和密钥镜像集合$\mathbb{S}=(U_1,\cdots,U_M)$. 最终将$(\mathbb{A}_{out},\pi=(\sigma_{range},\sigma_{ring}),\mathbb{S},\mathbb{C}k_{out})$提交给矿工.

(6) 验证: 输入消息$m$、输入和输出账户$\mathbb{A}_{in}$和$\mathbb{A}_{out}$、证据$\pi$、密钥镜像集合$\mathbb{S}$和之前的密钥镜像集合$\mathbb{U}$, 验证过程执行以下步骤.

①如果集合$\mathbb{S}$和$\mathbb{U}$中元素有重复, 则验证不通过, 发现双花攻击.

②输入范围证明证据$\sigma_{range}$和输出账户$\mathbb{A}_{out}$, 执行范围证明RVerify算法. 若验证不通过, 发现交易金额不满足要求.

③通过以下方式验证环签名$\sigma_{ring}$和密钥镜像$\mathbb{U}_k\in\mathbb{S}(k\in[1,M])$的正确性. 首先通过转账交易单中的环信息使用$\mathbb{A}_{in}$计算$d_0,d_1,d_2$和$\boldsymbol{Y}$. 生成字符串$str'=\{\boldsymbol{Y}\,\|\,B_1\,\|\,B_2\,\|\,A\,\|\,S_1\,\|\,S_2\,\|\,S_3\,\|\,U_1\,\|\cdots\|\,U_M\}$. 计算 $h=H_3(\boldsymbol{Y})$, $y=H_4(1,str)$, $z=H_4(2,str)$, $w=H_4(3,str)$和$x=H_5(w,y,z,T_1,T_2,m)$. 记$\boldsymbol{h}'=(h_1',\cdots,h_{nM}')\in\mathbb{G}^{nM}$, 其中$h_i'=h_i^{y^{-i+1}}$对所有的$i\in[1,nM]$成立. 验证以下等式是否成立.

$$t=\langle\,\boldsymbol{l},\boldsymbol{r}\rangle$$

$$g^th^{\tau_x}=g^{\sum_{k=1}^{M}z^{1+k}(1-nz)+w(z-z^2)\langle\boldsymbol{1}^{nM},\boldsymbol{y}^{nM}\rangle}T_1^xT_2^{x^2}$$

$$h^{\mu}\boldsymbol{Y}^{\boldsymbol{l}}\boldsymbol{h}'^{\boldsymbol{r}} = B_1 A^w S_2^x \boldsymbol{Y}^{-z\boldsymbol{1}^{nm}} \boldsymbol{h}'^{wz\boldsymbol{y}^{nM}+\sum_{k=1}^{M} z^{1+k}\boldsymbol{0}^{(k-1)n}\|\boldsymbol{1}^n\|\boldsymbol{0}^{(M-k)n}}$$

$$h^{z_{\alpha_1}-d_2 z_{\alpha_2}} g^{\sum_{k=1}^{M} z_{sk,k} d_0^{k-1}} g_c^{d_1 z\Delta} = S_1\left(B_1 \prod_{j=1}^{N} C_{out,j}^{-d_1} B_2^{-d_2}\right)^x$$

$$\prod_{k=1}^{N} U_k^{z_{sk,k} d_0^{k-1}} = S_3 u^{x\sum_{k=1}^{N} d_0^{k-1}}$$

若上述等式均成立, 则接受该交易; 否则, 拒绝该交易.

### 6.4.5 环保密交易在区块链中的应用

环保密交易 RingCT 1.0 协议是提供保护隐私转账功能的代表性区块链门罗币的核心协议, 实现对发送方身份、接收方和交易金额的隐私保护.

## 6.5 zk-SNARK 协议

零知识证明允许示证者在不泄露秘密证据的情况下证明一个断言, 可以在确保参与者隐私的同时验证参与者是诚实的, 兼具建立信任和保护隐私的功能, 高度契合区块链去信任与隐私保护需求, 具有良好的应用前景. 5.7 节介绍了 Sigma 协议, 主要是针对特殊 NP 问题的零知识证明实现, 本节以简洁非交互式零知识论证(zero-knowledge succinct non-interactive argument of knowledge, zk-SNARK)为代表, 介绍 NP 关系的通用零知识证明实现方法.

### 6.5.1 zk-SNARK 基本概念

在 5.7 节介绍了零知识证明的相关基础概念. 本部分主要介绍简洁非交互式零知识论证相关概念.

简洁非交互式论证(succinct non-interactive arguments, SNARG)由算法三元组 $\Pi=(\text{Setup}, \text{Prove}, \text{Verify})$ 组成. 针对 NP 语言 $\mathcal{L}(\mathcal{R})$, 启动算法 $(\sigma,\tau)\leftarrow \text{Setup}(\mathbf{1}^{\lambda},x)$ 生成参考串 $\sigma$ 和模拟陷门 $\tau$; 证明算法 $\pi\leftarrow \text{Prove}(\mathcal{R},\sigma,x,w)$ 用于生成证明; 验证算法 $0/1\leftarrow \text{Verify}(\mathcal{R},\sigma,x,\pi)$ 用于验证证明. 将三元组算法称为针对语言的简洁非交互式证据公开预处理 SNARG(publicly verifiable preprocessing succinct non-interactive argument). 当 Setup 的运行时间为 $\text{poly}(\lambda+\log|C|)$ 时, 则称一个 SNARG 是完全简洁的[11], 其中 $C$ 是表示 $x\in\mathcal{L}(\mathcal{R})$ 的电路. SNARK(succinct non-interactive argument of knowledge)是指具有计算意义知识可靠性的 SNARG. 计算意义的知识可靠性是指, 如果敌手能够生成一个针对语言 $\mathcal{L}(\mathcal{R})$ 的有效证据[75], 那么存在一个多项式提取器, 可以通过访问敌手的任意状态, 有效地提取该证据[79]. zk-SNARK 是指具有零知识性的 SNARK, 即验证者从证明中不能获得比 $x\in\mathcal{L}(\mathcal{R})$ 更多信息的

SNARK[13].

下面介绍 zk-SNARK 构造中两个重要的问题, 即一阶约束系统(rank-1 constraint system, R1CS)可满足性问题[10]和二次算术程序(quadratic arithmetic program, QAP)可满足性问题. 一阶约束系统 R1CS 是七元组 $(\mathbb{F}, \boldsymbol{A}, \boldsymbol{B}, \boldsymbol{C}, \boldsymbol{io}, m, n)$ 的形式, 其中 $\boldsymbol{io}$ 表示公共输入/输出向量, $\boldsymbol{A}$ $\boldsymbol{B}$, $\boldsymbol{C}$ 表示矩阵, $m \geqslant |\boldsymbol{io}|+1$, R1CS 可满足性问题是判断对于一个 R1CS 组是否存在证据 $\boldsymbol{w} \in \mathbb{F}^{m-|\boldsymbol{io}|-1}$, 使得 $\boldsymbol{Az} \circ \boldsymbol{Bz} = \boldsymbol{Cz}$ 成立, 即满足阿达马积运算 $\boldsymbol{a} \circ \boldsymbol{b} = (a_1 b_1, \cdots, a_n b_n) = (c_1, \cdots, c_n)$, 其中 $\boldsymbol{z} = (\boldsymbol{io}, \boldsymbol{1}, \boldsymbol{w})^{\mathrm{T}}$.

二次算术程序(QAP)问题是二次张成程序(quadratic span program, QSP)问题在算术电路上的推广. 已知三组多项式 $\{u_0(x), u_1(x), \ldots, u_m(x)\}$, $\{v_1(x), \cdots, v_m(x)\}$, $\{w_0(x), w_1(x), \cdots, w_m(x)\}$ 和目标多项式 $t(x)$, 求向量 $\boldsymbol{s} = (s_1, \cdots, s_m)$ 使得 $t(x)$ 整除 $p(x)$, $p(x) = \left(u_0(x) + \sum_{i=1}^{m} s_i u_i(x)\right)\left(v_0(x) + \sum_{i=1}^{m} s_i v_i(x)\right) - \left(w_0(x) + \sum_{i=1}^{m} s_i w_i(x)\right)$. 即存在多项式 $h(x)$ 使得 $p(x) - h(x)t(x) = 0$.

利用向量 $\boldsymbol{s}$ 作为系数对 3 组多项式分别进行线性组合, 得到 3 个多项式. 向量 $\boldsymbol{s}$ 的长度为 $m$, 如果每个元素 $s_i$ 的取值空间的势为 $a$, 则将 $p(x) = \left(u_0(x) + \sum_{i=1}^{m} s_i u_i(x)\right)\left(v_0(x) + \sum_{i=1}^{m} s_i v_i(x)\right) - \left(w_0(x) + \sum_{i=1}^{m} s_i w_i(x)\right)$ 称为二次算术程序多项式, 简称为 QAP 多项式, QAP 多项式的构造方式有指数 $a^m$ 种. 如果不知道向量 $\boldsymbol{s}$, 则只能随机选取一个向量 $\boldsymbol{s}$, 计算 QAP 多项式, 然后计算核验 $t(x)$ 与之是否满足整除关系, 需要暴力搜索出向量 $\boldsymbol{s}$. 而一旦给定向量 $\boldsymbol{s}$, 则能够基于向量 $\boldsymbol{s}$ 快速构造出 QAP 多项式, 并很容易验证 $t(x)$ 与构造出的 QAP 和 QSP 多项式是否满足整除关系. 上述非正式分析表明, 多项式 $t(x)$ 与 QAP 和 QSP 多项式的整除关系构成 NP 问题.

### 6.5.2　zk-SNARK 通用构造

下面介绍简洁非交互式零知识证明的通用构造的基本思路. 首先将待证明断言归约为电路可满足性问题, 其次将电路可满足性问题转化为易证明的语言, 然后针对易证明的语言构造信息论安全证明, 最后利用密码编译器将信息论安全证明转化为简洁非交互式零知识证明.

(1) 将待证明断言归约为电路可满足性问题(circuit satisfiability problem, C-SAT).

电路可满足性问题指给定电路 $C$、电路的部分输入 $\boldsymbol{x}$ 和电路输出 $\boldsymbol{y}$, 判断是否存在证据(秘密输入) $\boldsymbol{w}$ 使得 $C(\boldsymbol{x}, \boldsymbol{w}) = \boldsymbol{y}$. 由于电路可满足性是 NPC 问题(任何 NP 问题均可在多项式时间归约为 NPC 问题)且实际问题均可由电路形式表达, 因此目前简洁非交互式零知识证明待证明的断言表示形式大多为 C-SAT. C. C. Erway 等提出的 ZKPDL[43]和 E. Ben-Sasson 等提出的 TinyRAM 库可将计算程序转化为电路[11].

(2) 将电路可满足性问题转化为易证明的语言.

电路可满足性问题无法直接简洁地完成证明. 将电路可满足性问题转化为二次算术程序(QAP)可满足性问题、多项式是否为零多项式等问题. 此步骤可能没有, 也可能需要经过多轮转化.

(3) 针对易证明的语言构造信息论安全证明.

对易证明语言的信息论安全证明主要包括概率可验证证明[18](probabilistic checkable proof, PCP), 代表性协议有 ZKBoo[50]、ZKB++[36]等; 交互式概率可验证证明(interactive PCP, IPCP), 代表性协议有 Ligero[2]、Ligero++[14]等; 交互式谕言证明(interactive oracle proof, IOP), 代表性协议有 Libra[77]、Virgo[80]等; 线性PCP(linear-PCP), 代表性协议有 Pinocchio[67]、Groth16[54]等.

(4) 利用密码编译器将信息论安全证明转化为简洁非交互式零知识证明.

密码编译器作用主要包括实现谕言, 在公共参考字符串(common reference string, CRS)模型和随机谕言机(random oracle model, ROM)下实现非交互式, 以及实现零知识性和降低通信复杂度等[26].

本章主要介绍基于二次算术程序的零知识证明, 此类零知识证明协议被称为 zk-SNARK 协议, 包括 Pinocchio、Groth16、GKMMM18 等协议. A. Nitulescu 对于zk-SNARK的研究进展进行了综述[65]. 下面以 Zcash[56]区块链中使用的 Groth16 协议为例, 介绍 zk-SNARK 协议实例.

### 6.5.3 zk-SNARK 实现

任意 C-SAT 问题都可用 R1CS 可满足性问题表示. Groth16 首先将 C-SAT 问题转化为 R1CS 可满足性问题, 再针对 R1CS 可满足性问题构造二次算术程序可满足性问题, 最终基于二次算术程序可满足性问题构造简洁非交互式零知识知识论证[60].

#### 1. 电路可满足性问题归约到一阶约束系统

注意到 R1CS 的 3 个矩阵的每一列, 都可以通过一个拟合出来的多项式将向量间的内积与阿达马积的等式约束表达转换为多项式线性组合的等式约束表达. 下面以 V. Buterin 对 R1CS、QAP 等问题讲解的实例介绍相关转化的过程[28]. 转化的第一步是将可能包含任意复杂语句和表达式的原始代码转换为具有两种形式的语句, 即 $s = x$ (其中 $x$ 可以是变量或数字)和 $s = x\ (\text{op})\,y$ (其中 op 可以是算术运算, $x$ 和 $y$ 是变量、数字或子表达式), 可以将这些语句中的每一个都看作电路中的逻辑门. 例如对于方程 $x^3 + x + 5 = 35$, 可拆成如下阶为 1 的等式. 根据电路可满足性问题, 此时证明者需要向验证者证明知道 $x^3 + x + 5 = 35$ 的解 $\boldsymbol{w}$, 即 $x = 3$. 在实际应用中, 上述方程往往十分复杂, 在多项式时间内无法计算出结果, 但对给定解的验证十分容易.

$$s_1 = x \times x$$

$$s_2 = s_1 \times x$$

$$s_3 = s_2 + x$$

$$out = s_3 + 5$$

R1CS 中每个约束包括三个向量 $(\boldsymbol{a},\boldsymbol{b},\boldsymbol{c})$, R1CS 的解为 $\boldsymbol{s}$, 满足方程 $\boldsymbol{s}\cdot\boldsymbol{a}\times\boldsymbol{s}\cdot\boldsymbol{b}-\boldsymbol{s}\cdot\boldsymbol{c}=0$, 其中 $\cdot$ 符号代表内积. 以下示例为一个满足上述 R1CS(单个约束的)问题的解, 即满足方程 $\boldsymbol{s}\cdot\boldsymbol{a}\times\boldsymbol{s}\cdot\boldsymbol{b}-\boldsymbol{s}\cdot\boldsymbol{c}=0$, 其中

$$\boldsymbol{a} = [5,0,0,0,0,1]$$

$$\boldsymbol{b} = [1,0,0,0,0,0]$$

$$\boldsymbol{c} = [0,0,1,0,0,0]$$

$$\boldsymbol{s} = [1,3,35,9,27,30]$$

下面对每个语句(逻辑门)转化为上述三个向量 $(\boldsymbol{a},\boldsymbol{b},\boldsymbol{c})$ 约束, 转化的方法取决于方程相关运算、参数(变量还是数字)等. 上例中包含五个变量($x, out, s_1, s_2, s_3$)和一个数字 5. 因此向量包含 6 个分量 $[1,x,out,s_1,s_2,s_3]$, 其中 1 用于表示数字.

第一个门: $s_1 = x \times x$ 转化为 $x \times x - s_1 = 0$, 那么向量 $(\boldsymbol{a},\boldsymbol{b},\boldsymbol{c})$ 为以下取值.

$$\boldsymbol{a} = [0,1,0,0,0,0]$$

$$\boldsymbol{b} = [0,1,0,0,0,0]$$

$$\boldsymbol{c} = [0,0,0,1,0,0]$$

第二个门: $s_2 = s_1 \times x$ 转化为 $s_1 \times x - s_2 = 0$, 那么向量 $(\boldsymbol{a},\boldsymbol{b},\boldsymbol{c})$ 为以下取值.

$$\boldsymbol{a} = [0,0,0,1,0,0]$$

$$\boldsymbol{b} = [0,1,0,0,0,0]$$

$$\boldsymbol{c} = [0,0,0,0,1,0]$$

第三个门: $s_3 = s_2 + x$ 转化为 $(s_2 + x) \times 1 - s_3 = 0$, 那么向量 $(\boldsymbol{a},\boldsymbol{b},\boldsymbol{c})$ 为以下取值.

$$\boldsymbol{a} = [0,1,0,0,1,0]$$

$$\boldsymbol{b} = [1,0,0,0,0,0]$$

$$\boldsymbol{c} = [0,0,0,0,0,1]$$

第四个门：$out = s_3 + 5$ 转化为 $(s_3 + 5) \times 1 - out = 0$, 那么向量 $(\boldsymbol{a}, \boldsymbol{b}, \boldsymbol{c})$ 为以下取值.

$$\boldsymbol{a} = [5,0,0,0,0,1]$$

$$\boldsymbol{b} = [1,0,0,0,0,0]$$

$$\boldsymbol{c} = [0,0,1,0,0,0]$$

假设 $x = 3$, 通过计算得到向量 $\boldsymbol{s} = [1,3,35,9,27,30]$. 不同的 $x$ 可得到不同的解 $\boldsymbol{s}$, 且均可以验证向量 $(\boldsymbol{a}, \boldsymbol{b}, \boldsymbol{c})$. 现在得到完整的 R1CS 如表 6.3 所示.

**表 6.3**

| $\boldsymbol{a}$ | $\boldsymbol{b}$ | $\boldsymbol{c}$ |
|---|---|---|
| [0,1,0,0,0,0] | [0,1,0,0,0,0] | [0,0,0,1,0,0] |
| [0,0,0,1,0,0] | [0,1,0,0,0,0] | [0,0,0,0,1,0] |
| [0,1,0,0,1,0] | [1,0,0,0,0,0] | [0,0,0,0,0,1] |
| [5,0,0,0,0,1] | [1,0,0,0,0,0] | [0,0,1,0,0,0] |

2. 一阶约束系统归约到二次算术程序可满足性问题

下一步将 R1CS 转化到 QAP 问题的形式, 使用多项式表达内积的形式. 将 4 组 3 个长度为 6 的向量转化为 6 组 3 个三阶多项式, 其中在每个 $x$ 坐标处求多项式代表一个约束. 在不同 $x$ 处计算得到不同的向量.

注意到多项式值表达等价于多项式系数表达. 即对于 $n-1$ 阶多项式 $f(x) = \sum_{i=0}^{m} a_i x^{i-1}$, 已知多项式的值 $f_0, \cdots, f_m$ 和横坐标 $x_0, \cdots, x_m$, 可以计算出多项式的系数 $a_0, \cdots, a_m$; 计算方法包括拉格朗日插值法及离散傅里叶变换等. 上述方程共有四个约束, 因此取 $x = 1,2,3,4$ 来计算向量组. 下面使用拉格朗日插值法将 R1CS 转化为 QAP 问题的形式.

$$f(x) = \sum_{k=1}^{t} f_k \prod_{j=1, j \neq k}^{t} \frac{x - x_j}{x_k - x_j}$$

我们先求出四个约束所对应的每个 $\boldsymbol{a}$ 向量的第一个值的多项式, 即使用拉格朗日插值定理求出经过点 (1,0), (2,0), (3,0), (4,0) 的多项式. 可以类似求出其余四个约束所对应每个向量的不同值的多项式. 最终得到结果如表 6.4 所示, 表格中的每一行数值是三阶多项式的 4 个系数.

表 6.4

| A 多项式 | B 多项式 | C 多项式 |
|---|---|---|
| [−5.0, 9.166, − 5.0, 0.833] | [3.0, −5.166, 2.5, −0.333] | [0.0, 0.0, 0.0, 0.0] |
| [8.0, −11.333, 5.0, −0.666] | [−2.0, 5.166, −2.5, 0.333] | [0.0, 0.0, 0.0, 0.0] |
| [0.0, 0.0, 0.0, 0.0] | [0.0, 0.0, 0.0, 0.0] | [−1.0, 1.833, −1.0, 0.166] |
| [−6.0, 9.5, −4.0, 0.5] | [0.0, 0.0, 0.0, 0.0] | [4.0, −4.333, 1.5, −0.166] |
| [4.0, −7.0, 3.5, −0.5] | [0.0, 0.0, 0.0, 0.0] | [−6.0, 9.5, −4.0, 0.5] |
| [−1.0, 1.833, −1.0, 0.166] | [0.0, 0.0, 0.0, 0.0] | [4.0, −7.0, 3.5, −0.5] |

将 R1CS 转化为 QAP 满足性问题, 可以通过多项式的内积运算同时检查所有约束. 根据上述向量 $\boldsymbol{s}=[1,3,35,9,27,30]$, 定义多项式 $z=(x-1)\ (x-2)(x-3)\ (x-4)\cdots$ 为简单多项式的形式, 检查 $t$ 除以 $z$ 是否有余数, 其中 $t=\boldsymbol{A}\cdot\boldsymbol{s}\times\boldsymbol{B}\cdot\boldsymbol{s}-\boldsymbol{C}\cdot\boldsymbol{s}$ .

计算得到 $\boldsymbol{t}=[-88.0,592.666,-1063.777,805.833,-294.777,51.5,-3.444]$, 简单多项式 $\boldsymbol{z}=(x-1)(x-2)(x-3)(x-4)$, 那么 $\boldsymbol{z}=[24,-50,35,-10,1]$, 最终得到 $\boldsymbol{h}=t/\boldsymbol{z}=[-3.666,17.055,-3.444]$ 是没有任何余数的整除, 最终构成 QAP 问题.

3. 由二次算术程序可满足性问题构造简洁非交互式零知识论证

下面讨论利用二次算术程序可满足性问题构造简洁非交互式零知识知识论证. 构造的核心是对 QAP 多项式、目标多项式 $z(x)$ 和商多项式 $h(x)$ 利用椭圆曲线上离散对数生成多项式承诺, 再生成证据. 验证方基于双线性映射重构整除关系, 验证向量 $\boldsymbol{s}$ 的正确性. Groth16 基于 QAP 构造了通信量仅为 3 个元素的线性交互式证明(LIP), 在 LIP 中证明者仅能利用验证者的消息进行线性或仿射运算. 基于该 LIP, 进一步构造了通信量为 3 个群元素且验证者计算开销仅为 4 个配对运算的 zk-SNARK, 并基于 LIP 给出了该类零知识证明通信复杂度的一个下界.

Groth16 的 zk-SNARK 零知识证明协议具体构造如下. 公共输入为电路 $C$ 的 QAP 表达形式, 即 $\{u_i(x),w_i(x),y_i(x)\},i=0,\cdots,m$, 以及断言 $(\boldsymbol{x},\boldsymbol{y})=(c_1,\cdots,c_N)$, $\boldsymbol{x},\boldsymbol{y}$ 可以看作算术电路对部分"输入/输出"线路的赋值. 证明者的秘密证据 $\boldsymbol{w}=(c_{N+1},\cdots,c_m)$ 为算术电路中对剩余线路的赋值, 使得算术电路满足约束关系. QAP 串规模为 $m$, 每个多项式的阶为 $d=n-1$, 其中 $n$ 为算术电路中门的数量. 记 QAP 串 $A=\sum_{i=0}^{m}c_iu_i(x), B=\sum_{i=0}^{m}c_iw_i(x), C=\sum_{i=0}^{m}c_iy_i(x)+h(x)t(x)$ .

(1) 初始化. 群 $\mathbb{G}_1$ 和 $\mathbb{G}_2$ 的生成元分别为 $g$ 和 $h$, 以及双线性映射群 $\mathbb{G}_T$ 和双线性映射 $e:\mathbb{G}_1\times\mathbb{G}_2\to\mathbb{G}_T$, 群的阶为 $p$. 记 $g^a$ 为 $[a_1]_1$, $h^b$ 为 $[b_1]_1$, $e(g,h)^c$ 为 $[c]_T$. 选取随机数 $\alpha,\beta,\gamma,\delta,x\leftarrow\mathbb{Z}_p^*$, 由可信第三方生成公共参考字符串 $\sigma=([\sigma_1]_1,[\sigma_2]_2)$ 和模拟陷门 $\boldsymbol{\tau}=\alpha,\beta,\gamma,\delta,x$ .

$$\sigma_1 = \left( \alpha, \beta, \{x^i\}_{i=0}^{n-1}, \left\{ \frac{\beta u_i(x) + \alpha v_i(x) + w_i(x)}{\gamma} \right\}_{i=0}^{N} \left\{ \frac{\beta u_i(x) + \alpha v_i(x) + w_i(x)}{\delta} \right\}_{i=N+1}^{m}, \left\{ \frac{x^i z(x)}{\delta} \right\}_{i=0}^{d-2} \right)$$

$$\sigma_2 = (\beta, \gamma, \delta, \{x^i\}_{i=0}^{d-1})$$

(2) 证明. 证明方选取随机数 $r_1, r_2 \leftarrow \mathbb{Z}_p$, 计算证据 $\pi = ([A]_1, [B]_2, [C]_1)$, 其中

$$[A]_1 = \left( \alpha + \sum_{i=0}^{m} c_i u_i(x) + r_1 \delta \right)$$

$$[B]_2 = \left( \beta + \sum_{i=0}^{m} c_i w_i(x) + r_2 \delta \right)$$

$$[C]_1 = \left( \frac{\sum_{i=N+1}^{m} c_i (\beta u_i(x) + \alpha w_i(x) + y_i(x)) + h(x) z(x)}{\delta} + A r_2 + B r_1 - r_1 r_2 \delta \right)$$

(3) 验证. 验证方在椭圆曲线离散对数点上重构整除关系, 验证下述等式.

$$e([A]_1, [B]_2) \stackrel{?}{=} e([\alpha]_1, [\beta]_2) e\left( \sum_{i=0}^{N} c_i \left[ \frac{\beta u_i(x) + \alpha w_i(x) + y_i(x)}{\gamma} \right]_1, [\gamma]_2 \right) e([C]_1, [\delta]_2)$$

如果上述等式成立, 则验证成功, 相信证明者拥有证据 $w$; 否则验证失败.

### 6.5.4 zk-SNARK 在区块链中的应用

在区块链匿名密码数字货币系统如 Zcash 中, 使用 zk-SNARK 技术, 可在不泄露用户地址及金额的同时证明某笔未花费资金的拥有权[10], 并在防止双花攻击的同时实现交易的匿名性[48]. 在区块链扩容设计的系列 zk-Rollup 方案中, 利用 zk-SNARK 证据短、验证快的特点, 将链上的复杂计算转移到链下进行计算, 并生成 zk-SNARK 证据在链上验证, 保障链下计算过程中产生的数据的有效性, 实现以太坊扩容. zk-SNARK 启动阶段的系统参数必须依赖可信第三方生成[71], 这在区块链环境中很难实现. 在后续的研究进展中, 也有一些例如 CRS 可更新的研究[53], 试图解决这一问题. 同时也出现底层假设更通用、启动阶段系统参数可公开生成的零知识证明, 尝试彻底解决上述问题[37].

## 6.6 Bulletproofs 协议

zk-SNARK 零知识协议需要可信启动, 安全生成公共参考字符串, 在去信任的区块链系统中难以实现. 另外, 区块链为了保护交易隐私, 交易金额常以承诺

的形式出现，提供金额隐私保护的同时，经常需要对金额的范围进行证明，防止凭空产生数字货币. Bulletproofs 作为一种零知识证明系统，不需要可信启动，针对承诺消息的范围证明做了专门的设计，证明尺寸较小.

### 6.6.1　Bulletproofs 基本概念

Bulletproofs 由 B. Bünz 等在 2018 年 IEEE S&P 会议上提出[24]，是一种新型非交互式零知识证明协议. Bulletproofs 目标是设计一种使用内积论证的范围证明，证明秘密承诺在一个给定的范围内. 保密交易 CT 协议用 Pedersen 承诺取代了交易金额，是一种隐藏金额的密码工具，同时保留了任何人验证交易内余额有效性的能力. 由于其要求每个交易输出包含一个范围证明，即证明金额大小不会溢出的零知识证明, CT 协议面临的一个主要难题是其交易体积巨大，验证缓慢. 普通数字签名小于 100 字节，只需不到 100 微秒就可以验证，而范围证明的大小是几千字节，并需要数毫秒才能验证.

Bulletproofs 建立在 J. Bootle 等提出的内积证明基础上[22]. 基于离散对数假设, Bulletproofs 协议采用了 Fiat-Shamir 变换，实现从交互式到非交互式的零知识证明，是一种空间高效的零知识证明形式[27]. 这种证明具有对 Pedersen 承诺和指数形式公钥的原生支持，不用在零知识中实现复杂的椭圆曲线算法. 与 J. Bootle 等的范围证明相比较, Bulletproofs 证明的输出范围从 $[0,2^{32})$ 扩大到了 $[0,2^{64})$，即使范围扩大了 $2^{32}$ 倍，证明的字节大小也仅仅增加了 64 字节，证明的大小随着待证明范围对数增长. 在节省大量空间的同时, Bulletproofs 可以批量完成互不依赖的乘法，提升其验证的速度. 此外, Bulletproofs 支持非常高效的聚合验证，验证程序可以同时检测多个单独的证明[23].

### 6.6.2　Bulletproofs 构造

Bulletproofs 中涉及向量相关计算，首先对向量相关计算表示进行说明. $\boldsymbol{a} \in \mathbb{F}^n$ 表示向量元素 $a_1,\cdots,a_n \in \mathbb{F}$，矩阵 $\boldsymbol{A} \in \mathbb{F}^{n\times m}$ 是一个 $n$ 行 $m$ 列的矩阵，$a_{i,j}$ 是 $\boldsymbol{A}$ 中第 $i$ 行第 $j$ 列的元素. 对于一个标量 $c \in \mathbb{Z}_p$，$\boldsymbol{b} = c\boldsymbol{a} \in \mathbb{Z}_p^n$ 表示其所有元素满足 $b_i = ca_i$ 的一个向量. 两个向量内积表示为 $\langle \boldsymbol{a},\boldsymbol{b}\rangle = \sum_{i=1}^{n} a_i b_i$. 向量阿达马积 $\boldsymbol{a} \circ \boldsymbol{b} = (a_1b_1,\cdots,\ a_nb_n) \in \mathbb{F}^n$. 定义一个向量多项式 $p(X) = \sum_{i=0}^{d} \boldsymbol{p}_i X^i$，其中 $\boldsymbol{p}_i$ 是向量. 两个向量多项式 $l(X)$ 和 $r(X)$ 的内积为 $\langle l(X),r(X)\rangle = \sum_{i=0}^{d}\sum_{j=0}^{i}\langle \boldsymbol{l}_i,\boldsymbol{r}_i\rangle\ X^{i+j}$. 向量 $\boldsymbol{g} = (g_1,\cdots,\ g_n) \in \mathbb{G}^n$ 和 $\boldsymbol{a} \in \mathbb{Z}_p^n$，$C = \boldsymbol{g}^{\boldsymbol{a}} = \prod_{i=1}^{n} g_i^{a_i}$. 对于 $n$ 为偶数的向量 $\boldsymbol{a}_{[1/2]} = (a_1,\cdots,a_{n/2})$ 和 $\boldsymbol{a}_{[2/2]} = (a_{n/2+1},\cdots,a_n)$，两边定义为 $\boldsymbol{a}_{[:\ell]} = (a_1,\cdots,a_\ell)$ 和 $\boldsymbol{a}_{[\ell:]} = (a_{\ell+1},\cdots,a_n)$. 对 $k \in \mathbb{Z}_p^*$，记 $\boldsymbol{k}^n$ 表示 $k$ 的前 $n$ 次幂

$\boldsymbol{k}^n=(1,k,\cdots,k^{n-1})$ 组成的一个向量. 固定生成元 $g$ 后记 $g^r=[r]$, 令 $n\in\mathbb{N}$, 记 $(g^{r_1},g^{r_2},\cdots,g^{r_n})$为$[\boldsymbol{r}]$, 记$[\langle\boldsymbol{a},\boldsymbol{r}\rangle]=g^{\sum_{i=1}^n a_i r_i}$.

1. 内积论证

在 BCCGP16 论文的内积论证中, 证明者向验证者证明, 对于公共输入 $A,B\in\mathbb{G}$, $\boldsymbol{g},\boldsymbol{h}\in\mathbb{G}^n$ 和公开标量 $z\in\mathbb{Z}_p$, 证明者拥有向量 $\boldsymbol{a}$ 和 $\boldsymbol{b}$, 满足 $A=\boldsymbol{g}^{\boldsymbol{a}}$, $B=\boldsymbol{h}^{\boldsymbol{b}}$ 且 $\langle\boldsymbol{a},\boldsymbol{b}\rangle=z$. 上述断言可以记为 $\{(\boldsymbol{g},\boldsymbol{h},A,B,z;\boldsymbol{a},\boldsymbol{b})\mid A=\boldsymbol{g}^{\boldsymbol{a}}\wedge B=\boldsymbol{h}^{\boldsymbol{b}}\wedge\langle\boldsymbol{a},\boldsymbol{b}\rangle=z\}$ 的形式. 分号前后分别表示公共输入和证据. 若 $\boldsymbol{g}$ 和 $\boldsymbol{h}$ 的生成方式修改为 $\boldsymbol{g}\leftarrow[\boldsymbol{r}]$, $\boldsymbol{h}\leftarrow[\boldsymbol{s}]$, 那么上述断言可以相应地修改并记为 $\{([\boldsymbol{r}],[\boldsymbol{s}],A,B,z;\boldsymbol{a},\boldsymbol{b})\mid A=[\langle\boldsymbol{a},\boldsymbol{r}\rangle]\wedge B=[\langle\boldsymbol{b},\boldsymbol{s}\rangle]\wedge\langle\boldsymbol{a},\boldsymbol{b}\rangle=z\}$. Bulletproofs 改进的内积参数协议主要是将 BCCGP16 提出的内积参数论证进行参数向量维度的缩减, Bulletproofs 将原断言中的两个承诺组合为一个 Pedersen 向量承诺, 然后利用 Pedersen 承诺的性质构建内积论证, 将原证明转化为证明 $P=\boldsymbol{g}^{\boldsymbol{a}}\boldsymbol{h}^{\boldsymbol{b}}$ 并且 $z=\langle\boldsymbol{a},\boldsymbol{b}\rangle$, 修改后的断言可记为 $\{([\boldsymbol{r}],[\boldsymbol{s}],z,P;\boldsymbol{a},\boldsymbol{b}):P=[\langle\boldsymbol{a},\boldsymbol{r}\rangle][\langle\boldsymbol{b},\boldsymbol{s}\rangle]\wedge z=\langle\boldsymbol{a},\boldsymbol{b}\rangle\}$.

Bulletproofs 协议将 $n$ 维域元素向量 $\boldsymbol{a},\boldsymbol{b}$ 与 $n$ 维群元素向量 $\boldsymbol{g},\boldsymbol{h}$ 分别拆分为原来一半, 将其维度不断二分 $n'=n/2$, 降低论证的通信复杂度. 内积范围证明采用 Pedersen 向量承诺方案[52], 将秘密值范围表示成一组向量内积, 随后加入随机数因子将内积进行盲化, 并利用改进的内积参数协议进行内积多项式合并, 最终验证器验证一组盲化多项式的正确性, 以此判断秘密值范围是否合法.

---

Bulletproofs 内积论证具体算法如下.

公共输入: $(\mathbb{G},p,[\boldsymbol{r}],[\boldsymbol{s}],P,u)$, 其中 $P,u\in\mathbb{G}$.

证明者秘密输入: $\boldsymbol{a}$ 和 $\boldsymbol{b}$, 满足 $P=[\langle\boldsymbol{a},\boldsymbol{r}\rangle][\langle\boldsymbol{b},\boldsymbol{s}\rangle]u^{\langle\boldsymbol{a},\boldsymbol{b}\rangle}$.

(1) 证明者计算 $L,R\in\mathbb{G}$, 并向验证者 $\mathcal{V}$ 发送 $L,R$, 其中

$$L\leftarrow\left[\left\langle\boldsymbol{a}_{[1/2]},\boldsymbol{r}_{[2/2]}\right\rangle\right]\left[\left\langle\boldsymbol{b}_{[2/2]},\boldsymbol{s}_{[1/2]}\right\rangle\right]u^{\langle\boldsymbol{a}_{[1/2]},\boldsymbol{b}_{[2/2]}\rangle},\quad R\leftarrow\left[\left\langle\boldsymbol{a}_{[2/2]},\boldsymbol{r}_{[1/2]}\right\rangle\right]\left[\left\langle\boldsymbol{b}_{[1/2]},\boldsymbol{s}_{[2/2]}\right\rangle\right]u^{\langle\boldsymbol{a}_{[2/2]},\boldsymbol{b}_{[1/2]}\rangle}$$

(2) 验证者向证明者发送随机挑战 $c\leftarrow\mathbb{Z}_p^*$.

(3) 验证者和证明者共同计算新的承诺密钥 $[\boldsymbol{r}'],[\boldsymbol{s}']$ 和新承诺 $P'$, 其中

$$[\boldsymbol{r}']\leftarrow[c^{-1}\boldsymbol{r}_{[1/2]}+c\boldsymbol{r}_{[2/2]}],\quad[\boldsymbol{s}']\leftarrow[c\boldsymbol{s}_{[1/2]}+c^{-1}\boldsymbol{s}_{[2/2]}],\quad P'\leftarrow L^{c^2}\cdot P\cdot R^{c^{-2}}$$

(4) 证明者计算下一轮的证据 $\boldsymbol{a}'\leftarrow c\boldsymbol{a}_{[1/2]}+c^{-1}\boldsymbol{a}_{[2/2]}$ 和 $\boldsymbol{b}'\leftarrow c^{-1}\boldsymbol{b}_{[1/2]}+c\boldsymbol{b}_{[2/2]}$, 而后参与到下一轮循环中, 此时新承诺密钥为 $[\boldsymbol{r}'],[\boldsymbol{s}']$, 归约后的陈述为 $\{(\mathbb{G},q,[\boldsymbol{r}'],[\boldsymbol{s}'],P',u;\boldsymbol{a}',\boldsymbol{b}')\mid P'=[\langle\boldsymbol{a}',\boldsymbol{r}'\rangle][\langle\boldsymbol{b}',\boldsymbol{s}'\rangle]u^{\langle\boldsymbol{a}',\boldsymbol{b}'\rangle}\}$.

(5) 协议共重复 $t=\log_2 n$ 轮直至 $\boldsymbol{a}$ 和 $\boldsymbol{b}$ 缩减为标量, 此时证明者只需直接发送 $\boldsymbol{a}$ 和 $\boldsymbol{b}$, 然后验证者即自行验证本轮的 $P_t$ 是否满足 $P_t=[\langle\boldsymbol{a},r_t\rangle][\boldsymbol{b},s_t]u^{\boldsymbol{ab}}$.

---

为证明内积论证断言, 将其规范化表示为 $\{([\boldsymbol{r}],[\boldsymbol{s}],u,P;\boldsymbol{a},\boldsymbol{b})\mid P=[\langle\boldsymbol{a},\boldsymbol{r}\rangle][\langle\boldsymbol{b},\boldsymbol{s}\rangle]u^{\langle\boldsymbol{a},\boldsymbol{b}\rangle}\}$. 如上所述, Bulletproofs 的核心思路是每一轮对 $n$ 维向量的断言递归为对 $n/2$ 维向量的断言. 每轮需要传输的仅为 $L,R$ 两个群元素, 且最后一轮需额外

发送 $\boldsymbol{a},\boldsymbol{b}$ 共 2 个域元素.

2. 内积范围证明

Bulletproofs 利用执行内积论证的 Pedersen 承诺值是同一群中的元素特性, 更直接地构建了范围证明. 令 $v \in \mathbb{Z}_p$, $V \in \mathbb{G}$ 是使用随机数 $\gamma$ 对 $v$ 的 Pedersen 承诺. 证明系统将向验证者证明 $v \in [0, 2^n - 1]$. 令 $\boldsymbol{a}_L = (a_1, \cdots, a_n) \in \{0,1\}^n$ 是一个包含 $v$ 的各比特信息的向量, 那么 $\langle \boldsymbol{a}_L, \boldsymbol{2}^n \rangle = v$. 证明者使用一个恒定大小的群元素 $A \in \mathbb{G}$ 对 $\boldsymbol{a}_L$ 承诺. 证明者向验证者证明知道 $A$ 的打开向量 $\boldsymbol{a}_L \in \mathbb{Z}_p^n$ 和 $v, \gamma \in \mathbb{Z}_p$ 满足 $V = h^{\gamma} g^{v}$ 和如下关系, 进而向验证者证明 $v$ 在 $[0, 2^n - 1]$ 内.

$$\langle \boldsymbol{a}_L, \boldsymbol{2}^n \rangle = v \wedge \boldsymbol{a}_L \circ \boldsymbol{a}_R = \boldsymbol{0}^n \wedge \boldsymbol{a}_R \wedge \boldsymbol{a}_R = \boldsymbol{a}_L - 1^n$$

上述关系证明了 $a_1, \cdots, a_n$ 取值均在 $\{0,1\}$ 内. 该证明协议的思想是将该 $2^n + 1$ 个约束转化为一个单独内积约束. 为了实现这个目的, 协议采用一个约束的随机线性组合. 如果原始约束条件没有得到满足, 那么在挑战空间中, 组合约束条件不可能成立, 出错的概率与挑战空间的规模成反比.

证明协议中, 为了证明一个承诺的向量 $\boldsymbol{b} \in \mathbb{Z}_p^n$ 满足 $\boldsymbol{b} = \boldsymbol{0}^n$, 验证者只需向证明者随机发送一个随机值 $y \in \mathbb{Z}_p$, 并要求证明者证明 $\langle \boldsymbol{b}, \boldsymbol{y}^n \rangle = 0$. 如果 $\boldsymbol{b} \neq \boldsymbol{0}^n$, 那么这个等式成立的概率为 $n/p$. 因此, 如果 $\langle \boldsymbol{b}, \boldsymbol{y}^n \rangle = 0$, 那么验证者可以确信 $\boldsymbol{b} = \boldsymbol{0}^n$. 因此证明者根据验证者选择的随机值 $y \in \mathbb{Z}_p$ 可以根据下式证明上述关系.

$$\langle \boldsymbol{a}_L, \boldsymbol{2}^n \rangle = v \wedge \langle \boldsymbol{a}_L, \boldsymbol{a}_R \circ \boldsymbol{y}^n \rangle = 0 \wedge \langle \boldsymbol{a}_L - \boldsymbol{1}^n - \boldsymbol{a}_R, \boldsymbol{y}^n \rangle = 0$$

将这三组关系合并可以证明下式成立

$$z^2 \langle \boldsymbol{a}_L, \boldsymbol{2}^n \rangle + z \langle \boldsymbol{a}_L - \boldsymbol{1}^n - \boldsymbol{a}_R, \boldsymbol{y}^n \rangle + \langle \boldsymbol{a}_L, \boldsymbol{a}_R \circ \boldsymbol{y}^n \rangle = z^2 \cdot v$$

该证明进一步重写成下式

$$\langle \boldsymbol{a}_L - z\,\boldsymbol{1}^n, \boldsymbol{y}^n \circ (\boldsymbol{a}_R + z\,\boldsymbol{1}^n) + z^2\,\boldsymbol{2}^n \rangle = z^2\,v + \delta(y,z)$$

其中 $\delta(y,z) = (z - z^2)\langle \boldsymbol{1}^n, \boldsymbol{y}^n \rangle - z^3 \langle \boldsymbol{1}^n, \boldsymbol{2}^n \rangle$, 验证者容易计算得到. 内积范围证明协议如下.

---

内积范围证明协议

---

证明者输入: $v, \gamma, \boldsymbol{a}_L, \boldsymbol{a}_R$.

证明者执行:

随机选取 $\alpha \leftarrow \mathbb{Z}_p$

计算 $A = h^{\alpha} \boldsymbol{g}^{\boldsymbol{a}_L} \boldsymbol{h}^{\boldsymbol{a}_R} \in \mathbb{G}$

随机选取 $\boldsymbol{s}_L, \boldsymbol{s}_R \leftarrow \mathbb{Z}_p^n$

随机选择 $\rho \leftarrow \mathbb{Z}_p$

---

计算 $S = h^{\rho} \boldsymbol{g}^{\boldsymbol{s}_L} \boldsymbol{h}^{\boldsymbol{s}_R} \in \mathbb{G}$

证明者向验证者发送 $(A,S)$.

验证者随机选取 $y,z \leftarrow \mathbb{Z}_p^*$, 并发送给证明者.

证明者执行:

随机选择 $\tau_1,\tau_2 \leftarrow \mathbb{Z}_p$

计算 $T_i = g^{t_i} h^{\tau_i} \in \mathbb{G}, \quad i = \{1,2\}$

证明者向验证者发送 $T_1,T_2$

验证者随机选取 $x \leftarrow \mathbb{Z}_p^*$, 并发送给证明者

证明者执行:

计算 $\boldsymbol{l} = l(X) = \boldsymbol{a}_L - z\,\boldsymbol{1}^n + \boldsymbol{s}_L\,x \in \mathbb{Z}_p$

计算 $\boldsymbol{r} = r(X) = \boldsymbol{y}^n \circ (\boldsymbol{a}_R + z\,\boldsymbol{1}^n + \boldsymbol{s}_R\,x) + z^2\,\boldsymbol{2}^n \in \mathbb{Z}_p^n$

计算 $\hat{t} = \langle \boldsymbol{l},\boldsymbol{r} \rangle \in \mathbb{Z}_p$

计算 $\tau_x = \tau_2\,x^2 + \tau_1\,x + z^2\,\gamma \in \mathbb{Z}_p$

计算 $\mu = \alpha + \rho\,x \in \mathbb{Z}_p$

证明者向验证者发送 $\tau_x,\mu,\hat{t},\boldsymbol{l},\boldsymbol{r}$

验证者执行:

计算 $h_i' = h_i^{(y^{-i+1})} \in \mathbb{G}$, $\forall i \in [1,n]$

验证 $g^{\hat{t}} \boldsymbol{h}^{\tau_x} = V^{z^2}\,(\boldsymbol{h}')^{z \cdot \boldsymbol{y}^n + z^2 \cdot \boldsymbol{2}^n} \in \mathbb{G}$ 是否成立 $(\boldsymbol{h}' = \boldsymbol{h}^{(\boldsymbol{y}^{-n})})$

计算 $P = A\,S^x\,\boldsymbol{g}^{-z}\,(\boldsymbol{h}')^{z \cdot \boldsymbol{y}^n + z^2 \cdot \boldsymbol{2}^n}$

验证 $P = \boldsymbol{h}^{\mu} \cdot \boldsymbol{g}^{\boldsymbol{l}} \cdot (\boldsymbol{h}')^{\boldsymbol{r}} \in \mathbb{G}$ 是否成立

验证 $\hat{t} = \langle \boldsymbol{l},\boldsymbol{r} \rangle \in \mathbb{Z}_p$ 是否成立

上述证明协议中, 验证者随机选取 $y,z \leftarrow \mathbb{Z}_p^*$ 并发送给证明者后, 在 $\mathbb{Z}_p^n[X]$ 中定义了两个线性向量多项式 $l(X)$ 和 $r(X)$ 及一个二次多项式 $t(X)$ 如下.

$$l(X) = \boldsymbol{a}_{\mathrm{L}} - z\,\boldsymbol{1}^n + \boldsymbol{s}_L\,x$$

$$r(X) = \boldsymbol{y}^n \circ (\boldsymbol{a}_R + z\,\boldsymbol{1}^n + \boldsymbol{s}_R\,x) + z^2\,\boldsymbol{2}^n$$

$$t(X) = \langle l(X), r(X) \rangle = t_0 + t_1\,X + t_2\,X^2$$

盲化向量 $\boldsymbol{s}_L$ 和 $\boldsymbol{s}_R$ 确保证明者可以在不泄露 $\boldsymbol{a}_L$ 和 $\boldsymbol{a}_R$ 任何信息的情况下, 公开同一个 $x$ 的 $l(x)$ 和 $r(x)$. 证明者需要向验证者证明 $t(X)$ 中常量 $t_0$ 是 $\langle \boldsymbol{a}_L - z\,\boldsymbol{1}^n, \boldsymbol{y}^n \circ (\boldsymbol{a}_R + z\,\boldsymbol{1}^n) + z^2\,\boldsymbol{2}^n \rangle$ 的值, 即 $t_0 = v\,z^2 + \delta(y,z)$. 为了实现这一目的, 证明者对 $t(X)$ 其他系数($t_1$ 和 $t_2$)进行承诺并执行算法中后续的步骤, 通过对多项式任意点做承诺的方式计算 $t(X) = \langle \boldsymbol{l}, \boldsymbol{r} \rangle$ 对于 $t(X)$ 的系数的承诺.

协议的后续步骤中验证者验证 $t(X) = \langle \boldsymbol{l},\boldsymbol{r} \rangle$. 为了构造 $\boldsymbol{a}_R \circ \boldsymbol{y}^n$ 的承诺, 验证者将承诺的生成元从 $\boldsymbol{h} \in \mathbb{G}^n$ 变为 $\boldsymbol{h}' = \boldsymbol{h}^{(\boldsymbol{y}^{-n})}$. 这样 $A$ 是 $(\boldsymbol{a}_L, \boldsymbol{a}_R \circ \boldsymbol{y}^n)$ 在生成元 $(\boldsymbol{g},\boldsymbol{h}',\boldsymbol{h})$ 下的承诺, 并且 $S$ 是 $(\boldsymbol{s}_L, \boldsymbol{s}_R \circ \boldsymbol{y}^n)$ 的向量承诺. 最终根据 $g^{\hat{t}} h^{\tau_x} = V^{z^2}\,(\boldsymbol{h}')^{z\,\boldsymbol{y}^n + z^2\,\boldsymbol{2}^n}$ 即可验证 $V$ 是不是 $v$ 的 Pedersen 承诺.

### 6.6.3 Bulletproofs 在区块链中的应用

环保密交易协议中构建保密交易时需要证明这个交易的所有在输出里都没有负数. 因此每个交易输出需要范围证明, 确保所有的交易输出都小于某个阈值, 且都是正的[51].

门罗币通过硬分叉重大升级引入 Bulletproofs, 帮助用户在公共账本中隐藏交易金额. 同时为了确保交易的有效性, 需要证明输入金额大于等于输出金额, 其中用到了 Bulletproofs 中的范围证明, 降低生成证明所占用的空间[49]. 这项技术可以帮助其减少 80%的交易容量, 目前已为门罗币降低 97%的交易费用.

Findora 是一个完全保密但可审计、高吞吐率、可扩展的公共金融基础设施. Findora 构架核心的去中心化金融分类账本可实现高效、高可访问和透明的金融服务. Findora 目标是服务整个金融基础设施中最迫切需要提高透明度的部分, 而现有的其他公有区块链尚不能满足这些部分对隐私保护和合规的要求. Findora 平台上计划部署金融服务应用程序, 它们是由全球网络管理和保障的数字分布式账本上的工具构建的. 应用程序将利用这些工具进行保密的金融交易, 并平衡隐私和合规性证明. 保密资产转移即将资产的所有权从一个地址转移到另一个地址的交易, 但隐藏转移资产的详细信息. 由于 Bulletproofs 特别适用于范围小的证明, 资产批处理以及聚合验证等场景, Findora 在保密资产转移中也利用了 Bulletproofs 范围证明.

## 6.7 MimbleWimble 协议

MimbleWimble 是一个提供隐私保护的区块链数字货币系统. 协议代币一旦被花费其关联数据就可以删除, 同时保持区块链的公开可验证性. 这为区块链节点和用户节省了大量空间, 不再需要保存下载一个日益增长的区块链.

### 6.7.1 MimbleWimble 基本概念

MimbleWimble 中的数字货币交易有三个新颖的特性: ①没有可见的交易金额; ②没有显式的交易双方地址; ③在一个区块中, 多笔交易是被合并的, 无法看到每个单笔交易的细节.

MimbleWimble 有三个关键组件, 包括①保密交易 CT 协议; ②混币交易(CoinJoin); ③单向聚合签名(one-way aggregate signatures, OWAS). 它们共同作用实现了上述特性.

MimbleWimble 将用户账户与金额一起以 Pedersen 承诺表示, 并作为交易输出形式[74]. 由于有限循环群上 Pedersen 承诺具有加法同态性, 利用承诺中的秘密随机数实现交易金额模糊化, 利用离散对数相等性零知识证明可以在不暴露交易金额的情况下确保交易的输入/输出相等; 再用范围证明确保交易的输入/输出都大于 0, 避免凭空产生数字货币.

在常规区块链中, 节点保存的数据会随时间不断增长, 成为区块链长期运行的瓶颈, MimbleWimble 很好地避免了这一点. 正如我们在门罗币和 Zcash 中看到的, 区块链系统试图增强隐私保护特性, 因此需要更多的计算和存储开销, 这似乎是必然的. 有趣的是, MimbleWimble 还巧妙地避开了这一点, 采用 MimbleWimble 技术, 最后通过核销(cut-through)操作, 过往已达成共识的交易可以删除, 解决了已确认的链状态大量累积的问题, 从而节省区块链节点和用户大量的存储空间[15].

### 6.7.2 MimbleWimble 构造

MimbleWimble 主要包括保密交易、混币交易和单向聚合签名三部分.

1. 保密交易

保密交易详见 6.4 节, 此处以具体交易流程为例, 下面介绍保密交易在 MimbleWimble 中是如何发挥作用的. 在常规的交易之中, $v$ 是交易输入或输出的金额, $g$ 是椭圆曲线一个素数阶循环群的生成元, 为了不泄露金额, 可以采用如下等式验证输入与输出相等[63].

$$v_1 + v_2 = v_3 \Leftrightarrow g^{v_1} g^{v_2} = g^{v_3}$$

但此种验证方式可能遭受穷举攻击, 因此引入椭圆曲线上有限群的第二个独立生成元 $h$ 和秘密随机数 $r$ 作为盲化因子, 采用 Pedersen 承诺 $g^v h^r$ 表示交易的输入和输出. 利用 Pedersen 承诺的隐藏性、绑定性和同态性质, 转账交易要求的 $v_1 + v_2 = v_3$, $r_1 + r_2 = r_3$ 关系可以通过 $g^{v_1} h^{r_1} g^{v_2} h^{r_2} = g^{v_3} h^{r_3}$ 进行验证.

在利用秘密随机数作为盲因子隐藏交易金额后, 还需要通过证明自己知道秘密随机数以表明具有进行转账交易的资格. 注意到对于合法的交易一定有 $v_1 + v_2 = v_3$, 因此 $\dfrac{g^{v_1} h^{r_1} g^{v_2} h^{r_2}}{g^{v_3} h^{r_3}} = g^{v_1+v_2-v_3} h^{r_1+r_2-r_3} = h^{r_1+r_2-r_3}$, 对于一个包含两个输入金额 $v_1$ 和 $v_2$ 与一个输出金额 $v_3$ 交易单, $\dfrac{g^{v_1} h^{r_1} g^{v_2} h^{r_2}}{g^{v_3} h^{r_3}}$ 可以充当临时公钥, $r_1 + r_2 - r_3$ 则可以充当临时私钥.

与大多数其他数字货币一样, 发起转账交易是付款人通过证明自己拥有签名私钥来表明其对交易的所有权. 不同的是, 在 MimbleWimble 中, 证明一个所有者拥有这些私钥并不是通过直接签署交易来实现的.

假设在一次交易之中, 用户 Bob 收到 Alice 的 3 个数字货币, 选择 28 作为

Bob 的盲化因子 $r$, 在区块链上显示的此笔交易的输出为以下等式.

$$X = g^3 h^{28}$$

$X$ 是对网络中所有人可见的, 但是数字货币金额 3 只有 Bob 和 Alice 知道, 而盲因子 $r$ 只有 Bob 自己知道. 当 Bob 需要使用这 3 个数字货币, 例如把数字货币转给 Carol 时要构建新的交易, $Y$ 是 Carol 的输出, 并且 Carol 需要知道 Bob 的秘密随机数才能够平衡此新交易的输入/输出.

$$Y/X \to (g^3 h^{28}) \div (g^3 h^{28}) = g^0 h^0$$

虽然此种方式平衡了交易的输入/输出为 0, 但存在明显的问题, 即 Bob 将会知道 Carol 拥有的这三个数字货币的私钥还是 28, 那 Bob 就可以把这些钱再"偷"回来或者进行其他违规操作.

因此, 当 Bob 传给 Carol 时, Carol 也会指定一个秘密随机数(假设 Carol 的盲因子是 113), 此时 Carol 无须知道 Bob 的盲因子是多少, 利用等式两边数值相减为零的特性来验证盲因子之差的正确性, 交易过程变为以下等式.

$$Y/X \to (g^3 h^{113}) \div (g^3 h^{28}) = g^0 h^{85}$$

现在此笔交易的输入/输出不会归零, 而是在 $h$ 的指数上存在一个盲因子 85, 而 $h^{85}$ 为群上的一个有效公钥, 矿工要做的便是验证 $Y/X$ 的结果为生成元 $h$ 上的一个有效公钥. 最后 MimbleWimble 还将结合保密交易的范围证明方法, 证明每笔交易输入/输出的 $v$ 值大小, 来保证其大于 0 且不会溢出.

#### 2. 混币交易

混币技术由 G. Maxwell 在比特币论坛上提出, 是把比特币发送地址和接收地址的关系打断, 达到无法追踪的效果的一种技术. 具体地, 混币技术将多个交易合并成一个多输入多输出的交易, 使得攻击者无法通过交易内容有效判断交易输入/输出之间的对应关系, 从而隐藏交易发送方与接收方之间的关联性.

在比特币中, 收集所有历史交易, 将每一个比特币地址作为节点, 历史转账关系形成一个有向图, 称为交易关联关系图. 从交易关联关系图能推断出交易的参与者的身份、显示不同用户之间的关系以及比特币流通的历史关系. 混币机制允许用户将他们的交易组合在一起, 从而使交易关联关系变得模糊. 结合保密交易将金额隐藏, 再利用混币交易将交易路径混合, 便无法从交易事务区块中推断出交易双方的实际信息. CoinJoin 协议包括以下五个步骤[61].

(1) 想要执行混币协议的用户通过服务器寻找其他参与者.

(2) 一组参与者通过洋葱(Tor)网络进行匿名通信, 在防监听的情况下交换他们的输入/输出地址.

(3) 地址交换完成后, 组内任意一名参与者按照输入/输出构造一笔未签名的交易.

(4) 在组内传播此条未签名的交易, 各个参与者验证其中是否准确包含了自己的输入/输出地址. 若交易正确, 则签名并继续传递该交易.

(5) 如果所有参与者都对交易进行了签名, 则将交易与签名打包并进行广播, 等待被写入区块链之中.

CoinJoin 不需要修改比特币的底层协议, 但它有一个显著的缺点, 即需要所有参与者之间的合作或交互. 为了验证一笔组合交易, 每个输入的所有者都必须对整个组合交易签名. 即使混合了交易数额, 还是能通过输出金额子集之和与某输入金额子集之和相等获得对应关系, 并且内部参与者还知道交易双方的公钥, 能通过这些公钥地址去尝试重构每一笔交易. 因此, 在这样的情景下, 需要有新的密码技术来确保交易隐私.

MimbleWimble 中使用非交互式 CoinJoin, 将交易进行聚合后, 使用单向聚合签名(详见 4.4 节)将两笔交易的签名聚合. 进一步节省空间且支持核销.

### 3. 单向聚合签名

聚合签名指当面对很多交易的输入以及输出时, 将所有签名聚合在一起使得交易信息难以被逆向还原, 也就是不能将这些输入及输出的公钥重新拆解, 并拼出一个完整的交易顺序. 在 MimbleWimble 中的单向聚合签名(one-way aggregate signature, OWAS)由内核剩余(kernel excess)和内核偏移(kernel offsets)两个部分组成[47].

对于内核剩余, 在上文提到的给 Carol 的单笔交易之中, 签名的临时公钥 $h^{85}$ 为这笔交易的内核剩余. 将交易进行聚合之后, 区块便是一系列聚合的交易输入、交易输出和交易核, 把所有的交易输出加起来, 除去所有的交易输入, 得到的是所有原始交易的内核剩余之和, 也就是这笔聚合交易的内核剩余.

$$\text{sum(outputs)} - \text{sum(inputs)} = \text{sum(kernel\_excess)}$$

但按照如上描述的区块和交易设计仍然存在问题, 即有可能从一个区块中的数据来重建交易, 找出一笔或几笔完整的交易, 分辨哪一笔交易输入对应哪一笔交易输出, 从而还原整个交易. 这种问题也被称为子集问题, 当给定一系列交易输入、交易输出和交易核, 有较高概率从中分辨出一个子集来重新拼出对应的完整的交易.

为了降低这种拼凑成功的可能性, MimbleWimble 进一步为每一个交易内核设计了一个内核偏移. 内核偏移在作用上也可以理解为一个私钥的盲化因子, 它需要增加内核剩余以验证余额平衡关系.

当聚合多笔交易到区块的时候, 在区块头中仅存储一个聚合偏移因子(即所有交易内核偏移的总和). 这样一来, 因为每个区块只有一个偏移因子, 无法将其分拆

对应到每一笔交易的内核偏移，也就不可能再从区块中拼出任何一笔交易，即

$$\mathrm{sum(outputs)} - \mathrm{sum(inputs)} = \mathrm{sum(Kernel\ Excess)} + \mathrm{Kernel\ Offsets}$$

在 MimbleWimble 的具体实现中，在创建交易的时候对公钥进行拆分. 将上述示例中的 $h^{85}$ 拆分为 $h^{k_1}h^{k_2}$，$h^{k_1}$ 为交易发布出去的内核剩余值，仍然作为公钥进行交易签名；偏移量 $K = h^{k_2}$ 作为内核偏移，矿工在打包交易时会将区块中所有交易的内核偏移聚合，聚合后攻击者无法分辨每个交易核偏移因子来自哪个交易. 最后生成一个聚合偏移值，完成单向聚合签名，攻击者再也无法对整个交易细节进行逆向推导，保证交易的隐私性.

至此，MimbleWimble 通过保密交易确保输入/输出金额保密且正确，通过混币机制确保无法从交易数额回推交易路径，单向聚合签名让交易的公钥不会暴露出交易路径，综合完成了交易隐私的保护.

核销是 MimbleWimble 针对共识节点的一种精巧设计，使得节点不需要长期存储过多的交易状态，解决传统区块链中已确认链状态大量累积的问题[62]. 核销操作是指，在一笔聚合了多个用户的输入/输出的交易已经被验证后，只要能够保持输入等于输出，那么过程中多余的内容都可以被删除.

假设一个块中有两笔交易:

$$\mathrm{In}_1 = \mathrm{Out}_1 + \mathrm{Change}_1$$
$$\mathrm{In}_2 = \mathrm{Out}_2 + \mathrm{Change}_2$$

第二笔交易的输入 $\mathrm{In}_2$ 为第一笔交易的输出 $\mathrm{Out}_1$，那么可构造整个交易块的等式.

$$\mathrm{In}_1 + \mathrm{In}_2 = \mathrm{Out}_1 + \mathrm{Change}_1 + \mathrm{Out}_2 + \mathrm{Change}_2$$

在引入核销机制后，可以将第二笔交易的输入 $\mathrm{In}_2$ 为第一笔交易的输出 $\mathrm{Out}_1$ 核销，可构造整个交易块的等式.

$$\mathrm{In}_1 = \mathrm{Out}_2 + \mathrm{Change}_1 + \mathrm{Change}_2$$

在核销之后所有的交易结构已被消除，输入和输出的顺序已经模糊. 但是块中所有输出的总和减去输入，仍然保证为零. MimbleWimble 区块提供了很好的隐私保证，部分已经完成的交易并未显式出现在区块中，删除所有的交易结构使得外部用户更加不可能成功分辨相匹配的输入/输出. 在区块可验证的前提下，尽可能减少存储的交易状态，使区块更加紧凑，节省矿工存储空间，并利于新加入节点快速完成全链数据同步.

MimbleWimble 也有不足. 由于临时密钥 $\dfrac{g^{v_1}h^{r_1}g^{v_2}h^{r_2}}{g^{v_3}h^{r_3}} = h^{r_1+r_2-r_3}$ 包含了输出交易用到的秘密随机数，也就是有收款人的秘密，因此在生成单向聚合签名的时候，付款人需要和收款人交互，这会给用户带来不便. 另外，出块的节点或全节点

拥有交易单被聚合前的信息, 因此这些节点可以将所有中间数据都存储下来, 做类似于比特币等的交易关联关系图分析, 获取用户的交易隐私信息.

### 6.7.3 MimbleWimble 在区块链中的应用

MimbleWimble 结合保密交易和混币交易, 再采用聚合签名, 使得交易地址信息无法被还原, 并实现交易金额的隐私保护; 同时通过核销技术, 将多个单笔交易组合, 压缩交易数据大小, 减少网络传输带宽开销, 提供了较好的可扩展性.

Grin 和 BEAM 是两个基于 Mimblewimble 协议的区块链系统. 在 Grin 网络中, 隐私是强制性的, 所有交易都是私密的, 所有用户都是隐藏的, 整个网络都致力于完全匿名的交易. BEAM 专为选择性隐私设计, 目标是创建一个系统, 该系统可以在需要时为用户提供匿名性, 也允许在需要时可选地跟踪交易和用户.

2019 年, 莱特币社区提出要把保密交易隐私技术整合到莱特币协议, 为莱特币协议添加一个 MimbleWimble 扩展块, 提升该项目的可互换性. 2021 年, 官方宣布面向莱特币的 MimbleWimble 隐私代码已完成, 并将由社区决定 MimbleWimble 协议激活时间.

## 6.8 时 空 证 明

时空证明(proof of space time, PoST)是由文件币(FileCoin)区块链引入的数据存储概念. “时空”是指受托存储数据的节点的实际存储时间及空间. 数据的持续可用性是衡量外包存储服务质量的一个关键属性. 当数据被外包存储时, 用户希望外包数据在整个存储期间对用户是持续可用的, 且数据没有被层层转包存储, 所以需要时空证明使验证者能够确信外包存储服务的持续可用性.

### 6.8.1 时空证明基本概念

时空证明算法是对数据可恢复证明(proof of retrievability, POR)的一种改进. 可恢复证明核心是将文件分片存储, 并根据分片的标签信息定期进行挑战和证明[72]. 通常的可恢复证明每次运行都要进行预处理, 而时空证明是一定时期内产生一个可恢复证明序列, 以此证明存储的持续性.

时空证明与数据可恢复证明的主要区别在于重复挑战地执行, 不是每次重新运行初始化程序, 提高了执行效率. 一般而言, 存储证明方案规定, 用户可以随时请求检查存储服务提供商当时是否已经存储了外包数据[4]. 利用数据可恢复证明协议, 存储服务提供商可以证明在一段时间内一直存储了数据[64], 一种平凡的实现方法是让用户不断请求存储服务提供商提供证明. 然而每次存储服务提供商都提交证明到区块链网络, 交互将带来巨大通信开销, 会成为类似 FileCoin 这样的系统的发展瓶颈. 时空证明可以解决这个问题, 可以让验证者检查存储服务提供商是否在过去一段时间内存储了正确的外包数据[44].

时空证明协议使证明人能够说服验证者相信, 证明人在过去一段时间内确实持续存储了数据 $D$. 一个数据时空证明协议包括挑战者和证明者, 共计四个步骤. 第一步, 充当挑战者的数据所有人将文件和一些谜题生成之后, 存到服务器上; 第二步, 由挑战者随机生成需要数据的挑战信息; 第三步, 充当证明者的存储服务器完成证明并发回给挑战者; 第四步, 挑战者用自己原来保存的一些信息验证证明信息, 验证存储服务器提供的证明, 判断存储服务器是否在过去一段时间诚实地存储了文件[25]. 时空证明的方案由以下四个算法组成.

(1) 时空证明密钥生成算法 $\mathrm{PoST.Kg}(\lambda,t,T)$: 是一个概率算法, 给定安全参数 $\lambda$, 审计频率参数 $t$ 和数据存储时间 $T$, 生成一个公私钥对 $(pk,sk)$.

(2) 时空证明存储算法 $\mathrm{PoST.Store}(sk,D)$: 输入私钥 $sk$ 和待存储数据 $D\in\{0,1\}^*$, 将 $D$ 编码为 $D^*$ 作为要存储的文件, 并计算标签 $tg$, 用于后续的证明和验证.

(3) 时空证明验证 $\mathrm{PoST}.\mathcal{V}$: 该算法有两个子算法, 分别为生成挑战的 $\mathrm{PoST}.\mathcal{V}_{\mathrm{cha}}$ 和响应验证的 $\mathrm{PoST}.\mathcal{V}_{\mathrm{valid}}$. $\mathrm{PoST}.\mathcal{V}_{\mathrm{cha}}(pk,sk,tg)$ 将公钥 $pk$、密钥 $sk$ 和标签 $tg$ 作为输入, 生成挑战 $c$, 并将公共计时器时间设置为 0.

$\mathrm{PoST}.\mathcal{V}_{\mathrm{valid}}(pk,sk,tg,c,p)$ 将公钥 $pk$、密钥 $sk$、标签 $tg$、挑战 $c$、相应的响应 $p$ 和定时器接收响应 $p$ 的时间作为输入, 输出 $b$ 表示 "拒绝" (0) 或 "接受" (1).

(4) 时空证明生成证明 $\mathrm{PoST}.\mathcal{P}(pk,tg,D^*,c)$: 一个概率算法, 输入公钥 $pk$、文件标签 $tg$、存储的文件 $D^*$ 和挑战 $c$, 在一段时间的计算后输出响应 $p$, 并在计算完成后立即将其发送给验证者.

### 6.8.2 时空证明构造

FileCoin 在白皮书中最初提出了一种 PoST 方案[9], 验证者可以比预期更快地运行证明存储协议, 即无法抵抗并行加速[21]. 2020 年, G. Ateniese 等在网络与分布式系统安全(Network and Distributed System Security, NDSS)会议上提出了形式化定义的时空证明[5], 并给出了基础时空证明和紧凑时空证明两种协议. 下面首先介绍协议中使用的交互式图灵机和数据可恢复证明, 然后介绍 G. Ateniese 等给出的两种构造方式.

#### 1. 交互式图灵机

交互式图灵机(interactive Turing machine, ITM)用于模拟现实计算系统中使用的交互式算法. 一个交互式图灵机有一个输入带(input tap)、一个输出带(output tap)、一个随机带(randomness tap)和 $k$ 个工作带(working tap)，它按照转换函数(transition function)描述的指令逐步改变它的状态. 非黑盒时空证明者被建模为交互式图灵机. 因此，机器当前拥有的任何知识或数据必须在固定时间点保存在配置(内存)中，或者硬编码在转换函数中. 使用基于配置的转换函数来描述 ITM 的执行过程是很方便的. 配置由状态、磁带上的内容以及磁带头的位置组成. ITM 的运行是根据转换函数和输入磁带上的符号顺序更改配置. 给定特定时间的一种配置和转换函数，任何人都可以从该点开始运行 ITM. 这样通过要求提取器在任何指定的执行步骤以及转换函数提供证明者的交互式图灵机配置之后进行操作，获得“连续可提取性”.

2. 数据可恢复证明

数据可恢复证明由 A. Juels 等在 2007 年 ACM CCS 会议上提出[58]，是一种存储证明方案，证明者(服务器)使验证者相信他实际上存储了所有数据. 数据可恢复证明的鲁棒性要求，如果服务器可以通过验证，那么与服务器交互的特殊提取算法必须(以压倒性概率)能够提取出文件. 将证明者和验证者之间的交互称为挑战和响应过程.

下面简要介绍 H. Shacham 和 B. Waters 在 2008 年亚密会上提出的公开验证的可恢复证明方案，该方案将在后续的时空证明协议中使用，方案包括以下四个算法.

(1) 可恢复证明密钥建立算法 PoR. Kg: 为验证者生成公私钥对 $(pk, sk)$.

(2) 可恢复证明存储算法 PoR.Store$(sk, D)$：输入私钥 $sk$ 和数据 $D \in \{0,1\}^*$，将 $D$ 编码为 $D^*$ 作为要存储的文件，并计算标签 $t$ 用于后续的证明和验证.

(3) 可恢复证明验证算法 PoR.$\mathcal{V}$: 该算法有两个子算法，分别为生成挑战 $c$ 的算法 PoR.$\mathcal{V}_{\text{cha}}$，以及验证证明者 $P$ 与挑战 $c$ 对应的证明 $\pi$ 的算法 PoR.$\mathcal{V}_{\text{valid}}$. 其中，算法 PoR.$\mathcal{V}_{\text{cha}}(pk, sk, t)$ 生成挑战 $c$，算法 PoR.$\mathcal{V}_{\text{valid}}(pk, t, c, p)$ 输出 $b$ 表示“拒绝”(0) 或“接受”(1).

(4) 可恢复证明生成证明算法 PoR.$\mathcal{P}(pk, t, D^*, c)$：输入公钥 $pk$、标签 $t$、编码文件 $D^*$ 和挑战 $c$，计算后输出证明 $\pi$.

方案的具体实现如下.

(1) 可恢复证明密钥建立算法 PoR.Kg: 首先生成系统参数，包括双线性映射 $e: \mathbb{G} \times \mathbb{G} \to \mathbb{G}_T$，群 $\mathbb{G}$ 的生成元为 $g$，群 $\mathbb{G}$ 和 $\mathbb{G}_T$ 的阶为 $q$，哈希函数 $H: \{0,1\}^* \to \mathbb{G}$. 生成一个 BLS 签名的随机签名密钥对 $(spk, ssk)$，随机选取 $\alpha \in \mathbb{Z}_q$，计算 $v = g^{\alpha}$. 私钥为 $sk=(\alpha, ssk)$，公钥为 $pk = (g^{\alpha}, spk)$.

(2) 可恢复证明存储算法 PoR.Store$(sk, D)$：给定待存储数据 $D$，使用纠删码

(里德-所罗门编码(Reed-Solomon code))生成文件 $D'$. 将文件 $D'$ 拆分成 $n$ 个块, 每个块分为 $s$ 个区 $\{m_{ij}\}_{1\leqslant i\leqslant n, 1\leqslant j\leqslant s}$, 其中 $m_{ij}$ 均在 $\mathbb{Z}_q$ 中. 在 $\mathbb{Z}_q$ 中随机选取 name 作为文件名, 在 $\mathbb{G}$ 中随机选取 $s$ 个元素 $\{u_1,\cdots,u_s\}$. 令 $t_0=\{\text{name}\,\|\,n\,\|\,u_1\,\|\cdots\|\,u_s\}$, 文件的标签为 $t_0$, 使用私钥 $ssk$ 生成 $t_0$ 的 BLS 签名, 得到 $t=t_0\,\|\,SSig_{ssk}(t_0)$. 对于 $1\leqslant i\leqslant n$, 计算 $\sigma_i=\left(H(\text{name}\,\|\,i)\cdot\prod_{j=1}^{s}u_j^{m_{ij}}\right)^{\alpha}$. 编码后的最终文件 $D^*$ 为

$$\{m_{ij}\}_{1\leqslant i\leqslant n, 1\leqslant j\leqslant s} \text{ 和 } \{\sigma_i\}_{1\leqslant i\leqslant n}.$$

(3) 可恢复证明验证算法 PoR.$\mathcal{V}$: 使用 $spk$ 验证 $t$ 中的签名的正确性, 如果不正确, 终止协议, 输出 “拒绝” (0). 否则解析 $t$, 获得文件名 name, $n$ 和 $\{u_1,\cdots,u_s\}$.

运行生成挑战 $c$ 的 PoR.$\mathcal{V}_{\text{cha}}$ 算法. 在集合 $[1,n]$ 中随机选取 $l$ 个元素的子集 $I$. 对于每个 $i\in I$, 随机选取 $v_i\in B\subseteq\mathbb{Z}_q$. 令集合 $\{(i,v_i)\}$ 为 $c$, 发送 $c$ 给证明者.

运行验证证明的 PoR.$\mathcal{V}_{\text{valid}}$ 算法. 解析证明者的回复 $(\mu_1,\cdots,\mu_s)\in(\mathbb{Z}_p)^s$ 和 $\sigma\in\mathbb{G}$. 如果解析失败, 输出 “拒绝” (0). 否则, 验证

$$e(\sigma,g)=e\left(\prod_{(i,v_i)\in c}H(\text{name}\,\|\,i)^{v_i}\cdot\prod_{j=1}^{s}u_j^{\mu_j},v\right)$$

是否成立. 成立则输出 “接受” (1), 否则输出 “拒绝” (0).

(4) 可恢复证明生成证明算法 PoR.$\mathcal{P}(pk,tg,D^*,c)$: 证明者从文件 $D^*$ 中解析 $\{m_{ij}\}_{1\leqslant i\leqslant n, 1\leqslant j\leqslant s}$ 和 $\{\sigma_i\}_{1\leqslant i\leqslant n}$, 从挑战 $c$ 中解析 $\{(i,v_i)\}$. 对所有的 $i\in I$ 和 $v_i\in B$, $1\leqslant j\leqslant s$, 计算 $\mu_j=\sum_{(i,v_i)\in c}v_i m_{ij}$ 和 $\sigma=\prod_{(i,v_i)\in c}\sigma_i^{v_i}$. 最终证明者向验证者回复 $\mu_1,\cdots,\mu_s$ 和 $\sigma$.

上述验证过程中无须私钥输入, 因此该方案的证明是可公开验证的. 这意味着不仅是数据所有者, 任何第三方都可以验证数据的持有证明. 后续协议将基于此协议实现.

### 3. 基础时空证明

对于时空证明而言, 时间的限制十分关键, 因此利用可验证延迟函数 VDF 构造时空证明协议[45]. 在延迟验证的帮助下, 使用 VDF 可以迫使存储提供者在每个长度为 $t$ 的时间间隔时生成数据可恢复证明. 其基本思路如下, 时空证明的证明程序在整个存储期间每隔一段时间顺序地生成一个数据可恢复证明, 让 VDF 的输出衍生出下一个数据可恢复证明的挑战, 每个数据可恢复证明过程通过 VDF 串联到下一个数据可恢复证明过程, 使得恶意证明者不能在存储期开始时同时生成所有数据可恢复证明. 协议具体步骤如下.

(1) 时空证明密钥建立算法 PoST.Kg$(\lambda,t,T)$: 使用 PoR.Kg 生成 PoR 证明的公私钥对 (PoR.$pk$,PoR.$sk$), $t'$ 是交互式图灵机的最大执行步数, 并且要求

$t' \leqslant t-2\delta T$且$k=T/t'$为整数, 其中$\delta$为VDF的$\delta$-计算时间参数, 表示 VDF 计算的运行时间至多为$(1+\delta)T$. 利用VDF算法中的VDF.Setup$(\lambda,t')$生成VDF的公共参数$pp$. PoST算法最终的公钥为(PoR.$pk$,VDF.$pp$,$T$,$k$), 私钥为PoR.$sk$.

(2) 时空证明存储算法PoST.Store$(sk,D)$: 文件存储算法将私钥$sk$和数据$D\in\{0,1\}^*$作为输入, 与上述 PoR. Store($sk$, $D$)相同, 将$D$编码为$D^*$作为要存储的文件, 并计算标签$tg$用于后续的证明和验证.

(3) 时空证明验证算法PoST.$\mathcal{V}$:该算法有两个子算法, 分别为生成挑战的PoST.$\mathcal{V}_{\text{cha}}$和响应验证的PoST.$\mathcal{V}_{\text{valid}}$.

运行算法PoST.$\mathcal{V}_{\text{cha}}(pk,tg)$. 将公钥$pk$和标签$tg$作为输入, 生成挑战$c_0$,并将公共计时器时间设置为0.

运行算法PoST.$\mathcal{V}_{\text{valid}}(pk,tg,c_0,p)$. 从证明者收到证明响应$p$后, 首先检查当前计时器时间$T'$.如果当前计时器时间$T'$比$T$小或者比$(1+\delta)T$大,输出“拒绝”(0); 否则将响应$p$、标签$tg$和处理过的数据$D^*$作为输入运行下述算法. 直观上, 验证者需要检查所有哈希值、PoR 证明以及 VDF 计算.

从$p=\left(\{c_i,v_i\}_{i=0}^{k},\{u_i,\pi_i,d_i\}_{i=0}^{k-1}\right)$中解析出各步证明, 随后从$i=0$循环到$k-1$:

当$u_i\neq\mathcal{G}(v_i)$或者$c_i\neq\mathcal{H}(d_i)$时, 协议输出“拒绝”(0);

当PoST.$\mathcal{V}_{\text{valid}}$(PoR.$pk$,PoR.$tg$,$c_i$,$v_i$)或VDF.Verify(VDF.$pp$,$d_i$,$u_i$,$\pi_i$)的验证结果为错误, 协议输出“拒绝”(0).

循环结束后, 验证PoST.$\mathcal{V}_{\text{valid}}$(PoR.$pk$,PoR.$tg$,$c_k$,$v_k$). 如果验证结果为错误, 协议输出“拒绝”(0); 如果结果为正确, 协议输出“接受”(1).

(4) 时空证明算法PoST.$\mathcal{P}(pk,tg,D^*,c_0)$: 将公钥$pk$、文件标签$tg$、文件$D^*$和挑战$c_0$作为输入, 证明程序串行计算 PoR 实例. 直观上, 下一个 PoR 挑战是通过哈希函数和 VDF 从之前的 PoR 证明生成的, 具体过程由如下述算法描述.

---

从$i=0$循环到$k-1$:

$v_i \leftarrow$ PoR.$\mathcal{P}(c_i,D^*,$PoR.$pk,$PoR.$tg)$

$u_i=\mathcal{G}(v_i)$

$(d_i,\pi_i)\leftarrow$ VDF.Eval($u_i$, VDF.$pp$)

$c_{i+1}=\mathcal{H}(d_i)$

循环结束后, 执行以下计算, 最终输出 PoST 的证明$p$.

$v_k \leftarrow$ PoR.$\mathcal{P}(c_k,D^*,$PoR.$pk,$PoR.$tg)$

$p=\left(\{c_i,v_i\}_{i=0}^{k},\{u_i,\pi_i,d_i\}_{i=0}^{k-1}\right)$

---

4. 紧凑时空证明

上述方案最终证明的大小与存储时间是线性的, 执行效率低, 通信成本及验证过程的计算成本高. 一种新的紧凑型构造利用了陷门 VDF(详见 6.1.2 节)和 PoR 方案, 让验证者重现与证明者相同的 PoR 实例序列, 验证者简单地检查两个 PoR 证明序列是否相同. 通过抗碰撞哈希函数有效实现比较, 而不是验证所有的证明和 VDF, 使通信开销与默认时间无关, 提升验证算法效率. 下面对算法的执行过程做简要介绍.

算法中使用陷门 VDF(TDF)包括 TDF.Setup, TDF.Eval, TDF.TrapEval 三个算法. $\mathcal{H}$, $\mathcal{H}_1$, $\mathcal{H}_2$, $\mathcal{H}_3$ 和 $\mathcal{G}$ 是哈希函数, $\text{SE} = (\text{SKg}, \text{Enc}, \text{Dev})$ 是语义安全的对称加密算法, 证明者和验证者之间的交互次数最多为 $l$ 次[41].

(1) $\text{cPoST.Kg}(\lambda, t, T)$: 使用 $\text{PoR.Kg}(\lambda)$ 生成 PoR 证明的公私钥对 $(\text{PoR.}pk, \text{PoR.}sk)$, 通过加密算法 $\text{SKg}(\lambda)$ 生成一个私钥 $\text{SE.}sk$, $t'$ 是交互式图灵机的最大执行步数, 要求 $t' \leqslant t - 2\delta T$ 且 $k = T / t'$ 为整数. 利用的 $\text{TDF.Setup}(\lambda, s_0)$ 生成陷门 VDF 的公共参数 $\text{TDF.}pp$ 和陷门 $\text{TDF.}tr$. 输出 PoST 公钥 $(\text{PoR.}pk, \text{TDF.}pp, T, k)$、私钥 $(\text{PoR.}sk, \text{SE.}sk, \text{TDF.}tr)$.

(2) $\text{cPoST.Store}(pk, sk, l, D)$: 输入私钥 $sk$、数字界限 $l$ 和待存储数据 $D \in \{0,1\}^*$, 运行下述算法将 $D$ 编码为将实际存储的文件 $D^*$, 并计算标签 $tg$. 直观上, 数据所有者依次计算 PoR 实例, 其中下一个 PoR 挑战是通过哈希函数和陷门 VDF 的计算从之前的 PoR 证明生成的, 然后将所有 PoR 挑战和响应的哈希值保存在一起, 以便进一步验证.

---

$(D^*, tg) \leftarrow \text{PoR.Store}(\text{PoR.}pk, D)$

从 $j = 1$ 循环到 $l$:

　　$c_{0,j} \leftarrow \text{PoR.}\mathcal{V}_{\text{cha}}(\text{PoR.}pk, tg^*)$

　从 $i = 0$ 循环到 $k - 1$:

　　　$v_{i,j} \leftarrow \text{PoR.}\mathcal{P}(\text{PoR.}pk, c_{i,j}, D^*, tg^*)$ (生成一个 PoR 证明)

　　　$u_{i,j} = \mathcal{G}(v_{i,j})$

　　　$d_{i,j} \leftarrow \text{TDF.Trap Eval}(u_{i,j}, \text{TDF.}pp, \text{TDF.}tr)$ (用陷门高效计算 VDF)

　　　$c_{i+1,j} = \mathcal{H}(d_{i,j})$

　$v_{k,j} \leftarrow \text{PoR.}\mathcal{P}(c_{k,j}, \text{PoR.}pk, D^*, tg^*)$

　$c_j = \mathcal{H}_1(c_{0,j}, \cdots, c_{k,j})$

　$v_j = \mathcal{H}_2(v_{0,j}, \cdots, v_{k,j})$

　$tg_j = \mathcal{H}_3(c_j, v_j)$

　$C = \text{Enc}_{\text{SE}.sk}(c_1, \cdots, c_l)$

　$tg = (C, tg^*, tg_1, \cdots, tg_l)$

---

(3) $\text{cPoST.}\mathcal{V}$: 该算法有两个子算法程序, 分别为生成挑战的 $\text{cPoST.}\mathcal{V}_{\text{cha}}$ 和响应验证的 $\text{cPoST.}\mathcal{V}_{\text{valid}}$.

运行算法 $\text{cPoST.}\mathcal{V}_{\text{cha}}(pk, sk, tg, state)$, 保持一个 $state$ 来记录交互次数. 如果

*state* 的值小于界限 $l$，利用 SE.$sk$ 对 $tg$ 中的密文进行解密，获取对应的挑战 $c_i$ 并发送给服务器，同时重置计时器时间为 0 并增加 *state* 状态值.

运行算法 cPoST.$\mathcal{V}_{\text{valid}}(pk,tg,c_0,p)$，从证明者收到证明响应 $p$ 后，首先检查当前计时器时间 $T'$. 如果当前计时器时间 $T'$ 比 $T$ 小或者比 $(1+\delta)T$ 大，则协议输出"拒绝"(0)；否则对每个状态值 $state=i$，检查 $\mathcal{H}_3(p)=tg_i$ 是否成立. 如果不成立协议输出"拒绝"(0)，如果成立则输出"接受"(1).

(4) cPoST.$\mathcal{P}(pk,tg,D^*,c_0)$：收到验证者的挑战 $c_0$ 后，运行下述算法生成证明 $p$. 直观上，证明者依次计算 PoR 实例，其中下一个 PoR 挑战是通过哈希函数和不知道陷门的 VDF 从之前的 PoR 证明中计算生成的，然后对所有 PoR 挑战和响应进行哈希运算，生成最终的 PoST 证明.

---

$\pi \leftarrow$ cPoST.$\mathcal{P}(pk,tg,D^*,c_0)$

  从 $i=0$ 循环到 $k-1$：

    $v_i \leftarrow$ PoR.$\mathcal{P}$(PoR.$pk,c_i,D^*,tg^*$) (生成一个 PoR 证明)

    $u_i=\mathcal{G}(v_i)$

    $d_i \leftarrow$ TDF.TrapEval($u_i$,TDF.$pp$,TDF.$tr$) (用陷门高效计算 VDF)

    $c_{i+1}=\mathcal{H}(d_i)$

  $v_k \leftarrow$ PoR.$pk(c_k$,PoR.$p,D^*,tg^*)$

  $c=\mathcal{H}_1(c_0,\cdots,c_k)$

  $v=\mathcal{H}_2(v_0,\cdots,v_k)$

  $\pi=(c,v)$

---

### 6.8.3 时空证明在中区块链的应用

时空证明是由 FileCoin 区块链社区引入的概念，FileCoin 是一个去中心化存储网络，它让中心化的云存储变成一个存储服务提供商自由进出的存储市场. 区块链中的节点可以通过竞争为客户提供存储服务，获取 FileCoin，而客户则通过花费 FileCoin 来雇佣矿工节点存储或分发数据. 时空证明在系统中使验证者能够审计外包存储服务数据是否持续可用，用户不用自己去检查自己的文件在过去的时间里是否一直被存储，FileCoin 提供了一种和现有云存储完全不同的外包存储方式.

## 参 考 文 献


[1] Abadi A, Kiayias A. Multi-instance publicly verifiable time-lock puzzle and its applications. International Conference on Financial Cryptography and Data Security. Berlin, Heidelberg: Springer, 2021: 541-559.

[2] Ames S, Hazay C, Ishai Y, et al. Ligero: Lightweight sublinear arguments without a trusted setup. ACM SIGSAC Conference on Computer and Communications Security. New York: ACM Press,

2017: 2087-2104.

[3] Araki T, Furukawa J, Lindell Y, et al. High-throughput semi-honest secure three-party computation with an honest majority. ACM SIGSAC Conference on Computer and Communications Security. New York: ACM Press, 2016: 805-817.

[4] Armknecht F, Barman L, Bohli J M, et al. Mirror: Enabling proofs of data replication and retrievability in the cloud. USENIX Security Symposium. Berkeley, CA: USENIX Association, 2016: 1051-1068.

[5] Ateniese G, Chen L, Etemad M, et al. Proof of storage-time: Efficiently checking continuous data availability. ISOC Network and Distributed System Security Symposium. California: The Internet Society, 2020.

[6] Au M H, Susilo W, Mu Y. Constant-size dynamic k-TAA. International Conference on Security and Cryptography for Networks. Berlin, Heidelberg: Springer, 2006: 111-125.

[7] Au M H, Tsang P P, Susilo W, et al. Dynamic universal accumulators for DDH groups and their application to attribute-based anonymous credential systems. Cryptographers' Track at the RSA Conference. Berlin, Heidelberg: Springer, 2009: 295-308.

[8] Backes M, Döttling N, Hanzlik L, et al. Ring signatures: Logarithmic-size, no setup: From standard assumptions. Annual International Conference on the Theory and Applications of Cryptographic Techniques. Cham: Springer, 2019: 281-311.

[9] Benet J, Greco N. FileCoin: A decentralized storage network. Protoc. Labs, 2018: 1-36.

[10] Ben-Sasson E, Bentov I, Horesh Y, et al. Scalable zero knowledge with no trusted setup. Annual International Cryptology Conference. Cham: Springer, 2019: 701-732.

[11] Ben-Sasson E, Chiesa A, Genkin D, et al. SNARKs for C: Verifying program executions succinctly and in zero knowledge. Annual Cryptology Conference. Berlin, Heidelberg: Springer, 2013: 90-108.

[12] Ben-Sasson E, Chiesa A, Riabzev M, et al. Aurora: Transparent succinct arguments for R1CS. Annual International Conference on the Theory and Applications of Cryptographic Techniques. Cham: Springer, 2019: 103-128.

[13] Ben-Sasson E, Chiesa A, Tromer E, et al. Succinct non-interactive zero knowledge for a von neumann architecture. USENIX Security Symposium. Berkeley, CA: USENIX, Association, 2014: 781-796.

[14] Bhadauria R, Fang Z, Hazay C, et al. Ligero++: A new optimized sublinear IOP. ACM SIGSAC Conference on Computer and Communications Security. New York: ACM Press, 2020: 2025-2038.

[15] Betarte G, Cristiá M, Luna C, et al. Towards a formally verified implementation of the MimbleWimble cryptocurrency protocol. Applied Cryptography and Network Security Workshops. Cham: Springer, 2020: 3-23.

[16] Bogatov D, de Caro A, Elkhiyaoui K, et al. Anonymous transactions with revocation and auditing in hyperledger fabric. International Conference on Cryptology and Network Security. Cham: Springer, 2021: 435-459.

[17] Boneh D, Bonneau J, Bünz B, et al. Verifiable delay functions. Annual International Cryptology Conference. Cham: Springer, 2018: 757-788.

[18] Boneh D, Boyle E, Corrigan-Gibbs H, et al. Zero-knowledge proofs on secret-shared data via fully

linear PCPs. Annual International Cryptology Conference. Cham: Springer, 2019: 67-97.
[19] Boneh D, Bünz B, Fisch B. A survey of two verifiable delay functions. Cryptology ePrint Archive, 2018: 1-13.
[20] Boneh D, Bünz B, Fisch B. Batching techniques for accumulators with applications to IOPs and stateless blockchains. Annual International Cryptology Conference. Cham: Springer, 2019: 561-586.
[21] Boneh D, Drake J, Fisch B, et al. Halo infinite: Proof-carrying data from additive polynomial commitments. Annual International Cryptology Conference. Cham: Springer, 2021: 649-680.
[22] Bootle J, Cerulli A, Chaidos P, et al. Efficient zero-knowledge arguments for arithmetic circuits in the discrete log setting. Annual International Conference on the Theory and Applications of Cryptographic Techniques. Berlin, Heidelberg: Springer, 2016: 327-357.
[23] Bünz B, Agrawal S, Zamani M, et al. Zether: Towards privacy in a smart contract world. International Conference on Financial Cryptography and Data Security. Cham: Springer, 2020: 423-443.
[24] Bünz B, Bootle J, Boneh D, et al. Bulletproofs: Short proofs for confidential transactions and more. IEEE Symposium on Security and Privacy. Los Alamitos: IEEE Computer Society, 2018: 315-334.
[25] Bünz B, Chiesa A, Lin W, et al. Proof-carrying data without succinct arguments. Annual International Cryptology Conference. Cham: Springer, 2021: 681-710.
[26] Bünz B, Fisch B, Szepieniec A. Transparent SNARKs from DARK compilers. Annual International Conference on the Theory and Applications of Cryptographic Techniques. Cham: Springer, 2020: 677-706.
[27] Bünz B, Maller M, Mishra P, et al. Proofs for inner pairing products and applications. International Conference on the Theory and Application of Cryptology and Information Security. Cham: Springer, 2021: 65-97.
[28] Buterin V. Quadratic arithmetic programs: From zero to hero. 2016. https://medium.com/@VitalikButerin/quadratic-arithmetic-programs-from-zero-to-hero-f6d558cea649#.x94owaif2.
[29] Camenisch J, Drijvers M, Lehmann A. Anonymous attestation using the strong Diffie-Hellman assumption revisited. International Conference on Trust and Trustworthy Computing. Cham: Springer, 2016: 1-20.
[30] Camenisch J, Lysyanskaya A. An efficient system for non-transferable anonymous credentials with optional anonymity revocation. International Conference on the Theory and Applications of Cryptographic Techniques. Berlin, Heidelberg: Springer, 2001: 93-118.
[31] Camenisch J, Lysyanskaya A. Signature schemes and anonymous credentials from bilinear maps. Annual International Cryptology Conference. Berlin, Heidelberg: Springer, 2004: 56-72.
[32] Camenisch J, Mödersheim S, Sommer D. A formal model of identity mixer. International Workshop on Formal Methods for Industrial Critical Systems. Berlin, Heidelberg: Springer, 2010: 198-214.
[33] Camenisch J, Shoup V. Practical verifiable encryption and decryption of discrete logarithms. Annual International Cryptology Conference. Berlin, Heidelberg: Springer, 2003: 126-144.
[34] Camenisch J, Stadler M. Efficient group signature schemes for large groups: Extended abstract. Annual International Cryptology Conference. Berlin, Heidelberg: Springer, 1997: 410-424.

[35] Camenisch J, Van Herreweghen E. Design and implementation of the Idemix anonymous credential system. ACM Conference on Computer and Communications Security. New York: ACM Press, 2022: 21-30.

[36] Chase M, Derler D, Goldfeder S, et al. Post-quantum zero-knowledge and signatures from symmetric-key primitives. ACM SIGSAC Conference on Computer and Communications Security. New York: ACM Press, 2017: 1825-1842.

[37] Chiesa A, Hu Y, Maller M, et al. Marlin: Preprocessing zkSNARKs with universal and updatable SRS. Annual International Conference on the Theory and Applications of Cryptographic Techniques. Cham: Springer, 2020: 738-768.

[38] Cohen B, Pietrzak K. Simple proofs of sequential work. Annual International Conference on the Theory and Applications of Cryptographic Techniques. Cham: Springer, 2018: 451-467.

[39] Cohen B, Pietrzak K. The chia network blockchain. Chia Network, 2019. https://www.chia.net/wp-content/uploads/2022/07/ChiaGreenPaper.pdf.

[40] Cramer R, Shoup V. Universal Hash proofs and a paradigm for adaptive chosen ciphertext secure public-key encryption. International Conference on the Theory and Applications of Cryptographic Techniques. Berlin, Heidelberg: Springer, 2002: 45-64.

[41] Damgård I, Ganesh C, Orlandi C. Proofs of replicated storage without timing assumptions. Annual International Cryptology Conference. Cham: Springer, 2019: 355-380.

[42] de Feo L, Masson S, Petit C, et al. Verifiable delay functions from supersingular isogenies and pairings. International Conference on the Theory and Application of Cryptology and Information Security. Cham: Springer, 2019: 248-277.

[43] Meiklejohn S, Erway C C, Küpçü A, et al. ZKPDL: A language-based system for efficient zero-knowledge proofs and electronic cash. USENIX Security Symposium. Berkeley, CA: USENIX, Association2010.

[44] Fisch B, Bonneau J, Greco N, et al. Scaling Proof-of-Replication for Filecoin Mining. San Francisco: Protocol Labs, 2018.

[45] Fisch B. Tight proofs of space and replication. Annual International Conference on the Theory and Applications of Cryptographic Techniques. Cham: Springer, 2019: 324-348.

[46] Freeman T, Housley R, Malpani A, et al. Server-based certificate validation protocol (SCVP). RFC 5055. 2007. https://www.rfc-editor.org/rfc/rfc5055.html. 访问日期 2022 年 9 月 20 日.

[47] Fuchsbauer G, Orrù M, Seurin Y. Aggregate cash systems: A cryptographic investigation of mimblewimble. Annual International Conference on the Theory and Applications of Cryptographic Techniques. Cham: Springer, 2019: 657-689.

[48] Gabizon A, Williamson Z J, Ciobotaru O. Plonk: Permutations over Lagrange-bases for oecumenical noninteractive arguments of knowledge. Cryptology ePrint Archive, 2019: 1-34.

[49] Ganesh C, Orlandi C, Pancholi M, et al. Fiat-Shamir bulletproofs are non-malleable(in the algebraic group model). Annual International Conference on the Theory and Applications of Cryptographic Techniques. Cham: Springer, 2022: 397-426.

[50] Giacomelli I, Madsen J, Orlandi C. ZKBoo: Faster zero-knowledge for Boolean circuits. USENIX Security Symposium. Berkeley, CA: USENIX Association, 2016: 1069-1083.

[51] Gorbunov S, Reyzin L, Wee H, et al. Pointproofs: Aggregating proofs for multiple vector commitments. ACM SIGSAC Conference on Computer and Communications Security. New York: ACM Press, 2022: 2007-2023.

[52] Goyal V, Lee C K, Ostrovsky R, et al. Constructing non-malleable commitments: A black-box approach. IEEE 53rd Annual Symposium on Foundations of Computer Science. Los Alamitos: IEEE Computer Society , 2012: 51-60.

[53] Groth J, Kohlweiss M, Maller M, et al. Updatable and universal common reference strings with applications to zk-SNARKs. Annual International Cryptology Conference. Cham: Springer, 2018: 698-728.

[54] Groth J. On the size of pairing-based non-interactive arguments. Annual International Conference on the Theory and Applications of Cryptographic Techniques. Berlin, Heidelberg: Springer, 2016: 305-326.

[55] Harmony Team. Harmony Technical Whitepaper, 2022. https://harmony.one/whitepaper. pdf. 访问日期 2022 年 9 月 20 日.

[56] Hopwood D, Bowe S, Hornby T, et al. Zcash protocol specification. GitHub: San Francisco, CA, USA, 2016.

[57] Housley R, Ford W, Polk W, et al. Internet X. 509 public key infrastructure certificate and CRL profile. RFC 2459. 1999. https://datatracker.ietf.org/doc/html/rfc2459. 访问日期 2022 年 9 月 20 日.

[58] Juels A, Kaliski Jr B S. PORs: Proofs of retrievability for large files. ACM Conference on Computer and Communications Security. New York: ACM Press, 2007: 584-597.

[59] Li J T, Li N H, Xue R. Universal accumulators with efficient nonmembership proofs. International Conference on Applied Cryptography and Network Security. Berlin, Heidelberg: Springer, 2007: 253-269.

[60] Maller M, Bowe S, Kohlweiss M, et al. Sonic: Zero-knowledge SNARKs from linear-size universal and updatable structured reference strings. ACM SIGSAC Conference on Computer and Communications Security. New York: ACM Press, 2019: 2111-2128.

[61] Maxwell G. CoinJoin: Bitcoin privacy for the Real World. 2013. https://bitcointalk.org/ index. php? topic=279249.0. BitcoinTalk post. 访问日期 2022 年 9 月 20 日.

[62] Maxwell G. Transaction cut-through. BitcoinTalk Post. 2013. https://bitcointalk.org/index.php? topic= 281848.0. 访问日期 2022 年 9 月 20 日.

[63] Maxwell G. Confidential transactions. 2015. https://people.xiph.org/~greg/confidential_values.txt. 访问日期 2022 年 9 月 20 日.

[64] Moran T, Orlov I. Simple proofs of space-time and rational proofs of storage. Annual International Cryptology Conference. Cham: Springer, 2019: 381-409.

[65] Nitulescu A. zk-SNARKs: A gentle introduction. 2020. https://www.di.ens.fr/nitulesc/files/Survey-SNARKs.pdf. 访问日期 2022 年 9 月 20 日.

[66] Ozdemir A, Wahby R S, Whitehat B, et al. Scaling verifiable computation using efficient set accumulators. USENIX Conference on Security Symposium. Berkeley, CA: USENIX Association, 2020: 2075-2092.

[67] Parno B, Howell J, Gentry C, et al. Pinocchio: Nearly practical verifiable computation.

Communications of the ACM, 2016, 59(2): 103-112.

[68] Pietrzak K. 2018. Simple verifiable delay functions. Cryptology ePrint Archive, 2018: 1-20.

[69] Randao: Verifiable random number generation. https://randao.org/whitepaper/Randao_v0.85_en.pdf. 访问日期 2022 年 9 月 20 日.

[70] Santesson S, Myers M, Ankney R, et al. X. 509 internet public key infrastructure online certificate status protocol-OCSP. RFC 6960. 2013. https://www.rfc-editor.org/rfc/rfc6960. 访问日期 2022 年 9 月 20 日.

[71] Setty S. Spartan: Efficient and general-purpose zkSNARKs without trusted setup. Annual International Cryptology Conference. Cham: Springer, 2020: 704-737.

[72] Shacham H, Waters B. Compact proofs of retrievability. International Conference on the Theory and Application of Cryptology and Information Security. Berlin, Heidelberg: Springer, 2008: 90-107.

[73] Sun S F, Au M H, Liu J K, et al. RingCT 2.0: A compact accumulator-based (linkable ring signature) protocol for blockchain cryptocurrency monero. European Symposium on Research in Computer Security. Cham: Springer, 2017: 456-474.

[74] Tom E J. Mimblewimble. 2016. https://download.wpsoftware.net/. 访问日期 2022 年 9 月 20 日.

[75] Wahby R S, Tzialla I, Shelat A, et al. Doubly-efficient zkSNARKs without trusted setup. IEEE Symposium on Security and Privacy. Los Alamitos: IEEE Computer Society , 2018: 926-943.

[76] Wesolowski B. Efficient verifiable delay functions. Annual International Conference on the Theory and Applications of Cryptographic Techniques. New York: ACM Press, 2019: 379-407.

[77] Xie T, Zhang J H, Zhang Y P, et al. Libra: Succinct zero-knowledge proofs with optimal prover computation. Annual International Cryptology Conference. Cham: Springer, 2019: 733-764.

[78] Yuen T H, Sun S F, Liu J K, et al. RingCT 3.0 for blockchain confidential transaction: Shorter size and stronger security. International Conference on Financial Cryptography and Data Security. Cham: Springer, 2020: 464-483.

[79] Zhang J H, Liu T Y, Wang W J, et al. Doubly efficient interactive proofs for general arithmetic circuits with linear prover time. ACM SIGSAC Conference on Computer and Communications Security. New York: ACM Press, 2021: 159-177.

[80] Zhang J H, Xie T C, Zhang Y P, et al. Transparent polynomial delegation and its applications to zero knowledge proof. IEEE Symposium on Security and Privacy. Los Alamitos: IEEE Computer Society , 2020: 859-876.

# 习　题

## 一、填空题

1．可验证延迟函数的一些变体定义包括__________、__________、__________、__________和__________.

2. PKI 中 X.509 的证书包括__________、__________和__________证书区

域，证书撤销列表由＿＿＿＿＿周期性地发布.

3．MSP 文件结构主要包括根＿＿＿＿＿、＿＿＿＿＿、＿＿＿＿＿、＿＿＿＿＿、＿＿＿＿＿、＿＿＿＿＿、＿＿＿＿＿和＿＿＿＿＿. 其中＿＿＿＿＿是通道 MSP 独有的. 通道 MSP 没有＿＿＿＿＿和＿＿＿＿＿部分.

4. Identity Mixer 具备＿＿＿＿＿和＿＿＿＿＿特性.

5. 环保密交易 1.0 的关键技术是＿＿＿＿＿签名技术，环保密交易 2.0 的关键技术是＿＿＿＿＿和＿＿＿＿＿签名技术，环保密交易 3.0 的关键技术是＿＿＿＿＿和＿＿＿＿＿技术.

## 二、简答题

1. 简述 VDF 作为区块链中随机数生成信标的一种应用方式.
2. CA 和 RA 的作用是什么？两者的关系是什么？
3. 简述 MimbleWimble 三大组件及其作用.
4. 简述 QAP 问题构成 NP 问题的原因.
5. 比较时空证明和可恢复证明的区别.

# 附　　表

## 附表 A　比特币脚本操作码

| 功能 | 描述 Words | 操作码 Opcode | 描述 Description |
|---|---|---|---|
| 压入值 Push Data | OP_0, OP_FALSE | 0 | 空字节数组压入栈 |
| | N/A | 1—75 | 下一个操作码字节是要被压入栈的数据 |
| | OP_PUSHDATA1 | 76 | 后一字节是要被压入栈的数据的长度 |
| | OP_PUSHDATA2 | 77 | 后两字节是要被压入栈的数据的长度 |
| | OP_PUSHDATA4 | 78 | 后两字节是要被压入栈的数据的长度 |
| | OP_1NEGATE | 79 | 数字 –1 被压入栈 |
| | OP_RESERVED | 80 | 交易无效 |
| | OP_1, OP_TRUE | 81 | 数字 1 被压入栈 |
| | OP_2—OP_16 | 82—96 | 数字(2—6)被压入栈 |
| 控制 Control | OP_NOP | 97 | 不执行任何操作 |
| | OP_VER | 98 | (禁用) |
| | OP_IF | 99 | 执行判断语句，若栈顶为 FALSE，移除栈顶元素并执行 |
| | OP_NOTIF | 100 | 执行判断语句，若栈顶不为 FALSE，移除栈顶元素并执行 |
| | OP_VERIF | 101 | (禁用) |
| | OP_VERNOTIF | 102 | (禁用) |
| | OP_ELSE | 103 | OP_IF 或 OP_NOTIF 判断未执行，执行此处 |
| | OP_ENDIF | 104 | 结束判断 |
| | OP_VERIFY | 105 | 若栈顶元素值非真，则标记交易无效 |
| | OP_RETURN | 106 | 标记交易错，无效 |
| 栈操作 Stack Ops | OP_TOALTSTACK | 107 | 将交易压入辅助栈中，从主栈中移除 |
| | OP_FROMALTSTACK | 108 | 将交易压入主栈中，从辅助栈中移除 |

续表

| 功能 | 描述 Words | 操作码 Opcode | 描述 Description |
|---|---|---|---|
| 栈操作<br>Stack Ops | OP_2DROP | 109 | 删除栈顶两位数据 |
| | OP_2DUP | 110 | 复制栈顶两位数据 |
| | OP_3DUP | 111 | 复制栈顶三位数据 |
| | OP_2OVER | 112 | 将栈底两个位复制到栈顶 |
| | OP_2ROT | 113 | 移动栈底第五和第六位至栈顶 |
| | OP_2SWAP | 114 | 栈顶两项为一组，交换两组位置 |
| | OP_IFDUP | 115 | 如果栈顶为 0，复制栈顶 |
| | OP_DEPTH | 116 | 计算栈中元素数量并将值放在栈顶 |
| | OP_DROP | 117 | 移除栈顶项 |
| | OP_DUP | 118 | 复制栈顶项 |
| | OP_NIP | 119 | 移除栈顶下一个元素 |
| | OP_OVER | 120 | 栈顶第二个元素复制到栈顶 |
| | OP_PICK | 121 | 从栈底开始计算第 $n$ 项复制到栈顶 |
| | OP_ROLL | 122 | 从栈底开始计算第 $n$ 项移动到栈顶 |
| | OP_ROT | 123 | 栈顶三项向前旋转 1 位 |
| | OP_SWAP | 124 | 交换栈顶两位位置 |
| | OP_TUCK | 125 | 复制栈顶并插入到栈顶第二项后 |
| 连接操作<br>Splice Ops | OP_CAT | 126 | (禁用) |
| | OP_SUBSTR | 127 | (禁用) |
| | OP_LEFT | 128 | (禁用) |
| | OP_RIGHT | 129 | (禁用) |
| | OP_SIZE | 130 | 字符串长度压入栈顶 |
| 比特逻辑<br>Bit Logic | OP_INVERT | 131 | (禁用) |
| | OP_AND | 132 | (禁用) |
| | OP_OR | 133 | (禁用) |
| | OP_XOR | 134 | (禁用) |
| | OP_EQUAL | 135 | 如果输入相等，返回 1，否则返回 0 |
| | OP_EQUALVERIFY | 136 | 先运行 OP_EQUAL，<br>再运行 OP_VERIFY |
| | OP_RESERVED1 | 137 | 交易无效 |
| | OP_RESERVED2 | 138 | 交易无效 |

续表

| 功能 | 描述 Words | 操作码 Opcode | 描述 Description |
| --- | --- | --- | --- |
| 数值计算 Numeric | OP_1ADD | 139 | 输入值加 1 |
| | OP_1SUB | 140 | 输入值减 1 |
| | OP_2MUL | 141 | (禁用) |
| | OP_2DIV | 142 | (禁用) |
| | OP_NEGATE | 143 | 输入值符号取反 |
| | OP_ABS | 144 | 输入值符号取正 |
| | OP_NOT | 145 | 如果输入值为 0 或 1，则输出 1 或 0 |
| | OP_0NOTEQUAL | 146 | 输入值为 0 输出 0，否则输出 1 |
| | OP_ADD | 147 | 输入元素相加 |
| | OP_SUB | 148 | 输入元素相减 |
| | OP_MUL | 149 | (禁用) |
| | OP_DIV6 | 150 | (禁用) |
| | OP_MOD | 151 | (禁用) |
| | OP_LSHIFT | 152 | (禁用) |
| | OP_RSHIFT | 153 | (禁用) |
| | OP_BOOLAND | 154 | 若输入都不为 0 则输出 1，否则输出 0 |
| | OP_BOOLOR | 155 | 若输入不为 0 则输出 1，否则输出 0 |
| | OP_NUMEQUAL | 156 | 若输入相等输出 1，否则输出 0 |
| | OP_NUMEQUALVERIFY | 157 | 先运行 OP_NUMEQUAL，再运行 OP_VERIFY |
| | OP_NUMNOTEQUAL | 158 | 若输入不相等则输出 1，否则输出 0 |
| | OP_LESSTHAN | 159 | 若第一个输入元素小于第二个输入元素，则输出 1，否则输出 0 |
| | OP_GREATERTHAN | 160 | 若第一个输入元素大于第二个输入元素，则输出 1，否则输出 0 |
| | OP_LESSTHANOREQUAL | 161 | 若第一个输入元素小于等于第二个输入元素，则输出 1，否则输出 0 |
| | OP_GREATERTHANOREQUAL | 162 | 若第一个输入元素大于等于第二个输入元素，则输出 1，否则输出 0 |
| | OP_MIN | 163 | 输出两个输入元素中的最小值 |
| | OP_MAX | 164 | 输出两个输入元素中的最大值 |
| | OP_WITHIN | 165 | 若第一个输入元素在第二、三值之间，则输出 1，否则输出 0 |

续表

| 功能 | 描述 Words | 操作码 Opcode | 描述 Description |
|---|---|---|---|
| 密码学操作 Crypto | OP_RIPEMD160 | 166 | 使用 RIPEMD160 哈希算法计算栈顶哈希值 |
| | OP_SHA1 | 167 | 使用 OP_SHA1 哈希算法计算栈顶哈希值 |
| | OP_SHA256 | 168 | 使用 SHA256 哈希算法计算栈顶哈希值 |
| | OP_HASH160 | 169 | 使用 HASH160 哈希算法计算栈顶哈希值 |
| | OP_HASH256 | 170 | 使用 HASH256 哈希算法计算栈顶哈希值 |
| | OP_CODESEPARATOR | 171 | 所有签名验证只需匹配最近一次执行的 OP_CODESEPARATOR 操作数据的签名 |
| | OP_CHECKSIG | 172 | 全部交易的输出、输入和脚本(从最近执行的 OP_CODESEPARATOR 操作到最后)都被哈希函数计算, OP_CHECKSIG 使用的签名必须是该哈希值和公钥的有效签名, 如果真则返回 1, 否则返回 0 |
| | OP_CHECKSIGVERIFY | 173 | 先执行 OP_CHECKSIG, 再执行 OP_VERIFY |
| | OP_CHECKMULTISIG | 174 | 将第一个签名与每个公钥进行比较, 直到找到一个 ECDSA 签名匹配. 再将第二个签名与剩余的每个公钥进行比较, 直到找到一个 ECDSA 签名匹配. 这个过程不断重复, 直到所有的签名都被检查完, 或者没有足够的公钥可以产生一个成功的结果. 如果所有签名都有效, 则返回 1, 否则返回 0 |
| | OP_CHECKMULTISIGVERIFY | 175 | 先执行 OP_CHECKMULTISIG, 再执行 OP_VERIFY |
| 扩展操作 Expansion | OP_NOP1 | 176 | 可忽略 |
| | OP_NOP2 OP_CHECKLOCKTIMEVERIFY | 177 | 检查栈顶交易锁定时间是否符合要求, 符合要求则认为交易不合法, 否则不执行任何操作 |
| | OP_NOP3 OP_CHECKSEQUENCEVERIFY | 178 | 检查栈顶交易相对锁定时间是否符合要求, 符合要求则认为交易不合法, 否则不执行任何操作 |
| | OP_NOP4~OP_NOP10 | 179 | 可忽略 |
| | OP_INVALIDOPCODE | 255 | 匹配任何尚未分配的操作码 |
| 主根操作 TapRoot | OP_CHECKSIGADD | 186 | 可批量验证的方式创建多重签名策略 |

# 附表B　以太坊字节操作码: 以太坊虚拟机字节码和对应的gas开销

| 功能 | 指令 Words | 操作码 Opcode | gas 消耗 gasUsed | 描述 Description |
| --- | --- | --- | --- | --- |
| 算术运算指令 | STOP | 0 | 0 | 停止执行 |
| | ADD | 1 | 3 | 加法运算 |
| | MUL | 2 | 5 | 乘法运算 |
| | SUB | 3 | 3 | 减法运算 |
| | DIV | 4 | 5 | 整数除法运算 |
| | SDIV | 5 | 5 | 有符号整数除法运算 |
| | MOD | 6 | 5 | 模数余数运算 |
| | SMOD | 7 | 5 | 有符号模数余数运算 |
| | ADDMOD | 8 | 8 | 模数加法运算 |
| | MULMOD | 9 | 8 | 模数乘法运算 |
| | EXP | 10 | 见表注 | 指数运算 |
| | SIGNEXTEND | 11 | 5 | 拓展两个补码整数长度 |
| 比较运算指令 | LT | 21 | 3 | 小于比较 |
| | GT | 22 | 3 | 大于比较 |
| | SLT | 23 | 3 | 有符号小于比较 |
| | SGT | 24 | 3 | 有符号大于比较 |
| | EQ | 25 | 3 | 等于比较 |
| | ISZERO | 26 | 3 | 简单的非运算 |
| | AND | 27 | 3 | 按位与运算 |
| | OR | 28 | 3 | 按位或运算 |
| | XOR | 29 | 3 | 按位异或运算 |
| | NOT | 30 | 3 | 按位非运算 |
| | BYTE | 31 | 3 | 从字中获取单个字节 |
| 位移指令 | SHL | 32 | 3 | 左移(空缺补 1) |
| | SHR | 33 | 3 | 右移(空缺补 0) |
| | SAR | 34 | 3 | 右移(空缺补符号) |

续表

| 功能 | 指令 Words | 操作码 Opcode | gas 消耗 gasUsed | 描述 Description |
| --- | --- | --- | --- | --- |
| 哈希运算指令 | SHA3 | 32 | 见表注 | 运行 Keccak-256 哈希运算 |
| 环境操作指令 | ADDRESS | 48 | 2 | 获取执行账户地址 |
| | BALANCE | 49 | 见表注 | 获得给定账户余额 |
| | ORIGIN | 50 | 2 | 获取执行发起地址 |
| | CALLER | 51 | 2 | 获取调用方地址 |
| | CALLVALUE | 52 | 2 | 获取通过负责此执行的指令/事务获取存入的值 |
| | CALLDATALOAD | 53 | 3 | 获取当前环境的输入数据 |
| | CALLDATASIZE | 54 | 2 | 获取当前环境中输入数据的大小 |
| | CALLDATACOPY | 55 | 见表注 | 将当前环境中的输入数据复制到内存中 |
| | CODESIZE | 56 | 2 | 获取当前环境中运行的代码大小 |
| | CODECOPY | 57 | 见表注 | 将当前环境中运行的代码复制到内存中 |
| | GASPRICE | 58 | 2 | 获取当前环境中的 gas 价格 |
| | EXTCODESIZE | 59 | 见表注 | 获取账户代码的大小 |
| | EXTCODECOPY | 60 | 见表注 | 将账户的代码复制到内存中 |
| | RETURNDATASIZE | 61 | 2 | 将返回数据缓冲区的大小压入栈 |
| | RETURNDATACOPY | 62 | 见表注 | 将数据从返回数据缓冲区复制到内存 |
| | EXTCODEHASH | 63 | 见表注 | 返回指定合约代码的 Keccak-256 哈希值 |
| 区块操作指令 | BLOCKHASH | 64 | 20 | 获取最近 256 个最新完整块之一的哈希值 |
| | COINBASE | 65 | 2 | 获取打包该区块的矿工地址 |
| | TIMESTAMP | 66 | 2 | 获取区块的时间戳 |
| | NUMBER | 67 | 2 | 获取区块的编号 |
| | DIFFICULTY | 68 | 2 | 获取区块的难度值 |
| | GASLIMIT | 69 | 2 | 获取区块的 gas 上限 |
| | CHAINID | 70 | 2 | 获取区块链 ID 值(防止与以太坊中的其他链产生冲突) |

续表

| 功能 | 指令 Words | 操作码 Opcode | gas 消耗 gasUsed | 描述 Description |
| --- | --- | --- | --- | --- |
| 区块操作指令 | SELFBALANCE | 71 | 5 | 获取当前交易余额 |
| | BASEFEE | 72 | 2 | 返回基本费用 |
| 存储管理指令 | POP | 80 | 2 | 从栈中删除字 |
| | MLOAD | 81 | 见表注 | 从内存中加载字 |
| | MSTORE | 82 | 见表注 | 把字保存到内存中 |
| | MSTORE8 | 83 | 见表注 | 把字保存到内存中 |
| | SLOAD | 84 | 见表注 | 从存储加载字 |
| | SSTORE | 85 | 见表注 | 把字保存到存储中 |
| | JUMP | 86 | 8 | 改变指令执行指针 |
| | JUMPI | 87 | 10 | 有条件改变指令执行指针 |
| | GETPC | 88 | 2 | 递增指令执行指针 |
| | MSIZE | 89 | 2 | 以字节为单位获取活动内存的大小 |
| | GAS | 90 | 2 | 获取可用 gas 量 |
| | JUMPDEST | 91 | 1 | 标记跳转的有效目的地 |
| 压入值指令 | PUSH1—PUSH32 | 96—126 | 3 | 将 1—32 字节数据压入栈上 |
| | DIP1—PUSH16 | 127—143 | 3 | 复制栈上的 1—16 个数据项 |
| | SWP1—SWP16 | 144—159 | 3 | 交换栈上第 1 个和第 2—17 个数据项 |
| 日志指令 | LOG0 | 160 | 见表注 | 添加 0 条日志 |
| | LOG1 | 161 | 见表注 | 添加 1 条日志 |
| | LOG2 | 162 | 见表注 | 添加 2 条日志 |
| | LOG3 | 163 | 见表注 | 添加 3 条日志 |
| | LOG4 | 164 | 见表注 | 添加 4 条日志 |
| 系统操作指令 | CREATE | 240 | 见表注 | 创建子合约 |
| | CALL | 241 | 见表注 | 调用另一个合约方法 |
| | CALLCODE | 242 | 见表注 | 调用另一个合约代码 |
| | RETURN | 243 | 见表注 | 停止执行，返回值 |
| | DELEGATECALL | 244 | 见表注 | 使用当前合约的存储调用另一个合约方法 |

续表

| 功能 | 指令 Words | 操作码 Opcode | gas 消耗 gasUsed | 描述 Description |
|---|---|---|---|---|
| 系统操作指令 | CREATE2 | 245 | 见表注 | 使用确定的地址创建子合约 |
| | STATICCALL | 250 | 见表注 | 调用另一个合约的方法，不允许合约创建、事件发送、存储修改和合约销毁等引起状态改变的方法 |
| | REVERT | 251 | 见表注 | 回滚交易并返回数据 |
| | SELFDESTRUCT | 255 | 见表注 | 销毁合约并将所有资金发送给 addr 地址 |

注：具体请查阅 https://github.com/wolflo/evm-opcodes/blob/main/gas.md.

# 索　引

G



H



J



K



L

# “密码理论与技术丛书”已出版书目

(按出版时间排序)

1. 安全认证协议——基础理论与方法　2023. 8　冯登国 等　著
2. 椭圆曲线离散对数问题　2023. 9　张方国　著
3. 云计算安全(第二版)　2023. 9　陈晓峰　马建峰　李　晖　李　进　著
4. 标识密码学　2023. 11　程朝辉　著
5. 非线性序列　2024. 1　戚文峰　田　甜　徐　洪　郑群雄　著
6. 安全多方计算　2024.3　徐秋亮　蒋　瀚　王　皓　赵　川　魏晓超　著
7. 区块链密码学基础　2024.6　伍前红　朱　焱　秦　波　张宗洋　编著